THE PASS

대한민국
고객만족지수
1위

**BIM
베스트**

BIM 전문가　건축 2급자격 필기+실기

BIM

2급

지은이 **모델링스토어**

BIM 기반 건축 프로젝트의 모델 구축 및 활용 역량 학습
- **필기** : BIM 일반사항, 모델링 일반사항, 모델 구축 및 활용 일반사항, 데이터 납품 일반시항 학습 및 모의고사
- **실기** : 프로젝트 구축, 구조 BIM 모델구축, 건축 BIM 모델구축, 설계단계 BIM 모델 활용, 시공단계 BIM 모델 활용 학습 및 모의고사

한솔아카데미
H/A/N/S/O/L//A/C/A/D/E/M/Y

BIM 기반 프로젝트의 운용 역량

BIM 활성화 정책

BIM이 건설시장에 도입되고 확산되는 과정에서 설계와 시공, 혹은 유지관리를 위한 BIM 프로젝트의 컨설팅 및 교육을 해 왔습니다. BIM을 시작하는 데 있어서 정부의 BIM 활성화 정책에 대한 이해, 설계 및 엔지니어링, 시공에 대한 실무 경험, BIM에 대한 이론적인 지식 등도 많이 필요합니다. 하지만, BIM이 왜 좋은지 직접적으로 느껴보기 위해서는 BIM Model을 직접 구축하고, 관리하면서 맨 땅에 헤딩하듯이 BIM 프로젝트를 해보는 게 좋은 방법인 것 같습니다. 이 때, 잘 쓰여진 교재 하나가 BIM Model을 구축하고, 활용하는 방법을 제일 쉽게 알려주는 것 같습니다. 그래서 지난 수 년간 다양한 BIM 교재를 작성해 왔습니다. 코로나 19시대를 살아가면서 대면 실습에 많은 제약이 생겼습니다. 그렇기에 온라인 BIM 교육을 위한 BIM 교재의 역할은 갈수록 커질 것 같습니다.

BIM 전문가 2급

BIM 전문가 자격은 (사)한국BIM학회와 ㈜한솔아카데미 공동주관으로 한국BIM교육평가원에서 운영해오고 있습니다. 본 교재는 건축분야 실무자를 위한 BIM 입문서이자 한국직업능력개발원 민간자격증인 BIM 전문가 2급 자격 취득을 위한 BIM 교재입니다. BIM 전문가 2급은 BIM 저작 도구, BIM Modeling 관리, BIM Modeling 구축 및 활용, BIM 데이터 납품 등에 대한 업무 역량을 평가하며, 기초적인 BIM 라이브러리, 통합설계 지원 프로세스, 협업 지원 프로세스 등도 이해해야 합니다. 본 교재를 통해 BIM 전문가 2급 자격 취득을 위한 필기 및 실기시험에 대비할 수 있습니다.

BIM 실무 활용

본 교재는 건축 및 구조 분야의 BIM Model을 구축하고, 설계 및 시공 단계에서 활용하기 위한 방법을 소개하고 있습니다. 대표적인 BIM 저작 도구인 Revit을 활용하여 건축물을 구성하는 다양한 요소들을 BIM Model로 구축하고, 정보를 입력하는 방식, BIM Model을 활용한 평면, 입면, 단면 상세 작성 방식 및 렌더링 방식을 포함하고 있습니다. Revit과 호환되는 Navisworks를 통해 BIM Model을 통합하고, 통합된 BIM Model을 탐색하는 방식뿐만 아니라, 타임라이너, 간섭검토, 물량검토 활용 방식을 포함하고 있습니다. 본 교재를 BIM 전문가 2급 자격 취득을 위한 학습서로 활용하시고, BIM 기반 프로젝트의 운용 역량을 키우는 데 밑거름으로 활용하시기 바랍니다.

한양사이버대학교 디지털건축도시공학과 교수
(사)한국BIM학회 교육운영위원회 위원장

함 남 혁

BIM 전문가 2급 자격 시험 대비

이 책의 목적은 건축분야 실무자를 위한 BIM 전문가 2급 자격 시험을 대비하기 위한 것입니다. 책의 독자는 자격증을 취득하고자 하는 독자를 대상으로 합니다. BIM에 대한 기본 지식이 필요 없어 건축 분야에 종사하거나 건축 관련 학과 학생 누구나 학습을 시작할 수 있습니다.

이 책에서는 필기와 실기를 학습합니다. 필기는 BIM 일반사항, BIM 모델링 일반사항, BIM 모델링 구축 및 활용 일반사항, BIM 데이터 납품 일반사항을 학습하고, 모의고사를 제공합니다. 실기는 Revit 기본 학습, 프로젝트 구축, 구조 BIM 모델 구축, 건축 BIM 모델 구축, 설계단계 BIM 모델 활용, 시공단계 BIM 모델 활용을 학습하고, 모의고사를 제공합니다. 이 책의 학습을 모두 마치고 나면 독자는 BIM 전문가 2급 자격 시험을 위한 BIM 모델의 구축 및 활용에 대한 기본 지식을 갖게 될 것입니다.

이 책에서 사용하는 Revit과 Navisworks 두 프로그램은 모두 AutoCAD로 친숙한 Autodesk 회사에서 개발 및 판매하고 있으며, 국내 뿐만 아니라 전 세계적으로 BIM 관련 프로그램 중 가장 많이 사용되고 있습니다. 본 책에서는 2023년 버전을 사용하고 있지만, 버전에 상관없이 학습이 가능합니다. (예제파일은 2024~2023년 버전 제공)

BIM 관련 프로그램은 컴퓨터 그래픽을 사용하기 때문에 일정 수준 이상의 컴퓨터 사양이 요구 되지만, 본 책에서 실습하는 프로젝트의 경우 파일 용량이 약 25MB 정도로 낮은 사양의 컴퓨터에서도 충분히 학습할 수 있을 것입니다. 따라서 현재 보유하고 있는 컴퓨터로 먼저 시작하세요. 그리고 진행하면서 필요에 따라 CPU, 메모리, 그래픽 카드의 성능을 높이는 것을 권장합니다.

이 책의 저자인 모델링스토어는 10여년 전부터 건축 분야 실무에서 BIM 업무를 담당해온 전문가들의 그룹입니다. BIM에 대한 깊은 이해와 노하우를 바탕으로 프로그램 설치부터 모의고사까지 독자 여러분이 쉽고 재밌게 따라할 수 있도록 노력하였습니다. 가벼운 마음으로 이 책과 함께 시작하시길 바랍니다.

모델링스토어
https://modelingstore.co.kr

Contents

PART 02

실기 시험

❙ Contents

BIM 실기 완성 도면 (샘플)

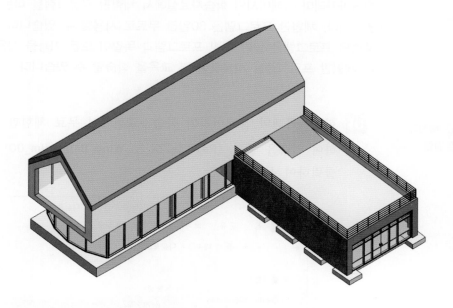

무료 체험판 프로그램 설치

▶ 레빗 설치

한솔아카데미 홈페이지의 학습자료실에서 체험판 프로그램을 다운로드하여 설치할 수 있습니다. 체험판 프로그램은 30일간 무료로 사용할 수 있습니다.
체험판 프로그램은 일반 레빗 프로그램과 똑같이 모든 기능을 사용할 수 있습니다.
이 체험판 프로그램을 사용하여 본 교육을 학습할 수 있습니다.

TIP

설치 방법은 버전에 상관없이 동일함

01 한솔아카데미 홈페이지의 학습자료실에서 무료 체험판 설치 파일을 다운로드 하여 압축을 풀고, [Revit_202X_G1_Wing_64bit_dlm_001_005.sfx] 파일을 더블 클릭하여 실행합니다.

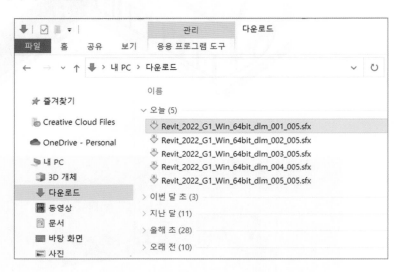

02 파일의 추출 위치는 기본값을 그대로 사용하기 위해 [확인]을 클릭합니다.

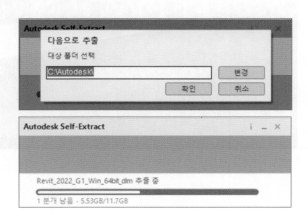

03 이용 약관을 체크하고 [다음]을 클릭합니다.

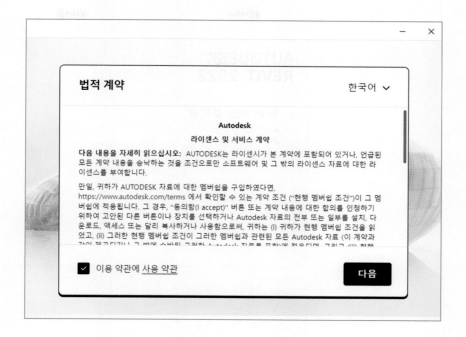

04 파일 설치 위치는 기본값을 그대로 사용하여 [설치]를 클릭합니다.

AUTODESK®
REVIT® 2022

설치할 위치 선택

제품

C:\Program Files\Autodesk [...]

내용

C:\ProgramData\Autodesk\RVT 2022 [...]

뒤로   설치

05 설치가 진행됩니다.

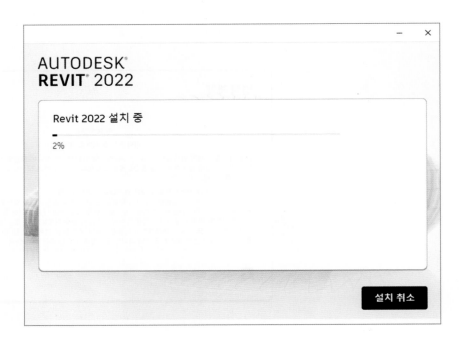

06 설치가 거의 완료되면 프로그램을 시작할 수 있습니다. [시작]을 클릭합니다.

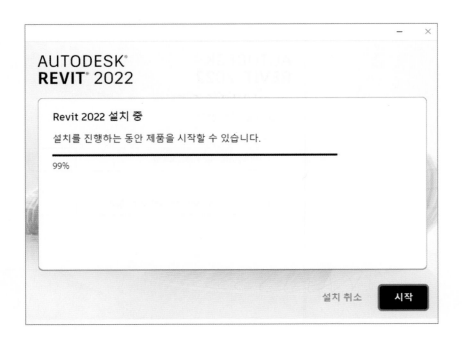

07 프로그램이 실행됩니다.

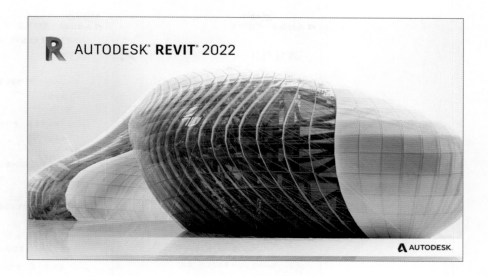

08 무료 체험판을 사용하기 위해서는 로그인이 필요합니다. 처음 사용하는 것이라면 [계정 작성]을 클릭합니다.

09 필요한 정보를 입력하고, [계정 작성]을 클릭합니다.

10 홈 화면이 표시되면 설치가 완료된 것입니다.

11 레빗 프로그램에서 사용할 템플릿 및 패밀리를 설치하기 위해 압축을 푼 폴더에서 'RVTCPKOR' 파일을 더블클릭하여 실행합니다.

Revit_2023_r1_G1_Win_64bit_dlm_001_005.sfx	2023-07-18 오후 10:30	응용 프로그램
Revit_2023_r1_G1_Win_64bit_dlm_002_005.sfx	2023-07-18 오후 10:29	응용 프로그램
Revit_2023_r1_G1_Win_64bit_dlm_003_005.sfx	2023-07-18 오후 10:29	응용 프로그램
Revit_2023_r1_G1_Win_64bit_dlm_004_005.sfx	2023-07-18 오후 10:29	응용 프로그램
Revit_2023_r1_G1_Win_64bit_dlm_005_005.sfx	2023-07-18 오후 10:21	응용 프로그램
Revit2023무료체험판설치파일.vol1	2023-07-23 오후 12:23	ALZip EGG File
Revit2023무료체험판설치파일.vol2	2023-07-23 오후 12:23	ALZip EGG File
Revit2023무료체험판설치파일.vol3	2023-07-23 오후 12:24	ALZip EGG File
Revit2023무료체험판설치파일.vol4	2023-07-23 오후 12:25	ALZip EGG File
Revit2023무료체험판설치파일.vol5	2023-07-23 오후 12:25	ALZip EGG File
RVTCPKOR	2023-07-23 오후 12:19	응용 프로그램

12 설치 창에서 [Install]을 클릭하여 설치를 완료합니다.

❶ 설치 클릭

13 설치된 파일을 확인하기 위해 먼저 '제어판'을 실행하고, [파일 탐색기 옵션]을 클릭합니다.

TIP

숨김 파일을 표시하지 않으면, C드라이브의 ProgramData 폴더를 사용할 수 없음

14 파일 탐색기 옵션 창에서 [보기] 탭을 클릭합니다. 고급 설정에서 '숨김 파일, 폴더 및 드라이브 표시'를 체크하고 [확인]을 클릭합니다.

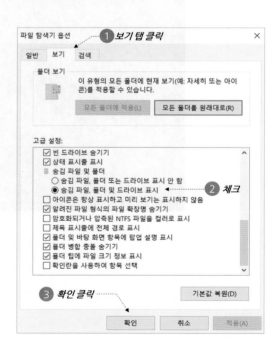

15 윈도우의 파일 탐색기를 열고 C 드라이브의 'ProgramData' 폴더를 엽니다. Program Files 폴더와 혼동하지 않도록 주의합니다. 계속해서 Autodesk 〉 RVT202X 〉 Libraries 〉 Korean 폴더를 엽니다. 설치된 라이브러리가 표시됩니다.

▶ 나비스웍스 설치

오토데스크 홈페이지에서 최신 버전의 나비스웍스 체험판 프로그램을 다운로드하여 설치할 수 있습니다. 체험판 프로그램은 30일간 무료로 사용할 수 있습니다.
체험판 프로그램은 일반 나비스웍스 프로그램과 똑같이 모든 기능을 사용할 수 있습니다. 이 체험판 프로그램을 사용하여 본 교육을 학습할 수 있습니다.
설치되는 나비스웍스 프로그램 버전은 가장 최신 버전이 설치됩니다. 본 교육에서 제공하는 예제 파일을 사용하여 학습을 진행합니다. 설치 방법은 2021년 버전을 기준으로 작성되었으며, 최신 버전도 설치 방법은 같습니다.

01 인터넷에서 'autodesk.co.kr/products/navisworks' 주소를 입력합니다. 오토데스크의 나비스웍스 제품 페이지에서 '무료 체험판 다운로드'를 클릭합니다.

02 무료 체험판 창에서 'Navisworks Manage'를 선택하고 [다음]을 클릭합니다.

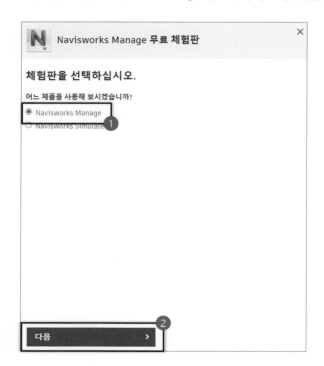

03 설치 관련 안내 내용을 확인하고 [다음]을 클릭합니다.

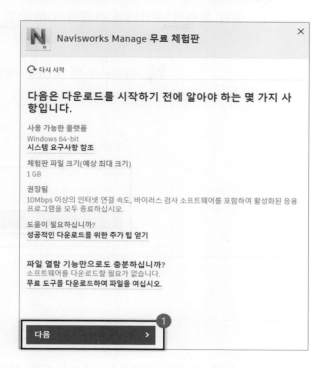

04 아래 그림과 같이 해당되는 자격을 선택하고, [다음]을 클릭합니다. 학생 또는 교사는 별도의 재학 인증 과정을 거쳐야 하며, 설치 후 다시 변경할 수 있습니다.

05 로그인을 위해 회원가입 시 선택한 이메일 주소와 비밀번호를 입력합니다.
아직 회원이 아니라면 아래의 'CREATE ACCOUNT'를 눌러 회원가입 합니다.

06 관련 정보를 입력하고, 다운로드를 클릭합니다. 다운로드가 완료되면
'Autodesk_Navisworks_Manage_2021_Multilingual_Win_64bit_wi_ko-KR_Set
up_webinstall' 파일을 더블클릭하여 실행합니다.

07 프로그램 설치 창에서 '설치'를 클릭합니다.

08 설치 창에서 국가 또는 지역을 선택합니다. 라이센스 및 서비스 계약에 [동의함]을 체크하고 [다음]을 클릭합니다.

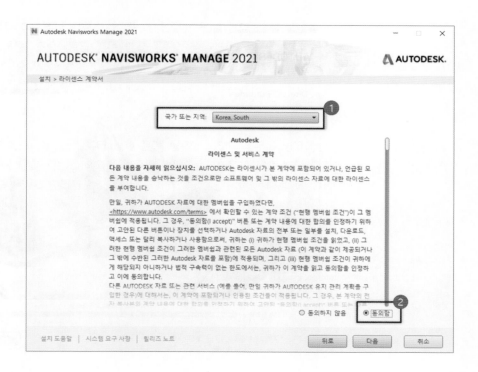

09 설치 창에서 리스트의 모든 항목을 체크하고, [설치]를 클릭합니다.

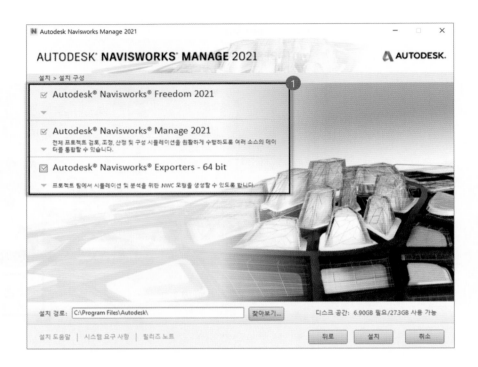

10 아래 그림과 같이 설치가 진행됩니다.

11 설치가 완료되면, [마침]을 클릭합니다. 컴퓨터의 재부팅이 필요할 수도 있습니다.

12 나비스웍스 프로그램을 실행하기 위해 바탕화면에서 'Navisworks Manage 2021' 아이콘을 더블클릭하여 실행합니다. Navisworks Freedom과 Navisworks Manage(BIM360)은 함께 설치된 프로그램입니다.

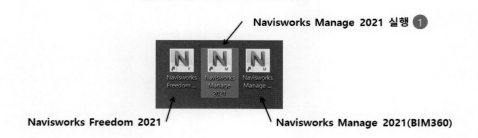

13 또는 윈도우의 시작 버튼을 클릭하고 Autodesk Navisworks Manage 2021 폴더의 'Manage 2021'을 클릭하여 나비스웍스 프로그램을 실행할 수 있습니다.

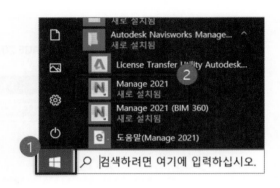

14 체험판 프로그램의 경우 프로그램 실행시 아래 그림과 같은 창이 표시됩니다. '체험판 시작'을 클릭합니다.

MEMO

PART

01

필기시험

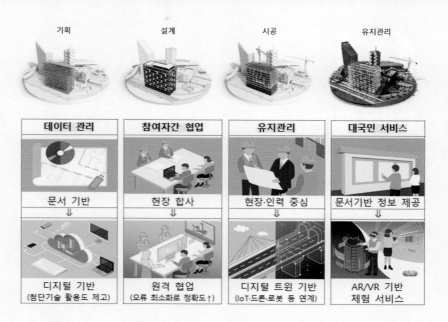

필기 시험의 출제 기준은 BIM 일반사항, BIM 모델링 일반사항,
BIM 모델링 구축 및 활용 일반사항, BIM 데이터 납품 일반사항입니다.
이러한 내용에 대해 각 챕터별로 학습합니다.

CHAPTER

CHAPTER

01

BIM 일반사항

SECTION
01

BIM 용어정의

BIM

Building Information Modeling의 약자로 시설물의 생애주기 동안 발생하는 모든 정보를 3차원 모델 기반으로 통합하여 건설 정보와 절차를 표준화된 방식으로 상호 연계하고 디지털 협업이 가능하도록 하는 디지털 전환(Digital Transformation) 체계를 의미합니다. 시설물은 건물, 도로, 댐 등을 말하며, 생애주기는 기획, 설계, 시공, 유지관리 등을 말합니다.

기획　　　　설계　　　　시공　　　　유지관리

출처 : 오토데스크 홈페이지

BIM 과업지시서

BIM 활용목적, BIM 적용 대상 및 범위, BIM 데이터 작성 및 납품 요구사항 등 사업에 대한 발주자가 BIM 과업에 필요한 필수사항을 정의한 문서를 의미하며, BIM 요구정의서를 포함합니다.

제1장 과업의 개요

번호	항목	작성 예시
1.1	일반사항	가. 본 과업지시서는 OOO기관(발주자)에서 발주하는 OO사업 BIM 업무 수행에 요구되는 최소한의 기본적인 사항을 기술한 발주문서로서 BIM 업무를 이행하는 기본지침서인 동시에 계약문서의 일부를 구성한다.
1.2	과업 범위	가. BIM 적용구간 : OO~△△IC OO건설공사 실시설계 제1공구 　시 점 : OO시 OO구 OO동 　종 점 : △△시 **구 XX동 나. 설계연장 : L = 4.81km
1.3	과업 기간	착수일로부터 OOO일간
1.4	적용기준	가. 본 과업수행은 「건설산업 BIM 시행지침-발주자편, 설계자편, 시공자편(2022.4 제정) 및 분야별 적용지침」을 적용하되 특별히 규정되지 않은 사항은 발주자와 협의하여 적용토록 하고 그 범위를 명확히 한다. 나. 본 가이드에 규정하고 있지 않거나 동일한 사항에 대하여 규정이 서로 상이한 경우, 다음의 순위에 따라 적용한다. 　1) 1순위 : 발주기관 과업지시서, 시방서 및 적용지침 　2) 2순위 : 기타 발주기관의 설계도서 관련 절차서 및 규정, 기본 및 시행지침 (예: 전자설계도서 작성·납품 지침) 　3) 3순위 : 국토교통부, 정부부처 기준 및 지침 (예: 건설공사의 설계도서 작성기준) 　4) 4순위 : 국가표준 (예: 한국산업규격(KS) 및 한국정보통신표준(KICS))

BIM 요구정의서

발주처가 BIM 적용 업무수행에 충족되어야 할 요구사항을 전체적으로 정의한 문서를 의미하며, BIM 정보요구정의서와 BIM 절차요구정의서를 포함합니다.

BIM 수행계획서

BEP(BIM Execution Plan)이라고 하며, 수급인이 BIM 과업지시서 및 요구정의서를 충족하기 위하여 BIM 적용 업무의 수행계획을 구체적으로 제시한 문서를 말합니다.

출처 : 건설산업BIM시행지침_발주차편_국토부_2022.07

분류체계

분류체계는 작업, 공사비, 객체 등의 정보를 분류하는 체계를 말하는 것으로, 업무의 협업을 위해 분류체계의 적용이 필요합니다.

작업분류체계인 WBS는 Work Breakdown Structure 의 약자로 업무를 분야별로 분류한 것으로 업무역할과 BIM 모델 작성의 영역을 구분하는 기준이 됩니다.

공사비분류체계인 CBS는 Cost Breakdown Structure의 약자로 원가분류에 필요한 공사정보 분류를 근거로, 공정, 비용, 기술을 통합한 체계이며 건설사업의 수량 및 공사비 산출 시 활용됩니다.

객체분류인 OBS는 Object Breakdown Structure의 약자로 BIM 모델을 각종 업무에 활용하기 위하여 시설물 전체를 대상으로 건설정보분류체계의 관점에서 객체단위를 분리하거나 조합하여 체계적으로 분류한 것입니다.

개방형 BIM

Open BIM이라고도 하며, BIM 데이터의 상호 운용성 확보를 위해 ISO 및 building SMART International에서 제정한 국제표준 규격의 BIM 데이터를 사용하는 것을 말합니다. BIM 데이터를 체계적인 절차에 따라 다양한 주체들이 서로 개방적으로 원활한 공유 및 교환함으로써 BIM 도입 목적을 효과적으로 달성하는데 활용하는 개념을 의미합니다.

CDE

Common Data Environment의 약자로 공통정보관리환경을 말합니다. 업무 수행 과정에서 다양한 주체가 생성하는 정보를 중복 및 혼선이 없도록 공동으로 수집, 관리 및 배포하기 위한 환경을 의미합니다.

BIM 라이브러리

BIM 모델 안에서 시설물을 구성하는 단위 객체로서, 여러 프로젝트에서 공유 및 활용할 수 있도록 제작한 객체 정보의 집합을 말합니다.

BIM 성과품

BIM 요구정의서 등의 요건에 의하여 납품 제출하는 BIM 모델 및 관련 자료를 통칭하며, BIM 모델, 모델 사용에 필수적으로 필요한 외부 데이터, 모델로부터 추출된 연관 데이터 및 디지털화된 도서정보의 집합을 말합니다.

BIM 저작도구

BIM 모델을 작성하는데 사용하는 소프트웨어를 의미합니다. Revit, Tekla 등의 소프트웨어가 있습니다.

BIM 활용도구

BIM 성과품의 확인, 검토, 분석, 가공 등의 기능을 하나 이상 수행하도록 만들어진 소프트웨어를 말합니다. Navisworks, BIM sight 등의 소프트웨어가 있습니다.

IFC

Industry Foundation Classes의 약자로 건설표준정보모델을 말합니다. 소프트웨어 간에 BIM 모델의 상호운용 및 호환을 위하여 개발한 국제표준 기반의 데이터 포멧을 말합니다.

BIM모델상세수준

국토부의 기본지침에서 제시하는 BIM모델의 상세수준에 대한 공통 용어이며, 100~500의 6단계로 구분하고 각 단계는 생애주기 단계별 모델상세수준을 정의한 것입니다.

LOD

Level Of Development의 약자로 국제적으로 통용되는 BIM 모델의 상세수준으로, 형상정보와 속성정보가 연계되어 단계를 거치면서 최종 준공 모델로 생성되는 수준을 말합니다.

ISO

International Standardization Organization의 약자로 국제표준기구를 말합니다. 각종 분야의 제품 및 서비스의 국제적 교류를 용이하게 하고, 상호 협력을 증진시키는 것을 목적으로 하는 국제 표준화 위원회를 말합니다.

LandXML

Land extensible markup language의 약자로 데이터 파일 형식을 말합니다. 토지 개발 및 운송 산업에서 일반적으로 사용되는 토목 공학 및 조사 측정 데이터를 포함하는 특수 XML 데이터 파일 형식입니다.

COBie

Construction Operation Building Information Exchange의 약자로 건설 자산의 유지관리에 필요한 공간 및 장비를 포함하는 자산정보를 정의한 국제표준을 말합니다.

CORENET

CORENET은 BIM 기반의 싱가포르 건축 인허가 시스템입니다. 관련 자료를 전산화하고, BIM 적용을 의무화하도록 하고 있으며, 시스템을 통해 자동으로 법규 검토 등을 할 수 있도록 하고 있습니다.

bSDD

buildingSMART Data Dictionary의 약자로 건설객체의 개념, 속성, 분류체계를 다양한 언어로 정의한 것을 말합니다.

LCC

Life Cycle Cost의 약자로 생애주기비용을 말합니다. 시설물, 건축물 등의 계획, 설계, 입찰, 계약, 시공, 운영, 폐기 등 전 생애주기 단계에서 발생되는 모든 비용을 말합니다.

DTM

Digital Terrain Model의 약자로 수치지형모델을 말합니다. 식생과 건물 등와 같은 물체가 없는 지표면을 표현하는 모델을 의미합니다.

파라메트릭 모델링

파라메트릭 모델링은 요소의 형상을 고정하기 않고, 치수 또는 다른 요소와의 관계 등으로 형상을 정의합니다. 치수를 변경하거나, 관계된 요소의 위치를 수정하면 해당 요소의 형상이 수정됩니다. 대부분의 BIM 저작 도구는 파라메트릭 모델링 방식을 적용합니다.

공간 객체

물리적 또는 개념적으로 정의된 3차원의 부피를 표현하는 객체를 의미합니다. 시설물의 층, 구역, 실 등을 정의하는데 사용합니다.

스마트건설기술

공사기간 단축, 인력투입 절감, 현장 안전 제고 등을 목적으로 전통적인 건설기술에 ICT 등 첨단 스마트 기술을 적용함으로써 건설공사의 생산성, 안전성, 품질 등을 향상시키는 기술을 말합니다. 건설공사 전 단계의 디지털화, 자동화, 공장제작 등을 통한 건설산업의 발전을 목적으로 개발된 공법, 장비, 시스템 등을 의미하며, BIM. 디지털 트윈, 드론, 3D 스캔, AR/VR 등이 있습니다.

출처 : 스마트건설활성화방안_국토부_2022.07

MEMO

SECTION
02 BIM 저작도구

step 1 BIM 저작도구 개념

BIM 저작도구는 BIM 모델을 작성하는데 사용하는 모든 소프트웨어를 말합니다. 설계, 시공과 같은 목적별 BIM 저작도구와 건설, 토목 등과 같이 분야별 BIM 저작도구가 있습니다.

[목적별 BIM 저작도구]

구분	소프트웨어
설계	Autodesk Revit/Civil3D/Infraworks, Graphisoft ArchiCAD, Trimble Tekla, Bentley MicroStation/OpenRail/OpenBridge/OpenRoads
파라메트릭 디자인	Rhino(Grasshopper), Dynamo
렌더링	Lumion, Vray, 3DS MAX, Twin motion, Enscape
모델 검토	Navisworks, Solibri
시뮬레이션	Navisworks, Synchro

[분야별 BIM 저작도구]

구분	소프트웨어
건축	Autodesk Revit, Graphisoft ArchiCAD, Bentley MicroStation, Nemetschek Allplan
구조	Autodesk Revit, Trimble Tekla, Robot Structural Analysis, Advanced Steel
MEP (설비/전기)	Autodesk Revit, AutoCAD MEP
인프라	Autodesk Civil3D/Infraworks, Bentley OpenRail/OpenBridge/OpenRoads

공공기관 BIM 지침서 및 가이드

step 1 국토부 건설산업 BIM기본지침

국토교통부는 BIM의 조기정착과 활성화를 위해 건설산업에 BIM 전면도입시 발주자, 수급인, 건설사업관리자 등이 활용할 수 있는 기본원칙과 기준, 절차와 방법 등을 제시하는 지침 체계를 마련하였습니다.

BIM 지침 체계는 공통으로 제시하는 기본/시행지침과 발주자별로 특성에 맞게 정하는 적용지침으로 구분됩니다.

구분	소프트웨어
건설산업 BIM 기본지침 (2020.12)	최상위 지침으로 BIM 적용을 위한 기본원칙과 표준 제시 총론, BIM 적용절치 및 기준, BIM 주요 표준의 적용, BIM 협업 체계로 구성
건설산업 BIM 시행지침 발주자편 (2022.07)	기본지침을 바탕으로 발주자가 BIM을 수행하는데 필요한 기준 제시 개요, BIM 발주절차, 발주자 BIM 요구사항, 부속서로 구성
건설산업 BIM 시행지침 설계자편 (2022.07)	설계자가 BIM을 수행하는데 필요한 기준 제시 개요, BIM 데이터 및 성과품 작성기준, BIM 성과품 납품 기준, BIM 성과품 품질검토 기준, BIM 활용방안으로 구성
건설산업 BIM 시행지침 시공자편 (2022.07)	시공자가 BIM을 수행하는데 필요한 기준 제시 개요, 시공 BIM 데이터 작성기준, 시공 BIM 활용기준, BIM성과품 납품 및 품질검토 기준, BIM 활용방안으로 구성

step 2 조달청 BIM 적용 지침

[시설사업 BIM 적용 기본지침서 v2.1, 2022.12]은 시설공사 맞춤형서비스로 발주하는 BIM 적용 공사의 BIM 모델 작성 및 납품, 활용, 관리기준을 제시하고 있습니다.

지침의 개요, 용역자 BIM 업무수행지침, 계획설계 BIM 적용지침, 중간설계 BIM 적용지침, 실시설계 BIM 적용지침, 시공 BIM 적용지침, 부속서 등으로 구성되어 있습니다.

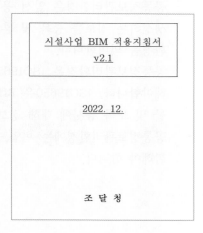

step 3 LH BIM 세부적용 지침

[LH BIM 활용 가이드 v1.0, 2018.07]는 LH 공동주택 설계에서 BIM을 적용하는데 필요한 요건 및 절차적 방법을 조달청 시설사업 BIM 적용 기본 지침서와 국토교통부의 BIM 가이드를 준용하여 LH 공동주택 사업에 특화시켜 제시한 BIM 활용 가이드입니다.

가이드 개요, LH BIM 관리 지침, 계획설계 BIM 적용지침, 설계단계 BIM 적용지침, 기발주지구 BIM 적용 지침, 시공단계 BIM 적용지침으로 구성되어 있습니다.

공동정보관리환경

step 1 공동정보관리환경(CDE) 구축

공동정보관리환경은 앞선 용어 정의와 같이 업무 수행 과정에서 다양한 주체가 생성하는 정보를 중복 및 혼선이 없도록 공동으로 수집, 관리 및 배포하기 위한 환경을 의미합니다.

공통정보관리환경은 ISO19650-1과 2를 준용하는 CDE 체계를 따를 수 있도록 해야합니다. ISO19650은 BIM을 위한 국제 표준으로 1과 2는 BIM을 포함한 건물 및 토목 공사에 대해 정보의 조직 및 디지털화 관리 부분을 말합니다.

공통정보관리환경에는 협업, 승인절차, 버전 및 이력관리, 보안 등의 기능을 포함해야 합니다.

step 2 클라우드 기반 BIM 데이터 운용

클라우드 기반 BIM 데이터 운용은 프로젝트 참여자들이 어느 곳이든 또는 언제든지 BIM 데이터에 접근할 수 있는 것을 말합니다.

이를 통해 프로젝트 참여자들은 협업, 데이터 활용, 각종 시뮬레이션, 시각화 등의 작업을 할 수 있습니다.

step 3 IFC기반 BIM 데이터 운용

IFC 기반의 BIM 데이터 운용은 BIM 데이터를 IFC 파일 형식으로 추출하여 소프트웨어 간에 정보를 전달하는 방법을 말합니다.

IFC 형식을 사용하면 사용 중인 BIM 소프트웨어에 관계없이 BIM 데이터를 전달할 수 있습니다. IFC를 지원하는 소프트웨어를 사용하도록 국토부의 건설산업 BIM기본지침 등 각종 지침에서 규정하고 있습니다.

필기 예상문제

01 BIM 모델 작성 시 요소의 형상을 치수, 다른 요소와의 관계 등으로 정의하는 방식은?

① 구속
② 정렬
③ 파라메트릭
④ 변수

정답 ③
해설 파라메트릭은 모델 작성 시 요소의 형상을 치수, 다른 요소와의 관계 등으로 정의한다.

02 국내의 BIM 지침서 및 가이드가 아닌 것은?

① 국토부 건설산업 BIM 기본지침
② 조달청 시설사업 BIM 적용지침서
③ LH BIM 활용 가이드
④ 국토부 LOD 정의서

정답 ④
해설 LOD는 BIM 모델의 상세수준에 관한 국제 가이드이다.

03 다음 용어 중 공통정보환경의 약자로 공통의 정보 수집과 관리를 할 수 있는 환경은 무엇인가?

① CDE
② IFC
③ LOD
④ BIM

정답 ①
해설 CDE는 Common Data Environment의 약자로 공통 정보 환경을 말한다.

04 건설 단계와 참여자를 통합하여 총체적으로 운영하는 방식?

① IFC
② IPD
③ CDE
④ LOD

정답 ②
해설 IPD는 Integrated Project Delivery의 약자로 건설 단계와 참여자를 통합하여 운영하는 방식이다.

05 BIM 모델과 연계하여 시각화 할 수 있는 프로그램의 종류가 아닌 것은?

① Lumion
② Enscape
③ AutoCAD
④ 3ds MAX

정답 ③
해설 BIM 모델과 연계하여 시각화 할 수 있는 프로그램은 Lumion, Enscape, 3ds MAX 등이 있다.

06 BIM 프로젝트에서 공유 및 활용할 수 있도록 제작된 객체 정보의 집합은?

① 라이브러리
② COBie
③ LCC
④ CORENET

정답 ①
해설 라이브러리는 BIM 프로젝트에서 공유 및 활용할 수 있도록 제작된 객체 정보의 집합입니다.

07 발주자가 BIM 활용목적, 적용 대상 및 범위 등 필요한 사항을 정의한 문서는?

① BIM 수행계획서
② BIM 성과품
③ BIM 과업지시서
④ BIM 모델 상세 수준

정답 ③
해설 BIM 과업지시서는 발주자가 BIM 활용 목적, 적용 대상 및 범위 등의 필요한 사항을 정의한 문서이다.

08 BIM의 약자로 옳은 것은?

① Building Information Modeling
② Business Information Mode
③ Building Infrastructure Modeling
④ Business Infrastructure Mode

정답 ①
해설 BIM은 Building Information Modeling의 약자이다.

09 BIM 저작 도구로 옳지 않은 것은?

① Revit
② Navisworks
③ ArchiCAD
④ Tekla

정답 ②
해설 Naviworks는 BIM 활용 도구이다.

10 시설물의 층, 구역, 실 등을 정의하는 요소는?

① 라이브러리
② 기둥
③ 벽
④ 공간 객체

정답 ④
해설 공간 객체는 물리적 또는 개념적으로 정의된 객체로, 시설물의 층, 구역, 실 등을 정의하는데 사용한다.

MEMO

02

BIM 모델링 일반사항

SECTION

01 BIM 프로세스 및 발주방식

step 1 전통적 발주 방식과 차이점

건설산업의 전통적인 발주 방식은 설계와 시공을 구분하고 이는 다시 각 하도급으로 분리되는 방식입니다. 이를 통해 다양한 조직 또는 팀이 참여하게 되고 수행과정이 복잡하게 되어 정보의 분절 및 단절이 발생하게 됩니다.

BIM은 정보를 통합하고 협업을 가능하게 하기 때문에 정보를 교환하고 의사소통의 효율성과 정확성을 높일 수 있습니다.

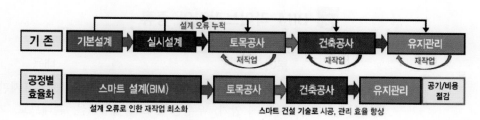

출처 : BIM 기반 걸설산업 디지털 전환 로드맵_국토부_2021.06

step 2 IPD 및 Precon 발주방식의 개념

IPD는 Integrated Project Delivery의 약자로 기획, 설계, 시공, 유지관리 등의 단계와 참여자를 통합하여 총체적으로 운영하는 방식을 말합니다.

BIM은 이 IPD 방식의 핵심 기술로 프로젝트 초기단계에서부터 주요 참여자들이 BIM을 기반으로 설계와 엔지니어링을 조율하고 설계검토와 시공성 분석을 수행할 수 있는 환경을 만들어 줍니다.

Precon은 Preconstruction의 줄임말로 설계단계에서 발주자와 설계사 이외에 시공사가 참여하여 설계안에 대한 공법, 시공성 등을 개선하여 리스크를 사전에 제거하는 것을 말합니다. 이를 위해서는 IPD와 같이 BIM이 핵심 기술이 됩니다.

SECTION
02 · BIM 라이브러리

step 1 · BIM 라이브러리의 정의

BIM 라이브러리는 모델 안에서 시설물을 구성하는 단위 객체로서, 여러 프로젝트에서 공유 및 활용할 수 있도록 제작된 객체 정보의 집합을 의미합니다. 공유 및 활용을 위해서는 IFC 포맷으로 변환이 가능하도록 작성해야 합니다.

step 2 · BIM 라이브러리의 종류

분야	내용
토목	보도블럭, 연석, L형방음벽기초, 도로표지판, 방호벽, 좁속슬래브, 수로암거, 우수받이, 교량배수시설, 슬래브교, 가드레일, L형측구, L형옹벽, 강지보공, 터널라이닝, 비탈면석축 등
건축	기초, 기둥, 보, 바닥, 벽, 천장, 지붕, 문, 창, 커튼월, 계단, 램프, 난간, 가구 및 장비, 위생설비, 조경, 운송설비, 주석기호, 기타 환경 등
기계	보일러, 냉동기, 냉각탑, 에어컨, 펌프, 팬, 공조기, FCU, 환기유니트, 온수분배기, 탱크, 열교환기, 디퓨저, 그릴, 밸브, 댐퍼 등
전기	수전설비, 발전기, 태양광발전설비, 조명기구, 조명스위치, 분전반, 승강기, 자동제어, 배전반, 방송설비, 피뢰침 등

step 3 · BIM 라이브러리의 특징

라이브러리는 모델 구축 및 도면 작성 시 생산성 향상을 위해 반복 사용이 가능합니다. 또한 매개변수를 조작하여 다양한 형상을 쉽게 제작하기 위해 사용하거나, 수량산출, 도면화, 상세도면 추출, 속정정보 입력 및 출력 등에 활용합니다.

SECTION 03 BIM 모델 수준 (단계별 BIM 모델)

step 1 BIL의 개념 및 프로세스별 수준

BIL은 Building Information Level의 약자로 BIM 정보표현수준을 말합니다. BIL은 국토교통부의 BIM 설계도서 작성 기본지침에 제시되어 있으며, 10~60의 6단계로 구분하고 있습니다.

10은 기획단계 수준, 20은 계획설계 수준, 30은 기본설계 수준, 40은 실시설계 수준, 50은 시공 수준, 60은 유지관리 수준으로 적용됩니다.

step 2 LOD의 개념 및 프로세스별 수준

LOD는 Level Of Development의 약자로 국제적으로 통용되는 BIM 모델의 상세 수준입니다. 미국AIA BIM Forum에서 발행하며 100~500의 6단계로 구분하고 있습니다.

100은 기본계획 단계, 200은 기본설계 단계, 300 및 350은 실시설계 단계, 400은 시공단계, 500은 유지관리 단계에 적용됩니다.

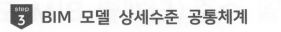

BIM 모델 상세수준 공통체계

BIM 적용업무에 대하여 요구되는 정보의 범위와 상세 수준은 형상정보 요구수준과 속성정보 요구수준으로 구성됩니다. 국토부의 건설산업 BIM 기본지침에서는 상세수준을 100~500의 6단계로 제시하고 있습니다.

[상세수준별 적용단계 및 내용]

기본지침 상세수준	적용단계	적용내용	유사기준	토목	건축
상세수준 100	기본계획 단계	• 면적, 높이, 볼륨, 위치 및 방향 표현 ※ 토목은 개념설계, 건축은 기획 　및 계획설계 단계	LOD100 BIL10, BIL20	O	O
상세수준 200	기본설계 단계	• 기본(계획)설계 단계에서 필요한 형상 표현	LOD200 BIL30	O	O
상세수준 300	실시설계 단계	• 실시설계(낮음) 단계에서 필요한 모든 부재의 존재 표현	LOD300 BIL40	O	O
상세수준 350		• 실시설계(높음) 단계에서 필요한 모든 부재의 존재 표현	LOD350 BIL40	O	O
상세수준 400	시공단계	• 시공단계에서 활용 가능한 모든 부재 의 존재 표현	LOD400 BIL50	O	O
상세수준 500	유지관리 단계	• 유지관리단계 등에서의 활용 가능한 내용 ※ 프로젝트 특성 및 발주자 요구 　에 따라 달라짐	LOD500 BIL60	O	O

MEMO

SECTION
04 파일호환

step 1 상호운용성(Interoperability)

상호운용성은 다양한 BIM 소프트웨어 간의 데이터 교환을 말합니다. 같은 프로젝트 안에서도 다양한 BIM 소프트웨어가 사용되기 때문에 BIM 수행계획 수립 시 상호운용성에 대한 계획이 필요합니다.

step 2 IFC(Industry Foundation Classes)

IFC는 건설표준정보모델을 말합니다. 소프트웨어 간에 BIM 모델의 상호운용 및 호환을 위하여 개발한 국제표준 기반의 데이터 포멧을 말합니다.
BIM 수행계획에는 IFC 포맷을 지원하는 BIM소프트웨어를 선정해야 하며, 성과품 제출 시에도 BIM 모델 원본 및 IFC 파일을 함께 제출하도록 계획해야 합니다.

SECTION
05 공동작업(Collaboration)

step 1 기준점, 조사점, 그리드, 레벨 설정

기준점은 BIM 소프트웨어에서 사용하는 좌표계의 0,0,0인 원점을 말하며, 조사점은 프로젝트의 실제 위치를 표현할 수 있는 기능으로 측량 데이터를 입력할 수 있습니다.

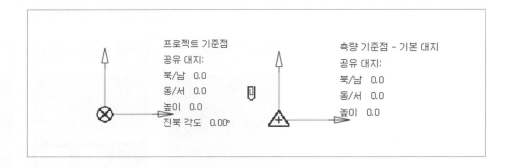

그리드는 BIM 소프트웨어에서 프로젝트의 수평적인 위치 기준을 말하며, 레벨은 프로젝트의 수직적인 위치 기준으로 건물의 층을 표현하기도 합니다.

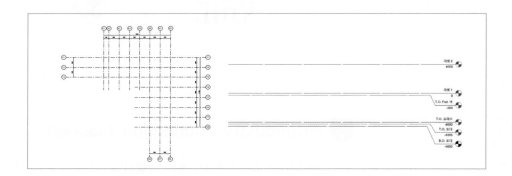

이러한 설정은 BIM 기반 프로젝트의 위치 기준이 되는 것으로 프로젝트 시작 시 기준을 명확히 설정해야합니다.

step 2 중앙파일

중앙 파일 기능은 여러 사용자가 하나의 BIM 모델에서 서로 다른 부분을 동시에 작업할 수 있게 하는 기능입니다.

중앙 파일은 BIM 모델 파일을 말하며, 여러 사용자는 이 중앙 파일로부터 복사본을 자신의 컴퓨터에서 작업하면서 동기화를 통해 작업한 내용을 중앙 파일에 반영할 수 있습니다.

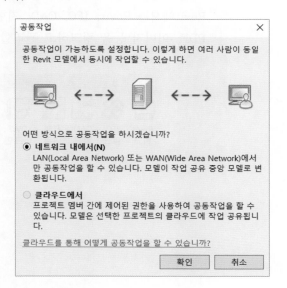

step 3 작업세트

작업세트 기능은 중앙 파일의의 BIM 모델을 내부, 외부, 대지, 설비, 전기 등과 같이 임의의 부분으로 구분하는 기능을 말합니다.

사용자는 각 부분을 할당 받아 작업하며, 다른 사용자의 부분을 편집할 경우 소프트웨어에서 허용을 받아 수정할 수 있습니다.

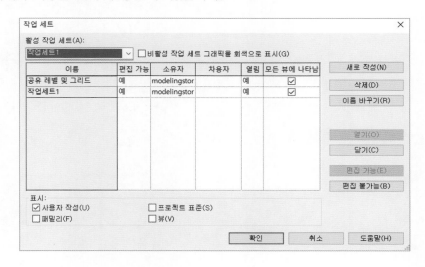

◆ step 4 ◆ 링크 기능

링크 기능은 같은 BIM 소프트웨어에서 다른 파일을 링크하는 기능을 말합니다.
예를 들어 프로젝트를 건축, 구조, 설비, 전기 등의 파일로 구분하여 모델을 작성
하고, 각각의 모델에서 다른 모델 파일을 링크하여 모델 작성에 참고할 수 있습니다.
링크한 모델은 변경 사항이 발생하면 자동으로 업데이트 되며, 링크한 모델은
도면 표현, 수량 산출 등에 활용할 수 있습니다.
Revit에서는 Revit, IFC, CAD, 지형, DWF 마크업, 포인트 클라우드, 외부 좌표,
PDF, 이미지 등을 링크하고 관리할 수 있습니다.

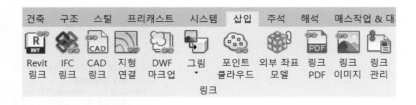

MEMO

필기 예상문제

01 레빗에서 기준 요소에 해당하지 않는 것은?

① 레벨
② 그리드
③ 참조평면
④ 상세 선

정답 ④
해설 상세 선은 기준 요소가 아니라 주석 요소이다.

02 국토교통부에서 제시하는 상세수준 중 기본설계 단계에 해당하는 것은?

① 상세수준 200
② 상세수준 300
③ 상세수준 350
④ 상세수준 400

정답 ①
해설 상세수준 200은 기본설계 단계에서 필요한 형상을 표현한다.

03 BIM 저작도구의 운용을 위해 고려해야 할 사항은?

① 작업 위치
② 프로그램 버전
③ 프로그램 제조사
④ 웹하드

정답 ②
해설 BIM 저작도구의 운용을 위해서는 프로젝트 참여자가 모두 같은 프로그램 버전을 사용해야 한다.

04 레빗에서 프로젝트의 수평 위치를 정의하는 요소는?

① 그리드
② 벽
③ 레벨
④ 기둥

정답 ①
해설 그리드는 프로젝트에서 수평 위치를 정의한다.

05 레빗에서 프로젝트의 수직 높이를 정의하는 요소는?

① 그리드
② 입면도
③ 레벨
④ 단면도

정답 ③
해설 레벨은 프로젝트의 수직 높이를 정의한다.

06 소프트웨어 간에 BIM 모델의 상호운용 및 호환을 위하여 개발한 국제표준 기반의 데이터 포맷은?

① CDE
② IFC
③ RVT
④ ISO

정답 ②
해설 IFC는 BIM 모델의 상호운용 및 호환을 위하여 개발한 국제 표준 데이터 포맷이다.

07 레빗에서 여러 사람이 동시에 모델을 작업할 수 있는 기능은?

① 공동작업   ② 프로젝트 매개변수
③ 설계옵션   ④ 공정

정답 ①
해설 공동작업은 여러 사람이 동시에 하나의 모델을 작업할 수 있는 기능이다.

08 국토부에서 제시하는 상세 수준 중 실시설계(낮음) 단계에서 필요한 모든 부재를 표현하는 수준은?

① 상세수준 100   ② 상세수준 200
③ 상세수준 300   ④ 상세수준 350

정답 ③
해설 상세수준 300은 실시설계(낮음) 단계에서 필요한 모든 부재를 표현하는 수준이다.

09 레빗에서 공동작업을 위해 BIM 모델을 내부, 외부 등 임의의 부분으로 구분하는 기능은?

① 작업세트   ② 중앙파일과 동기화
③ 편집 요청   ④ 작업 공유 감시

정답 ①
해설 작업세트는 공동작업을 위해 BIM 모델을 내부, 외부 등 임의의 부분으로 구분하는 것이다.

10 건축 분야 BIM 모델의 구성 요소가 아닌 것은?

① 벽(비내력벽)   ② 커튼월
③ 창   ④ 기초

정답 ④
해설 기초는 구조 분야 BIM 모델의 구성 요소이다.

MEMO

SECTION
01 BIM 저작도구 인터페이스 및 운용

step 1 BIM 저작도구 인터페이스

본 학습에서는 BIM 저작 도구 중 국내에서 가장 많이 사용하는 Autodesk Revit 소프트웨어에 대해 학습합니다.

Revit의 인터페이스는 크게 메뉴, 뷰, 특성, 프로젝트 탐색기, 뷰 조절 막대로 구성되어 있습니다.

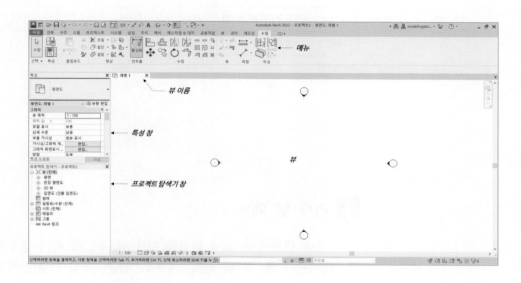

메뉴에는 각종 명령들이 포함되어 있으며, 공통 명령 및 상황에 맞는 명령이 표시됩니다. 또한 상황에 따라 옵션바를 사용할 수 있습니다.

뷰는 3차원, 평면, 입면, 단면 등의 3차원 모델 및 도면을 표시하는 공간입니다. 여러 뷰를 동시에 사용할 수 있으며, 뷰의 가시성 및 그래픽을 조정할 수 있습니다.

특성은 객체 및 뷰의 특성 정보가 표시하고, 수정할 수 있습니다. 특성은 유형 특성과 인스턴스 특성이 있으며, 유형 특성은 유형의 공통 정보, 인스턴스 특성은 단일 객체의 정보를 말합니다.

프로젝트 탐색기는 프로젝트의 모든 뷰, 패밀리, 시트, 그룹, 링크 등을 표시하고, 수정할 수 있습니다.

뷰 조절 막대는 축척, 상세 수준, 비주얼 스타일, 임시숨기기, 뷰 영역 자르기 등을 조정할 수 있습니다.

Revit은 각 명령에 툴팁 설명을 제공합니다. 툴팁에는 명령의 단축키, 정의, 사용 방법 등이 표시됩니다.

[자주 사용하는 단축키]

명령	단축키	명령	단축키
가시성 그래픽 재지정	VV(VG)	전체 화면 보기	ZA
가는선	TL	탭뷰	TW
임시 요소 숨기기	HH	타일뷰	WT
임시 요소 분리	HI	레벨	LL
임시숨기기/분리 재설정	HR	그리드	GR
이동	MV	복사	CO
간격띄우기	OF	선	LI
유형 특성 일치	MA	벽	WA

step 2 건축 탭 메뉴

건축 탭은 건축 모델 작성을 위한 벽, 문, 창 등의 명령이 있습니다. 명령은 빌드, 순환, 모델, 룸 및 면적, 개구부, 기준, 작업 기준면 패널로 구성되어 있습니다.

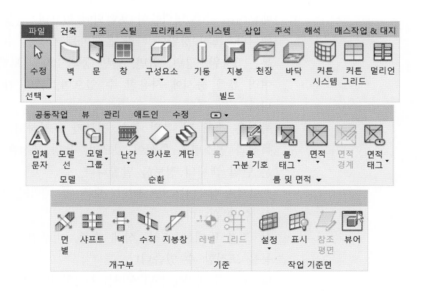

step 3 구조 탭 메뉴

구조 탭은 구조 모델 작성을 위한 보, 기둥, 바닥 등의 명령이 있습니다. 명령은 구조, 연결, 기초, 철근 배근, 모델, 개구부, 기준, 작업 기준면 패널로 구성되어 있습니다.

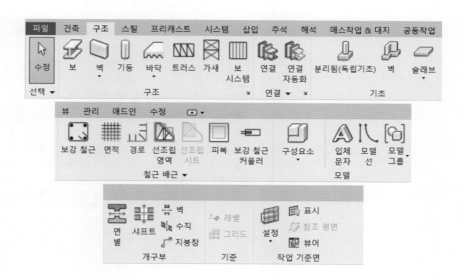

step 4 삽입 탭 메뉴

삽입 탭은 Revit 링크, CAD 링크 등의 명령이 있습니다. 명령은 링크, 가져오기, 라이브러리에서 로드 패널로 구성되어 있습니다.

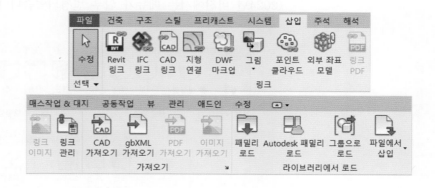

step 5 주석 탭 메뉴

주석 탭은 정렬, 문자, 태그 등의 명령이 있습니다. 명령은 치수, 상세정보, 문자, 태그, 색상 채우기, 기호 패널로 구성되어 있습니다. (2024년 버전에서는 메뉴가 일부 변경되었습니다.)

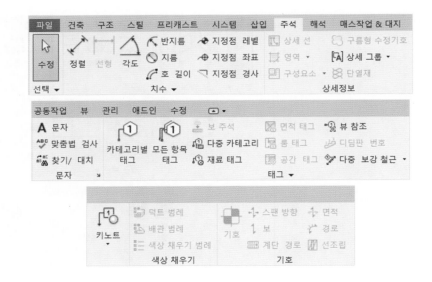

step 6 매스작업 & 대지 탭 메뉴

매스작업 & 대지 탭은 내부 매스, 지형면 등이 명령이 있습니다. 명령은 개념 매스, 면으로 모델링, 대지 모델링, 대지 수정 패널로 구성되어 있습니다. (2024년 버전에서는 메뉴가 일부 변경되었습니다.)

step 7 공동작업 탭 메뉴

공동 작업 탭은 공동작업, 작업세트, 간섭확인 등의 명령이 있습니다. 명령은 통신, 공동작업 관리, 동기화, 모델 관리, 좌표, 공유 패널로 구성되어 있습니다.

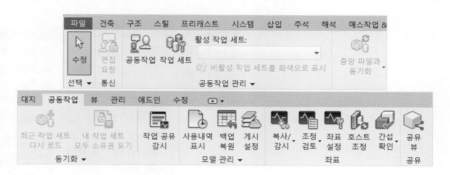

step 8 뷰 탭 메뉴

뷰 탭은 뷰 템플릿, 가시성/그래픽, 3D 뷰 등의 명령이 있습니다. 명령은 그래픽, 표현, 작성, 시트 구성, 창 패널로 구성되어 있습니다.

step 9 관리 탭 메뉴

관리 탭은 재료, 스냅, 좌표, 설계옵션 등의 명령이 있습니다. 명령은 설정, 프로젝트 위치, 설계 옵션, 프로젝트 관리, 공정, 선택, 조회, 매크로, 시각적 프로그래밍 패널로 구성되어 있습니다.

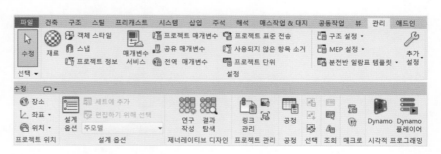

step 10 수정 탭 메뉴

수정 탭은 이동, 복사, 그룹 등의 명령이 있습니다. 명령은 특성, 클립보드, 형상, 수정, 뷰, 측정, 작성 패널로 구성되어 있습니다.

step 11 BIM 저작도구 운용 방법

Revit과 같은 BIM 저작도구 운용 시 소프트웨어의 버전 및 용량을 관리하는 것이 중요합니다.

소프트웨어의 버전은 프로젝트에 참여자가 모두 같은 버전을 사용해야 합니다. 버전이 다를 경우 작성한 파일을 열 수 없는 경우가 있습니다.

모델 용량이 과도할 경우 소프트웨어의 속도 저하 또는 갑작스런 다운 등의 문제가 발생할 수 있습니다. 따라서 필요시 지상, 지하 등과 같이 적절한 용량이 유지되도록 파일을 분할하여 관리합니다.

SECTION
02

분야별 BIM 모델 구축

step 1 ## 템플릿 개념 이해

템플릿은 뷰 템플릿, 로드된 패밀리, 정의된 설정 등을 포함하는 파일로, 새 프로젝트의 시작 파일로 사용합니다.
사용자 템플릿을 작성하여 사용하면 업무 효율을 높일 수 있고, 회사의 경우 표준을 구축하는데 활용할 수 있습니다.

step 2 ## BIM 모델 구축 기준

BIM 데이터의 단위는 국제표준화기구(ISO) 기준의 십진법 미터(m) 또는 밀리미터(mm)를 사용합니다.
BIM 데이터의 축척은 1:1 적용을 원칙으로 하고, 추출된 성과물(도면, 시각화 자료, 각종 분석 자료 등)의 표현에 있어 필요시 임의의 축척을 적용할 수 있습니다.
BIM 데이터에 적용할 측량 기준계 및 위치 좌표는 지구 중심 좌표계에 따른 위도와 경도 표현체계 및 평면 직각좌표계 기준을 적용합니다. 지형이나 대지 및 BIM의 모델 부위의 표고는 수준원점 높이를 기준으로 합니다.
BIM 데이터의 치수는 실제 치수와 일치하도록 작성해야 하며, 임의로 변경하지 않습니다. 단, 오차가 허용되는 경우 오차범위 내에서 BIM 데이터를 작성할 수 있습니다.
BIM 데이터의 재료는 공종, 부위 등 시설물의 구성 요소를 색상을 활용하여 표현하는 권장하고 있습니다.

step 3 ## 분야별 BIM 모델 구축 공통사항

모든 객체는 구분하여 작성하며, 타 객체와 간섭이 발생하지 않도록 작성합니다. 예를 들어 기둥과 보를 합쳐서 하나의 객체로 작성하지 않으며 따로 구분하여 작성하며, 두 객체의 형상이 서로 간섭되지 않도록 작성합니다. 이는 설계적인 간섭 내용을 말하는 것은 아닙니다.
모든 객체는 해당 부위 객체 작성 기능을 사용함을 원칙으로 합니다. 만약 소프트웨어의 제약이 있는 경우 범용객체로 작성하고, 이를 확인할 수 있는 조치를 합니다.

step 4 레벨

레벨은 건물의 층 또는 수직 높이를 정의하는 기준 요소이며, 명령은 건축 탭의 기준 패널에 있습니다.

레벨은 지붕, 바닥, 천장 등 대부분의 요소에 참조로 사용되는 유한한 수평 기준 면입니다. 레벨의 이동 또는 삭제는 연관된 요소에 영향을 미칩니다.

레벨은 입면도 또는 단면도에서 작성할 수 있습니다.

레벨의 유형 특성은 높이 기준, 선 두께, 색상,기호 등이 있습니다. 인스턴스 특성은 입면도, 이름 등이 있습니다.

step 5 그리드

그리드는 건물의 수평 위치를 정의하는 기준 요소이며, 명령은 건축 탭의 기준 패널에 있습니다.

기둥과 보를 제외한 다른 요소는 그리드의 이동에 영향을 받지 않습니다.

그리드는 평면에서 작성할 수 있습니다.

그리드의 유형 특성은 기호, 두께, 색상 등이 있습니다. 인스턴스 특성은 스코프 와 이름이 있습니다.

step 6 형상 결합

기둥, 보, 벽, 바닥 등 요소가 서로 만나는 부분의 형상은 대부분 자동으로 결합됩니다. 형상 결합이 적용되지 않은 부분 또는 다수의 요소와 직접 형상 결합을 적용할 수 있으며, 결합의 순서, 해제 등을 할 수 있습니다.

step 7 구조 분야 BIM 모델 구축

구조 분야의 BIM 모델은 기초, 기둥, 보, 트러스, 벽체(내력벽), 바닥(슬래브), 데크플레이트, 지붕, 계단, 경사로로 구성됩니다.

구조 BIM 데이터는 구조 부위 객체로 작성합니다. 각 부재의 형상은 치수를 정확히 반영합니다. SRC 부재는 철골과 철근콘크리트 부재를 별도 작성하거나 하나의 객체로 작성할 수 있습니다.

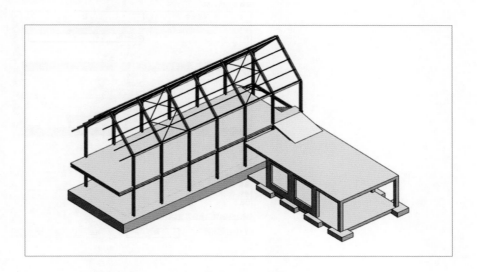

step 8 구조 기둥

기둥은 구조 기둥과 건축 기둥이 있으며, 구조 모델에서는 구조 기둥을 사용합니다. 명령은 구조 탭의 구조 패널에 있습니다.

구조 기둥의 유형 특성은 크기를 정의하는 치수가 있습니다. 인스턴스 특징은 기둥의 상단 및 하단의 레벨과 간격띄우기, 재료 등이 있습니다. 이러한 특성은 작성 후에도 수정할 수 있습니다.

기둥은 평면 및 3D 뷰에서 작성할 수 있으며, 작성 방식은 점 방식으로 배치하고자 하는 위치를 클릭하여 작성합니다. 그리드 및 열을 선택하여 다중으로 작성할 수도 있습니다.

작성한 기둥은 메뉴에서는 상단/베이스 부착 및 분리 기능을 사용할 수 있습니다. 뷰에서는 스페이스바를 누르면 90도씩 회전됩니다.

철골 기둥의 경우 뷰의 상세 수준에 따라 다르게 표시됩니다.

step 9 구조 기초

구조 기초는 분리됨(독립기초), 벽, 슬래브의 3가지 종류가 있습니다. 명령은 구조
탭의 기초 패널에 있습니다.

기초의작성 방식은 분리됨(독립기초)는 점 방식 또는 그리드 이용, 벽은 벽 선택,
슬래브는 영역 방식입니다. 기초는 평면 및 3D 뷰에서 작성할 수 있습니다.
분리됨(독립기초)의 유형 특성은 기초의 크기를 나타내는 치수 등이 있으며, 인
스턴스 특성은 레벨, 높이 간격띄우기, 재료 등이 있습니다.

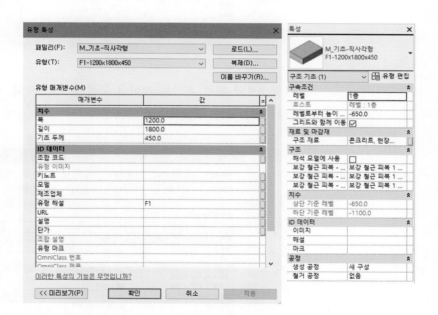

벽의 유형 특성은 재료, 용도, 크기를 나타내는 치수 등이 있으며, 인스턴스 특성은 특이 사항이 없습니다. 뷰에서 반전 표시를 클릭하여 방향을 전환할 수 있습니다.

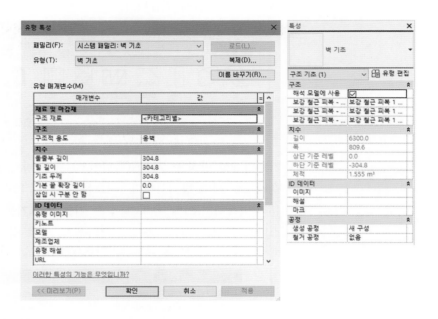

슬래브의 유형 특성은 레이어 구성 등이 있으며, 인스턴스 특성은 레벨, 높이 간격 띄우기 등이 있습니다.

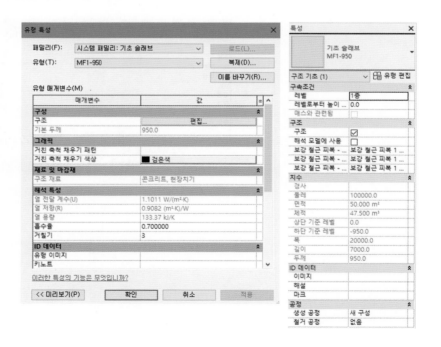

step 10 보

보는 하중을 기둥에 전달하는 수평 요소이며, 명령은 구조 탭의 구조 패널에 있습니다.

보의 유형 특성은 단면 크기를 정의하는 치수가 있으며, 인스턴스 특성은 레벨, 간격띄우기, 맞춤, 재료 등이 있습니다.

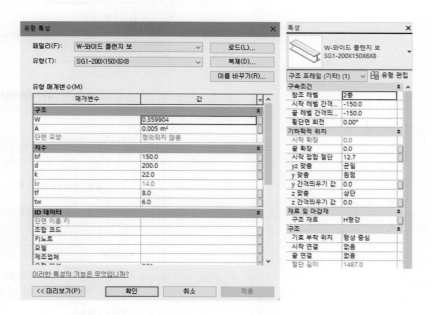

보는 평면, 3D, 입면, 단면 뷰에서 작성할 수 있으며, 작성 방식은 선 방식입니다. 선 작성 시 선, 선 선택 등의 옵션을 사용할 수 있습니다. 그리드에서 기능을 이용하여 다중으로 작성할 수도 있습니다.

작성된 보는 메뉴에서 패밀리 편집, 맞춤, 작업 기준면 등을 수정할 수 있습니다.

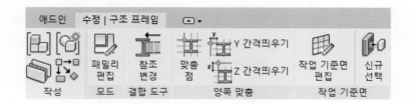

뷰에서는 모양 핸들, 끝점, 반전 등을 수정할 수 있고, 끝점을 우클릭하면 끌기, 결합 금지 등의 기능을 사용할 수 있습니다.

step 11 구조 벽

벽은 구조 벽과 건축 벽 2가지 종류가 있습니다. 구조 모델에서는 구조 벽을 사용합니다. 명령은 구조 탭의 구조 패널에 있습니다.

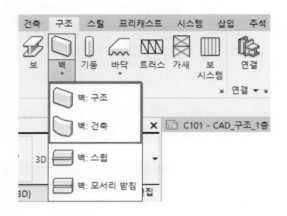

벽은 기본벽, 적층벽, 커튼월의 3가지 패밀리가 있습니다.

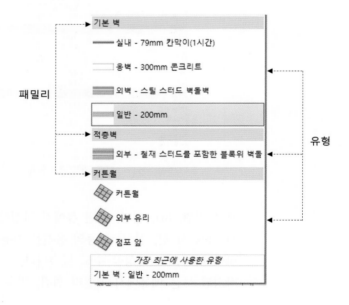

벽의 유형 특성은 레이어 구성 등이 있으며, 인스턴스 특성은 위치선, 상단 및 베이스 구속조건, 간격띄우기 등이 있습니다. 구조 벽의 경우 대부분 콘크리트 재료와 같은 단일 레이어로 구성합니다.

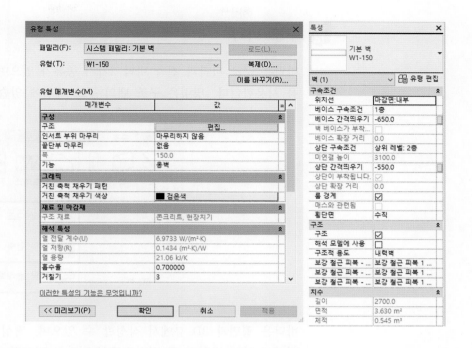

벽은 평면, 3D, 입면, 단면 뷰에서 작성할 수 있으며, 선 작성 방식입니다. 벽의 위치선은 벽을 작성한 선에 대한 벽의 평면 위치를 말합니다.

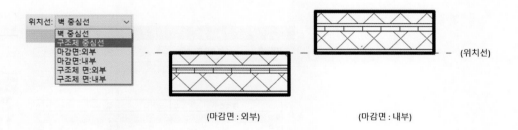

(마감면 : 외부)　　　　　　　　(마감면 : 내부)

작성한 벽은 메뉴에서 프로파일 편집, 상단 및 베이스 부착과 분리, 개구부 등의 기능을 사용할 수 있습니다.

뷰에서는 상단 및 하단 높이를 수정할 수 있는 모양 핸들, 길이를 수정할 수 있는 끝점, 끝점을 우클릭하여 끌기, 결합 금지 등의 기능을 사용할 수 있습니다. 스페이스 바를 눌러 벽의 방향을 변경할 수 있고, 평면 뷰에서는 스페이스바 및 반전을 클릭하여 벽의 방향을 변경할 수 있습니다.

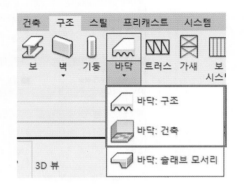 구조 바닥

바닥은 구조 바닥과 건축 바닥 2가지 종류가 있으며, 구조 모델에서는 구조 바닥을 사용합니다. 명령은 구조 탭의 구조 패널에 있습니다.

바닥은 평면과 3D 뷰에서 작성할 수 있으며, 작성 방식은 영역 방식입니다. 작성시 바닥의 방향과 한 방향으로의 경사를 적용할 수 있습니다.

바닥의 유형 특성은 레이어, 기능 등이 있으며, 인스턴스 특성은 레벨, 높이 간격띄우기 등이 있습니다. 구조 바닥의 레이어는 보통 하나의 콘크리트 재료로 구성됩니다.

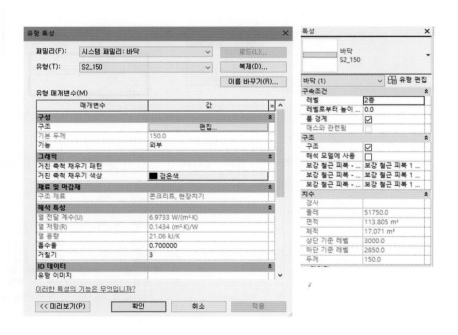

작성한 바닥은 경계 편집을 통해 영역 스케치를 수정할 수 있고, 하위 요소 수정을 통해 복잡한 경사를 작성할 수 있습니다.

step 13 계단

계단은 수직 이동 요소이며, 명령은 건축 탭의 순환 패널에 있습니다. 계단은 작성 기준에 따라 구조 모델 또는 건축 모델에 작성합니다.

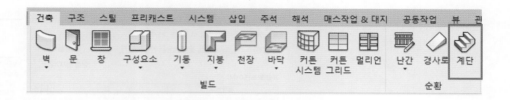

계단의 패밀리는 조합된 계단, 프리캐스트 계단, 현장타설 계단 3가지가 있습니다.

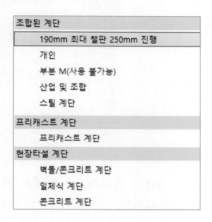

계단은 계단진행, 계단참, 지지, 난간으로 구성되어 있습니다.

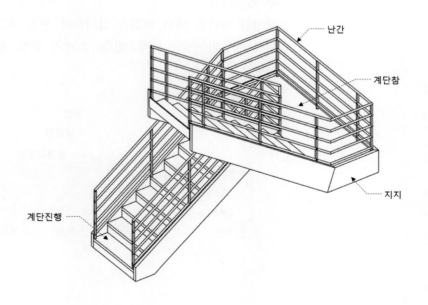

계단의 유형 특성은 최대 챌판 높이, 최소 디딤판 깊이, 최소 계단진행 폭, 계단
진행 유형 특성, 계단참 유형 특성, 지지 유형 특성 등이 있습니다. 인스턴스 특성은
베이스 및 상단의 레벨과 간격띄우기, 원하는 챌판 수, 실제 디딤판 깊이 등이
있습니다.

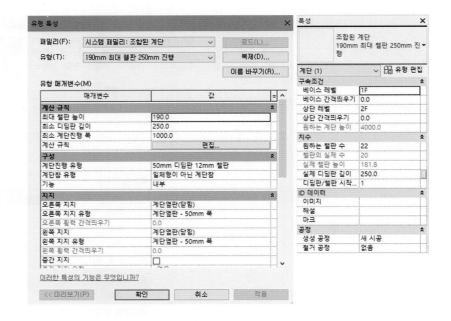

계단은 평면과 3D 뷰에서 작성할 수 있습니다. 계단의 종류는 직선, 나선형, 돌
음디딤면, 스케치 작성이 있습니다. 계단은 종류에 따라 선 기반, 스케치 기반
등 다양한 작성 방식을 가집니다.

계단 작성 시 난간을 포함하여 작성할 수 있으며, 작성 후에도 난간을 추가할
수 있습니다.

작성한 계단은 계단 편집을 클릭하여 편집 모드로 들어 갈 수 있고, 편집 모드
에서 계단의 추가, 삭제, 변경, 스케치 편집, 반전 등의 기능을 이용할 수 있습
니다.

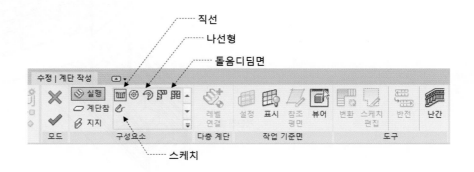

step 14 경사로

경사로의 계단과 같은 수직 이동 요소이며, 명령은 건축 탭의 순환 패널에 있습니다. 경사로는 작성 기준에 따라 구조 모델 또는 건축 모델에 작성합니다.

경사로의 유형 특성은 모양, 두께, 최대 경사 길이, 경사로 최대 경사 등이 있습니다. 인스턴스 특성은 베이스 및 상단 레벨, 간격띄우기, 폭 등이 있습니다.

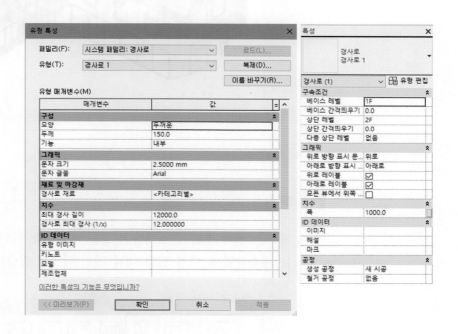

경사로는 평면과 3D 뷰에서 작성할 수 있습니다. 경사로의 작성은 실행을 이용하는 방식과 경계 및 챌판을 스케치 하는 방식이 있습니다.

경사로 작성 시 난간을 포함하여 작성할 수 있으며, 작성 후에도 난간을 추가할 수 있습니다.

작성한 경사로는 스케치 편집 기능을 이용하여 수정할 수 있습니다.

step 15 · 건축 분야 BIM 모델 구축

건물 내부와 외부에 공기가 통하는 뚫린 공간이 없도록 모델링되어야 하며, 내벽과 외벽이 이어지는 경우 반드시 내벽과 외벽을 분리하여 작성합니다.

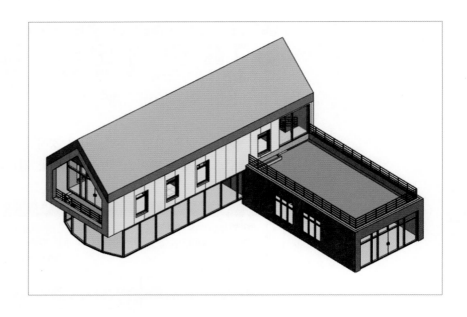

step 16 · 매스

매스는 설계 초기 단계에서 건물을 개념화하기 위한 작성하는 형상입니다. 명령은 매스작업 & 대지 탭의 개념 매스 패널에 있습니다.

매스는 대부분의 뷰에서 작성할 수 있으며, 작성한 매스를 활용하여 바닥 면적, 부피 등을 검토할 수 있습니다. 또한 매스의 면을 이용하여 벽, 지붕 등의 모델 요소를 작성할 수도 있습니다.
매스는 설계 옵션을 사용하여 다양한 대안을 만들 수 있습니다. 설계 옵션은 매스 뿐만 아니라 대부분의 요소에 적용할 수 있습니다.

step 17 건축 벽

건축 벽은 구조적 역할을 하지 않는 벽으로, 구조 벽과 달리 다양한 레이어로 구성되는 특징이 있습니다.

벽의 레이어는 기능, 재료, 두께, 마무리, 구조재료로 구성됩니다.

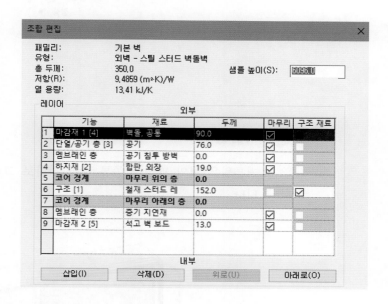

기능은 구조, 하지재, 단열/공기층, 마감재, 맴브레인층이 있습니다. 재료의 역할에 따라 사용자가 지정하며, 벽 교차시 레이어 결합의 우선순위를 정의합니다. 벽은 외부와 내부의 방향을 갖고 있으므로, 레이어 작성 시 벽의 방향을 고려하여 순서를 정합니다.

벽의 레이어는 뷰의 상세 수준에 따라 다르게 표현됩니다. 상세 수준이 낮음에서는 벽의 두께만 표시되고, 중간 및 높음에서는 모든 레이어가 표시됩니다.

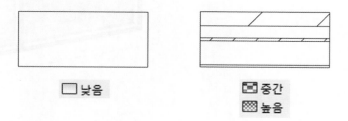

작성된 벽의 결합을 수정하거나 면 분할, 페인트 적용 등을 할 수 있습니다.

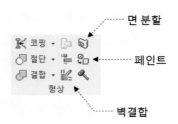

step 18 커튼월

커튼월은 벽의 패밀리 종류 중에 하나로 그리드, 패널, 멀리언으로 구성된 벽입니다.

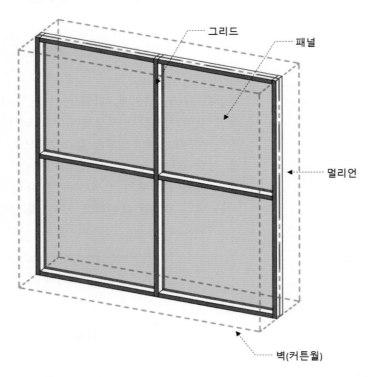

커튼월은 벽 명령을 실행한 후 벽의 커튼월 패밀리에서 원하는 유형을 선택하여 작성할 수 있습니다. 또는 매스의 면을 이용하여 작성할 수도 있습니다.
그리드와 멀리언은 커튼월의 유형 특성에서 정의하여 작성할 수도 있고, 별도의 명령을 사용하여 자유롭게 작성할 수도 있습니다.
패널은 시스템에서 제공하는 기본 패널, 문과 같은 사용자정의 패밀리, 벽의 유형을 사용할 수 있습니다.

커튼월의 유형 특성은 기본벽의 유형 특성 외에 그리드와 멀리언을 설정할 수 있습니다. 인스턴스 특성은 기본벽의 특성 외에 그리드가 있습니다.

19 지붕

지붕은 평지붕, 경사지붕 등의 다양한 형상을 작성할 수 있으며, 명령은 건축 탭의 빌드 패널에 있습니다.

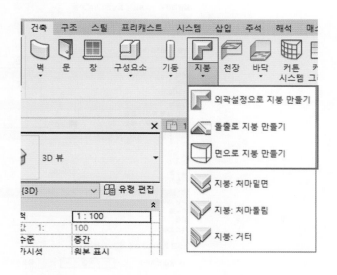

지붕은 시스템 패밀리이며, 경사 유리와 기본 지붕 2가지가 있습니다.

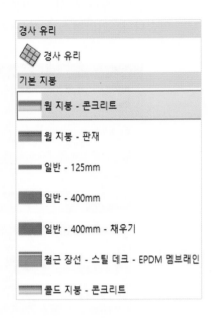

지붕은 외곽설정과 돌출 2가지 방법으로 작성할 수 있습니다.

외곽설정으로 지붕만들기는 지붕의 외곽을 스케치하고 필요시 다양한 경사를 주어 지붕을 작성합니다. 평면 및 3D 뷰에서 작성할 수 있습니다.

돌출로 지붕만들기는 지붕의 단면 형상을 스케치하여 작성합니다. 입면, 단면, 3D 뷰에서 작성할 수 있습니다.

지붕의 유형 특성은 레이어 구성, 두께 등이 있습니다. 인스턴스 특성은 레벨, 간격띄우기 등이 있습니다.

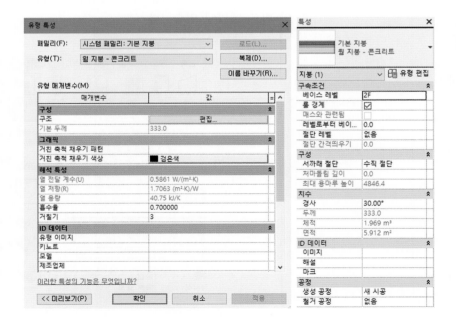

작성한 지붕은 편집을 통해 스케치를 수정할 수 있고, 모양 편집을 통해 다양한 경사를 작성할 수 있습니다.

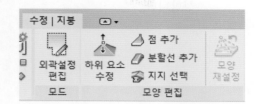

지붕의 레이어는 뷰의 상세 수준에 따라 다르게 표현됩니다. 상세 수준이 낮음에서는 외곽만 표시되고, 중간 및 높음에서는 모든 레이어가 표시됩니다.

step 20 건축 바닥

건축 바닥은 구조적 기능을 하지 않는 것으로, 구조 바닥과 달리 다양한 레이어를 갖는 특징이 있습니다.
바닥의 레이어는 기능, 재료, 두께, 구조 재료, 변수를 설정할 수 있습니다.

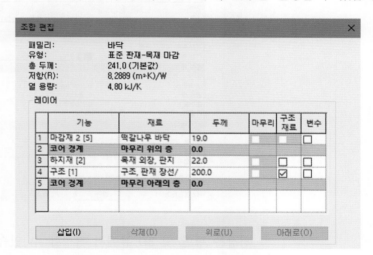

step 21 천장

천장은 바닥과 같은 건축의 수평 요소이며, 명령은 건축 탭의 빌드 패널에 있습니다.

천장의 작성 방식은 자동 천장과 스케치 천장이 있습니다. 자동 천장은 벽으로 둘러쌓인 공간에 사용할 수 있으며, 스케치 천장은 직접 경계를 스케치하여 작성합니다.

천장의 유형 특성은 레이어 구성, 두께 등이 있습니다. 인스턴스 특성은 레벨, 간격띄우기 등이 있습니다.

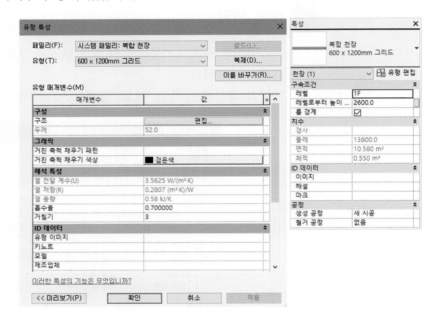

천장은 평면 및 3D 뷰에서 작성할 수 있습니다. 벽, 바닥 등과 같이 천장의 레이어는 뷰의 상세 수준에 따라 다르게 표시됩니다.

🔲22 문 및 창

문과 창은 벽 내부에 작성되며, 명령은 건축 탭의 빌드 패널에 있습니다.

문과 창이 위치한 부분의 벽 형상은 자동으로 절단됩니다. 벽이 이동, 복사, 삭제 등 수정되면, 문과 창도 함께 수정됩니다.

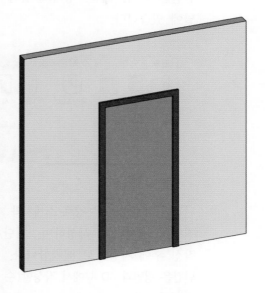

문과 창은 평면, 입면, 3D 뷰 등에서 작성할 수 있습니다. 문과 창은 사용자정의 패밀리이기 때문에 패밀리 편집에서 상세 수준에 따른 가시성을 설정할 수 있습니다.

문과 창의 유형 특성은 높이, 폭 등의 치수, 재료 등이 있습니다. 인스턴스 특성은 레벨, 씰 높이 등이 있습니다.

step 23 난간

난간은 바닥, 계단, 경사로 등에 작성되는 요소이며, 명령은 건축 탭의 순환 패널에 있습니다.

난간의 작성 방법은 경로 스케치와 계단/램프에 배치가 있습니다. 경로 스케치는 경로를 직접 스케치하여 작성하며, 계단/램프에 배치는 계단 및 램프의 작성 중 또는 작성 후에 자동으로 배치합니다.

난간은 평면과 3D 뷰에서 작성할 수 있습니다. 난간은 상단, 난간동자, 난간, 핸드레일로 구성됩니다.

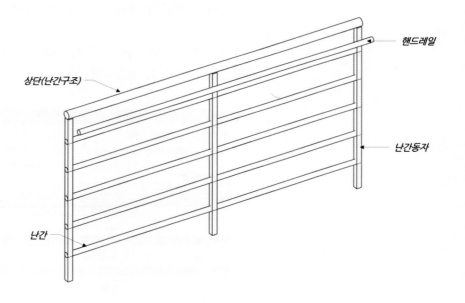

난간의 유형 특성은 구성, 상단 난간, 핸드레일 등이 있습니다. 인스턴스 특성은 레벨, 간격띄우기 등이 있습니다.

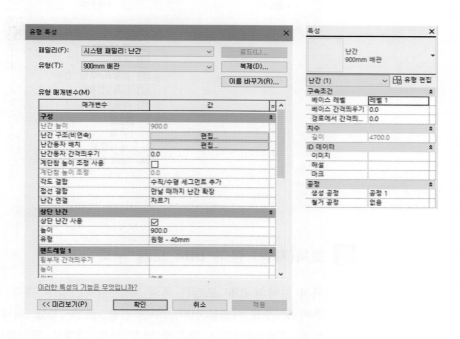

step
24 그룹

그룹은 여러 요소를 그룹화하여 프로젝트에서 여러 번 배치할 수 있습니다. 같은 요소들이 반복적으로 사용될 경우 그룹을 사용하면 편리하게 모델을 작성할 수 있습니다.

그룹은 현재 프로젝트에서 여러 요소들을 선택하여 직접 그룹을 작성할 수도 있고, 외부의 Revit 프로젝트 파일을 그룹으로 로드하여 현재 프로젝트에서 활용할 수도 있습니다. 그룹의 내용을 수정하면 유형 특성과 같이 모든 그룹 인스턴스에 반영됩니다.

작성한 그룹 또는 로드한 그룹은 프로젝트 탐색기의 그룹에 표시됩니다. 프로젝트 탐색기에서 그룹의 인스턴스 작성, 삭제 등을 관리할 수 있습니다.

step 25 토목(지형) 분야 BIM 모델 구축

토목 분야의 BIM 모델은 옥외 오수, 우수, 급수 관로, 중요 가시설, 대지, 도로, 옹벽 등 주요 시설물(선택), 주변 건물, 조경시설물, 바닥 포장 등으로 구성됩니다. 토목 BIM 데이터는 대지와 조경 부위 객체로 작성합니다. 필요시 도로, 보도, 주변 등을 작성합니다.

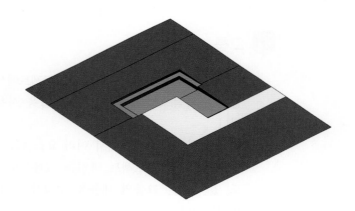

step 26 지형

지형은 건물 주위 대지의 높이와 형상을 나타내는 면을 말합니다. 명령은 매스 작업 & 대지 탭의 대지 모델링 패널에 있습니다.

지형은 점 배치, 도면에서 작성, 점 파일에서 작성이 있습니다. 점 배치는 점의 고도와 위치를 사용자가 직접 작성하며, 도면 및 점 파일은 외부 파일을 이용하여 작성합니다.

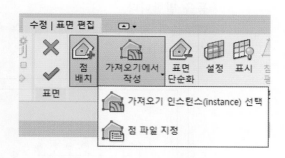

지형과 관련하여 대지 구성요소, 주차장 구성요소, 패드 등을 작성할 수 있습니다. 패드는 건물이 위치할 부분의 지형을 절단하는 기능입니다.

작성한 지형은 표면 분할, 표면 병합, 소구역, 대지 경계선 등을 수정할 수 있습니다. 소구역은 지형 내부에 별도의 영역으로 도로, 주차장 등을 표현할 수 있습니다.

지형은 평면과 3D 뷰에서 작성할 수 있습니다.

지형은 유형 특성이 없으며, 인스턴스 특성은 재료가 있습니다. 대지 설정에서는 등고선, 단면 그래픽 등을 수정할 수 있습니다.

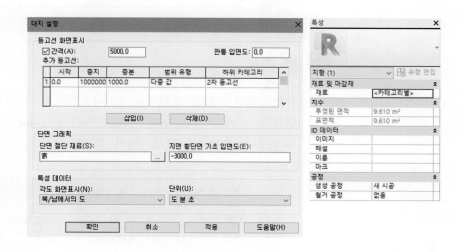

도면작성

step 1 시트

시트는 제목블럭(도면폼)과 뷰로 구성된 하나의 도면을 말합니다. 도면폼은 프로젝트 이름, 도면 이름 등을 표현하며, 뷰는 3D, 평면, 입면, 단면, 상세, 일람표 등을 말합니다.

대부분의 뷰를 시트에 배치할 수 있으며, 프로젝트 탐색기에서 시트를 관리할 수 있습니다.

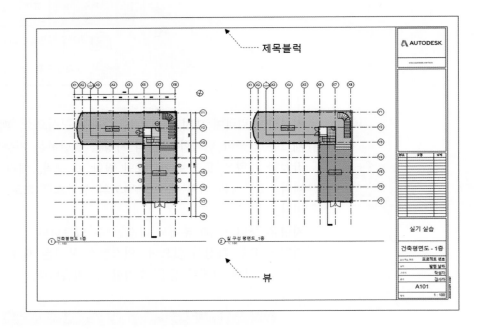

step 2 뷰 종류

뷰는 3차원 모델을 표현하는 3D 뷰, 카메라, 보행시선, 단면도, 콜아웃, 평면도, 입면도, 드레프팅 뷰, 범례, 일람표 등이 있습니다. 작성한 뷰는 복제, 삭제 등을 할 수 있으며, 프로젝트 탐색기에서 관리합니다.

step 3 3차원 뷰

3차원 뷰는 3차원 모델로부터 만들어지는 뷰를 말합니다. 3D, 평면, 입면, 단면 등이 있으며, 이들 뷰는 하나의 모델로부터 만들어지기 때문에 뷰 간에 일관성을 유지할 수 있습니다. 또한 모델에 변경이 발생하면 모든 뷰에 즉시 반영됩니다. 3D 뷰는 모델의 3차원 형상을 볼 수 있으며, 단면 상자를 이용하여 모델 및 뷰의 볼 수 있는 영역을 잘라 낼 수 있습니다.

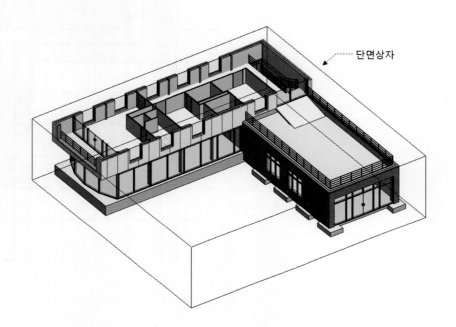

평면, 단면, 입면 등 대부분의 뷰는 수직 및 수평 범위를 가집니다.

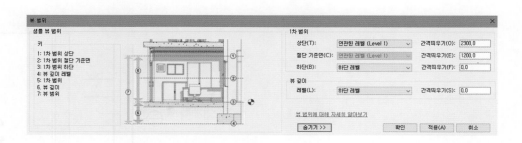

평면은 부분적으로 범위를 표현할 수도 있으며, 단면의 경우 세그먼트를 분할하여 다이믹한 뷰를 작성할 수도 있습니다.

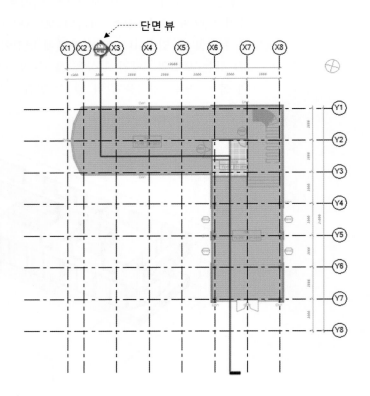

콜아웃 뷰는 평면, 단면 등의 뷰에서 특정 부분을 상세하게 표현할 수 있습니다. 콜아웃 뷰는 작성한 평면 또는 단면 등에 종속됩니다.

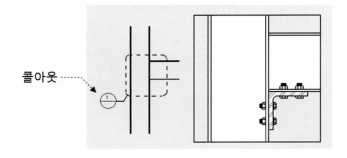

2차원 상세뷰

2차원 상세뷰는 모델과 분리된 뷰를 말합니다. 이러한 뷰는 모델의 특정 부분을 상세하게 표현하기 위해 상세 선, 채우기 패턴, 문자 등을 이용하여 작성한 뷰입니다. 모델이 변경되어도 상세뷰의 내용은 변경되지 않으며, 하나의 상세뷰에서 작성된 내용은 다른 뷰에는 표시되지 않습니다.

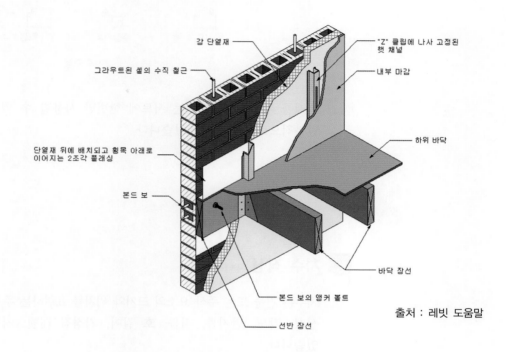

강 단열재

"Z" 클립에 나사 고정된 햇 채널

그라우트된 셀의 수직 철근

내부 마감

하위 바닥

단열재 위에 배치되고 횡목 아래로 이어지는 2조각 플래싱

본드 보

바닥 장선

본드 보의 앵커 볼트

선반 장선

출처 : 레빗 도움말

상세 선은 선을 작성하는 기능이며, 채우기 패턴은 해치 등을 표현하는 기능입니다. 문자는 뷰에서 설명을 추가할 수 있습니다.

상세 선 | 영역 | 구성요소 | 구름형 수정기호 | 상세 그룹 | 단열재

상세정보

step 5 시트 작성 및 배치

평면, 3D, 입면, 단면, 콜아웃, 렌더링, 범례, 일람표 등 프로젝트에서 만든 대부분의 뷰를 시트에 배치할 수 있습니다. 배치는 시트 구성 패널의 시트 명령을 이용하거나, 프로젝트 탐색기에서 원하는 뷰를 드래그하여 배치할 수 있습니다.

범례를 제외한 모든 뷰는 시트에 한번만 사용할 수 있으며, 범례는 여러 시트에 반복적으로 사용할 수 있습니다.

step 6 치수 작성

치수는 건물 또는 주석 요소의 크기와 위치를 표현하는 주석 요소입니다. 치수는 정렬, 선형, 각도, 반지름, 지름, 호 길이, 지정점 레벨, 지정점 좌표, 지정점 경사가 있습니다.

정렬은 평행 참조 사이 또는 여러 점 사이에 치수를 배치합니다. 선형은 참조점 사이의 거리를 측정하는 수평 또는 수직 치수를 배치합니다.
각도는 공통 교차를 공유하는 참조점 사이의 각도를 측정하는 치수를 배치합니다. 반지름은 내부 곡선 또는 모깎기의 반지름을 측정하는 치수를 배치합니다. 지름은 호 또는 원의 지름을 측정하는 치수를 배치합니다. 호 길이는 곡선 벽 또는 기타 요소의 길이를 측정하는 치수를 배치합니다.
지정점 레벨은 선택한 점의 입면을 표시합니다. 지정점 좌표는 프로젝트에 있는 점의 X, Y 자표를 표시합니다. 지정점 경사는 모델 요소의 면 또는 모서리에 있는 특정 점에 경사를 표시합니다.

step 7 태그 작성

태그는 요소가 가진 정보를 표현하는 주석입니다. 유형 이름, 유형 해설, 마크 등 요소의 다양한 정보를 표현할 수 있습니다.

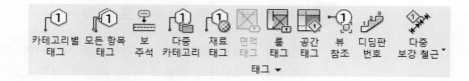

태그의 작성 방법은 카테고리별 태그 또는 모든 항목 태그 기능을 사용할 수 있습니다. 카테고리별 태그는 요소에 직접 작성하는 방식이며, 모든 항목 태그는 뷰에 표시된 모든 요소에 선택한 카테고리별로 자동으로 작성하는 방식입니다.

MEMO

3D 시각화

step 1 카메라 뷰 생성 및 투시도 제작

평면의 원하는 위치에서 카메라 뷰를 작성하여 투시도를 제작할 수 있습니다. 작성한 투시도에서 재료의 재질, 태양의 위치, 그림자, 이미지 품질 등을 설정하여 시각화 자료를 작성 할 수 있습니다. 렌더링과 같은 시각화 자료의 작성은 많은 시간이 소요되기 때문에 보여지는 영역 및 요소를 최소화하고, 초기에는 상세 수준과 해상도를 낮춰 검토하고, 완성도가 높아질수록 상세 수준과 품질을 높여서 작성합니다.

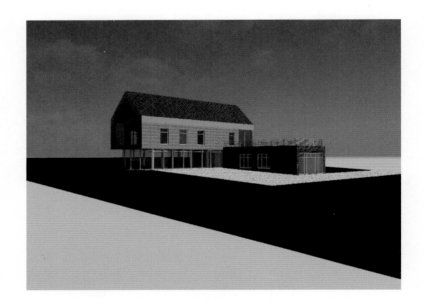

step 2 보행시선 생성 및 영상 제작

건물의 내부 및 외부를 둘러보는 보행시선 뷰를 작성할 수 있습니다. 평면에서 보행시선의 경로 및 카메라를 배치하여 작성하고, 작성된 뷰에서 재료의 재질, 태양의 위치, 그림자 등을 설정합니다. 작성된 뷰는 이미지 또는 동영상으로 추출할 수 있습니다.

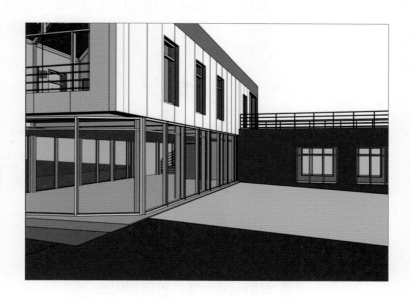

step 3 주석 도구를 활용한 협업 지원

시트를 DWF 파일로 내보내고 파일을 마크업한 다음 마크업을 다시 프로젝트에 링크할 수 있습니다.

내보낸 DWF 파일을 오토데스크 디자인 뷰어와 같은 소프트웨어를 사용하여 마크업 작업을 하고, 이를 BIM 소프트웨어와 링크하면 변경 사항이 동기화되어 협업이 가능해집니다.

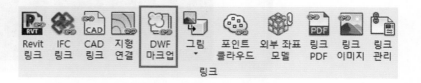

step 1 일조연구 시뮬레이션

일조연구 시뮬레이션은 건물과 대지에 자연광과 그림자가 미치는 모습을 말합니다. 건물과 대지의 위치와 날짜를 설정하면, 원하는 시점의 자연광과 그림자 모습을 확인할 수 있습니다.

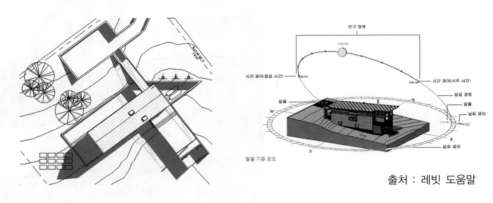

출처 : 레빗 도움말

step 2 Navisworks 인터페이스

간섭검토, 공정 시뮬레이션 등을 할 수 있는 Navisworks의 인터페이스는 메뉴, 뷰, 도구 창으로 구성됩니다.

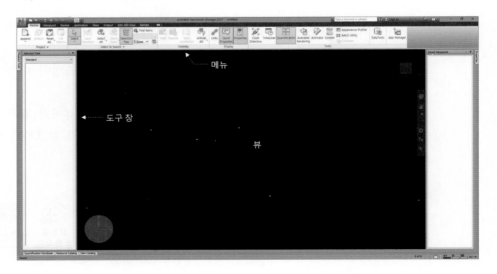

메뉴는 탭, 패널, 명령으로 구성됩니다. 뷰는 모델을 표시하는 영역입니다. 도구 창은 간섭검토, 공정 시뮬레이션 등을 할 수 있는 창으로 고정하거나 숨기기 할 수 있습니다.

step 3 홈 탭

홈 탭은 모두 선택, 링크, 특성 등의 메뉴가 있으며, 프로젝트, 선택 및 검색,
가시성, 표시, 도구 패널로 구성되어 있습니다.

step 4 관측점 탭

관측점 탭은 관측점 저장, 보행시선, 단면 처리 사용 등의 명령이 있으며, 저장,
로드 및 재생, 카메라, 탐색, 렌더 스타일, 단면 처리, 내보내기 패널로 구성되어 있습
니다.

step 5 검토 탭

검토 탭은 측정, 문자, 태그 추가 등의 명령이 있으며, 측정, 수정 지시, 태그, 주석 패널로 구성되어 있습니다.

step 6 애니메이션 탭

애니메이션 탭은 애니메이터, 재생, 스크립트 사용 등의 명령이 있으며, 작성, 재생, 스크립트, 내보내기 패널이 있습니다.

step 7 뷰 탭

뷰 탭은 그리드 표시, 분할 뷰, 창 설정 등의 명령이 있으며, 탐색 보조, 그리드 및 수준, 장면 뷰, 작업공간, 도움말 패널이 있습니다.

step 8 출력 탭

인쇄, 이미지, 애니메이션 등의 출력 명령이 있으며, 인쇄, 보내기, 게시, 장면 내보내기, 시각 요소, 데이터 내보내기 패널이 있습니다.

step 9 단면 및 보행 시선

Navisworks는 단면, 보행시선 등을 사용하여 모델을 탐색할 수 있습니다.

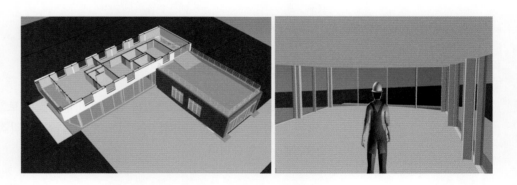

단면은 원하는 위치와 방향에 적용할 수 있고, 여러 단면을 동시에 적용하거나 박스를 이용할 수도 있습니다.

보행 시선은 사람이 걸어 다니는 것과 같은 방식으로 모델을 탐색하는 것으로 3 인칭 아바타, 충돌, 중력, 숙임 등의 기능을 사용할 수 있습니다. 충돌은 3차원 형상을 통과할 수 없는 기능이며, 중력은 3차원 형상 위에 설 수 있는 기능, 천장 등의 높이가 낮은 공간을 이동할 수 있는 기능입니다.

모델을 탐색하면서 필요할 경우 수정 기호, 태그, 문자 등을 뷰에 작성하고 저장할 수 있습니다. 태그는 검토할 내용을 작성하여 태그화하고 뷰를 자동으로 저장할 수 있는 기능입니다.

[주요 도구 창]

도구 창	내용
선택트리	모델을 구성하는 소스 파일을 표시합니다. 트리의 구조는 모델을 작성한 소프트웨어의 구조를 반영합니다.
저장된 관측점	현재 뷰에서 보이는 모습을 저장하고 반복해서 사용할 수 있습니다. 또한 뷰에 수정 기호, 태그, 문자 등을 작성할 수 있습니다.
특성	선택한 객체의 특성을 표시합니다. 특성의 구조와 내용은 모델을 작성한 소프트웨어에 의해 만들어집니다.
항목 찾기	공통된 특성 또는 특성 조합을 가진 항목을 검색하고 선택을 도와줍니다.
세트	파일에서 사용 가능한 선택 세트와 검색 세트를 표시하는 창입니다. 세트는 객체들의 집합입니다.
Clash Detective	3차원 모델을 구성하는 요소들간의 물리적인 간섭을 검토할 수 있습니다.
TimeLiner	3차원 모델 요소의 공정 정보를 연결하여 시간의 흐름에 따라 요소를 시각적으로 표현할 수 있습니다.

step 10 간섭체크 시뮬레이션

3차원 모델을 구성하는 요소들간의 물리적인 간섭을 검토할 수 있습니다. 링크된 모델 또는 통합된 모델을 사용할 수 있으며, 결과를 시각적으로 표시하고, 리포트로 내보낼 수 있습니다.

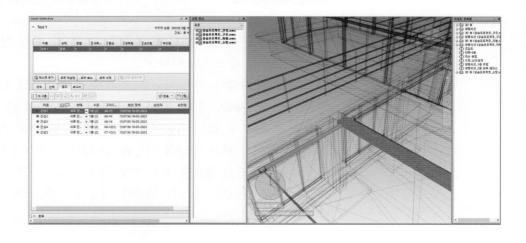

step 11 공정 시뮬레이션

3차원 모델 요소의 공정 정보를 연결하여 시간의 흐름에 따라 요소를 시각적으로 표현할 수 있습니다. 공정 정보는 프로젝트에서 사용하는 프리마베라, 마이크로소프트 프로젝트 등의 공정 소프트웨어를 연결하고 동기화할 수 있습니다. 모델은 공정 정보에 대응 할 수 있도록 구분 및 분할 되어야 합니다. 결과는 이미지 또는 동영상으로 추출할 수 있습니다.

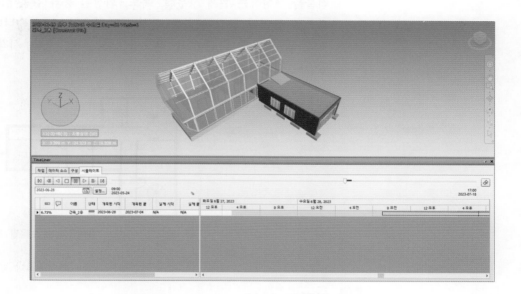

MEMO

공간정보 및 물량산출

step 1 공간 모델 생성

건물을 구성하는 실제 사무실, 복도, 화장실 등과 같은 실을 말합니다. 3차원 모델 요소로 구획된 공간에 실을 작성하고 활용할 수 있습니다. 실의 면적, 부피, 용도 등의 정보를 확인하고, 용도별 색상 구분 등의 시각적인 자료를 작성할 수 있습니다.

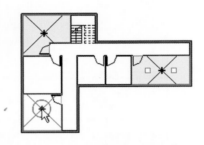

출처 : 레빗 도움말

step 2 일람표 생성

일람표는 3차원 모델을 구성하는 요소를 리스트로 표현하는 것을 말합니다. 작성된 일람표는 3차원 모델과 연결되기 때문에 3차원 모델에 변경이 발생하면 일람표에도 변경이 적용됩니다. 요소가 가진 대부분의 정보를 일람표에서 표현할 수 있으며, 시트에 배치하여 도면으로 추출하거나, 엑셀과 같은 데이터로 추출할 수도 있습니다.

<벽 일람표>				
A	**B**	**C**	**D**	**E**
베이스 구속조건	유형	면적	길이	개수
1층	CW1_수직 1600, 멀리언 50x150	79 m²	29443	3
1층	CW2_수직 고정개수, 멀리언 - 50x150	18 m²	6691	1
1층	W1-150	15 m²	10800	4
1층	실내 - 120mm 칸막이(2시간)	40 m²	16817	7
1층	외벽 - 벽돌벽	119 m²	43895	5
2층	CW1_수직 1600, 멀리언 50x150	26 m²	9350	2
2층	W0-150	20 m²	36150	4
2층	실내 - 79mm 칸막이(1시간)	180 m²	44304	13
2층	외벽 - 스틸 스터드 콘크리트패널	144 m²	52400	6
지붕	일반 - 200mm	10 m²	6350	1
총계: 46		649 m²	256200	46

일람표의 종류는 일람표/수량, 그래픽 기둥 일람표, 재료 수량 산출, 시트 리스트, 노트 블록, 뷰 리스트가 있습니다.

일람표의 유형 특성은 새 뷰에 적용할 템플릿 선택이 있습니다. 인스턴스 특성은 뷰 템플릿, 뷰 이름, 공정, 필드, 필터, 정렬/그룹화, 형식, 모양 등이 있습니다.

일람표는 바닥, 벽, 천장 등의 카테고리별로 작성할 수 있고, 다중 카테고리로 작성할 수도 있습니다.

MEMO

필기 예상문제

01 레빗에서 3D 뷰에서 사용할 수 없는 것은?

① 단면 상자
② 뷰 큐브
③ 치수
④ 상세 선

정답 ④
해설 상세 선은 3차원 뷰에서는 사용할 수 없다.

02 나비스웍스의 간섭 검토 구성 메뉴가 아닌 것은?

① 저장된 관측점
② 보고서
③ 선택
④ 결과

정답 ①
해설 간섭 검토의 메뉴는 규칙, 선택, 결과, 보고서가 있다.

03 레빗의 요소 특성에 해당하지 않는 것은?

① 길이
② 재료
③ 프로젝트 상태
④ 면적

정답 ③
해설 프로젝트 상태는 요소 특성이 아닌 프로젝트 특성이다.

04 레빗에서 주석의 치수에 해당하지 않는 것은?

① 정렬
② 문자
③ 각도
④ 반지름

정답 ②
해설 치수는 정렬, 선형, 각도, 반지름, 호 길이 등이 있다.

05 레빗에서 주석의 상세정보에 해당하지 않는 것은?

① 상세 선
② 채워진 영역
③ 구름형 수정기호
④ 카테고리별 태그

정답 ④
해설 카테고리별 태그는 태그에 해당한다.

06 레빗에 패밀리 로드 명령으로 로드할 수 있는 파일 형식은?

① rvt
② nwf
③ rfa
④ rte

정답 ③
해설 패밀리 파일의 형식은 rfa이다.

07 레빗에서 상세 선, 문자 등의 상세 요소에 대한 설명으로 옳지 않은 것은?

① 평면도, 단면도 등의 2차원 뷰에만 표시된다.
② 상세 요소는 작성한 뷰에만 표시된다.
③ 다른 뷰에 복사하여 사용할 수 있다.
④ 상세 요소를 수정하면 모든 뷰에 반영된다.

정답 ④
해설 상세 요소는 작성한 뷰에만 표시되기 때문에 다른 뷰에 반영되지 않는다.

08 나비스웍스에서 도구 창에 해당하지 않는 것은?

① 3차원 뷰 ② 선택 트리
③ 특성 ④ 저장된 관측점

정답 ①
해설 3차원 뷰는 도구 창이 아닌 인터페이스에 해당한다.

09 레빗에서 요소를 선택하는 방법이 아닌 것은?

① 마우스 좌클릭
② 마우스 드래그
③ 마우스 우클릭
④ 마우스 휠 클릭

정답 ④
해설 마우스 휠은 화면을 확대 또는 축소할 때 사용한다.

10 레빗에서 요소를 다른 뷰, 층 등에 활용할 수 있도록 복사하는 기능은 무엇인가?

① 이동 ② 대칭
③ 클립보드로 복사 ④ 배열

정답 ③
해설 요소를 클립보드에 복사하여 다른 뷰, 층 등에 붙여넣기 할 수 있다.

11 레빗에서 링크할 수 있는 파일 형식 아닌 것은?

① IFC ② CAD
③ Revit ④ PPTX

정답 ④
해설 PPTX는 파워포인트 파일로 링크할 수 없다.

12 레빗에 요소가 움직이지 않도록 고정하는 기능은?

① 삭제 ② 고정
③ 정렬 ④ 회전

정답 ②
해설 고정을 이용하여 요소가 움직이지 않도록 할 수 있다.

13 레빗에서 커튼월의 구성 요소가 아닌 것은?

① 난간 ② 멀리언
③ 패널 ④ 그리드

정답 ①
해설 커튼월은 멀리언, 패널, 그리드로 구성된다.

14 구조 분야 BIM 모델의 구성 요소가 아닌 것은?

① 기초 ② 기둥
③ 문 ④ 보(구조 프레임)

정답 ③
해설 난간은 건축 분야 BIM 모델의 구성 요소이다.

15 레빗에서 현재 뷰에 표시된 요소의 가시성과 그래픽 화면 표시를 재지정하는 기능은?

① 가시성/그래픽 ② 필터
③ 가는선 ④ 뷰 템플릿

정답 ①
해설 가시성/그래픽은 현재 뷰에 표시된 모델 요소 및 주석의 기본 가시성과 그래픽 화면 표시를 재지정한다.

16 나비스웍스에서 요소의 특성 정보를 이용하여 요소를 찾는 기능은?

① 타임라이너 ② 항목찾기
③ 선택트리 ④ 간섭검토

정답 ②
해설 항목찾기는 모델 요소가 가진 특성 정보를 검색하여 요소를 찾을 수 있다.

17 레빗에서 뷰의 가시성, 범위 등의 특성을 저장하여 다른 뷰에 적용하는 기능은?

① 뷰 복제 ② 가시성/그래픽
③ 필터 ④ 뷰 템플릿

정답 ④
해설 뷰 템플릿은 뷰의 특성을 저장하여 다른 뷰에 같은 내용을 적용할 수 있다.

18 레빗에서 난간의 구성 요소가 아닌 것은?

① 난간 동자 ② 상단
③ 멀리언 ④ 핸드레일

정답 ③
해설 난간은 상단, 난간 동자, 난간, 핸드레일로 구성된다.

19 레빗에서 벽의 인스턴스 특성이 아닌 것은?

① 베이스 구속조건 ② 상단 구속조건
③ 위치선 ④ 재료

정답 ④
해설 벽의 재료는 유형 특성이다.

20 레빗에서 뷰의 조절 막대의 구성요소가 아닌 것은?

① 축척 ② 상세 수준
③ 비주얼 스타일 ④ 분야

정답 ④
해설 뷰에서 건축, 구조 등의 분야는 특성 창의 구성요소이다.

21 레빗에서 프로젝트 파일의 형식은 무엇인가?

① RFA ② RVT
③ NWC ④ RTE

정답 ②
해설 레빗의 프로젝트 파일 형식은 RVT이다.

22 레빗에서 계단의 구성요소가 아닌 것은?

① 실행 ② 계단참
③ 바닥 ④ 난간

정답 ③
해설 계단은 실행, 계단참, 지지, 난간으로 구성된다.

23 레빗에서 벽을 작성할 수 없는 뷰는?

① 평면도 ② 드래프팅뷰
③ 3차원 뷰 ④ 천장 평면도

정답 ②
해설 벽은 3차원뷰, 평면도, 천장 평면도에서 작성할 수 있다.

24 레빗에서 자동배치 기능을 사용할 수 없는 요소는?

① 구조 기둥
② 구조 프레임(보)
③ 벽
④ 분리됨(독립기초)

정답 ③
해설 자동배치 기능은 구조 기둥, 구조 프레임(보), 분리됨(독립기초) 등에 사용할 수 있다.

25 레빗의 수정 도구 중 벽이나 보와 같은 요소를 자르거나 연장하여 코너를 형성하는 기능은?

① 코너로 자르기/연장
② 단일 요소 자르기/연장
③ 정렬
④ 간격띄우기

정답 ①
해설 코너로 자르기/연장은 벽이나 보와 같은 요소를 자르거나 연장하여 코너를 형성한다.

26 레빗에서 링크한 모델의 경로, 다시 로드 등을 할 수 있는 명령은?

① 유형 특성
② Revit 링크
③ 링크 관리
④ 파일에서 삽입

정답 ③
해설 링크 관리는 모델의 경로, 다시 로드, 삭제 등을 할 수 있다.

27 레빗에서 문 및 창을 배치할 수 있는 호스트 요소는 무엇인가?

① 벽
② 바닥
③ 기둥
④ 구조 프레임(보)

정답 ①
해설 문 및 창은 벽과 지붕에 배치할 수 있다.

28 나비스웍스에서 보행시선 모드에서 사용할 수 없는 옵션은?

① 충돌
② 숙임
③ 중력
④ 궤도

정답 ④
해설 보행시선 모드에서 충격, 중력, 숙임, 3인칭을 사용하여 탐색할 수 있다.

29 레빗에서 벽, 기둥 등을 부착할 수 있는 대상이 아닌 것은?

① 지붕
② 바닥
③ 참조 평면
④ 천장

정답 ④
해설 부착의 대상은 지붕, 바닥, 참조 평면이 있다.

30 레빗에서 요소의 패밀리 및 유형을 변경을 변경할 수 있는 창은?

① 특성
② 프로젝트 탐색기
③ 유형 선택기
④ 옵션바

정답 ③
해설 유형 선택기는 선택한 요소의 패밀리 및 유형을 변경할 수 있다.

31 레빗에서 벽, 문 등의 방향을 변경할 수 있는 키보드 키는?

① Enter
② Ctrl
③ Shift
④ Space

정답 ④
해설 Space는 벽, 문, 창 등의 방향을 변경할 수 있다.

32 문과 창의 유형 특성이 아닌 것은?

① 씰 높이　　　　　② 높이
③ 재료　　　　　　④ 폭

정답 ①
해설 씰 높이는 문 및 창의 인스턴스 특성이다.

33 선택한 요소를 현재 뷰에서 임시로 숨기는 기능은?

① 뷰에서 숨기기　　② 임시 숨기기
③ 고정　　　　　　④ 가시성/그래픽

정답 ②
해설 임시 숨기기는 선택한 요소를 현재 뷰에서 임시로 숨기는 기능이다.

34 수정 도구 중 요소의 위치를 선택한 요소에 맞춰 정렬하는 기능은?

① 이동　　　　　　② 정렬
③ 간격띄우기　　　④ 분할

정답 ②
해설 정렬은 요소를 선택한 요소에 맞춰 정렬하는 기능이다.

35 기초의 종류가 아닌 것은?

① 벽　　　　　　　② 슬래브
③ 분리됨(독립기초)　④ 가새

정답 ④
해설 기초의 종류는 분리됨(독립기초), 벽, 슬래브가 있다.

36 나비스웍스에서 사용하는 파일 형식이 아닌 것은?

① NWF　　　　　　② NWD
③ PPTX　　　　　④ NWC

정답 ③
해설 나비스웍스는 NWF, NWC, NWD 파일 형식을 사용한다.

37 지붕 작성 방법의 종류가 아닌 것은?

① 외곽설정으로 지붕 만들기
② 돌출로 지붕 만들기
③ 면으로 지붕 만들기
④ 그리드로 지붕 만들기

정답 ④
해설 지붕 작성 방법의 종류는 외곽설정으로 지붕 만들기, 돌출로 지붕 만들기, 면으로 지붕 만들기가 있다.

38 레빗에서 여러 층의 바닥을 한번에 오프닝하는 개구부는?

① 면 별　　　　　　② 샤프트
③ 수직　　　　　　④ 지붕창

정답 ②
해설 샤프트 기능을 이용하여 여러 층의 바닥을 한번에 오프닝 할 수 있다.

39 레빗에서 바닥 또는 지붕의 상단면에 다양한 경사를 줄 수 있는 기능은?

① 하위 요소 수정　　② 경계 편집
③ 경사 화살표　　　④ 스팬 방향

정답 ①
해설 하위 요소 수정은 점 및 선을 이용하여 바닥 또는 지붕에 다양한 경사를 줄 수 있다.

40 레빗에서 패밀리의 종류가 아닌 것은?

① 내부편집 패밀리
② 컴포넌트 패밀리
③ 시스템 패밀리
④ 패밀리 로드

정답 ④
해설 패밀리의 종류는 시스템 패밀리, 컴포넌트 패밀리, 내부 편집 패밀리가 있다.

41 나비스웍스에서 모델의 구조를 표시하고, 요소를 선택할 수 있는 도구 창은?

① 저장된 관측점
② 선택 트리
③ 타임라이너
④ 세트

정답 ②
해설 선택 트리는 모델의 구조를 표시하고, 요소를 선택할 수 있는 도구 창이다.

42 레빗에서 뷰의 상세 수준 종류가 아닌 것은?

① 높음
② 낮음
③ 중간
④ 사실적

정답 ④
해설 뷰의 상세 수준 종류는 낮음, 중간, 높음이 있다.

43 레빗에서 뷰에 표시되는 모든 선을 얇게 표시하는 기능은?

① 상세 선
② 가는 선
③ 가시성/그래픽
④ 필터

정답 ②
해설 가는 선은 뷰에 표시되는 모든 선을 얇게 표시한다.

44 레빗에서 프로그램의 상단 제목에 표시되는 내용이 아닌 것은?

① 최근 저장 날짜
② 프로젝트 이름
③ 활성 뷰 이름
④ 프로그램 버전

정답 ①
해설 최근 저장 날짜는 표시되지 않는다.

45 레빗에서 백업 파일 중 가장 최신 버전 파일은?

① *.0001
② *.0009
③ *.0011
④ *.0019

정답 ④
해설 숫자가 클수록 최신 버전의 파일이다.

46 레빗에서 벽의 유형 특성 중 레이어를 수정할 수 있는 것은?

① 유형 해설
② 조합 코드
③ 구조(편집)
④ 유형 마크

정답 ③
해설 구조(편집)에서 레이어를 수정할 수 있다.

47 레빗에서 키보드의 ESC 역할이 아닌 것은?

① 선택 취소
② 연속 작성 종료
③ 작성 명령 반복
④ 작성 명령 종료

정답 ③
해설 ESC를 한번 또는 두번 눌러 선택 취소, 연속 작성 종료, 작성 명령 종료를 할 수 있다.

48 나비스웍스의 뷰에서 카메라 거리와 상관없이 요소의 크기를 같게 표시하는 뷰 모드는?

① 투시   ② 직교
③ 카메라   ④ 궤도

정답 ②
해설 직교는 카메라의 위치와 상관없이 요소의 크기를 항상 같게 표시한다.

49 나비스웍스에서 탐색 도구 중 걷는 것과 같이 모델을 탐색하는 도구는?

① 궤도   ② 둘러보기
③ 보행시선   ④ 초점이동

정답 ③
해설 보행시선은 건물의 외부 및 내부를 걸으면서 탐색하는 도구이다.

50 나비스웍스의 타임라이너에서 작업의 모양을 표시하는 종류가 아닌 것은?

① 철거   ② 구성
③ 임시   ④ 공정

정답 ④
해설 작업의 모양을 표시하는 종류는 구성, 철거, 임시, 사용자 정의가 있다.

51 레빗에서 단면도 뷰를 분할하는 도구는?

① 세그먼트 분할   ② 절단
③ 엘보   ④ 뷰 범위

정답 ①
해설 단면도 선택 후 세그먼트 분할 도구로 뷰를 분할할 수 있다.

52 레빗의 주석 요소 중 영역을 작성하여 모델 요소를 가리는데 사용하는 도구는?

① 상세 선   ② 마스킹 영역
③ 단열재   ④ 상세 그룹

정답 ②
해설 마스킹 영역은 평면, 입면, 단면 등의 뷰에서 면적을 스케치하여 모델 요소를 가리는데 사용한다.

53 레빗에서 뷰의 비주얼 스타일 종류가 아닌 것은?

① 은선   ② 음영처리
③ 색상일치   ④ 렌더

정답 ④
해설 비주얼 스타일의 종류는 와이어프레임, 은선, 음영처리, 색상일치, 사실적이 있다.

54 레빗에서 선택한 요소 주위로 단면 상자를 적용하여 3차원뷰로 표시하는 기능은?

① 선택상자   ② 유사 작성
③ 부품 작성   ④ 고정

정답 ①
해설 선택상자는 선택한 요소 주위로 단면 상자를 적용하여 3차원뷰로 표시한다.

55 레빗의 재료탐색기에서 메뉴 탭의 종류가 아닌 것은?

① 그래픽   ② ID
③ 모양   ④ 가시성/그래픽

정답 ④
해설 재료탐색기의 메뉴 탭 종류는 ID, 그래픽, 모양, 물리적, 열 등이 있다.

56 레빗에서 보(구조 프레임)을 작성할 수 없는 뷰는?

① 드래프팅뷰　　　　② 3차원뷰
③ 평면뷰　　　　　　④ 천장 평면뷰

정답 ①
해설 보는 3차원뷰, 평면뷰, 천장 평면뷰 등에서 작성할 수 있다.

57 레빗에서 특성 창의 구성 요소가 아닌 것은?

① 유형 편집 버튼　　② 특성
③ 프로젝트 탐색기　　④ 유형 선택기

정답 ③
해설 특성 창은 유형 선택기, 유형 편집 버튼, 특성으로 구성된다.

58 레빗에서 프로젝트 브라우저에 표시되지 않는 것은?

① 뷰　　　　　　　　② 일람표
③ Revit 링크　　　　④ CAD 링크

정답 ④
해설 링크된 CAD 파일은 프로젝트 브라우저에 표시되지 않는다.

59 레빗에서 요소의 패밀리 및 유형을 변경을 변경할 수 있는 창은?

① 특성　　　　　　　② 프로젝트 탐색기
③ 유형 선택기　　　　④ 옵션바

정답 ③
해설 유형 선택기는 선택한 요소의 패밀리 및 유형을 변경할 수 있다.

60 레빗에서 시트에 배치할 수 있는 뷰의 개수로 옳은 것은?

① 1개　　　　　　　　② 3개
③ 5개　　　　　　　　④ 제한 없음

정답 ④
해설 시트에 배치할 수 있는 뷰의 개수는 제한이 없다.

61 레빗에서 보(구조 프레임)의 인스턴스 특성이 아닌 것은?

① 레벨　　　　　　　② 유형 해설
③ 간격띄우기　　　　④ 맞춤

정답 ②
해설 보의 인스턴스 특성은 레벨, 간격띄우기, 맞춤, 재료 등이 있다.

62 레빗에서 벽의 수정 도구가 아닌 것은?

① 면 분할　　　　　② 페인트
③ 코핑　　　　　　　④ 결합

정답 ③
해설 코핑은 보(구조 프레임)의 수정 도구이다.

63 레빗에서 반복해서 사용되는 요소들을 묶어 배치할 수 있는 도구는?

① 부품 작성　　　　② 그룹
③ 유사 작성　　　　④ 조합 작성

정답 ②
해설 그룹은 반복해서 사용되는 요소들을 묶어 여러 곳에 반복해서 사용할 수 있다.

64 레빗에서 평면도, 단면도 등에서 특정 부분을 상세하게 표현하는 뷰는?

① 콜아웃   ② 드래프팅
③ 입면도   ④ 일람표

정답 ①
해설 콜아웃 뷰는 평면도, 단면도 등에서 특정 부분을 상세하게 표현할 수 있다.

65 레빗의 주석에서 태그의 종류가 아닌 것은?

① 카테고리별 태그   ② 재료 태그
③ 룸 태그   ④ 상세 선 태그

정답 ④
해설 태그의 종류는 카테고리별 태그, 모든 항목 태그, 재료 태그, 룸 태그 등이 있다.

66 나비스웍스에서 선택한 요소들 또는 검색한 요소들의 세트를 표시하는 도구 창은?

① 선택트리   ② 저장된관측점
③ 세트   ④ 항목 찾기

정답 ③
해설 세트는 선택한 요소들 또는 검색한 요소들의 세트를 표시한다.

67 나비스웍스에서 건물 모델의 내부를 탐색할 수 있도록 모델을 자르는 기능은?

① 단면 처리   ② 투시
③ 측정   ④ 태그

정답 ①
해설 단면 처리를 사용하여 건물 모델을 잘라서 탐색할 수 있다.

68 레빗에서 뷰 템플릿, 로드된 패밀리, 설정 등을 포함하는 파일은?

① 템플릿 파일   ② 패밀리 파일
③ 프로젝트 파일   ④ 나비스웍스 파일

정답 ①
해설 템플릿 파일은 뷰 템플릿, 로드된 패밀리 등을 포함하는 파일로, 새 프로젝트의 시작 파일로 사용한다.

69 레빗에서 뷰 복사 종류가 아닌 것은?

① 상세 복제
② 의존적으로 복제
③ 뷰 복제
④ 클립보드에서 붙여넣기

정답 ④
해설 뷰의 복사 종류는 복제, 상세 복제, 의존적으로 복제가 있다.

70 레빗에서 패밀리 종류 중 시스템 패밀리가 아닌 것은?

① 바닥   ② 벽
③ 지붕   ④ 문

정답 ④
해설 바닥, 벽, 지붕 등은 시스템 패밀리이며, 문, 창 등은 컴포넌트 패밀리이다.

MEMO

CHAPTER

04

BIM 데이터 납품 일반사항

01

납품 성과물(1) 시각화

step 1 **BIM 저작 도구 렌더링**

Revit, Navisworks 등의 BIM 저작 및 활용 도구에서 렌더링된 시각화 자료를 추출할 수 있습니다. 소프트웨어에서 렌더링을 뷰를 작성하고, 이 뷰를 JPG와 같은 이미지 형식으로 추출하여 제출합니다.

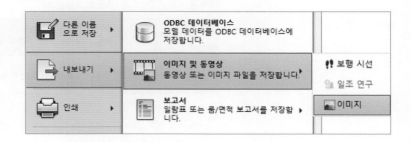

step 2 **시각화 소프트웨어와의 연계(Lumion, 3ds Max 등)**

BIM 저작 도구에서 Lumion, 3ds Max와 같은 시각화 소프트웨어와 호환되는 형식의 파일을 추출하여 연계합니다. 시각화 소프트웨어서 렌더링을 실시하고, 결과물을 JPG와 같은 이미지 형식으로 추출하여 제출합니다.

02 납품 성과물(2) 시뮬레이션

step 1 일조연구 추출

BIM 저작 도구에서 작성한 일조연구 뷰를 추출하여 제출합니다. 결과물은 JPG 등의 이미지 형식 또는 AVI 등의 동영상 형식으로 추출할 수 있습니다.

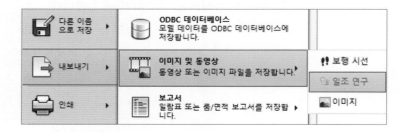

step 2 간섭체크 및 보고서 추출

BIM 저작 도구 및 활용 도구에서 작성한 간섭체크 결과를 추출하여 제출합니다. 결과물은 간섭 이미지, 위치, 내용 등의 내용을 포함하는 보고서로 XML, HTML, 이미지 등의 형식으로 추출할 수 있습니다.

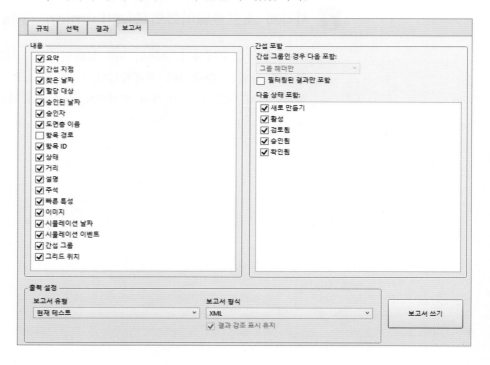

step 3 공정 시뮬레이션

Navisworks와 같은 BIM 활용 도구에서 작성한 공정 시뮬레이션을 추출하여 제출합니다. 결과물은 AVI와 같은 동영상 형식으로 추출할 수 있습니다.

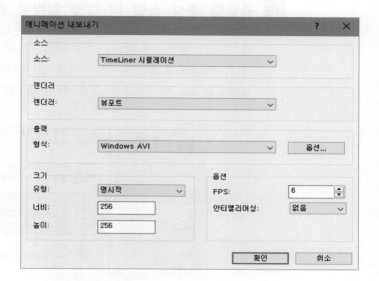

MEMO

납품 성과물(3) 수량 및 물량산출

step 1 공종별 주요 수량 및 물량 일람표 작성

건식벽, 바탕벽, 벽 마감, 바닥 마감, 천장 등의 요소를 각각의 일람표로 작성합니다. 일람표에 요소의 기본 정보 및 수량과 재료의 물량을 표현합니다. 작성한 일람표를 txt 형식으로 추출할 수 있습니다.

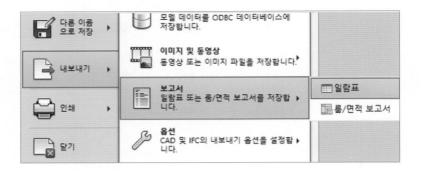

MEMO

SECTION
04 납품 성과물(4) 도면 변환

step 1 Dwg 및 pdf 포맷으로 변환하기

BIM 저작 소프트웨어에서 dwg 및 pdf 형식으로 시트를 추출합니다. 추출 시 선의 두께, 색상, 레이어 이름 형식 등을 설정할 수 있습니다.

step 2 ifc 포맷으로 변환하기

BIM 저작 소프트웨어에서 IFC 파일을 추출합니다. 추출 시 요소의 카테고리별로 IFC 클래스 이름, IFC 유형 등을 설정할 수 있습니다.

step 3 공간분류체계 및 실ID 정보 활용

BIM 모델에 공간 작성 시 국토교통부 및 조달청에서 제시하는 공간분류체계에 따라 실의 이름 및 ID 정보를 입력합니다.
입력한 공간 정보를 일람표로 작성하여, 각 실의 이름, ID, 면적, 부피, 용도 등을 표현하고, 이를 txt 등의 형식으로 추출할 수 있습니다.

필기 예상문제

01 레빗에서 건물 모델의 사실적 이미지를 작성하는 기능은 무엇인가?

① 3D 뷰   ② 렌더
③ 가시성/그래픽   ④ 필터

> 정답 ②
> 해설 렌더를 통해 건물의 사실적 이미지를 작성할 수 있다.

02 레빗에서 평면도, 단면도 등을 배치하여 도면화 하는 기능은 무엇인가?

① 시트   ② 뷰
③ 주석   ④ 태그

> 정답 ①
> 해설 평면도, 단면도 등의 뷰를 시트에 배치하여 도면을 작성한다.

03 레빗에서 건물 외부 및 내부를 걸어다니며 탐색하는 뷰는?

① 일조연구   ② 보행 시선
③ 카메라   ④ 3D 뷰

> 정답 ②
> 해설 보행 시선은 건물 외부 및 내부를 걸어다니며 탐색할 수 있다.

04 레빗에서 모델을 구성하는 요소를 리스트로 표현하는 기능은?

① 주석   ② 드래프팅뷰
③ 일람표   ④ 범례

> 정답 ③
> 해설 일람표는 건물 모델을 구성하는 요소를 리스트로 나타내는 기능이다.

05 레빗에서 일람표의 종류가 아닌 것은?

① 일람표/수량   ② 재료 수량 산출
③ 시트 리스트   ④ 범례

> 정답 ④
> 해설 일람표의 종류는 일람표/수량, 그래픽 기둥 일람표, 재료 수량 산출, 시트 리스트 등이 있다.

06 레빗에서 평면도의 뷰 종류가 아닌 것은?

① 반사된 천장 평면도   ② 구조 평면도
③ 드래프팅뷰   ④ 평면도

> 정답 ③
> 해설 평면도의 종류는 평면도, 반사된 천장 평면도, 구조 평면도, 평면 영역, 면적 평면도가 있다.

07 레빗에서 대지 및 건물에 자연광이 비치는 모습을 표현하는 기능은?

① 드래프팅뷰   ② 일조연구
③ 보행시선   ④ 카메라

> 정답 ②
> 해설 일조연구는 대지 및 건물에 자연광이 비치는 모습을 표현한다.

08 나비스웍스에서 모델 요소와 공정 정보를 연결하여 시간의 흐름에 따라 표현하는 것은?

① 간섭 검토　　　　② 타임라이너
③ 특성　　　　　　④ 저장된 관측점

정답 ②
해설 타임라이너는 모델 요소와 공정 정보를 연결하여 시간의 흐름에 따라 모델을 표현한다.

09 나비스웍스에서 간섭 검토 보고서로 내보낼 수 있는 형식이 아닌 것은?

① XML　　　　　　② PPTX
③ HTML　　　　　④ 저장된 관측점

정답 ②
해설 보고서는 XML, HTML, 저장된 관측점, 문자 등으로 내보낼 수 있다.

10 레빗에서 룸의 이름, 번호 등을 이용하여 룸의 색상을 적용하는 도구는?

① 색상표　　　　　② 시스템 색상표
③ 룸 태그　　　　④ 경계 하이라이트

정답 ①
해설 색상표는 룸, 번호, 면적 등을 이용하여 룸의 색상을 적용할 수 있다.

11 레빗에서 카메라 위치와 시야 위치를 클릭하여 투시도를 작성하는 도구는?

① 3차원뷰　　　　② 투명모드
③ 뷰 자르기　　　④ 카메라

정답 ④
해설 카메라는 투시도를 작성하는 도구이다.

12 레빗에서 이미지 및 동영상으로 내보낼 수 있는 종류가 아닌 것은?

① 보행시선　　　　② 이미지
③ 일조연구　　　　④ 일람표

정답 ④
해설 이미지 및 동영상 형식으로 내보낼 수 있는 종류는 보행시선, 일조연구, 이미지가 있다.

13 레빗에서 내보내기 할 수 있는 파일 형식이 아닌 것은?

① CAD 형식　　　　② FBX
③ PDF　　　　　　④ PPTX

정답 ④
해설 CAD형식, DWF, FBX, PDF, IFC 등의 형식으로 내보내기 할 수 있다.

CHAPTER

05

종합 모의고사

---

01 종합 모의고사 1회

01 레빗에서 기준 요소에 해당하지 않는 것은?

① 레벨　　　　　② 그리드
③ 참조평면　　　④ 상세 선

정답 ④
해설 상세 선은 기준 요소가 아니라 주석 요소이다.

02 레빗에서 프로젝트 브라우저의 사용 목적은 무엇인가?

① 보행 시선과 비슷하게 건물을 탐색할 수 있다.
② 파일 탐색기와 같이 여러 레빗 프로젝트를 관리할 수 있다.
③ 프로젝트의 뷰를 관리하고 접근할 수 있다.
④ 부분 상세와 같은 도면화에 필요한 모든 요소를 관리할 수 있다.

정답 ③
해설 프로젝트 브라우저는 활성화된 프로젝트의 뷰를 관리하고 접근할 수 있다.

03 국내의 BIM 지침서 및 가이드가 아닌 것은?

① 국토부 건설산업 BIM 기본지침
② 조달청 시설사업 BIM 적용지침서
③ LH BIM 활용 가이드
④ 국토부 LOD 정의서

정답 ④
해설 LOD는 BIM 모델의 상세수준에 관한 국제 가이드이다.

04 나비스웍스에서 간섭 검토에 대한 설명으로 옳지 않은 것은?

① 2차원 및 3차원 형상의 물리적 간섭을 검토할 수 있다.
② 통합된 모델의 요소를 사용할 수 있다.
③ 결과를 시각적으로 표시하고, 리포트로 내보낼 수 있다.
④ Clash Detective 도구 창에서 간섭 검토를 실행할 수 있다.

정답 ①
해설 간섭 검토는 3차원 형상만 가능하다.

05 레빗에서 유형 특성과 특성의 차이는 무엇인가?

① 특성은 선택한 요소들의 파라미터를 저장하는 특성이다.
② 유형 특성은 같은 카테고리의 모든 요소에 영향을 미친다.
③ 특성은 오직 뷰의 파라미터 만을 표시한다.
④ 요소의 크기는 유형 특성으로만 정의될 수 있다.

정답 ①
해설 특성은 선택한 요소들의 레벨, 높이 등의 파라미터를 저장한다.

06 레빗에서 주석의 치수에 대한 설명으로 옳지 않은 것은?

① 정렬 치수는 평행 참조 또는 여러 점 사이에 치수를 배치한다.
② 반지름 치수는 내부 곡선 또는 모깎기의 반지름을 측정하는 치수를 배치한다.
③ 지정점 레벨은 선택한 레벨의 입면을 표시한다.
④ 지정점 좌표는 프로젝트에 있는 점의 북쪽/남쪽 및 동쪽/서쪽 좌표를 표시한다.

07 레빗의 주요 특징으로 옳지 않은 것은?

① 일람표를 작성하여 모델의 정보를 표현한다.
② 일람표는 모델과 연결되지 않고 분리되어 존재한다.
③ 모델의 형상 간 간섭 검토 수행할 수 있다.
④ 모델과 뷰는 실시간 동기화 되어 일관성을 유지할 수 있다.

08 레빗에서 주석의 상세정보에 대한 설명으로 옳지 않은 것은?

① 상세선은 모델의 세부 정보를 표현하기 위한 선이다.
② 채워진 영역은 뷰의 특정 부분에 닫힌 패턴을 작성한다.
③ 구름형 수정기호는 뷰 또는 시트에 변경된 설계 영역을 표시한다.
④ 단열재는 뷰에 단열재 그래픽을 배치하여 모든 뷰에 표시한다.

09 레빗에서 상세 선, 채우기 영역 등의 상세 요소가 모델 요소와 다른 점은 무엇인가?

① 차이가 없다.
② 작성한 상세 요소는 일람표를 제외한 모든 뷰에서 표시된다.
③ 상세 요소는 작성한 뷰에서만 표시된다.
④ 상세 요소는 작성 후에 수정할 수 없다.

10 나비스웍스에서 도구 창에 대한 설명으로 옳지 않은 것은?

① 저장된 관측점은 현재 뷰에서 보이는 모습을 저장하여 활용한다.
② 선택 트리는 모델을 구성하는 소스 파일을 표시 및 선택한다.
③ 특성은 현재 뷰의 특성을 표시한다.
④ Clash Detective는 3차원 모델의 요소들간 간섭을 검토한다.

11 레빗의 레벨에 대한 설명으로 옳지 않은 것은?

① 모델의 수직 높이 또는 층을 정의한다.
② 평면도, 단면도 등에서 작성할 수 있다.
③ 명령은 건축 또는 구조 탭의 기준 패널에 있다.
④ 레벨을 이동하면 연관된 요소도 함께 이동된다.

12 레빗에서 현재 뷰에 표시되는 같은 유형의 모든 요소를 선택하는 방법은?

① 뷰에서 모든 요소 선택 〉 필터 〉 원하는 유형만 체크
② 요소 선택 〉 우클릭 메뉴 〉 모든 인스턴스 선택 〉 뷰에 나타남
③ 요소 선택 〉 우클릭 메뉴 〉 유사 작성
④ 요소 선택 〉 우클릭 메뉴 〉 모든 인스턴스 선택 〉 전체 프로젝트에서

13 레빗에서 렌더링 작업에 대한 설명으로 옳지 않은 것은?

① 카메라뷰, 평면도 등 대부분의 뷰에서 렌더링을 할 수 있다.
② 뷰의 범위를 조정하여 불필요한 요소가 표시되지 않도록 한다.
③ 품질, 해상도 등이 높을수록 렌더링 시간이 오래 걸린다.
④ 렌더링 결과물을 프로젝트 탐색기에 저장할 수 있다.

14 레빗에서 요소의 이동 또는 복사 명령을 실행하는 방법은 무엇인가?

① 요소 선택 〉 메뉴에서 명령 클릭 〉 뷰에서 시작점과 끝점을 차례로 클릭
② 메뉴에서 명령 클릭 〉 요소 선택 〉 뷰에서 시작점과 끝점을 차례로 클릭
③ 요소 선택 〉 우클릭 메뉴에서 이동 또는 복사 클릭 〉 뷰에서 시작점과 끝점을 차례로 클릭
④ 메뉴에서 명령 클릭 〉 뷰에서 시작점과 끝점을 차례로 클릭 〉 요소 선택

15 레빗에서 시트에 대한 설명으로 옳지 않은 것은?

① 제목블록에 평면도, 일람표 등의 뷰를 배치하여 도면화한다.
② 작성한 시트는 프로젝트 탐색기의 시트에 저장된다.
③ 평면도, 단면도 등 대부분의 뷰는 여러 시트에 사용할 수 있다.
④ 시트 명령을 이용하거나 프로젝트 탐색기에서 뷰를 드래그하여 시트에 배치할 수 있다.

16 레빗에서 링크에 대한 설명으로 옳지 않은 것은?

① Revit, IFC, CAD 등을 링크할 수 있다.
② 일람표에 링크한 모델의 요소를 표현하여 물량 산출 등에 활용할 수 있다.
③ 뷰에서 링크한 모델에 치수, 태그 등을 작성하여 도면화할 수 있다.
④ 링크된 모델이 업데이트 된 경우 프로그램을 재시작해야만 반영된다.

17 레빗에서 3차원 뷰 중 보행시선에 대한 설명으로 옳지 않은 것은?

① 건물 주위에 카메라를 연속으로 배치하여 경로를 만든다.
② 결과물을 이미지 또는 동영상으로 추출할 수 있다.
③ 결과물은 프로젝트 탐색기에 저장되지 않으므로 바로 추출해야 한다.
④ 경로에 카메라를 배치한 위치를 키프레임이라고 한다.

정답 ③
해설 결과물은 프로젝트 탐색기의 보행시선으로 저장
된다.

18 레빗에서 다른 레빗 모델이 움직이지 않도록 하는 명령은?

① 모델을 잠근다.
② 모델을 핀으로 고정한다.
③ 모델의 좌표를 조정한다.
④ 모델을 결합한다.

정답 ②
해설 모델을 핀으로 고정하여 움직이지 않도록 한다.

19 레빗에서 커튼월에 대한 설명으로 옳지 않은 것은?

① 커튼월의 그리드를 자유롭게 추가 및 삭제할 수 있다.
② 매스의 면을 이용해서만 커튼월을 작성할 수 있다.
③ 커튼월은 멀리언, 패널, 그리드로 구성된다.
④ 커튼월 패널에 문 및 창 패밀리를 적용할 수 있다.

정답 ②
해설 커튼월의 벽의 패밀리 중에 하나로 매스를 이용하거나 벽과 같은 방법으로 작성할 수 있다.

20 레빗에서 일람표에 대한 설명으로 옳지 않은 것은?

① 명령은 뷰 탭의 작성 패널에 있다.
② 일람표/수량, 재료견적, 패밀리 리스트 등의 종류가 있다.
③ 필드, 필터, 정렬/그룹화, 형식, 모양으로 구성된다.
④ 작성한 일람표는 프로젝트 탐색기의 일람표/수량에 표시된다.

정답 ②
해설 일람표의 종류는 패밀리 리스트가 아닌 일람표/수량, 재료견적, 시트리스트 등이 있다.

21 레빗에서 가시성/그래픽 재지정에 대한 설명으로 옳은 것은?

① 재지정은 오직 현재 뷰에만 영향을 미친다.
② 재지정은 개별 요소의 색상을 변경할 수 있다.
③ 재지정은 카테고리의 유형별로 가시성을 조절할 수 있다.
④ 재지정은 개별 요소의 가시성을 조절할 수 있다.

정답 ①
해설 설정한 가시성 및 그래픽 재지정은 현재 뷰에만 영향을 미친다.

22 레빗에서 일람표의 활용에 대한 설명으로 옳지 않은 것은?

① 시트에 배치하여 도면화할 수 있다.
② 텍스트 형식의 파일로 추출하여 엑셀에서 활용할 수 있다.
③ 시트에 배치한 일람표는 업데이트 되지 않는다.
④ 새 파일로 저장하여 다른 프로젝트에 양식을 사용할 수 있다.

정답 ③
해설 시트에 배치한 일람표는 일람표 내용 또는 모델이 변경되면 업데이트 된다.

23 나비스웍스의 도구 창 중 항목찾기에 대한 설명으로 옳은 것은?

① 모델의 요소가 가진 특성 정보를 검색하여 선택할 수 있다.
② 모델을 구성하는 소스 파일을 표시한다.
③ 사용 가능한 선택 세트와 검색 세트를 표시한다.
④ 선택한 객체의 특성 정보를 표시한다.

정답 ①
해설 항목찾기 도구 창은 모델 요소가 가진 특정 정보를 검색하여 선택할 수 있다.

24 공간객체에 대한 설명으로 옳은 것은?

① BIM 모델을 구성하는 모든 요소
② 바닥, 천장 등의 수직 영역 요소
③ 시설물의 층, 실 등의 공간 범위를 정의하는 요소
④ 에너지 사용 성격을 구분하는 요소

정답 ③
해설 공간객체는 시설물의 층, 실 등의 공간 범위를 정의하는 요소이다.

25 레빗에서 뷰 템플릿에 대한 설명으로 옳지 않은 것은?

① 명령은 뷰 탭의 그래픽 패널에 있다.
② 현재 뷰에 템플릿 특성을 적용하거나 현재 뷰에서 작성할 수 있다.
③ 뷰 템플릿 관리 도구는 관리 탭의 설정 패널에 있다.
④ 뷰의 인스턴스 특성에서 뷰 템플릿을 지정할 수 있다.

정답 ③
해설 뷰 템플릿 관리 도구는 뷰 탭의 그래픽 패널에 있다.

26 레빗에서 난간에 대한 설명으로 옳지 않은 것은?

① 명령은 건축 탭의 수정 패널에 있다.
② 카테고리는 난간, 패밀리는 시스템 패밀리이다.
③ 계단 및 경사로를 통해서만 작성할 수 있고, 직접 작성할 수는 없다.
④ 상단, 난간 동자, 난간, 핸드레일로 구성된다.

정답 ①
해설 명령은 건축 탭의 순환 패널에 있다.

27 레빗에서 현재 프로젝트에 없는 패밀리를 가져오기 위한 명령은?

① 패밀리 로드
② 장비 로드
③ 컴포넌트 로드
④ 기구 로드

정답 ①
해설 패밀리 로드 명령으로 새로운 패밀리를 프로젝트에 가져올 수 있다.

28 레빗에서 요소들간의 겹치는 부분을 제거하여 중복된 형상을 없애는 기능은?

① 형상 결합
② 코핑
③ 면 분할
④ 페인트

정답 ①
해설 형상 결합은 요소들간의 겹치는 부분을 제거하여 중복된 형상을 없애는 기능으로, 형상 결합 해제, 결합 순서 변경을 할 수 있다.

29 레빗에서 뷰에 표시되는 요소와 주석을 모두 복사할 수 있는 방법은?

① 뷰 복제
② 상세 복제
③ 의존적으로 복제
④ 스코프 박스

정답 ②
해설 상세 복제는 뷰에 표시되는 요소와 주석을 모두 복사할 수 있다.

30 레빗에서 링크할 수 없는 파일 형식은?

① IFC
② CAD
③ DWF
④ docx

정답 ④
해설 docx는 워드 문서의 파일 형식이다.

31 레빗에서 뷰 컨트롤 막대에서 사용할 수 있는 기능이 아닌 것은?

① 축척
② 뷰 조절 및 영역 표시
③ 상세 수준
④ 창에 맞게 전체 줌

정답 ④
해설 창에 맞게 전체 줌은 탐색 막대의 기능이다.

32 레빗에서 저장할 수 있는 파일 형식이 아닌 것은?

① rvt
② rfa
③ rte
④ pptx

정답 ④
해설 pptx는 파워포인트 프로그램 파일 형식이다.

33 레빗에서 링크한 모델의 경로, 다시 로드 등을 수정할 수 있는 명령은?

① 유형 특성
② Revit 링크
③ 링크 관리
④ 파일에서 삽입

정답 ③
해설 링크 관리에서 링크한 모델의 경로, 다시 로드 등을 수정할 수 있다.

34 레빗에서 벽 작성 과정에서 벽의 높이를 수정할 수 있는 인터페이스는?

① 명령에서 벽 작성이 있는 패널
② 옵션바 또는 특성 창
③ 상태 바
④ 프로젝트 브라우저

정답 ②
해설 옵션바 또는 특성 창에서 상단 구속조건과 간격 띄우기를 수정할 수 있다.

35 레빗에서 3D 뷰에서 사용할 수 없는 것은?

① 단면 상자
② 뷰 큐브
③ 치수
④ 상세 선

정답 ④
해설 상세 선은 3차원 뷰에서는 사용할 수 없다.

36 나비스웍스의 간섭 검토 구성 메뉴가 아닌 것은?

① 저장된 관측점
② 보고서
③ 선택
④ 결과

정답 ①
해설 간섭 검토의 메뉴는 규칙, 선택, 결과, 보고서가 있다.

37 레빗에서 요소를 다른 뷰, 층 등에 활용할 수 있도록 복사하는 기능은 무엇인가?

① 이동
② 대칭
③ 클립보드로 복사
④ 배열

정답 ③
해설 요소를 클립보드에 복사하여 다른 뷰, 층 등에 붙여넣기 할 수 있다.

38 구조 분야 BIM 모델의 구성 요소가 아닌 것은?

① 기초
② 기둥
③ 문
④ 보(구조 프레임)

정답 ③
해설 문은 건축 분야 BIM 모델의 구성 요소이다.

39 레빗에서 3D뷰에 대한 설명으로 옳지 않은 것은?

① 단면 상자를 이용하여 모델을 잘라내서 탐색할 수 있다.
② 단면상자는 위, 아래, 좌, 우 4방향만 조정할 수 있다.
③ 카테고리별로 가시성/그래픽을 설정할 수 있다.
④ 뷰 템플릿을 만들거나 적용할 수 있다.

정답 ②
해설 단면 상자는 위, 아래, 좌, 우, 상, 하 6방향과 회전을 조정할 수 있다.

40 레빗에서 모델을 구성하는 요소를 리스트로 표현하는 기능은?

① 주석
② 드래프팅뷰
③ 일람표
④ 범례

정답 ③
해설 일람표는 건물 모델을 구성하는 요소를 리스트로 나타내는 기능이다.

41 레빗에서 현재 뷰에 표시된 요소의 가시성과 그래픽 화면 표시를 재지정하는 기능은?

① 가시성/그래픽
② 필터
③ 가는선
④ 뷰 템플릿

정답 ①
해설 가시성/그래픽은 현재 뷰에 표시된 모델 요소 및 주석의 기본 가시성과 그래픽 화면 표시를 재지정한다.

42 나비스웍스에서 요소의 특성 정보를 이용하여 요소를 찾는 기능은?

① 타임라이너
② 항목찾기
③ 선택트리
④ 간섭검토

정답 ②
해설 항목찾기는 모델 요소가 가진 특성 정보를 검색하여 요소를 찾을 수 있다.

43 레빗에서 뷰의 가시성, 범위 등의 특성을 저장하여 다른 뷰에 적용하는 기능은?

① 뷰 복제
② 가시성/그래픽
③ 필터
④ 뷰 템플릿

정답 ④
해설 뷰 템플릿은 뷰의 특성을 저장하여 다른 뷰에 같은 내용을 적용할 수 있다.

44 나비스웍스에서 모델 요소와 공정 정보를 연결하여 시간의 흐름에 따라 표현하는 것은?

① 간섭 검토
② 타임라이너
③ 특성
④ 저장된 관측점

정답 ②
해설 타임라이너는 모델 요소와 공정 정보를 연결하여 시간의 흐름에 따라 모델을 표현한다.

45 국토교통부에서 제시하는 상세수준 중 기본설계 단계에 해당하는 것은?

① 상세수준 200
② 상세수준 300
③ 상세수준 350
④ 상세수준 400

정답 ①
해설 상세수준 200은 기본설계 단계에서 필요한 형상을 표현한다.

46 레빗의 수정 도구 중 벽이나 보와 같은 요소를 자르거나 연장하여 코너를 형성하는 기능은?

① 코너로 자르기/연장
② 단일 요소 자르기/연장
③ 정렬
④ 간격띄우기

> 정답 ①
> 해설 코너로 자르기/연장은 벽이나 보와 같은 요소를 자르거나 연장하여 코너를 형성한다.

47 나비스웍스에서 보행시선 모드에서 사용할 수 없는 옵션은?

① 충돌   ② 숙임
③ 중력   ④ 궤도

> 정답 ④
> 해설 보행시선 모드에서 충격, 중력, 숙임, 3인칭을 사용하여 탐색할 수 있다.

48 레빗에서 벽, 기둥 등을 부착할 수 있는 대상이 아닌 것은?

① 지붕   ② 바닥
③ 참조 평면   ④ 천장

> 정답 ④
> 해설 부착의 대상은 지붕, 바닥, 참조 평면이 있다.

49 BIM 저작도구의 운용을 위해 고려해야 할 사항은?

① 작업 위치
② 프로그램 버전
③ 프로그램 제조사
④ 웹하드

> 정답 ②
> 해설 BIM 저작도구의 운용을 위해서는 프로젝트 참여자가 모두 같은 프로그램 버전을 사용해야 한다.

50 레빗에서 일람표의 종류가 아닌 것은?

① 일람표/수량
② 재료 수량 산출
③ 시트 리스트
④ 범례

> 정답 ④
> 해설 일람표의 종류는 일람표/수량, 그래픽 기둥 일람표, 재료 수량 산출, 시트 리스트 등이 있다.

02 종합 모의고사 2회

01 레빗에서 뷰 조절 막대의 구성요소가 아닌 것은?

① 축척　　　　　② 상세 수준
③ 비주얼 스타일　④ 분야

정답 ④
해설 뷰에서 건축, 구조 등의 분야는 특성 창의 구성 요소이다.

02 레빗에서 문 또는 창의 크기를 수정할 수 있는 위치는?

① 인스턴스 특성　② 유형 특성
③ 문 및 창 설정　④ 패밀리 템플릿 파일

정답 ②
해설 문 또는 창의 크기는 유형 특성에 수정할 수 있다.

03 BIM의 상호운용성에 대한 설명으로 옳지 않은것은?

① 상호운용성을 위해서는 DXF 파일 포맷만 사용 가능하다.
② 다양한 BIM 소프트웨어 간의 데이터 교환 가능하다.
③ IFC는 건설표준정보모델로 상호운용성을 위한 파일 포맷이다.
④ LandXML은 토지 개발 및 운송 산업의 공통 파일 교환 형식이다.

정답 ①
해설 상호운용성을 위해서는 IFC, LandXML 등의 파일 형식을 사용한다.

04 레빗에서 커튼월의 개별 패널 또는 멀리언을 선택할 수 있는 방법은?

① 패널 또는 멀리언의 중심을 선택한다.
② 패널 또는 멀리언의 모서리에 마우스를 위치하고 탭 키를 누른다.
③ 커튼월을 선택하고, 우클릭 메뉴에서 패널 또는 멀리언 선택을 클릭한다.
④ 커튼월을 선택하고, 메뉴에서 패널 또는 멀리언 선택을 클릭한다.

정답 ②
해설 요소의 모서리에 마우스를 위치하고 탭키를 눌러 활성화한 후에 클릭하여 선택한다.

05 레빗의 라이브러리에서 로드에 대한 설명으로 옳지 않은 것은?

① 패밀리 로드는 현재 파일에 레빗 패밀리를 로드한다.
② Autodesk 컨텐츠 가져오기는 웹사이트에서 샘플 컨텐츠를 다운로드한다.
③ 그룹으로 로드는 Revit 파일을 그룹으로 로드하여 배치 및 수정한다.
④ 파일에서 삽입은 평면도, 일람표 등의 뷰를 다른 프로젝트에서 가져올 수 있다.

정답 ④
해설 파일에서 삽입은 일팜표, 드래프팅 뷰 등을 다른 프로젝트 가져오며, 평면도는 가져올 수 없다.

06 레빗에서 뷰의 선택한 요소를 임시로 숨기는 방법은?

① 뷰 조절 막대에서 임시 숨기기/분리 클릭
② 뷰 조절 막대에서 자르기 영역 표시 또는 숨기기 클릭
③ 메뉴에서 요소 숨기기 클릭
④ 우클릭 메뉴에서 뷰에서 숨기기 클릭

정답 ①
해설 요소를 선택하고, 뷰 조절 막대에서 임시 숨기기/분리의 요소 숨기기를 클릭한다.

07 레빗에서 뷰에 작성한 치수, 문자 등의 일부분이 표시되지 않을 때 수정해야 하는 것은?

① 치수 설정   ② 치수 유형
③ 가시성/그래픽 재지정   ④ 주석 자르기 영역

정답 ④
해설 주석의 자르기 영역을 조절하여 치수, 문자 등의 주석을 표시할 수 있다.

08 레빗에서 단면도의 세그먼트를 분할하는 방법은?

① 수정 명령의 분할 사용
② 단면도를 선택하고 세그먼트 간격 클릭
③ 단면도를 선택하고 명령에서 세그먼트 분할 클릭
④ 두 단면도를 작성하고 결합

정답 ③
해설 작성한 단면도를 선택하고 명령에서 세그먼트 분할을 클릭한다.

09 레빗의 편집 도구에 대한 설명으로 옳지 않은 것은?

① 정렬 : 선택한 요소에 맞춰 위치 이동
② 대칭 : 선택한 요소의 위치 회전
③ 간격띄우기 : 선, 벽 등의 요소의 수평 위치 이동
④ 코너로 자르기/연장 : 벽, 보 등의 요소를 자르거나 연장하여 코너 형성

정답 ②
해설 대칭은 대칭 축을 기준으로 선택한 요소를 반전한다.

10 레빗에서 기둥에 대한 설명으로 옳지 않은 것은?

① 구조 기둥과 건축 기둥의 종류가 있다.
② 카테고리는 구조 기둥, 패밀리는 시스템 패밀리이다.
③ 베이스 및 상단의 레벨과 간격띄우기를 설정할 수 있다.
④ 단면 크기를 변경하여 다양한 유형을 만들 수 있다.

정답 ②
해설 기둥은 시스템 패밀리가 아닌 컴포넌트 패밀리로 외부 파일로 저장하여 다른 프로젝트에서 활용할 수 있다.

11 레빗에서 매스를 이용하여 작성할 수 있는 요소가 아닌 것은?

① 문   ② 커튼시스템
③ 지붕   ④ 벽

정답 ①
해설 커튼시스템, 지붕, 벽은 매스를 이용하여 작성할 수 있지만, 문은 작성할 수 없다.

12 레빗에서 보에 대한 설명으로 옳지 않은 것은?

① 명령은 구조 탭의 구조 패널에 있다.
② 카테고리는 구조 보, 패밀리는 컴포넌트 패밀리이다.
③ 시작 및 끝 레벨 간격띄우기 또는 Z간격띄위기 값으로 높이를 설정할 수 있다.
④ 단면 크기를 변경하여 다양한 유형을 만들 수 있다.

정답 ②
해설 보의 카테고리는 구조 보가 아닌 구조 프레임이다.

13 레빗에서 바닥의 레이어 재료, 두께 등을 수정할 수 있는 방법은?

① 유형 특성에서 구조 편집
② 특성에서 레이어 편집
③ 건축 설정에서 레이어 편집
④ 우클릭 메뉴에서 레이어 편집

정답 ①
해설 유형 특성의 구조 편집에서 레이어 재료, 두께 등을 수정한다.

14 레빗에서 기초에 대한 설명으로 옳지 않은 것은?

① 분리됨(독립기초), 벽, 슬래브 종류가 있다.
② 카테고리는 구조 기초, 패밀리는 종류에 따라 시스템 또는 컴포넌트 패밀리이다.
③ 분리됨(독립기초)는 직접 클릭하거나 기둥 또는 그리드를 이용할 수 있다.
④ 벽은 벽을 선택하거나 직접 작성할 수 있다.

정답 ④
해설 기초의 벽은 벽을 직접 작성할 수 없고, 벽을 선택해서만 작성할 수 있다.

15 나비스웍스의 파일 형식에 대한 설명으로 옳지 않은 것은?

① 모델 소스 : NWC
② 편집 : NWF
③ 문서 : NWD
④ 뷰어 : NWC

정답 ④
해설 NWC는 모델 소스의 파일 형식이다.

16 레빗에서 지붕에 대한 설명으로 옳지 않은 것은?

① 외곽 설정 또는 돌출 방식으로 지붕을 작성할 수 있다.
② 카테고리는 지붕, 패밀리는 컴포넌트 패밀리이다.
③ 지붕의 모서리에 처마밑면, 처마돌림, 거터를 추가할 수 있다.
④ 유형 특성에서 다양한 레이어를 구성할 수 있다.

정답 ②
해설 지붕은 컴포넌트 패밀리가 아닌 시스템 패밀리이다.

17 레빗에서 문 또는 창을 작성할 수 없는 뷰는?

① 3차원 뷰   ② 드래프팅뷰
③ 입면뷰   ④ 평면뷰

정답 ②
해설 드래프팅뷰는 모델 요소와 연관되지 않은 상세정보를 표현하는 뷰로 문을 작성할 수 없다.

18 레빗에서 여러 층의 바닥을 한번에 오프닝하는 개구부는?

① 면 별   ② 샤프트
③ 수직   ④ 지붕창

정답 ②
해설 개구부의 샤프트 기능을 이용하여 여러 층의 바닥을 한번에 오프닝 할 수 있다.

19 레빗에서 바닥 또는 지붕의 상단면에 다양한 경사를 줄 수 있는 기능은?

① 하위 요소 수정   ② 경계 편집
③ 경사 화살표   ④ 스팬 방향

정답 ①
해설 하위 요소 수정은 점 및 선을 이용하여 바닥 또는 지붕에 다양한 경사를 줄 수 있다.

20 레빗에서 3D뷰에 대한 설명으로 옳지 않은 것은?

① 확대, 축소, 이동, 회전하여 모델을 탐색할 수 있다.
② 직교 모드와 투시도 모드 2가지 모드가 있다.
③ 뷰큐브를 사용할 수 없다.
④ 축척, 상세 수준, 비주얼 스타일 등의 뷰 컨트롤 막대를 사용할 수 있다.

[정답] ③
[해설] 뷰큐브는 3D 뷰에서만 사용할 수 있다.

21 레빗에서 평면도의 종류가 아닌 것은?

① 평면도
② 반사된 천장평면도
③ 구조평면도
④ 콜아웃뷰

[정답] ④
[해설] 콜아웃뷰는 모델 요소의 특정 부분을 상세하게 표현하는 뷰이다.

22 레빗에서 주석의 태그에 대한 설명으로 옳지 않은 것은?

① 카테고리별 태그는 선택한 요소에 미리 설정된 유형의 태그를 작성한다.
② 모든 항목 태그는 한번에 여러 요소에 태그를 작성한다.
③ 재료 태그는 바닥, 벽 등의 요소에 레이어별로 태그를 작성할 수는 없다.
④ 다중 카테고리는 요소의 공유 매개변수를 이용하여 태그를 작성한다.

[정답] ③
[해설] 재료 태그는 바닥, 벽 등의 요소에 레이어별로 태그를 작성할 수 있다.

23 나비스웍스에서 뷰 탭의 구성 요소가 아닌 것은?

① 작업 공간 로드　　② 분할 뷰
③ 배경　　　　　　　④ 관측점 저장

[정답] ④
[해설] 관측점 저장 명령은 관측점 탭의 저장, 로드 및 재생 패널에 있다.

24 나비스웍스에서 검토의 수정 지시에 대한 설명으로 옳지 않은 것은?

① 문자는 뷰에 수정사항, 오류사항 등의 내용을 작성한다.
② 그리기는 뷰에 특정 부분을 강조하기 위해 작성한다.
③ 태그 추가는 수정 지시, 관측점 저장, 주석을 한번에 작성한다.
④ 주석 보기는 뷰에 문자로 작성한 내용을 리스트로 표시한다.

[정답] ④
[해설] 주석 보기는 문자가 아닌 태그에 작성된 내용을 리스트로 표시한다.

25 레빗에서 일조연구에 대한 설명으로 옳지 않은 것은?

① 건물과 대지에 자연광이 비치는 모습이다.
② 건물과 대지에 그림자가 표현되는 모습니다.
③ 결과물을 이미지 또는 동영상으로 추출할 수 있다.
④ 프로젝트 탐색기에서 저장할 수 없으므로 바로 추출한다.

[정답] ④
[해설] 일조연구는 프로젝트 탐색기에 뷰로 저장할 수 있다.

26 레빗에서 천장의 패밀리 및 유형에 대한 설명으로 틀린 것은?

① 복합 천장 패밀리의 유형은 다양한 재료와 두께의 표현할 수 있다.
② 재료에 패턴을 적용하여 천장 그리드를 표현할 수 있다.
③ 기본 천장 패밀리의 유형은 재료를 설정할 수 없다.
④ 기본 천장 패밀리의 유형은 복합 천장 패밀리 유형으로 변경할 수 있다.

정답 ③
해설 기본 천장 패밀리의 유형은 재료를 설정할 수 있다.

27 BIM 모델의 공동 작업 요소에 대한 설명으로 옳지 않은 것은?

① 프로젝트 기준점은 프로그램 좌표계의 0,0,0인 원점이다.
② 조사점은 프로젝트의 실제 위치를 표현한다.
③ 레벨은 프로젝트의 모델 요소의 상세 수준에 대한 기준이다.
④ 그리드는 프로젝트의 수평 위치의 기준이다.

정답 ③
해설 레벨은 프로젝트의 수직 높이를 정의한다.

28 나비스웍스에서 공정시뮬레이션인 4D BIM에 대한 설명으로 옳지 않은 것은?

① 모델 요소와 공정 정보를 연결하여 시간의 흐름에 따라 표현한다.
② 공정 정보는 직접 작성해야 하며 외부 공정 파일을 연결할 수는 없다.
③ 모델 요소는 공정 정보에 대응할 수 있도록 구분 및 분할 되어야 한다.
④ 결과물은 이미지 또는 동영상으로 추출할 수 있다.

정답 ②
해설 공정 정보는 직접 작성할 수도 있고, 외부 공정 파일을 연결할 수도 있다.

29 레빗에서 계단의 구성 요소가 아닌 것은?

① 계단 진행
② 계단 참
③ 지지
④ 발판

정답 ④
해설 계단은 계단 진행, 계단 참, 지지, 난간으로 구성된다.

30 레빗에서 패밀리에 대한 설명으로 옳지 않은 것은?

① 모델 또는 도면을 구성하는 요소에 대해 비슷한 형상과 특성을 가진 집합니다.
② 시스템 패밀리, 컴포넌트 패밀리, 내부편집 패밀리의 종류가 있다.
③ 매개변수를 이용하여 다양한 유형을 만들 수 있고, 다른 패밀리를 포함할 수도 있다.
④ 시스템 패밀리는 rfa 파일로 저장하여 다른 프로젝트에서 사용할 수 있다.

정답 ④
해설 시스템 패밀리는 파일로 저장할 수 없으며, 컴포넌트 패밀리는 rfa 파일로 저장할 수 있다.

31 BIM의 모델링 방식에 대한 설명으로 옳지 않은 것은?

① 치수를 이용하여 요소의 형상을 정의할 수 있다.
② 요소들 간의 관계를 통해 모델의 일관성이 유지된다.
③ 요소는 형상과 속성을 가지고 있어 다양한 활용이 가능하다.
④ DWG 파일 형식을 통해 프로그램간 상호운용이 가능하다.

정답 ④
해설 IFC, LandXML 등의 파일 형식을 통해 프로그램 상호운용이 가능하다.

32 레빗에서 바닥에 대한 설명으로 옳지 않은 것은?

① 구조 바닥과 건축 바닥 종류가 있다.
② 카테고리는 바닥, 패밀리는 시스템 패밀리이다.
③ 하위 요소 수정, 점 추가, 분할선 추가, 지지 선택 등의 모양 편집을 할 수 있다.
④ 유형 특성에서 단일 레이어만 구성할 수 있다.

정답 ④
해설 바닥은 벽, 지붕 등과 같이 유형 특성에서 다양한 레이어를 구성할 수 있다.

33 나비스웍스에서 모델의 구조를 표시하고, 요소를 선택할 수 있는 도구 창은?

① 저장된 관측점
② 선택 트리
③ Timeliner
④ 세트

정답 ②
해설 선택 트리는 모델의 구조를 표시하고, 요소를 선택할 수 있는 도구 창이다.

34 레빗에서 평면도의 범위에 대한 설명으로 옳지 않은 것은?

① 뷰 범위에 따라 요소의 상세 수준이 다르게 표현된다.
② 평면도의 뷰 범위는 상단, 하단, 절단 기준면, 레벨로 구성된다.
③ 상단과 하단은 관측점의 위치를 말하여, 요소가 표시되는 범위이다.
④ 절단 기준면은 절단된 요소를 표시하는 수평 높이이다.

정답 ①
해설 요소의 상세 수준은 뷰 범위가 아닌 뷰 조절 막대의 상세 수준 설정에 따라 다르게 표현된다.

35 나비스웍스의 보행시선에서 사실감을 위해 사용할 수 있는 옵션이 아닌 것은?

① 충돌
② 3인칭
③ 중력
④ 궤도

정답 ④
해설 궤도는 보행시선의 사실감 도구가 아닌 모델을 회전하며 탐색할 수 있는 도구이다.

36 레빗에서 계단이나 경사로를 작성할 때 참고로 사용할 수 있는 것은?

① 참조 평면
② 바닥
③ 벽
④ 보

정답 ①
해설 계단 진행, 계단 참 등의 위치에 참조 평면을 미리 작성하여 사용할 수 있다.

37 레빗의 공동작업에서 동기화에 대한 설명으로 옳지 않은 것은?

① 로컬 파일에서 작업한 내용을 중앙 파일에 반영한다.
② 중앙 파일의 변경 사항이 로컬 파일에 반영된다.
③ 동기화 명령을 실행하지 않아도 실시간 동기화된다.
④ 동기화 메뉴는 설정 동기화 및 수정과 지금 동기화 2가지가 있다.

정답 ③
해설 동기화는 실시간이 아닌 메뉴에서 명령을 실행해야 한다.

38 레빗에서 시트에 배치할 수 있는 뷰의 개수로 옳은 것은?

① 1개
② 3개
③ 5개
④ 제한 없음

정답 ④
해설 시트에 배치할 수 있는 뷰의 개수는 제한 없음이다.

39 레빗에서 뷰 탭의 그래픽 구성요소에 대한 설명으로 옳지 않은 것은?

① 뷰 템플릿은 뷰의 특성을 템플릿으로 설정, 편집, 관리한다.
② 가시성/그래픽은 모든 뷰의 모델 요소 및 주석의 화면 표시를 설정한다.
③ 필터는 요소 매개변수를 기준으로 뷰에서 요소의 가시성 및 그래픽을 수정할 수 있는 그룹이다.
④ 가는 선은 화면의 모든 선을 줌 레벨에 관계없이 단일 폭으로 표시한다.

정답 ②
해설 가시성/그래픽은 모든 뷰가 아닌 현재 뷰의 모델 요소 및 주석의 화면 표시를 설정한다.

40 레빗에서 3차원 뷰에 태그를 작성하기 위해 먼저 해야 할 것은?

① 3차원 뷰에서는 태그를 작성할 수 없다.
② 뷰의 이름을 변경한다.
③ 뷰를 잠근다.
④ 뷰의 잠금을 해제한다.

정답 ③
해설 3차원 뷰는 잠근 상태에서만 태그를 작성할 수 있다.

41 레빗에서 평면도의 뷰 종류가 아닌 것은?

① 반사된 천장 평면도
② 구조 평면도
③ 드래프팅뷰
④ 평면도

정답 ③
해설 평면도의 종류는 평면도, 반사된 천장 평면도, 구조 평면도, 평면 영역, 면적 평면도가 있다.

42 레빗에서 벽, 문 등의 방향을 변경할 수 있는 키보드 키는?

① Enter
② Ctrl
③ Shift
④ Space

정답 ④
해설 Space는 벽, 문, 창 등의 방향을 변경할 수 있다.

43 레빗에서 선택한 요소를 현재 뷰에서 임시로 숨기는 기능은?

① 뷰에서 숨기기
② 임시 숨기기
③ 고정
④ 가시성/그래픽

정답 ②
해설 임시 숨기기는 선택한 요소를 현재 뷰에서 임시로 숨기는 기능이다.

44 레빗에서 기초의 종류가 아닌 것은?

① 벽
② 슬래브
③ 분리됨(독립기초)
④ 가새

정답 ④
해설 기초의 종류는 분리됨(독립기초), 벽, 슬래브가 있다.

45 레빗에서 지붕 작성 방법의 종류가 아닌 것은?

① 외곽설정으로 지붕 만들기
② 돌출로 지붕 만들기
③ 면으로 지붕 만들기
④ 그리드로 지붕 만들기

정답 ④
해설 지붕 작성 방법의 종류는 외곽설정으로 지붕 만들기, 돌출로 지붕 만들기, 면으로 지붕 만들기가 있다.

46 레빗에서 바닥 또는 지붕의 상단면에 다양한 경사를 줄 수 있는 기능은?

① 하위 요소 수정
② 경계 편집
③ 경사 화살표
④ 스팬 방향

정답 ①
해설 하위 요소 수정은 점 및 선을 이용하여 바닥 또는 지붕에 다양한 경사를 줄 수 있다.

47 레빗에서 대지 및 건물에 자연광이 비치는 모습을 표현하는 기능은?

① 드래프팅뷰
② 일조연구
③ 보행시선
④ 카메라

정답 ②
해설 일조연구는 대지 및 건물에 자연광이 비치는 모습을 표현한다.

48 레빗에서 기본벽 패밀리의 유형을 커튼월 패밀리의 유형으로 변경할 수 있는 인터페이스는?

① 유형 선택기
② 특성 창
③ 프로젝트 브라우저
④ 벽 편집

정답 ①
해설 벽을 선택하고 유형 선택기에서 패밀리 및 유형을 변경할 수 있다.

49 BIM 모델과 연계하여 시각화 할 수 있는 프로그램의 종류가 아닌 것은?

① Lumion
② Enscape
③ AutoCAD
④ 3ds MAX

정답 ③
해설 BIM 모델과 연계하여 시각화 할 수 있는 프로그램은 Lumion, Enscape, 3ds MAX 등이 있다.

50 BIM 프로젝트에서 공유 및 활용할 수 있도록 제작된 객체 정보의 집합은?

① 라이브러리
② COBie
③ LCC
④ CORENET

정답 ①
해설 라이브러리는 BIM 프로젝트에서 공유 및 활용할 수 있도록 제작된 객체 정보의 집합니다.

03 종합 모의고사 3회

01 발주자가 BIM 활용목적, 적용 대상 및 범위 등 필요한 사항을 정의한 문서는?

① BIM 수행계획서
② BIM 성과품
③ BIM 과업지시서
④ BIM 모델 상세 수준

정답 ③
해설 BIM 과업지시서는 발주자가 BIM 활용 목적, 적용 대상 및 범위 등의 필요한 사항을 정의한 문서이다.

02 국토교통부에서 제시하는 상세수준의 내용으로 옳지 않은 것은?

① 상세수준 200 : 기본설계 단계에서 필요한 형상 표현
② 상세수준 300 : 실시설계(낮음) 단계에서 필요한 모든 부재 표현
③ 상세수준 350 : 실시설계(높음) 단계에서 필요한 모든 부재 표현
④ 상세수준 400 : 유지관리단계에서 활용 가능한 내용

정답 ④
해설 상세수준 400은 시공단계에서 활용 가능한 모든 부재 표현이다.

03 레빗에서 계단에 대한 설명으로 옳지 않은 것은?

① 카테고리는 계단, 패밀리는 시스템 패밀리이다.
② 철골 계단, 콘크리트 계단 등 다양한 형태를 작성할 수 있다.
③ 명령은 수정 탭에 있으며, 실행, 계단참, 지지, 난간으로 구성된다.
④ 유형 특성에서 최대 챌판 높이, 최소 디딤판 높이 등을 설정할 수 있다.

정답 ③
해설 계단의 명령은 건축 탭의 순환 패널에 있다.

04 레빗에서 벽에 대한 설명으로 옳지 않은 것은?

① 구조 벽과 건축 벽 종류가 있다.
② 카테고리는 벽, 패밀리는 시스템 패밀리이다.
③ 구조 벽은 구조 탭, 건축 벽은 건축 탭에 각각 명령이 있다.
④ 3차원 뷰, 평면도 등에서 작성할 수 있다.

정답 ③
해설 구조 벽과 건축 벽은 구조 탭과 건축 탭 모두에 명령이 함께 있다.

05 레빗에서 자동배치에 대한 설명으로 옳지 않은 것은?

① 구조 기둥은 그리드 교차점에 작성할 수 있다.
② 보는 그리드를 이용하여 기둥, 벽, 보 사이에 작성할 수 있다.
③ 분리됨(독립기초)는 그리드 교차점 또는 기둥에 작성할 수 있다.
④ 벽은 그리드 교차점에 작성할 수 있다.

정답 ④
해설 벽은 자동 배치 기능이 없다.

06 레빗에서 임시 치수에 대한 설명으로 틀린 것은?

① 요소를 작성하거나 선택하면 자동으로 표시된다.
② 요소를 작성 중에는 값을 수정할 수 없다.
③ 임시 치수를 영구 치수로 변환할 수 있다.
④ 임시 치수는 그리드, 벽 등으로부터 표시된다.

정답 ②
해설 요소를 작성 중에도 임시 치수의 값을 수정할 수 있다.

07 레빗에서 벽의 유형 및 인스턴스 특성에 대한 설명으로 옳지 않은 것은?

① 유형 특성에서 다양한 레이어를 설정할 수 있다.
② 유형 특성에서 외부, 내부 등의 기능을 설정할 수 있다.
③ 인스턴스 특성에서 베이스 및 상단의 레벨과 간격띄우기를 설정할 수 있다.
④ 인스턴스 특성에서 재료를 설정할 수 있다.

정답 ④
해설 재료는 유형 특성으로 구조의 편집에서 레이어별 재료를 설정할 수 있다.

08 레빗에서 클립보드의 붙여넣기에 대한 설명으로 옳지 않은 것은?

① 클립보드에서 붙여넣기는 선택한 레벨에 복사한 요소를 복사한다.
② 현재 뷰에 정렬은 복사한 요소를 다른 뷰에서 현재 뷰에 복사한다.
③ 동일 위치에 정렬은 복사한 요소를 같은 위치에 복사한다.
④ 선택된 레벨에 정렬은 복사한 요소를 입면에서 레벨을 선택하여 복사한다.

정답 ①
해설 클립보드에서 붙여넣기는 현재 뷰로 요소를 복사한다.

09 레빗에서 기둥이 배치될 수 있는 위치로 옳은 것은?

① 기둥은 오직 그리드에만 배치된다.
② 건축기둥은 모든 곳에 배치될 수 있고, 구조 기둥은 그리드에만 배치된다.
③ 건축 기둥과 구조 기둥 모두 원하는 위치에 배치된다.
④ 기둥의 그리드 기반 유형은 그리드에만 배치할 수 있다.

정답 ③
해설 모든 기둥은 원하는 위치에 배치된다.

10 레빗의 편집 도구에 대한 설명으로 옳지 않은 것은?

① 단일 요소 자르기/연장 : 요소를 다른 요소의 경계까지 자르거나 연장
② 분할 : 바닥, 천장 등의 요소를 2개 요소로 분할
③ 고정 : 요소가 이동되지 않도록 위치 고정
④ 배열 : 요소의 선형 또는 반지름으로 나열

정답 ②
해설 분할은 벽, 보 등의 선 기반 요소를 2개로 분할하는 도구이다.

11 레빗에서 문 및 창에 대한 설명으로 옳지 않은 것은?

① 커튼월 패널에 문 및 창 패밀리를 적용할 수 있다.
② 문 및 창은 벽에만 삽입되며, 지붕 등의 다른 요소에는 삽입할 수 없다.
③ 문 및 창의 크기를 변경하여 다양한 유형을 만들어 사용할 수 있다.
④ 벽에 삽입된 문 및 창은 벽이 삭제되면 함께 삭제된다.

정답 ②
해설 창은 지붕에 삽입할 수 있다.

12 레빗에서 난간에 대한 설명으로 옳지 않은 것은?

① 명령은 건축 탭의 순환 패널에 있다.
② 카테고리는 난간, 패밀리는 시스템 패밀리이다.
③ 계단 및 경사로를 통해서만 작성할 수 있고, 직접 작성할 수는 없다.
④ 상단, 난간 동자, 난간, 핸드레일로 구성된다.

정답 ③
해설 난간의 작성 방법은 직접 스케치와 계단 및 경사로 배치가 있다.

13 나비스웍스에서 탐색 기능 중 사실감에 대한 설명으로 옳지 않은 것은?

① 충돌은 사용자가 형상을 가진 모델 요소를 통과할 수 없는 기능이다.
② 중력은 사용자가 계단과 같은 모델 요소를 수직으로 이동할 수 있는 기능이다.
③ 숙임은 사용자가 바닥의 높이가 다른 위치를 이동할 수 있는 기능이다.
④ 3인칭은 사용자의 아바타를 표시하여 탐색을 도와준다.

정답 ③
해설 숙임은 계단 밑, 낮은 천장 등의 상부 공간이 낮은 위치를 이동할 수 있는 기능이다.

14 레빗에서 천장에 대한 설명으로 옳지 않은 것은?

① 카테고리는 천장, 패밀리는 시스템 패밀리이다.
② 패밀리는 기본 천장과 복합 천장이 있다.
③ 작성 방식은 자동 천장과 천장 스케치가 있다.
④ 바닥, 지붕 등과 달리 경사를 작성 할 수 없다.

정답 ④
해설 천장은 바닥, 지붕 등과 같이 경사를 작성할 수 있다.

15 레빗에서 벽, 기둥 등의 부착 기능에 대한 설명으로 옳지 않은 것은?

① 지붕, 바닥 등의 요소에 부착할 수 있다.
② 벽, 기둥 등의 상단 및 하단을 부착할 수 있다.
③ 여러 벽, 기둥의 요소를 한번에 부착할 수 있다.
④ 경사진 지붕, 바닥 등에는 부착할 수 없다.

정답 ④
해설 벽, 기둥 등은 경사진 지붕, 바닥 등에 부착할 수 있다.

16 나비스웍스에서 단면 사용에 대한 설명으로 옳지 않은 것은?

① 원하는 위치와 방향에 적용하여 모델을 탐색할 수 있다.
② 평면 모드와 상자 모드 두 종류가 있다.
③ 평면은 좌, 우, 앞, 뒤, 위, 아래 6개 방향으로 6개까지 적용할 수 있다.
④ 단면이 적용된 뷰는 저장된 관측점에 저장할 수 없다.

정답 ④
해설 단면이 적용된 뷰를 저장된 관측점에 저장하여 활용할 수 있다.

17 레빗에서 벽, 바닥 등은 다양한 재료와 두께를 가진 레이어로 표현할 수 있다. 뷰에서 이러한 요소의 레이어를 표시하는 방법은?

① 상세 수준을 중간으로 설정한다.
② 비주얼 스타일을 은선으로 설정한다.
③ 뷰 축척을 더 높게 설정한다.
④ 뷰 특성에서 공정을 다른 공정으로 설정한다.

정답 ①
해설 상세 수준의 중간 및 높음에서 벽, 바닥 등의 레이어가 표시된다.

18 레빗의 주요 특징으로 옳지 않은 것은?

① 형상을 고정하지 않고 값을 이용하여 유연하게 표현할 수 있다.
② 요소들 간의 관계를 유지하지 않고, 독립적으로 표현한다.
③ 설계옵션 기능을 통해 다양한 대안 검토가 가능하다.
④ 형상 뿐만 아니라 속성을 가지고 있어 다양한 활용이 가능하다.

정답 ②
해설 요소들 간의 관례를 유지하여 모델의 일관성을 유지한다.

19 용어 설명으로 옳지 않은 것은?

① IFC는 BIM 모델의 상호운용 및 호환을 위한 국제표준 기반의 데이터 포멧이다.
② CDE는 공통정보관리환경으로 다양한 주체가 공통의 정보 수집과 관리를 할 수 있는 환경이다.
③ BIM 수행계획서는 BIM 수행의 계획을 담은 국제표준 데이터 형식이다.
④ LOD 국제적으로 통용되는 BIM 모델의 상세 수준이다.

정답 ③
해설 BIM 수행계획서는 국제 표준 데이터 형식이 아닌 수행 계획을 담은 문서이다.

20 레빗의 그리드에 대한 설명으로 옳지 않은 것은?

① 모델의 수평 위치를 정의한다.
② 평면뷰, 단면뷰 등에서 작성할 수 있다.
③ 명령은 수정 탭의 기준 패널에 있다.
④ 그리드를 이동하면 연관된 요소도 함께 이동된다.

정답 ③
해설 그리드의 명령은 건축 탭 및 구조 탭의 기준 패널에 있다.

21 레빗에서 뷰에 대한 설명으로 옳지 않은 것은?

① 단면도는 세그먼트를 이용하여 다양한 단면을 한 번에 표현할 수 있다.
② 콜아웃뷰는 뷰의 일부 영역을 상세하게 표현한다.
③ 드래프팅뷰는 상세 선, 상세 항목 등을 이용하여 상세도를 표현한다.
④ 카메라뷰는 조감도, 투시도 등을 표현하며, 뷰 템플릿은 적용할 수 없다.

정답 ④
해설 카메라뷰 등 대부분의 뷰에 뷰 템플릿을 적용할 수 있다.

22 나비스웍스에서 도구 창에 대한 설명으로 옳지 않은 것은?

① 항목찾기는 공통된 특성 또는 특성 조건을 가진 항목을 검색하여 선택한다.
② 세트는 선택한 객체의 특성을 표시한다.
③ Timeliner는 모델 요소와 공정 정보를 연결하여 시뮬레이션한다.
④ 저장된 관측점은 현재 뷰에서 보이는 모습을 저장하여 반복 사용한다.

정답 ②
해설 세트는 사용 가능한 선택 세트와 검색 세트를 표시하는 도구 창이다.

23 레빗에서 문 또는 창의 방향을 변경할 수 있는 방법이 아닌 것은?

① 작성 과정에서 스페이스바를 눌러 방향을 변경할 수 있다.
② 문 또는 창을 선택하고 반전 마크를 클릭하여 방향을 변경할 수 있다.
③ 문 또는 창을 선택하고 회전 명령을 이용하여 방향을 변경할 수 있다.
④ 문 또는 창을 선택하고 스페이스바를 눌러 방향을 변경할 수 있다.

정답 ③
해설 문 또는 창은 회전 명령을 이용하여 방향을 변경할 수 없다.

24 레빗에서 경사로에 대한 설명으로 옳지 않은 것은?

① 명령은 건축 탭의 순환 패널에 있다.
② 카테고리는 경사로, 패밀리는 시스템 패밀리이다.
③ 작성은 실행으로 자동 작성하거나 경계 및 챌판을 직접 스케치할 수 있다.
④ 유형 특성에서 두께, 폭, 최대 경사 길이, 경사로 최대 경사 등을 설정할 수 있다.

정답 ④
해설 경사로의 폭은 유형 특성이 아닌 인스턴스 특성이다.

25 레빗에서 문 또는 창 작성 시 태그를 삽입하는 방법으로 옳은 것은?

① 태그를 포함하는 유형을 선택하여 작성한다.
② 옵션 바에서 태그 버튼을 클릭하여 작성한다.
③ 태그는 문 또는 창 작성 후에만 작성할 수 있다.
④ 메뉴에서 태그 삽입을 클릭하여 활성화한다.

정답 ④
해설 문 또는 창 작성 시 메뉴에서 태그 삽입을 활성화하여 태그를 함께 삽입한다.

26 레빗에서 평면도에 대한 설명으로 옳지 않은 것은?

① 카메라뷰, 보행시선 등의 카메라 위치를 표시할 수 없다.
② 평면도, 반사된 천장 평면도, 구조 평면도 등이 있다.
③ 반사된 천장 평면도는 아래에서 천장을 올려다 보는 방식이다.
④ 뷰에 영역을 작성하여 뷰 범위를 다르게 적용할 수 있다.

정답 ①
해설 카메라뷰, 보행시선 등은 평면뷰에서 작성하며, 카메라 위치를 표시할 수 있다.

27 레빗에서 뷰에 표시되는 모든 선을 얇게 표시하는 기능은?

① 상세 선
② 가는 선
③ 가시성/그래픽
④ 필터

정답 ②
해설 가는 선은 뷰에 표시되는 모든 선을 얇게 표시한다.

28 레빗에서 프로그램의 상단 제목에 표시되는 내용이 아닌 것은?

① 최근 저장 날짜
② 프로젝트 이름
③ 활성 뷰 이름
④ 프로그램 버전

정답 ①
해설 최근 저장 날짜는 표시되지 않는다.

29 레빗에서 키보드의 ESC 역할이 아닌 것은?

① 선택 취소
② 연속 작성 종료
③ 작성 명령 반복
④ 작성 명령 종료

정답 ③
해설 ESC를 한번 또는 두번 눌러 선택 취소, 연속 작성 종료, 작성 명령 종료를 할 수 있다.

30 나비스웍스의 뷰에서 카메라 거리와 상관없이 요소의 크기를 같게 표시하는 뷰 모드는?

① 투시   ② 직교

③ 카메라   ④ 궤도

정답 ②

해설 직교는 카메라의 위치와 상관없이 요소의 크기를 항상 같게 표시한다.

31 나비스웍스에서 탐색 도구 중 걷는 것과 같이 모델을 탐색하는 도구는?

① 궤도   ② 둘러보기

③ 보행시선   ④ 초점이동

정답 ③

해설 보행시선은 건물의 외부 및 내부를 걸으면서 탐색하는 도구이다.

32 나비스웍스에서 간섭 검토 보고서로 내보낼 수 있는 형식이 아닌 것은?

① XML   ② PPTX

③ HTML   ④ 저장된 관측점

정답 ②

해설 보고서는 XML, HTML, 저장된 관측점, 문자 등으로 내보낼 수 있다.

33 레빗에서 룸의 이름, 번호 등을 이용하여 룸의 색상을 적용하는 도구는?

① 색상표   ② 시스템 색상표

③ 룸 태그   ④ 경계 하이라이트

정답 ①

해설 색상표는 룸, 번호, 면적 등을 이용하여 룸의 색상을 적용할 수 있다.

34 레빗에서 뷰의 비주얼 스타일 종류가 아닌 것은?

① 은선   ② 음영처리

③ 색상일치   ④ 렌더

정답 ④

해설 비주얼 스타일의 종류는 와이어프레임, 은선, 음영처리, 색상일치, 사실적이 있다.

35 레빗에서 보(구조 프레임)을 작성할 수 없는 뷰는?

① 드래프팅뷰   ② 3차원뷰

③ 평면뷰   ④ 천장 평면뷰

정답 ①

해설 보는 3차원뷰, 평면뷰, 천장 평면뷰 등에서 작성할 수 있다.

36 소프트웨어 간에 BIM 모델의 상호운용 및 호환을 위하여 개발한 국제표준 기반의 데이터 포맷은?

① CDE   ② IFC

③ RVT   ④ ISO

정답 ②

해설 IFC는 BIM 모델의 상호운용 및 호환을 위하여 개발한 국제 표준 데이터 포맷이다.

37 레빗에서 요소의 패밀리 및 유형을 변경을 변경할 수 있는 창은?

① 특성   ② 프로젝트 탐색기

③ 유형 선택기   ④ 옵션바

정답 ③

해설 유형 선택기는 선택한 요소의 패밀리 및 유형을 변경할 수 있다.

38 레빗에서 시트에 배치할 수 있는 뷰의 개수로 옳은 것은?

① 1개   ② 3개
③ 5개   ④ 제한 없음

정답 ④
해설 시트에 배치할 수 있는 뷰의 개수는 제한이 없다.

39 레빗에서 보(구조 프레임)의 인스턴스 특성이 아닌 것은?

① 레벨   ② 유형 해설
③ 간격띄우기   ④ 맞춤

정답 ②
해설 보의 인스턴스 특성은 레벨, 간격띄우기, 맞춤, 재료 등이 있다.

40 레빗에서 벽의 수정 도구가 아닌 것은?

① 면 분할   ② 페인트
③ 코핑   ④ 결합

정답 ③
해설 코핑은 보(구조 프레임)의 수정 도구이다.

41 레빗에서 반복해서 사용되는 요소들을 묶어 배치할 수 있는 도구는?

① 부품 작성   ② 그룹
③ 유사 작성   ④ 조합 작성

정답 ②
해설 그룹은 반복해서 사용되는 요소들을 묶어 여러 곳에 반복해서 사용할 수 있다.

42 레빗에서 평면도, 단면도 등에서 특정 부분을 상세하게 표현하는 뷰는?

① 콜아웃   ② 드래프팅
③ 입면도   ④ 일람표

정답 ①
해설 콜아웃 뷰는 평면도, 단면도 등에서 특정 부분을 상세하게 표현할 수 있다.

43 레빗의 주석에서 태그의 종류가 아닌 것은?

① 카테고리별 태그   ② 재료 태그
③ 룸 태그   ④ 상세 선 태그

정답 ④
해설 태그의 종류는 카테고리별 태그, 모든 항목 태그, 재료 태그, 룸 태그 등이 있다.

44 나비스웍스에서 선택한 요소들 또는 검색한 요소들의 세트를 표시하는 도구 창은?

① 선택트리   ② 저장된관측점
③ 세트   ④ 항목 찾기

정답 ③
해설 세트는 선택한 요소들 또는 검색한 요소들의 세트를 표시한다.

45 레빗에서 이미지 및 동영상으로 내보낼 수 있는 종류가 아닌 것은?

① 보행시선   ② 이미지
③ 일조연구   ④ 일람표

정답 ④
해설 이미지 및 동영상 형식으로 내보낼 수 있는 종류는 보행시선, 일조연구, 이미지가 있다.

46 레빗에서 여러 사람이 동시에 모델을 작업할 수 있는 기능은?

① 공동작업　　　　② 프로젝트 매개변수
③ 설계옵션　　　　④ 공정

정답 ①
해설 공동작업은 여러 사람이 동시에 하나의 모델을 작업할 수 있는 기능이다.

47 레빗에서 벽의 편집에 대한 설명으로 옳지 않은 것은?

① 벽에 개구부를 작성할 수 있다.
② 베이스 및 상단의 레벨과 간격띄우기를 수정할 수 있다.
③ 프로파일 편집을 통해 벽의 레이어 구성을 수정할 수 있다.
④ 벽의 측면에 면을 분할하고, 다른 재료를 설정할 수 있다.

정답 ③
해설 레이어의 구성은 유형 특성의 구조 편집에서 할 수 있다.

48 국토부에서 제시하는 상세 수준 중 실시설계(낮음) 단계애서 필요한 모든 부재를 표현하는 수준은?

① 상세수준 100　　② 상세수준 200
③ 상세수준 300　　④ 상세수준 350

정답 ③
해설 상세수준 300은 실시설계(낮음) 단계에서 필요한 모든 부재를 표현하는 수준이다.

49 레빗에서 공동작업을 위해 BIM 모델을 내부, 외부 등 임의의 부분으로 구분하는 기능은?

① 작업세트　　　　② 중앙파일과 동기화
③ 편집 요청　　　　④ 작업 공유 감시

정답 ①
해설 작업세트는 공동작업을 위해 BIM 모델을 내부, 외부 등 임의의 부분으로 구분하는 것이다.

50 나비스웍스에서 건물 모델의 내부를 탐색할 수 있도록 모델을 자르는 기능은?

① 단면 처리　　　　② 투시
③ 측정　　　　④ 태그

정답 ①
해설 단면 처리를 사용하여 건물 모델을 잘라서 탐색할 수 있다.

MEMO

PART

02

실기시험

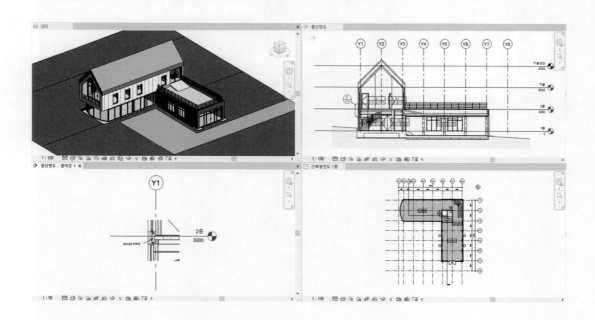

실기 시험의 출제 기준은 BIM 모델 구축 및 운용이며, 주요 항목은 프로젝트 구축,
구조 BIM 모델 구축, 건축 BIM 모델 구축, 설계단계 BIM 모델 활용,
시공단계 BIM 모델 활용입니다. 이러한 내용에 대해 각 챕터별로 학습합니다.

CHAPTER

01 인터페이스

Revit 개요

Revit은 BIM(Building Information Modeling) 모델을 만들 수 있는 3차원 모델 및 도면 작성 프로그램입니다. 건축, 구조, 기계, 전기, 토목, 조경 등 각 분야의 스마트한 건물 모델을 만들고, 이러한 모델로부터 도면을 작성할 수 있습니다.

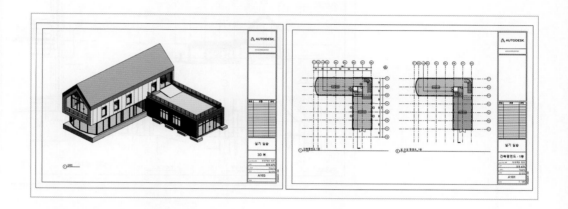

Revit 특징

Revit의 특징은 **파라메트릭과 즉시 업데이트**입니다.
파라메트릭은 건물을 구성하는 요소들이 서로 관계를 갖고 있어서 어떤 요소가 변경되면 이와 관련된 다른 요소도 **함께 변경**되는 것을 말합니다. 예를 들어 벽의 위치가 변경되면 연결된 벽 및 문도 함께 변경됩니다.

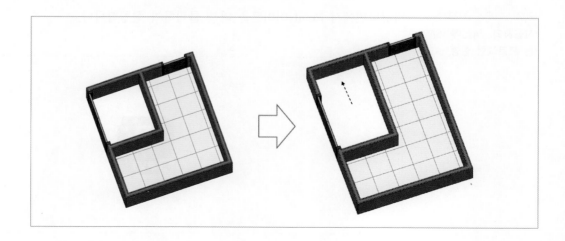

즉시 업데이트는 3차원 모델이 변경되면 **모든 뷰에 즉시 반영**된다는 것입니다. 3차원 뷰, 평면도, 입면도 등 모든 뷰는 하나의 3차원 모델로부터 만들어 지기 때문에, 이 3차원 모델에 변경이 생기면 즉시 관련된 모든 뷰에 변경이 반영됩니다. 모델의 변경은 3차원 뷰, 평면도, 입면도 등 대부분의 뷰에서 할 수 있습니다.

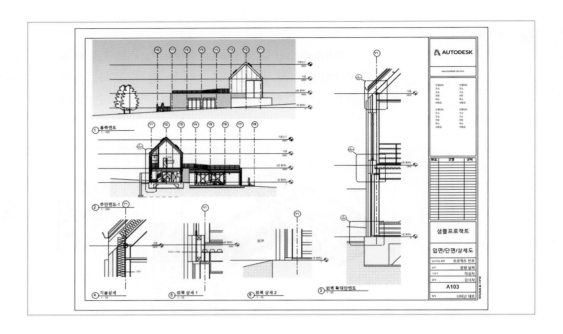

프로그램 실행

Revit 프로그램의 실행은 바탕화면에서 바로가기 아이콘을 클릭하거나, 윈도우의 시작 버튼에서 실행할 수 있습니다.

TIP

2021, 2022, 2023 등 사용자의 버전에 맞는 프로그램 실행

01

바탕화면에서 Revit 아이콘을 더블 클릭하여 실행합니다.

02

또는 윈도우의 시작버튼을 누르고, 오토데스크 폴더에서 Revit 2023를 클릭하여 실행합니다. Revit Viewer는 프로그램 설치 시 함께 설치되는 프로그램으로 작성 및 편집이 불가능하며, 모델 및 도면을 볼 수만 있습니다.

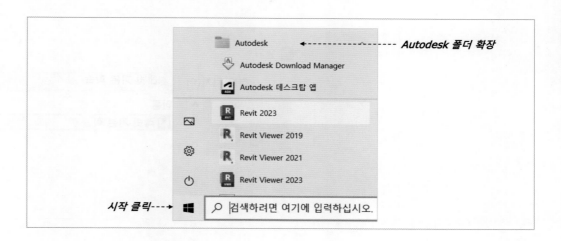

홈

홈은 Revit 프로그램의 시작화면으로 파일을 새로 작성 및 열기를 할 수 있으며, 최근 파일이 미리보기로 표시됩니다. 이 미리보기를 클릭하여 파일을 열 수도 있습니다.

01

홈 화면의 왼쪽에서 **열기** 버튼을 클릭합니다.

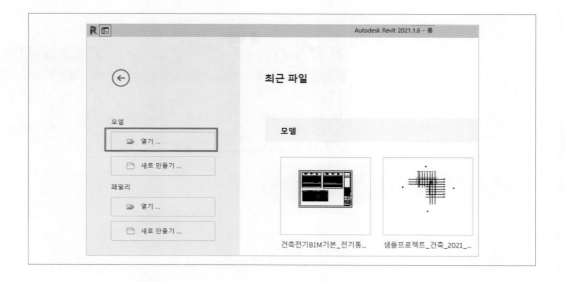

02

열기 창에서 예제 파일의 **레빗 기본 학습** 파일을 선택하고, 열기를 클릭합니다.

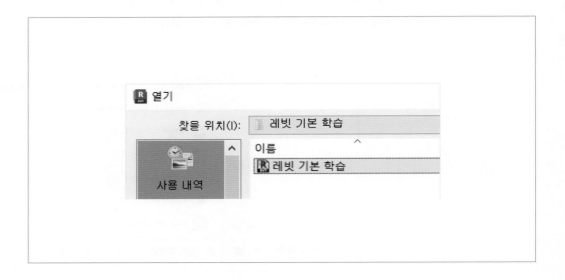

03

파일이 열리면 화면 왼쪽 위의 **홈 버튼**을 클릭합니다. 이 버튼을 클릭하면 다시 홈으로 이동할 수 있습니다. 홈 화면으로 이동하여도 파일이 종료되지 않습니다.

04

홈 화면에서 다시 왼쪽 위의 뒤로 버튼을 클릭합니다. 다시 파일로 이동할 수 있습니다.

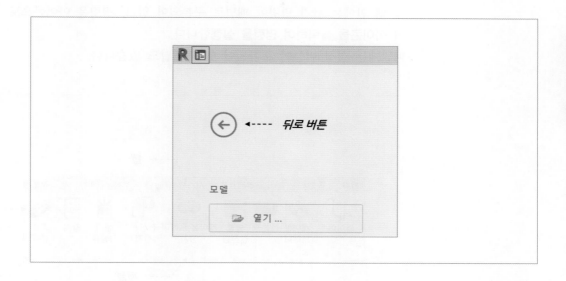

파일 이름

화면의 위쪽 가운데에 파일 이름이 표시됩니다. 파일 이름은 Revit 프로그램의 버전, 파일 이름, 활성 뷰 이름이 함께 표시됩니다.

Revit은 여러 파일을 동시 열어서 작업할 수 있기 때문에 파일 이름을 통해 이를 구별합니다.

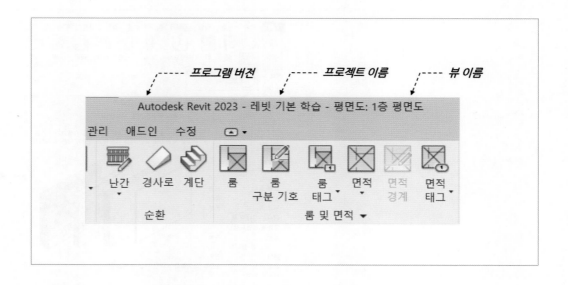

명령

명령은 **탭과 패널**로 구분되어 있습니다. 탭은 시스템, 주석, 관리, 수정 등으로 구분되어 있고, 각 탭을 클릭하여 이동합니다. 시스템은 전기 및 기계 분야를 말합니다.

각 탭 안에는 관련 명령이 패널로 구분되어 있고, 명령은 아이콘으로 표시되어 있습니다. **이 아이콘을 클릭하여 명령을 실행합니다.**

패널에는 설정 버튼이 포함되어 있는 패널도 있습니다.

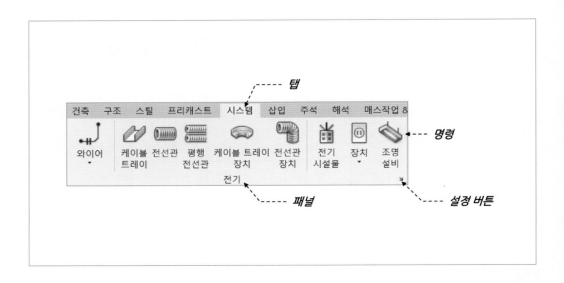

아이콘 위에 마우스를 위치하면 명령에 대한 설명인 **툴팁**이 표시됩니다. 만약 명령에 단축키가 설정되어 있다면 명령의 이름 옆에 괄호로 **단축키**가 표시됩니다. 단축키를 이용하면 명령에 신속하게 접근할 수 있습니다.

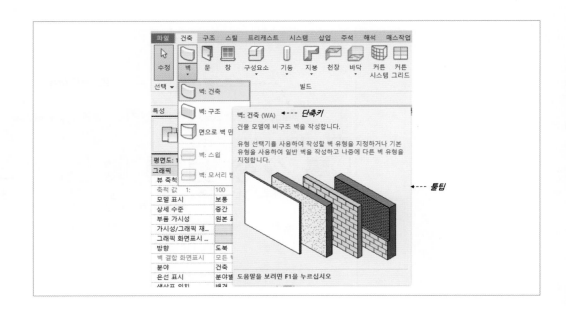

수정 탭은 상황에 맞는 메뉴가 표시됩니다. 명령을 실행하거나 요소를 선택하면 관련 명령이 추가로 표시됩니다.

옵션바는 명령 실행 시 사용할 수 있으며, 명령에 따라 내용이 다르게 표시됩니다.

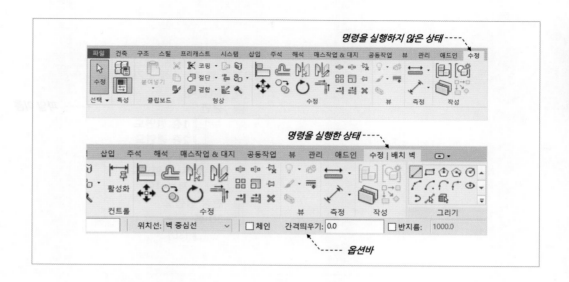

프로젝트 탐색기

프로젝트 탐색기는 해당 프로젝트의 모든 뷰, 범례, 일람표/수량, 시트, 패밀리, 그룹, Revit 링크를 표시합니다. 프로젝트 탐색기에서 원하는 뷰를 더블 클릭하여 열 수 있으며, 뷰, 패밀리 등을 관리할 수 있습니다.

01

메뉴에서 뷰 탭의 창 패널에서 **사용자 인터페이스**를 확장하여 프로젝트 탐색기가 체크되어 있는 것을 확인합니다. 만약 체크 되어 있지 않다면 체크합니다.

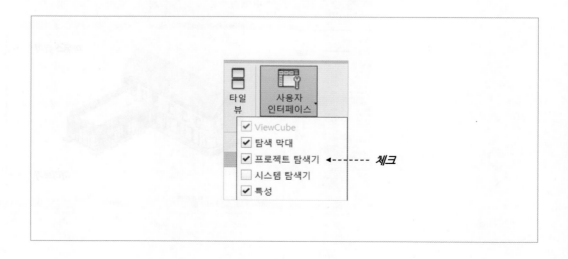

02

화면에서 프로젝트 탐색기를 확인합니다. 프로젝트 탐색기의 제목에 활성화된 파일의 이름이 표시됩니다.

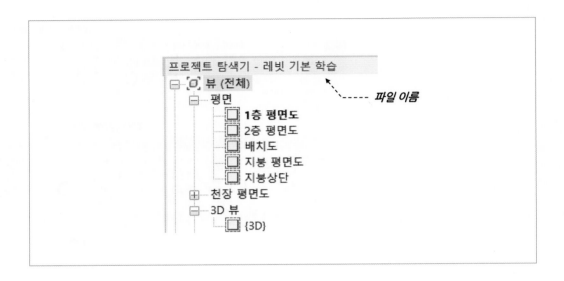

03

프로젝트 탐색기의 제목을 드래그하여 화면의 오른쪽에 배치합니다. 마우스의 위치에 따라 창의 미리보기 및 배치 위치가 달라집니다.

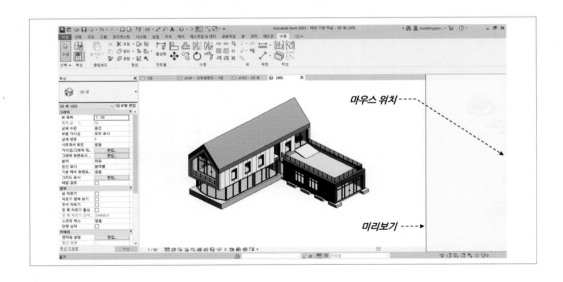

04

창의 경계를 드래그하여 크기를 조정할 수 있습니다.

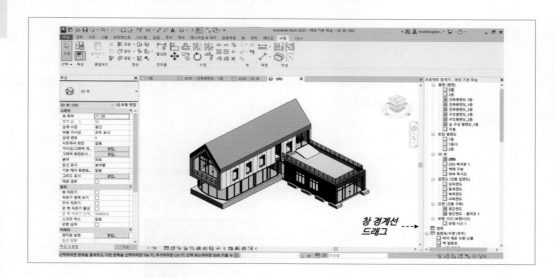

창 경계선
드래그

05

프로젝트 탐색기의 빈 곳을 우클릭하여, 검색을 클릭합니다. 검색을 이용하면 원하는 내
용을 빠르게 찾을 수 있습니다. 닫기를 클릭하여 창을 닫습니다.

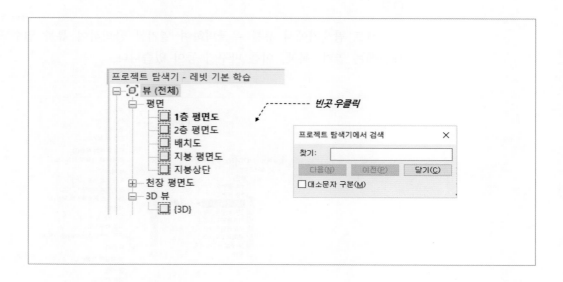

뷰

뷰는 모델 또는 도면을 표시하고, 작업하는 부분입니다. Revit은 동시에 여러 뷰를 열 수 있으며, 이러한 뷰는 탭으로 정렬하거나, 타일로 정렬할 수 있습니다. 해당 프로젝트의 열려 있는 모든 뷰를 닫으면 프로젝트가 종료됩니다.

01

프로젝트 탐색기에서 뷰(전체)의 평면에서 **1층**을 더블 클릭하여 엽니다. 뷰가 탭으로 정렬됩니다.

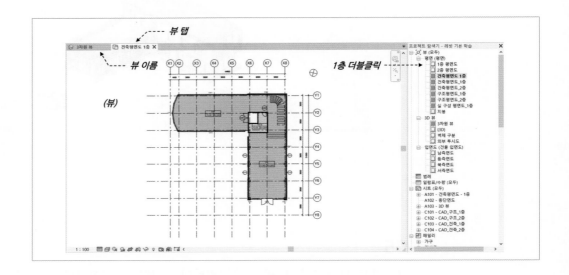

02

프로젝트 탐색기에서 뷰를 우클릭하여 열기를 클릭하여 뷰를 열수도 있습니다. 우클릭 메뉴에는 열기, 복제, 이름 바꾸기 등이 있습니다.

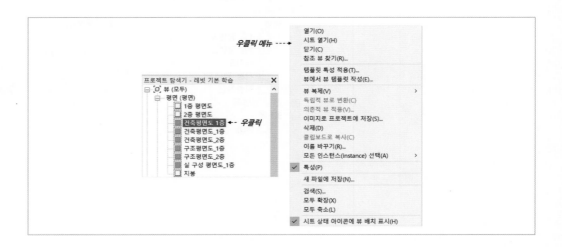

TIP

뷰가 활성화되면 뷰의
이름이 굵게 표시됨

03

뷰의 이름을 클릭하면 뷰를 전환할 수 있습니다. '3차원 뷰'를 클릭하여 활성화합니다.

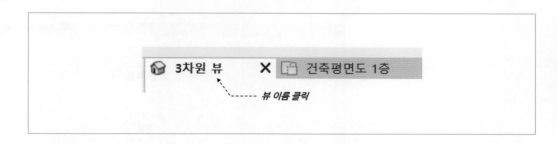

TIP

뷰를 드래그하여 독립
시켜 다른 모니터에
표시할 수도 있음

04

메뉴에서 뷰 탭의 창 패널에서 **타일 뷰**를 클릭합니다. 열려 있는 모든 뷰가 타일로 정렬
됩니다.

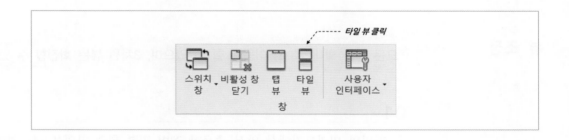

TIP

프로젝트 및 패밀리
파일의 종료 방법은
해당 파일의 열려 있
는 모든 뷰 닫기

05

뷰 이름 옆에 X를 클릭하여 모든 뷰를 닫습니다. 모든 뷰가 닫히면 프로젝트가 종료됩
니다. 만약 저장 창이 표시되면 아니요를 클릭합니다.

06

모든 프로젝트가 종료되면 홈 화면이 표시됩니다.

뷰 조정

모든 뷰는 확대, 축소, 이동을 할 수 있으며, 3차원 뷰는 회전할 수 있습니다.

01

홈 화면의 미리보기에서 앞서 종료한 레빗 기본 학습 파일을 클릭하여 엽니다. 또는 열기를 클릭하고 예제파일에서 파일을 열 수도 있습니다.

02

파일을 열면 해당 파일에서 가장 최근에 작업한 뷰 또는 시작뷰로 지정한 뷰가 열립니다. 뷰에서 마우스 휠을 스크롤하여 확대 또는 축소합니다.

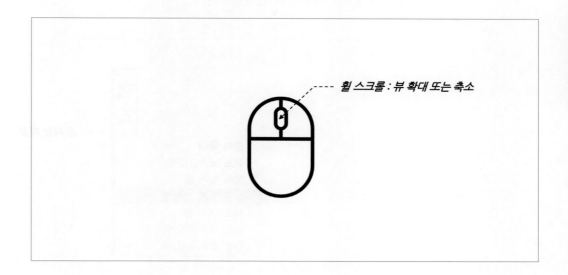

휠 스크롤 : 뷰 확대 또는 축소

03

뷰의 이동은 마우스의 휠을 누른 상태로 마우스를 이동합니다.

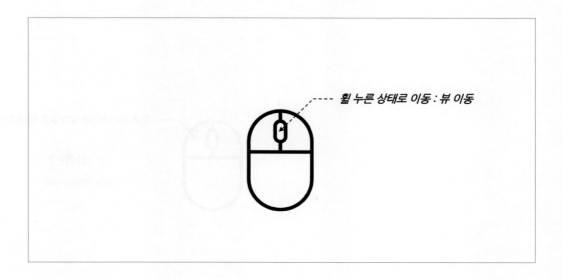

휠 누른 상태로 이동 : 뷰 이동

04

탐색 막대에서 줌 메뉴를 확장하여 **창에 맞게 전체 줌**을 클릭합니다. 뷰에 보이는 모든 요소가 보이도록 확대 또는 축소됩니다. 창에 맞게 전체 줌은 자주 사용하는 기능으로 단축키 ZA를 이용하면 편리합니다.

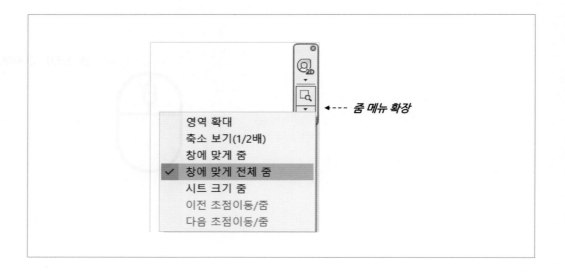

05

3차원 뷰의 회전은 **키보드의 shift**를 누르고, 마우스 우클릭한 상태로 마우스를 움직이면 회전됩니다.

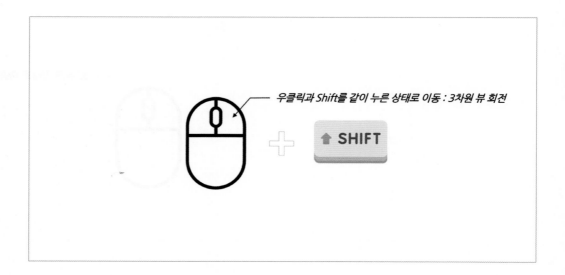

06

3차원 뷰에서는 뷰의 오른쪽 위에 있는 **뷰큐브**를 이용할 수 있습니다. 뷰큐브는 미리 정해진 각도로 이동할 수 있는 도구입니다. 뷰큐브의 하이라이트 된 부분을 클릭하면 뷰의 각도 및 줌이 변경됩니다.

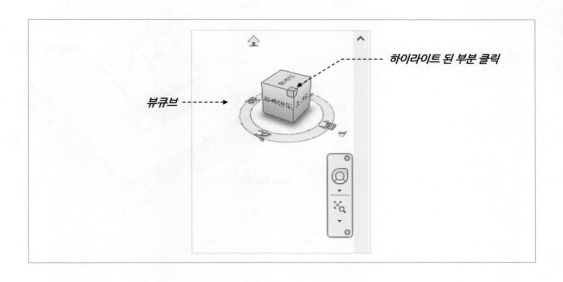

요소 선택

3차원 모델 및 도면을 구성하는 모든 것을 요소라고 합니다. 요소의 선택은 마우스로 클릭하거나 드래그하여 선택할 수 있습니다. 마우스로 클릭하여 선택하기 위해서는 요소의 모서리 부분을 클릭해야 합니다. 요소의 내부는 클릭해도 선택이 안됩니다.
드래그 선택은 마우스로 드래그하여 한번에 여러 요소들을 선택할 수 있습니다. 드래그 방향에 따라 완전히 포함된 모든 요소들을 선택하거나, 걸치는 모든 요소들을 선택할 수 있습니다. 선택의 취소는 esc를 누르거나 뷰의 빈 곳을 클릭합니다.

01

프로젝트 탐색기에서 3D 뷰의 요소 선택 뷰를 더블 클릭하여 엽니다.

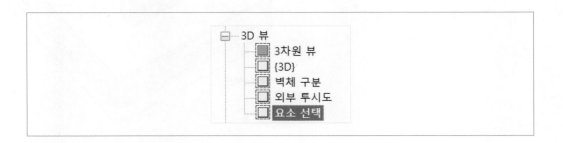

02

뷰에서 **벽의 모서리에 마우스를 위치**합니다. 해당 요소의 모서리가 파란 선으로 하이라이트되고, 툴팁이 표시됩니다.

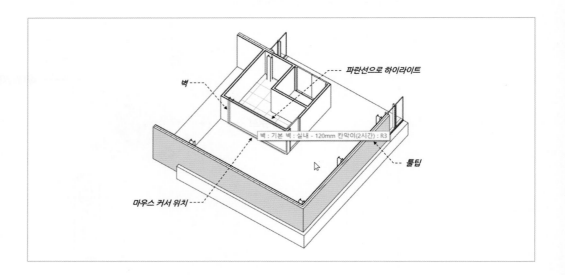

03

마우스의 위치를 요소의 내부에 위치하면 하이라이트 되지 않고, 요소를 선택할 수 없습니다. 벽의 모서리를 클릭하여 요소를 선택합니다. 선택된 요소는 **반투명 파란색**으로 표시됩니다.

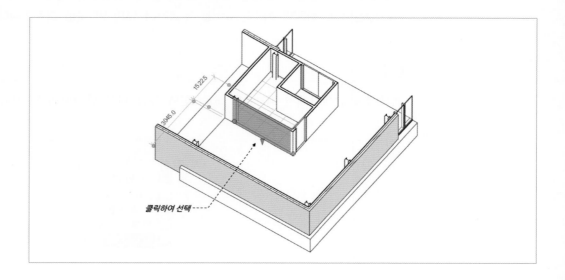

04

키보드에서 ctrl를 누른 상태로 다른 분전반을 클릭합니다. ctrl를 누른 상태로 요소를 클릭하면 선택을 추가할 수 있습니다. 커서에는 +가 표시됩니다.

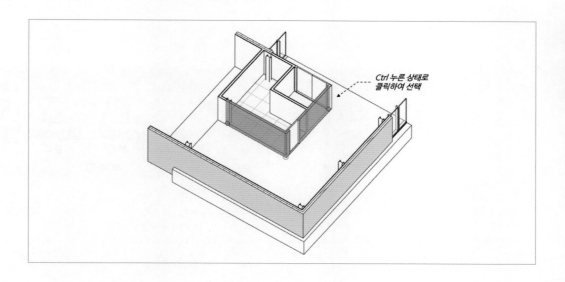

05

특성 창과 화면의 오른쪽 아래에 선택한 요소의 개수가 표시됩니다.

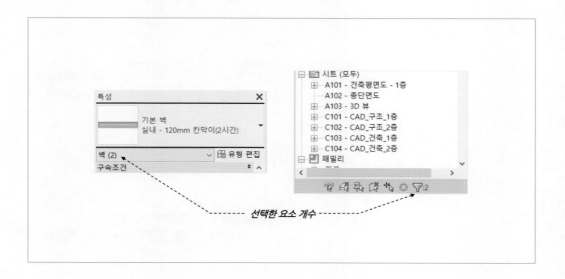

06

메뉴에서 수정 | 벽 탭의 선택 패널에서 필터를 클릭합니다.

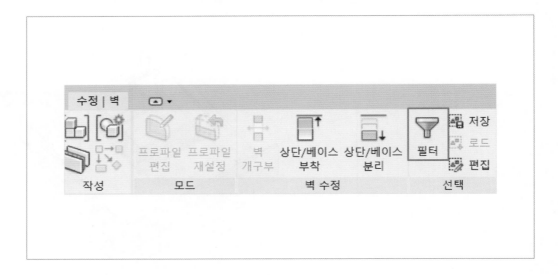

07

필터 창에는 선택한 요소에 대한 카테고리별 개수가 표시되고, 체크를 해제하면 선택에서 제외할 수 있습니다. 확인을 클릭하여 필터 창을 닫습니다.

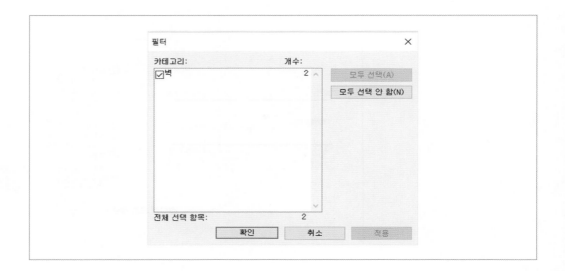

08

키보드에서 shift를 누른 상태로 이미 선택한 벽을 클릭합니다. shift를 누른 상태로 요
소를 클릭하면 선택을 제외할 수 있습니다.

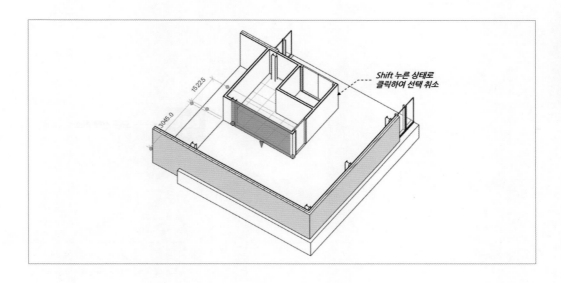

09

벽이 선택된 상태로 우클릭합니다. 우클릭 메뉴에서는 유사 작성, 모든 인스턴스 선택,
삭제 등을 사용할 수 있습니다.

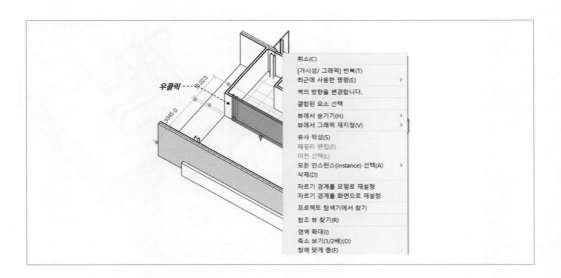

10

esc를 눌러 모든 선택을 취소합니다.

11

뷰에서 오른쪽 방향으로 마우스를 드래그하여 완전히 포함된 모든 요소들을 선택합니다. 마우스 드래그 시 뷰의 빈 곳을 클릭하는 것에 주의합니다.

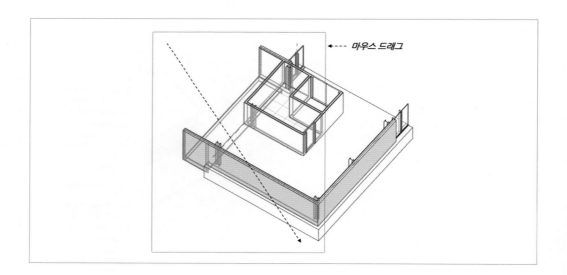

esc를 눌러 선택을 취소합니다. 다시 뷰에서 왼쪽 방향으로 마우스를 드래그하여 걸치는 모든 요소들을 선택합니다. esc를 눌러 선택을 취소합니다.

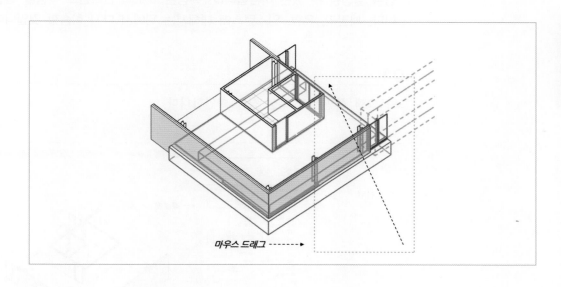

마우스 드래그 ------▶

요소 선택 옵션

화면의 오른쪽 아래에 요소 선택 옵션이 표시되어 있습니다. 옵션은 링크 선택, 언더레이 요소 선택, 핀 요소 선택, 면별 요소 선택, 선택 요소 끌기가 있습니다.
이 옵션을 클릭하여 활성화 또는 비활성화할 수 있습니다. 비활성화된 상태에서는 해당 요소를 선택할 수 없습니다.

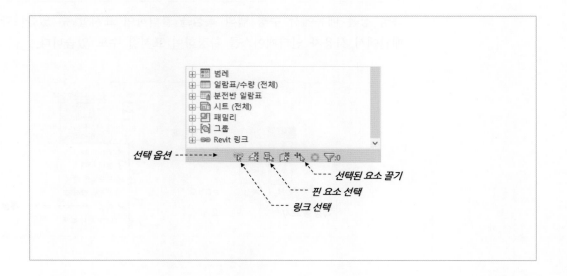

선택 옵션 ------▶

선택된 요소 끌기
핀 요소 선택
링크 선택

특성

특성 창은 선택한 요소의 정보가 표시됩니다. 만약 선택한 요소가 없을 경우는 활성화
된 뷰의 특성이 표시됩니다. 특성 창은 유형선택기, 유형편집, 특성으로 구성됩니다.
유형선택기는 요소의 패밀리 및 유형을 선택할 수 있는 창입니다. 유형 편집은 유형 특
성을 설정할 수 있는 버튼입니다. 특성은 요소의 인스턴스 특성을 설정할 수 있는 창입
니다. 패밀리, 유형, 인스턴스에 대해서는 뒤에서 다시 학습할 것입니다.

01

프로그램 화면에서 **특성** 창을 확인합니다.

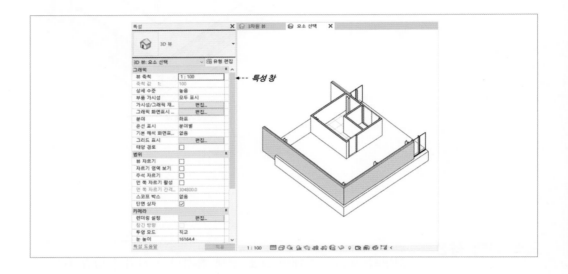

02

특성 창은 메뉴에서 수정 탭의 **특성**을 클릭하여 표시할 수 있습니다. 또는 뷰 탭의 창
패널에서 사용자 인터페이스를 확장하여 표시할 수도 있습니다.

03

뷰에서 벽을 선택하고, **유형선택기**를 확장합니다. 선택한 요소의 패밀리 및 유형이 표시
되고, 사용할 수 있는 패밀리 및 유형 리스트가 표시됩니다. 유형선택기를 다시 한번
클릭하여 리스트를 닫습니다.

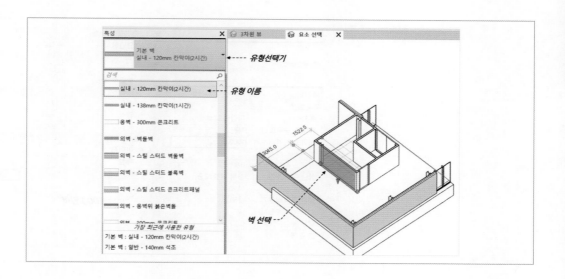

04

유형 편집 버튼을 클릭합니다. 선택한 요소의 유형에 대한 크기, 재료 등을 설정할 수
있는 유형 설정 창이 표시됩니다. 확인을 클릭하여 닫습니다.

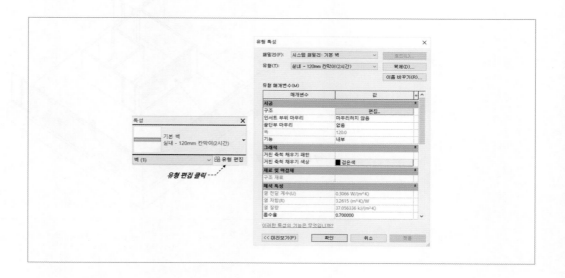

05

특성 창에는 선택한 요소의 레벨, 높이 등을 설정할 수 있습니다. 베이스 간격띄우기를 1000으로 입력하고, 아래의 적용 버튼을 클릭합니다. 또는 특성 창 밖으로 마우스를 이동하면 적용됩니다.

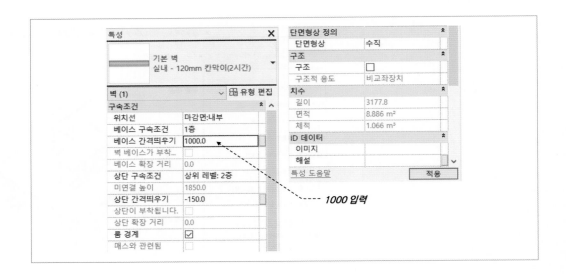

06

뷰에서 벽의 하단 높이가 변경된 것을 확인합니다.

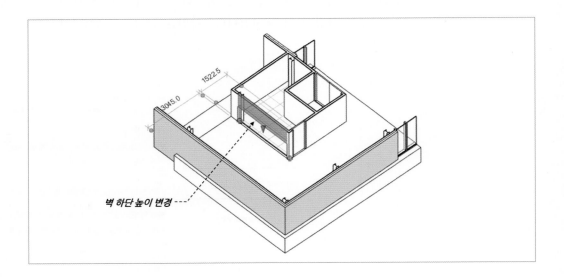

07

ctrl를 누르고 다른 벽을 같이 선택합니다. 특성 창에는 선택된 요소들의 공통된 정보는 표시되고, 값이 다른 경우는 〈다양함〉이 표시됩니다.

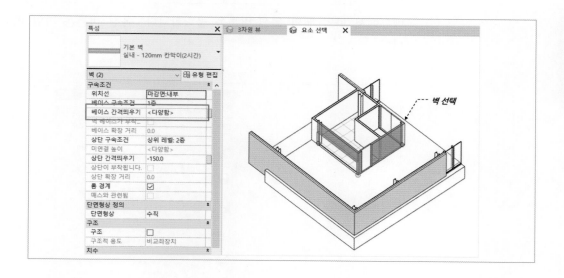

08

〈다양함〉을 클릭하고, 0을 입력하고 적용을 클릭합니다. 뷰에서 벽의 하단 높이가 변경된 것을 확인합니다.

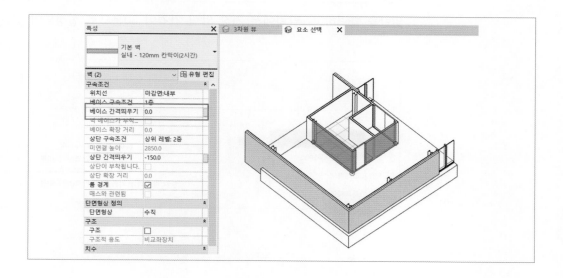

옵션

옵션은 파일의 저장 간격, 템플릿 파일 위치, 그래픽 표시 등을 설정할 수 있습니다.

01

메뉴에서 파일 탭의 **옵션** 버튼을 클릭합니다. 옵션 버튼은 파일 메뉴의 맨 아래에 있습니다.

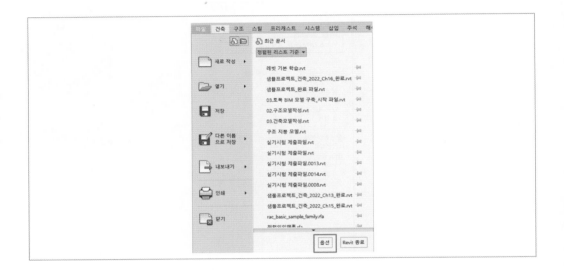

02

일반을 클릭하고, 알림에서 저장 알림 간격이 30분으로 설정되어 있는 것을 확인합니다.

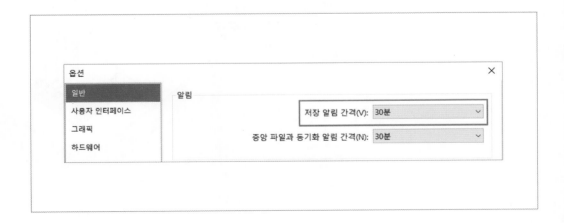

03

프로젝트에서 작업을 하며 설정한 시간 간격 동안 파일을 저장하지 않으면, 저장 알림 창이 표시됩니다. 만약 저장 알림 창이 표시되면, 프로젝트 저장을 클릭하여 저장합니다.

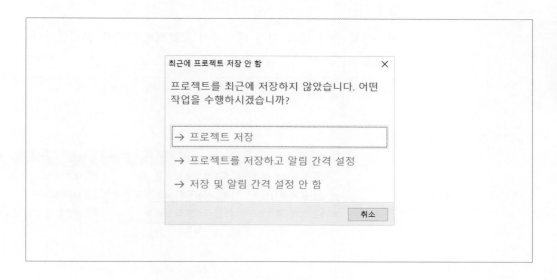

04

그래픽을 클릭하고, 그래픽 모드에서 모든 뷰에 적용을 체크합니다. 이는 앤티앨리어싱 이 모든 뷰에 적용되어, 요소의 모서리가 부드럽게 표시되는 그래픽 기능입니다. 확인 을 클릭하여 옵션 창을 닫습니다.

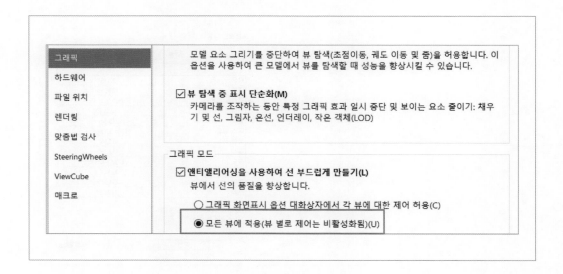

프로젝트 단위

프로젝트 단위는 길이, 면적, 부피 등에 대한 단위를 말합니다. 단위 설정은 템플릿에 의해 기본 설정이 되고, 필요에 따라 변경할 수 있습니다.

01

메뉴에서 관리 탭의 설정 패널에서 **프로젝트 단위**를 클릭합니다.

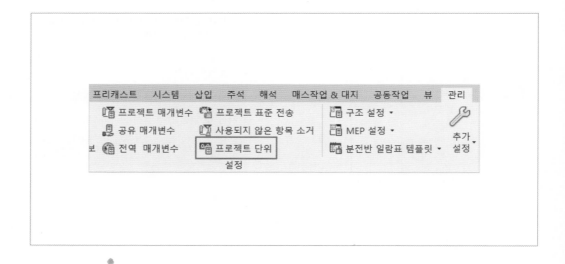

02

프로젝트 단위 창에서 설정된 단위 내용을 확인 및 변경할 수 있습니다. 설정된 내용을 그대로 사용합니다. 확인을 눌러 창을 닫습니다.

스냅

스냅은 요소 작성 및 수정에서 이미 작성되어 있는 요소의 위치를 참고할 때 사용됩니다. 끝점, 중간점, 교차점 등이 있습니다.

01

메뉴에서 관리 탭의 설정 패널에서 스냅을 클릭합니다.

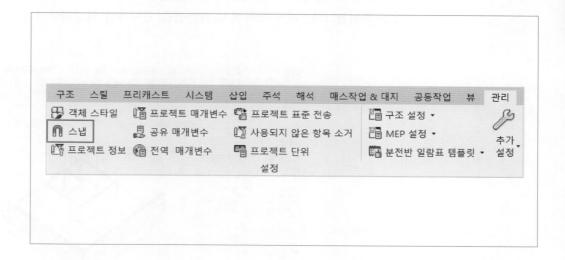

02

스냅 창에서 설정된 내용을 확인합니다. 설정된 내용을 그대로 사용합니다. 확인을 눌러 창을 닫습니다.

가는선

01

메뉴에서 뷰 탭의 그래픽 패널에서 **가는선**을 클릭합니다. 뷰에서 선의 굵기가 변경되는 것을 확인합니다. 다시 메뉴에서 가는선을 클릭하여 활성화합니다.

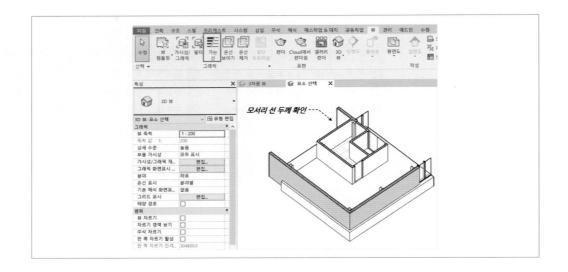

도움말

01

화면의 오른쪽 위에 **도움말** 버튼을 클릭합니다.

도움말 화면의 왼쪽에는 도움말의 목차가 표시되어 있습니다. 화면의 오른쪽 위에 키워드 입력을 활용하면 원하는 내용을 찾는데 도움이 됩니다.

02 뷰

뷰 종류

뷰의 종류는 3D 뷰, 단면도, 콜아웃, 평면도, 입면도, 드래프팅 뷰, 범례, 일람표가 있습니다. 3D 뷰는 기본 3D 뷰, 카메라, 보행 시선으로 구성되어 있습니다. 평면도는 평면도, 반사된 천장 평면도, 구조 평면, 평면 영역, 면적 평면도로 구성되어 있습니다. 일람표는 일람표/수량, 그래픽 기둥 일람표, 재료 수량 산출, 시트 리스트, 노트 블록, 뷰 리스트로 구성되어 있습니다.

3차원 뷰

3차원 뷰는 모델을 3차원의 형태로 볼 수 있는 뷰입니다. 3차원 뷰에서는 3차원의 형상을 가진 요소들이 표시됩니다.

01

프로젝트 탐색기에서 3차원 뷰를 더블클릭하여 엽니다.

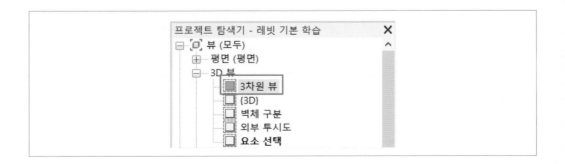

02

특성에 3차원 뷰의 특성이 표시됩니다. 선택한 요소가 없어야 뷰의 특성이 표시됩니다.

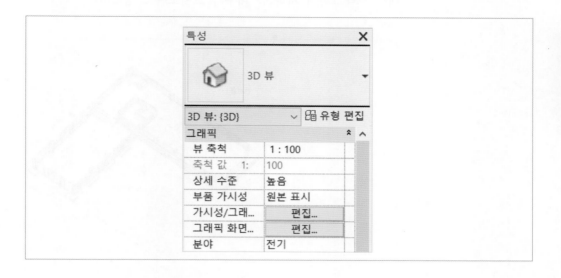

03

특성의 범위에서 단면 상자를 체크합니다. 뷰에서 단면상자가 표시됩니다. 단면상자는 3차원 뷰에서만 사용할 수 있습니다.

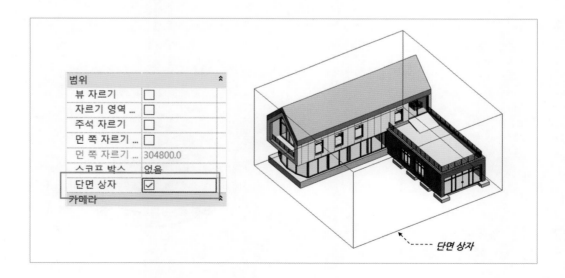

04

단면 상자를 선택하면 크기를 조정할 수 있는 **컨트롤**이 표시됩니다. 위쪽 컨트롤을 아래로 드래그하여 지하1층 내부가 보이도록 조정합니다.

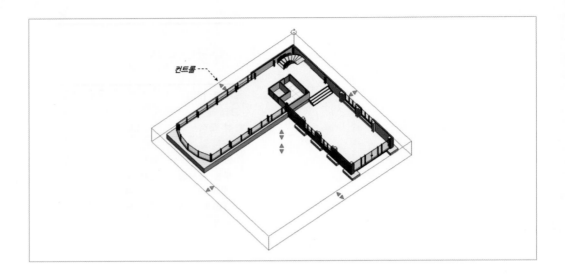

05

뷰의 오른쪽 위에 표시되는 **뷰큐브**를 확인합니다.

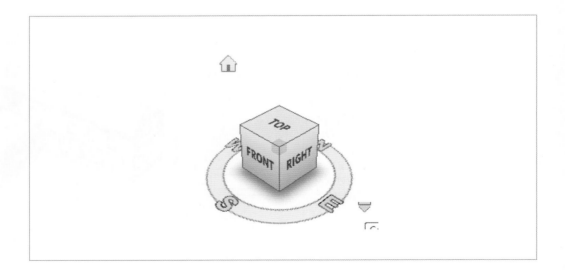

06

뷰큐브의 평면도를 클릭하면, 뷰가 회전 및 확대/축소 되는 것을 확인합니다.

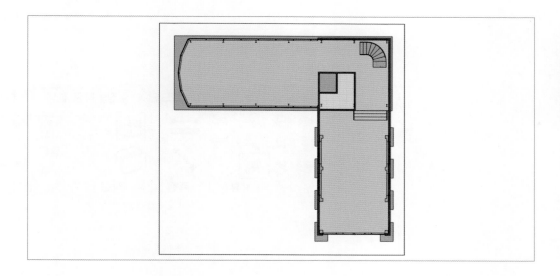

07

뷰에서 건물 내부 벽 부분을 드래그하여 선택합니다. 정확한 선택은 중요하지 않습니다.

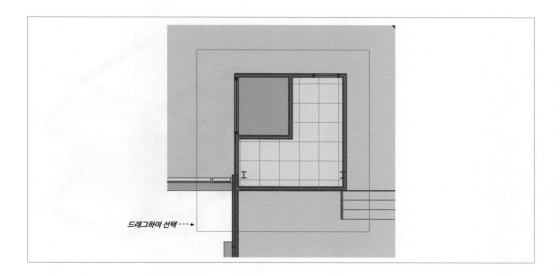

드래그하여 선택 ----▶

08

메뉴에서 수정 | 다중 선택 탭의 뷰 패널에서 선택 상자를 클릭합니다.

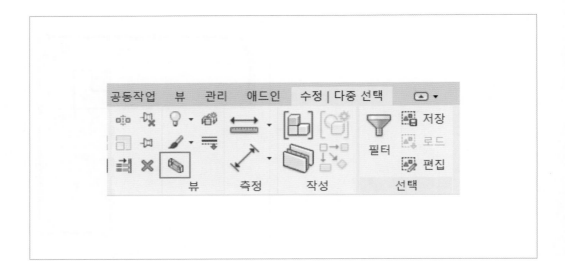

09

뷰에서 선택한 요소들 주위로 단면 상자가 만들어 지는 것을 확인합니다.

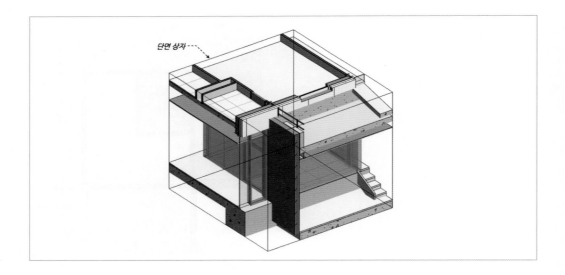

10

특성 창에서 단면 상자를 체크 해제하고, 뷰에서 전체 건물 모습을 확인합니다.

평면도

평면도는 평면도, 반사된 천장평면, 구조 평면, 평면 영역, 면적 평면도가 있습니다. 전기 설계에서는 평면도와 반사된 천장평면도가 주로 사용됩니다. 평면도는 바닥이 보이도록 위에서 아래로 내려본 모습이고, 천장평면도는 천장이 보이도록 아래에서 위를 올려본 모습입니다.

평면도는 요소를 작성할 때 가장 많이 사용하는 뷰입니다. 평면에서 요소를 배치하고, 3차원 뷰에서 요소의 높이를 확인 및 수정할 수 있습니다.

평면도는 수직 및 수평의 범위를 가집니다. 이 범위에 따라 요소가 표시 또는 표시되지 않습니다.

01

프로젝트 탐색기에서 1층 평면도와 3차원 뷰를 열고, 다른 뷰는 모두 닫습니다. 메뉴에서 뷰 탭의 창 패널에서 **타일 뷰**를 클릭하여 모든 뷰를 정렬합니다.

02

탐색 막대에서 **창에 맞게 전체 줌**을 클릭합니다.

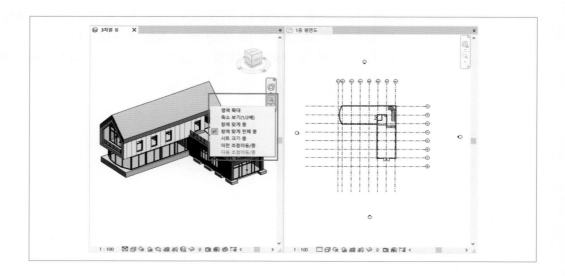

03

1층 평면도 뷰의 이름을 클릭하여 활성화하고, 특성 창에서 뷰 범위의 편집을 클릭합니다.

범위	▲
뷰 자르기	☐
자르기 영역 ...	☐
주석 자르기	☐
뷰 범위	편집...
연관된 레벨	1층
스코프 박스	없음
기둥 기호 간...	304.8
깊게 자르기	자르기 없음

🗂 1층 평면도 ✕

04

뷰 범위 창에서 상단, 절단 기준면, 하단, 뷰 깊이를 설정할 수 있습니다. 아래의 **표시** 버튼을 클릭합니다. 각 범위의 설명을 확인할 수 있습니다. 다시 **숨기기** 버튼을 클릭합니다.

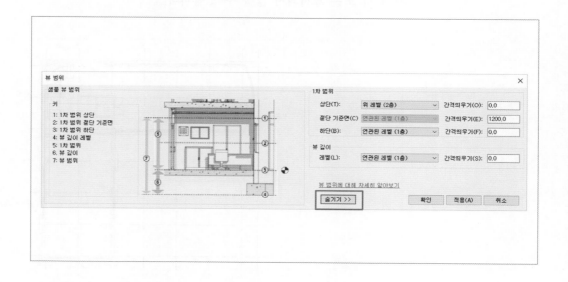

05

하단의 간격띄우기와 뷰 깊이의 레벨 간격띄우기 값을 −1000으로 입력하고, 확인을 클릭합니다.

06

1층 평면도 뷰에서 기초가 표시되는 것을 확인합니다. 평면도는 뷰의 범위에 따라 요소가 표시 또는 표시되지 않을 수 있습니다.

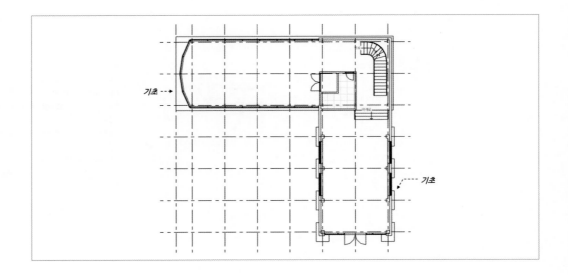

07

메뉴에서 뷰 탭의 창 패널에서 탭 뷰를 클릭하고, 1층 평면도를 활성화합니다.

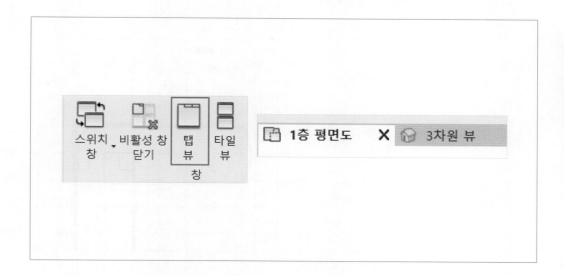

08

뷰 조절 막대에서 뷰 자르기와 자르기 영역 표시를 클릭합니다. 아이콘을 클릭하면 아이콘의 상태가 변경됩니다.

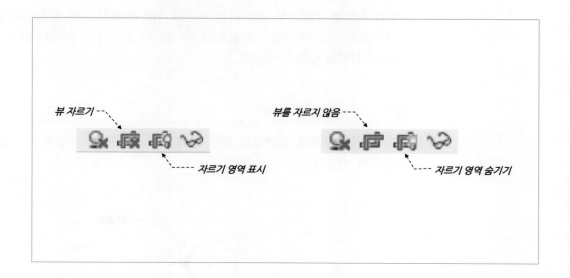

09

뷰에서 자르기 영역을 선택하고, 컨트롤을 조정하여 뷰에서 표시되는 평면 영역을 수정할 수 있습니다.

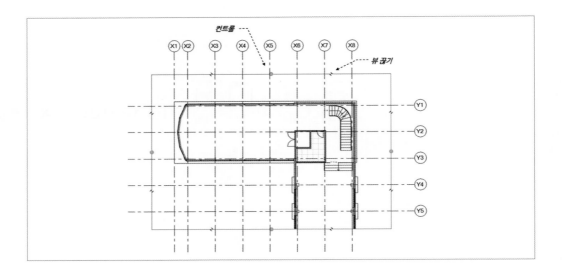

입면도 및 단면도

입면도 및 단면도는 건물 모델을 수직으로 바라본 모습의 뷰입니다. Revit은 원하는 곳에서 여러 입면도 및 단면도를 만들 수 있습니다. 입면도 및 단면도는 평면도에서 만들며, 수직 및 수평 범위를 가집니다. 이 범위에 따라 요소가 표시 또는 표시되지 않을 수 있습니다.
축척에 따라 평면에서 입면도 및 단면도 기호가 표시 또는 표시되지 않을 수 있습니다. 이 기능은 도면화 작업에 유용하게 사용할 수 있습니다. 작성한 입면도 및 단면도를 이동 및 회전할 수도 있습니다.

01

1층 평면도 뷰에서 **입면도의 뷰**를 클릭하여 선택합니다. 입면도는 입면도 기호와 뷰로 구성되어 있습니다.

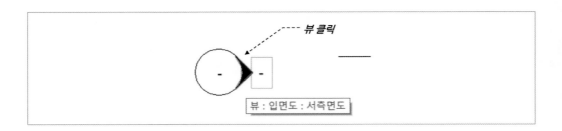

02

뷰에 **입면도의 범위**가 표시되는 것을 확인합니다.

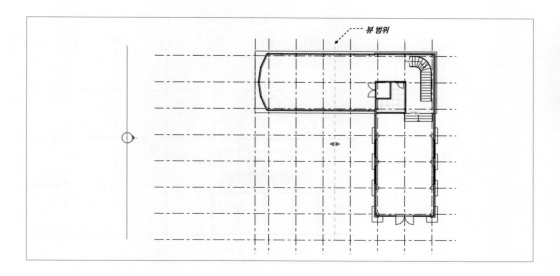

03

뷰를 우클릭하고, **입면도로 이동**을 클릭합니다.

취소(C)	
[탭 뷰] 반복(T)	
최근에 사용한 명령(E)	>
입면도로 이동(G)	
뷰에서 숨기기(H)	>
뷰에서 그래픽 재지정(V)	>
유사 작성(S)	
패밀리 편집(F)	
이전 선택(L)	
모든 인스턴스(instance) 선택(A)	>
삭제(D)	
프로젝트 탐색기에서 찾기	

04

입면도 뷰를 확인합니다.

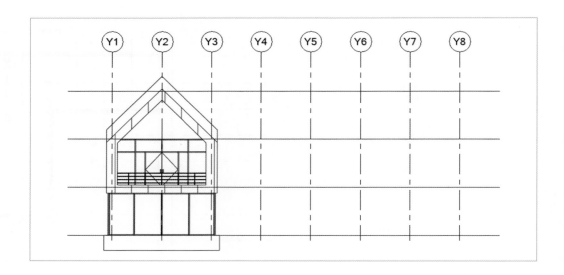

05

다시 1층 평면도를 활성화하고, 입면도 뷰를 선택합니다. 뷰 범위의 **컨트롤**을 드래그하여 이동합니다.

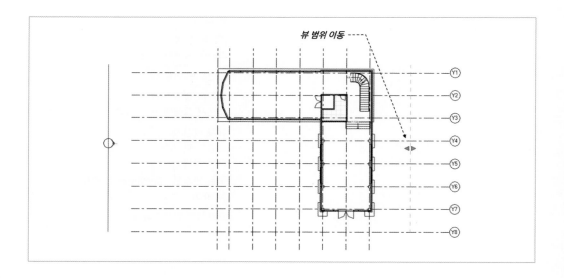

06

다시 서측면도를 활성화여 뷰 범위가 변경되어 건물 전체가 표시되는 것을 확인합니다.

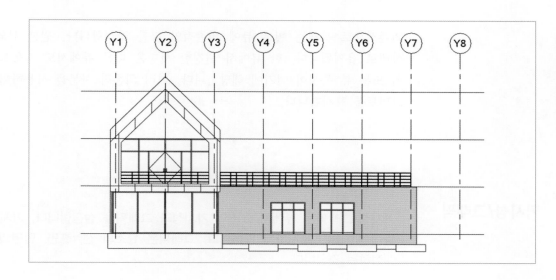

뷰 복제

뷰 복사는 현재 프로젝트의 뷰를 복사하는 기능으로 뷰 복제, 상세 복제, 의존적으로 복제가 있습니다. 모델만 포함하거나, 모델과 뷰 특정 요소를 함께 포함하거나, 뷰의 의존적 사본을 포함하는 뷰의 사본을 작성할 수 있습니다.

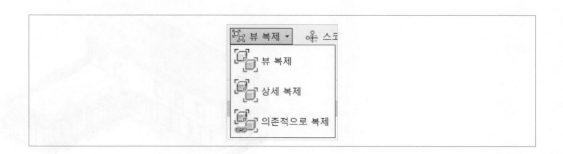

뷰 복제는 현재 뷰에서 모델 형상만 포함하는 뷰를 작성합니다. 새 뷰에서는 주석, 치수 및 상세정보와 같은 뷰 특정 요소가 삭제됩니다. 뷰 특정 요소를 포함하는 뷰의 사본을 작성하려면 상세 복제 도구를 사용합니다.

상세 복제는 현재 뷰에서 모델 형상 및 뷰 특성 요소를 포함하는 뷰를 작성합니다. 뷰별 요소에는 주석, 치수, 상세 구성요소, 상세 선, 반복 상세정보 및 채워진 영역이 포함됩니다.

의존적으로 복제는 원본 뷰에 의존적인 뷰를 작성합니다. 원본 뷰와 사본은 동기화된 상태로 유지됩니다. 한 뷰에서 변경한 사항은 다른 뷰에서도 자동으로 변경됩니다. 축척 또는 뷰 특성이 여기에 해당됩니다. 여러 의존적 사본을 사용하여 확장된 평면의 세 그먼트를 표시합니다.

가시성/그래픽

가시성/그래픽은 뷰에서 요소의 가시성과 그래픽을 설정합니다. 가시성은 뷰에서 요소를 표시 또는 표시하지 않음이고, 그래픽은 요소의 선, 표면, 단면의 색상, 패턴 등을 설정하는 것입니다.

01

3차원 뷰를 활성화합니다. 만약 뷰에서 단면 상자가 적용되어 있다면, 특성 창에서 **단면 상자**를 체크 해제합니다.

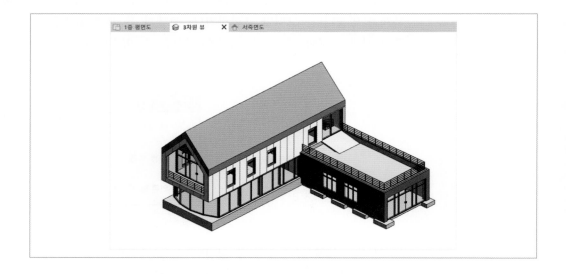

02

메뉴에서 뷰 탭의 그래픽 패널에서 **가시성/그래픽**을 클릭합니다. 가시성/그래픽은 뷰에서 요소들의 가시성과 그래픽을 설정하며, 설정한 내용은 현재 뷰에만 적용됩니다.

03

가시성/그래픽 재지정 창은 탭으로 구분되어 있습니다. 모델, 주석, 해석 모델, 가져온 카테고리, 필터, Revit 링크 등이 있습니다.

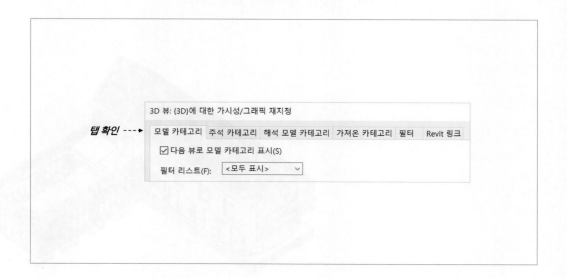

04

모델 카테고리에서 **지붕, 바닥, 천장을 체크해제** 합니다. ctrl를 누르면 여러 카테고리를 선택할 수 있습니다. 여러 카테고리가 선택된 상태에서 체크 박스를 클릭하면 선택된 모든 카테고리에 적용됩니다. 확인을 클릭하여 창을 닫습니다.

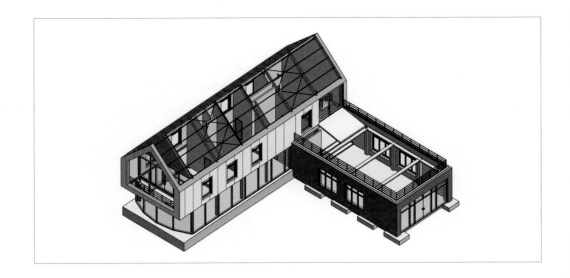

05

뷰에서 지붕, 바닥, 천장이 표시되지 않는 것을 확인합니다. 다시 가시성/재지정에서 지붕, 바닥, 천장을 체크하여 표시합니다.

축척

축척은 뷰에서 요소를 나타내는데 사용되는 비율 시스템입니다. 축척에 따라 시트에 배치되는 뷰의 크기가 달라지며, 뷰에 표시되는 치수, 문자 등 주석의 크기가 달라집니다.

01

프로젝트 탐색기에서 건축평면도 1층을 더블 클릭하여 엽니다.

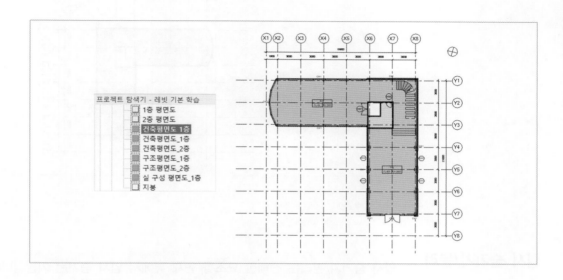

02

뷰 조절 막대에서 뷰 축척을 클릭하고, 1:200으로 선택합니다.

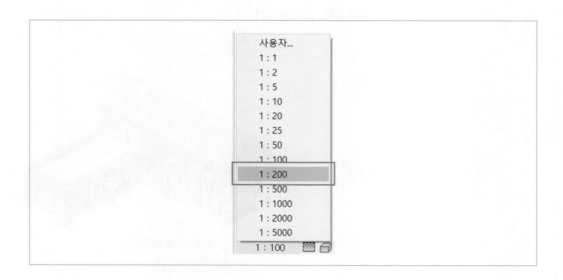

03

뷰에서 각종 문자의 크기가 커진 것을 확인합니다. 모델 요소의 크기는 변경되지 않는 것을 확인할 수 있습니다. 축척을 다시 1:100으로 변경합니다.

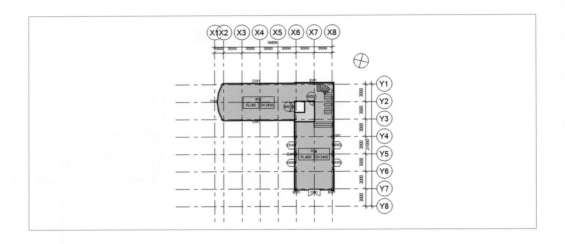

임시 숨기기/분리

임시 숨기기/분리는 선택한 요소를 현재 뷰에서 임시 숨기는 기능입니다. 숨기기는 현재 뷰에만 적용이 되고, 다른 뷰에는 적용되지 않습니다. 숨겨진 요소는 해당 뷰를 닫았다 다시 열어도 유지가 됩니다. 그러나 프로그램 또는 파일을 종료하면 기능이 해제됩니다.

01

3차원 뷰에서 외부 벽을 선택합니다. 뷰 조절 막대에서 **임시 숨기기/분리**를 클릭하고, 요소 숨기기를 클릭합니다.

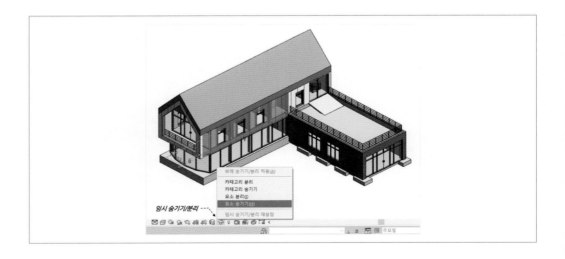

02

선택한 요소가 뷰에서 숨겨집니다. 뷰의 왼쪽 위에 **임시 숨기기/분리 문자와 테두리 선**이 표시됩니다. 이 표시를 통해 임시로 숨겨진 요소가 있다는 것을 확인할 수 있습니다.

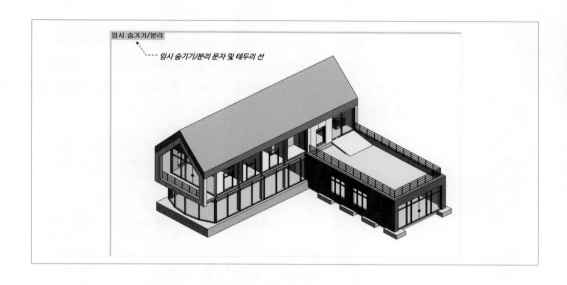

03

임시 숨겨진 요소를 표시하기 위해 뷰 상태 막대에서 임시 숨기기/분리를 클릭하고, **임시 숨기기/분리 재설정**을 클릭합니다. 임시로 숨겨진 요소가 다시 표시됩니다. 임시 숨기기/분리에서 요소 분리는 선택한 요소만 표시되고, 다른 모든 요소가 숨겨집니다.

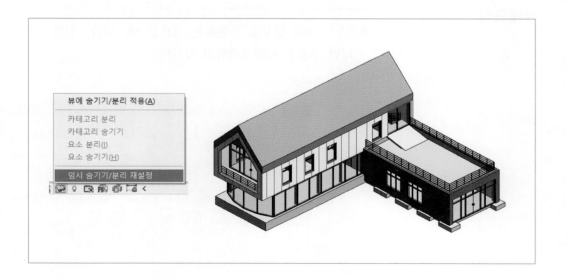

요소

모델 및 도면을 구성하는 모든 것을 요소라고 합니다. 요소는 3차원의 형상을 가진 모델 요소, 모델의 기준 역할을 하는 기준 요소, 도면 작성을 위한 뷰 특정 요소로 구성됩니다.

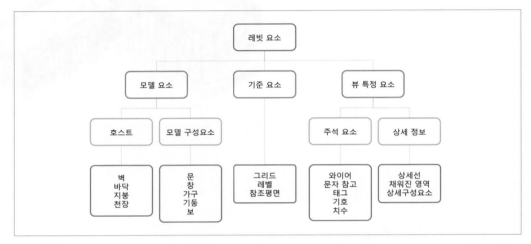

출처 : Revit 도움말

카테고리

모델 요소는 3차원 형상을 표현하는 것으로 벽, 바닥, 천장, 지붕, 기둥, 보 등이 있습니다. 이러한 구분을 카테고리라고 합니다.

뷰 특정 요소는 도면을 표현하는 것으로 와이어, 문자, 태그, 치수, 상세 선 등의 카테고리가 있습니다. 뷰 특정 요소는 작성한 뷰에서만 표시되고, 다른 뷰에는 표시되지 않습니다.

기준 요소는 모델 요소 및 뷰 특정 요소의 작성 기준이 되는 요소로 그리드, 레벨, 참조 평면 카테고리가 있습니다.

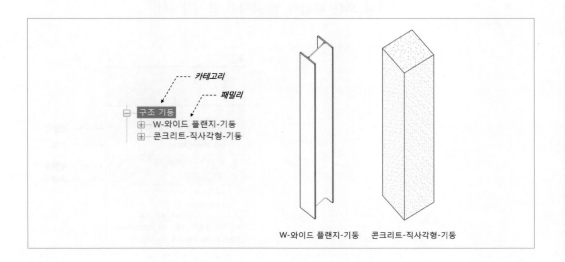

패밀리

패밀리는 각 카테고리에서 비슷한 형상과 특징을 가진 집합을 말합니다. 구조 기둥의 경우 철골 기둥 패밀리와 콘크리트 기둥 패밀리 등이 있습니다.

패밀리는 카테고리에 따라 시스템 패밀리와 컴포넌트 패밀리로 구분됩니다. 시스템 패밀리는 레빗 프로그램에서 제공하는 형상만을 사용할 수 있는 것으로 벽, 바닥, 천장, 지붕 등이 있습니다. 그 외 대부분의 패밀리는 컴포넌트 패밀리로 자유롭게 형상과 특성을 만들어 사용할 수 있습니다. 컴포넌트 패밀리는 별도의 외부 파일로 저장하여 다른 프로젝트에서도 사용할 수 있습니다.

유형

유형은 패밀리 안에서 형상과 특성을 다양하게 만든 것입니다. 콘크리트 기둥 패밀리의 경우 크기에 따라 300x300, 300x600, 600x600 등의 다양한 형상을 가진 유형을 만들어서 사용할 수 있습니다.

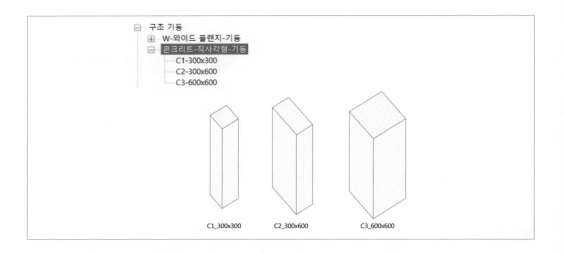

유형은 유형 선택기에서 변경할 수 있습니다. 유형 선택기는 선택한 요소와 같은 카테고리의 모든 패밀리 및 유형을 표시합니다.

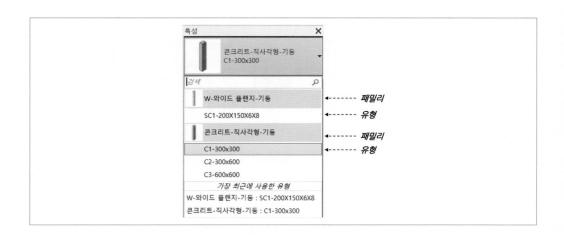

유형의 특성은 유형 선택기의 유형 편집을 클릭하여 확인할 수 있습니다. 콘크리트 기둥 패밀리의 유형 특성은 치수, 유형 해설 등이 있습니다.

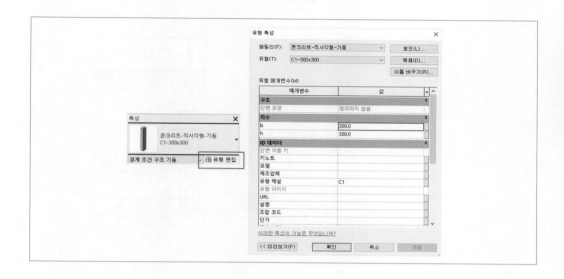

인스턴스

인스턴스는 패밀리의 특정 유형이 모델 또는 도면에 직접 작성된 것으로 요소와 같은 말입니다. 모델에서 콘크리트 기둥 패밀리의 C1_300x300 유형이 6개 배치되었다면, 6개의 인스턴스(요소)가 작성된 것입니다.

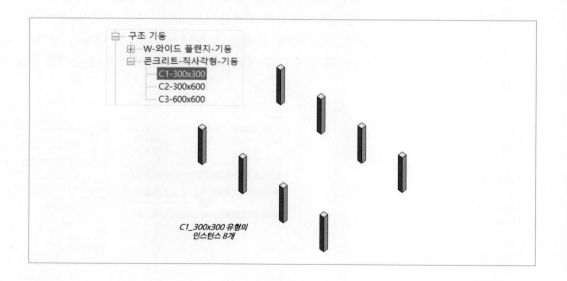

기둥의 인스턴스는 레벨, 간격띄우기, 재료 등의 정보를 갖습니다. 이러한 정보는 특성 창에서 확인할 수 있으며, 요소를 작성하는 중이나, 작성 후에도 수정할 수 있습니다.

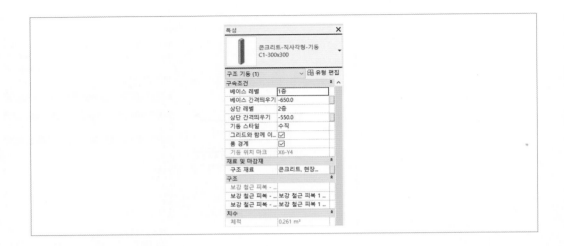

유형 특성 및 인스턴스 특성 수정

요소의 유형 특성은 요소를 선택하고, 유형 편집을 클릭하여 유형 특성 창에서 수정할 수 있습니다. 유형 특성에서 수정된 내용은 모델 또는 도면에 작성되어 있는 전체 요소에 영향을 미칩니다. 즉 콘크리트 기둥 패밀리의 C1_300x300 유형의 이름과 크기를 C1_350x350으로 변경한다면, 모델에 작성된 모든 C1_300x300 유형 요소의 이름과 크기가 변경됩니다. 또한 선택한 요소들을 유형 선택기에서 다른 유형으로 변경할 수 있습니다.

요소의 인스턴스 특성은 요소를 선택하고, 특성 창에서 수정 할 수 있습니다. 특성 창에서 높이, 크기 등을 수정할 수 있으며, 수정한 내용은 선택한 요소에만 변경됩니다. 인스턴스의 특성 수정은 여러 요소를 선택해서 한번에 수정할 수도 있습니다.

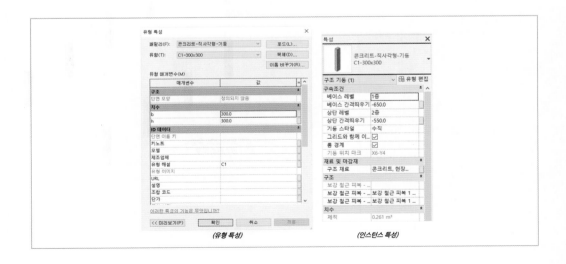

(유형 특성)　　　　　(인스턴스 특성)

요소 작성 방식

요소의 작성 방식은 카테고리에 따라 점 방식, 선 방식, 영역 방식으로 구분됩니다. 점 방식은 뷰에서 요소를 배치할 위치를 클릭하는 방식으로 기둥, 문, 창 등이 해당됩니다. 선 방식은 뷰에서 시작점과 끝점을 클릭하여 배치하는 방식으로 벽, 보 등이 해당됩니다. 영역 방식은 닫힌 경계선을 스케치하는 방식으로 바닥, 지붕, 천장 등이 해당됩니다.

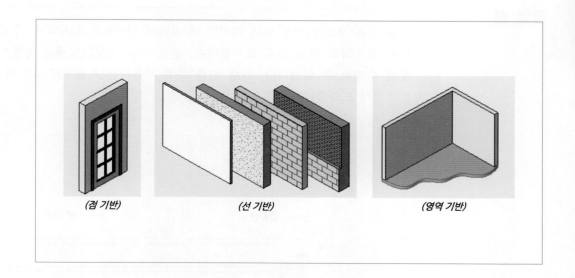

(점 기반)   (선 기반)   (영역 기반)

정렬 선

정렬 선은 요소를 작성 또는 수정할 때 파란색 점선으로 표시되며, 수직 위치, 수평 위치, 다른 요소와의 관계 등을 표시합니다. 정렬 선은 프로그램에서 자동으로 만들어지기 때문에 수정할 수 없습니다. 정렬 선은 자주 사용하는 기능으로 요소의 작성 또는 수정을 편리하게 도와줍니다.

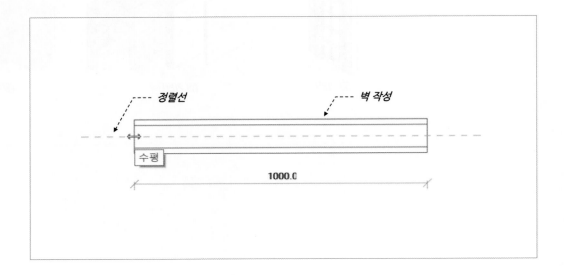

임시 치수

임시 치수는 요소 작성 또는 수정 시 요소와 그리드와의 거리를 표시하는 치수입니다. 또한 요소의 이동 또는 복사할 때도 사용할 수 있습니다. 임시 치수는 파란색 선과 문자로 표시됩니다. 임시 치수의 보조선을 드래그로 이동하여 원하는 다른 위치로 이동할 수도 있으며, 값을 클릭하여 원하는 값을 입력할 수도 있습니다. 임시 치수는 자주 사용하는 기능으로 요소 작성 또는 수정을 편리하게 도와줍니다.

01

프로젝트 탐색기에서 **1층 평면도** 뷰를 더블클릭하여 열고, 뷰에서 화장실 주위를 확대합니다.

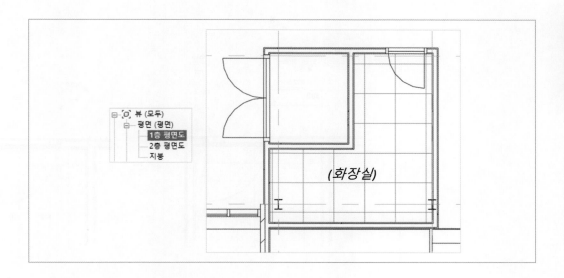

02

뷰에서 화장실의 문을 선택합니다. 문 주위에 **임시 치수**가 표시됩니다. 임시 치수는 값, 치수 보조선 이동, 영구 치수 전환으로 구성됩니다.

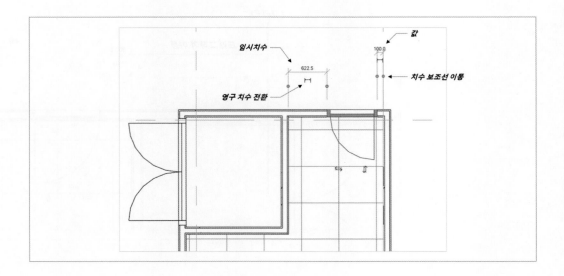

03

임시 치수의 값을 클릭하고, 300을 입력하고 enter를 누릅니다. 문의 위치가 변경되는 것을 확인합니다.

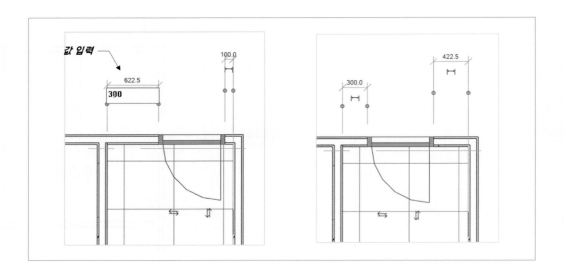

04

치수 보조선 이동을 드래그하여 그리드로 이동합니다.

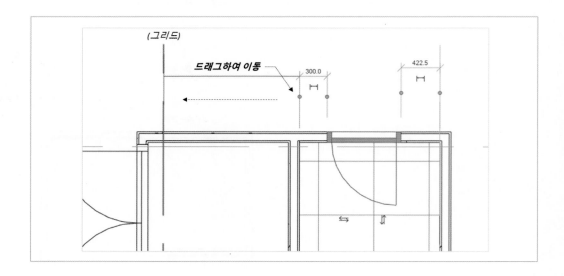

05

그리드로부터 임시 치수가 만들어진 모습을 확인합니다. 치수 보조선 이동을 이용하여 원하는 위치로 임시 치수를 변경할 수 있습니다.

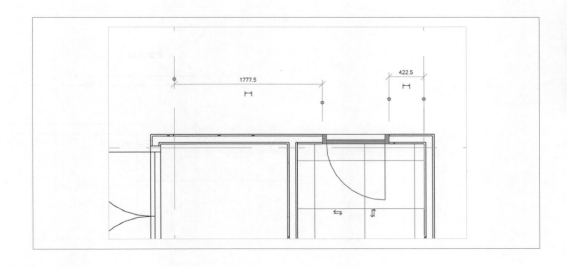

임시 치수

스냅은 요소를 작성 또는 수정할 때 정확하게 할 수 있도록 도와줍니다. 끝점, 중간점, 교차점 등의 다양한 스냅을 사용할 수 있습니다. 스냅의 종류를 변경하기 위해 tab키를 사용할 수 있습니다.

01

뷰에서 벽을 선택하고, 메뉴에서 수정 | 벽 탭의 작성 패널에서 **유사 작성**을 클릭합니다.

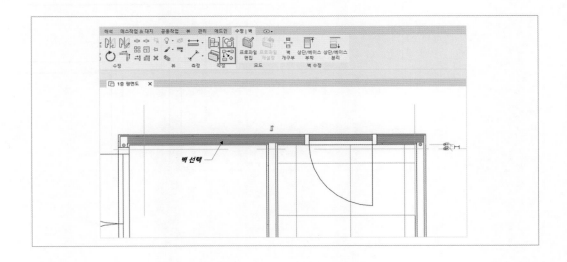

02

뷰에서 벽의 끝 부분 모서리에 마우스를 위치하면 **끝점 스냅**이 표시되는 것을 확인합니다.

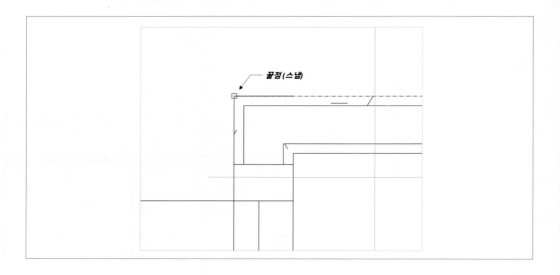

03

마우스를 벽의 중간 부분에 위치하면 **중간점 스냅**이 표시되는 것을 확인합니다.

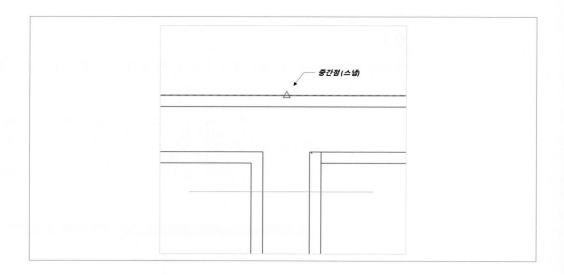

04

키보드에서 tab 키를 누르면 교차로 스냅이 변경되는 것을 확인합니다. Esc를 눌러 벽 작성을 취소합니다.

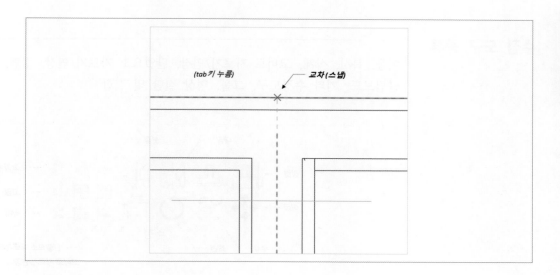

05 수정 도구

수정 도구 종류

이동, 복사, 삭제, 코너로 자르기/연장, 단일요소 자르기/연장, 정렬, 명령 취소 및 복구, 클립보드, 기타 수정도구, 그룹, 형상 절단 및 결합

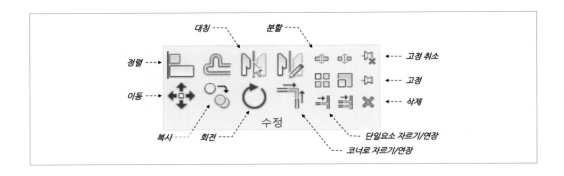

이동

이동은 선택한 요소들의 위치를 변경합니다. 이동하고자 하는 요소들을 먼저 선택하고, 리본 메뉴에서 이동을 클릭한 다음, 뷰에서 이동의 시작점과 끝점을 클릭하여 이동할 수 있습니다. 또는 시작점을 클릭하고, 치수를 입력할 수도 있습니다.

01

뷰에서 벽을 선택하고, 메뉴에서 수정 | 벽 탭의 수정 패널에서 이동을 클릭합니다.

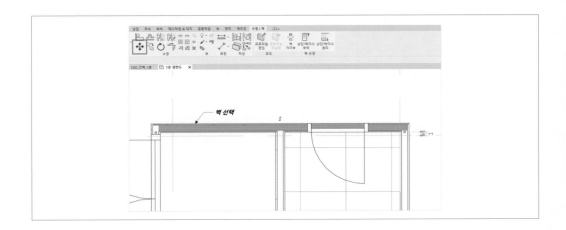

02

뷰에서 이동의 시작점을 클릭하고 마우스를 위쪽으로 이동합니다. 정확한 위치는 중요하지 않습니다. 키보드에서 1000을 입력하고 enter를 누릅니다.

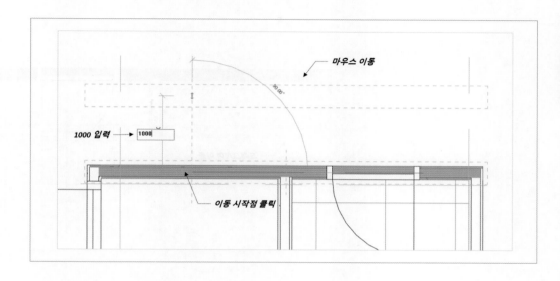

03

벽이 이동된 모습을 확인합니다.

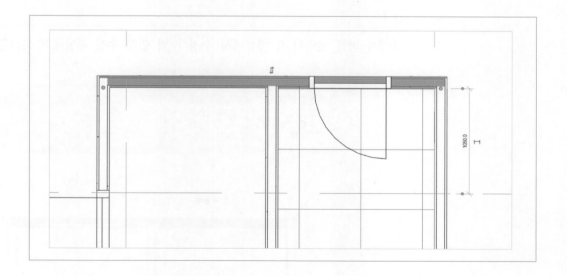

04

다시 벽을 선택하고, 아래로 **드래그하여 이동**합니다. 정확한 위치는 중요하지 않습니다. 드래그로 이동하면 정확한 위치로 이동할 수는 없습니다.

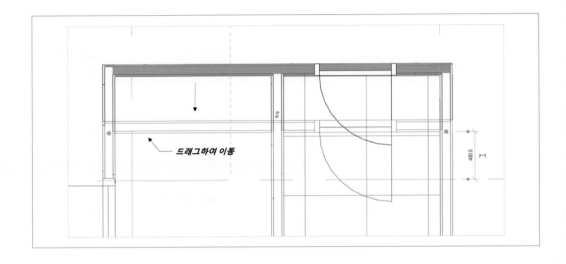

복사

복사는 선택한 요소들을 한번 또는 여러 번 복사할 수 있습니다. 복사하고자 하는 요소들을 먼저 선택하고, 메뉴에서 복사를 클릭합니다. 뷰에서 복사의 시작점과 끝점을 클릭하여 복사할 수 있습니다. 또는 시작점을 클릭하고, 치수를 입력할 수도 있습니다.

01

뷰에서 벽을 선택하고, 메뉴에서 수정 | 벽 탭의 수정 패널에서 **복사**를 클릭합니다.

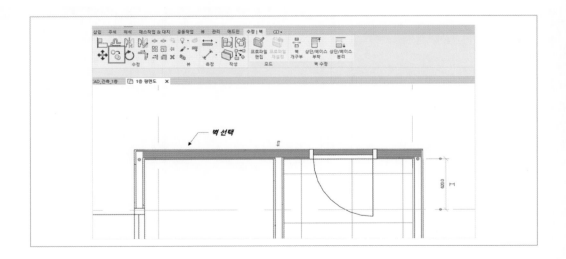

02

뷰에서 복사의 **시작점과 끝점**을 클릭하고, esc를 눌러 완료합니다. 정확한 위치는 중요하지 않습니다. 벽에 포함되어 있는 문이 함께 복사되는 것을 확인합니다.

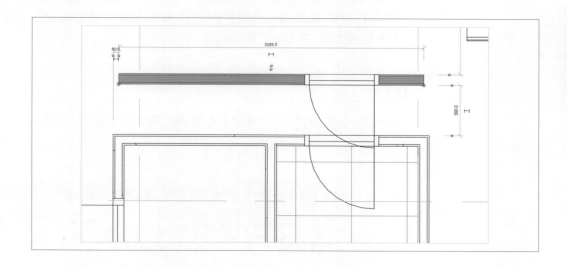

삭제

01

뷰에서 문을 선택하고 메뉴에서 수정 | 문 탭의 수정 패널에서 **삭제**를 클릭합니다. 뷰에서 문이 삭제된 것을 확인합니다. 요소를 선택하고, 키보드에서 delete를 눌러 삭제할 수도 있습니다.

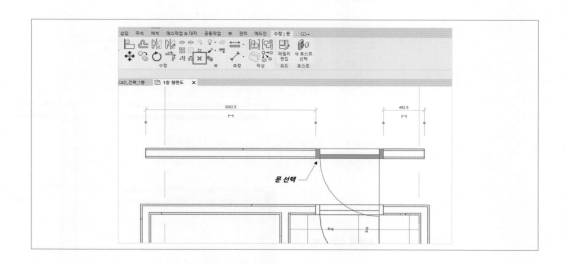

자르기/연장

자르기 연장은 벽과 같은 선 기반 요소를 편집하는 기능으로 코너로 자르기/연장, 단일 요소 자르기/연장, 다중 요소 자르기/연장이 있습니다.
코너로 자르기/연장은 두 요소를 자르기 또는 연장하여 코너를 형성하는 기능입니다. 단일 요소 자르기/연장은 한 요소를 기준으로 다른 요소를 자르기 또는 연장하는 기능입니다. 다중 요소 자르기/연장은 단일 요소 자르기/연장과 같은 기능으로 한번에 여러 요소를 수정할 수 있는 기능입니다.

01

메뉴에서 수정 탭의 수정 패널에서 **코너로 자르기/연장**을 클릭합니다.

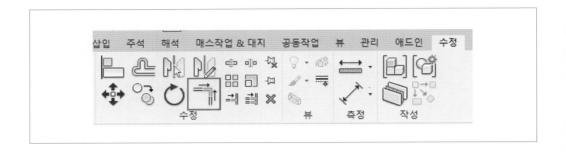

02

뷰에서 **첫번째 벽**과 **두번째 벽**을 차례로 클릭합니다. 두 벽이 연결되어 코너를 형성하는 것을 확인합니다.

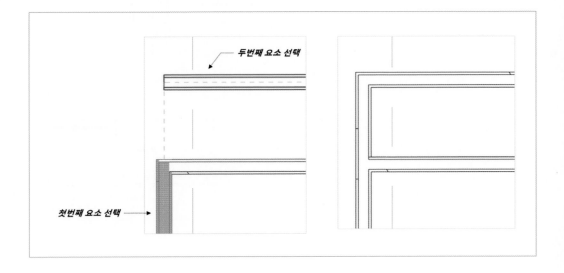

03

계속해서 반대편의 두 벽을 차례로 클릭하여 코너를 형성합니다. Esc를 눌러 완료합니다.

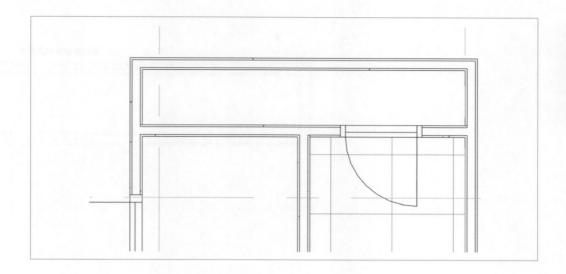

04

메뉴에서 수정 탭의 패널에서 **단일 요소 자르기/연장**을 클릭합니다.

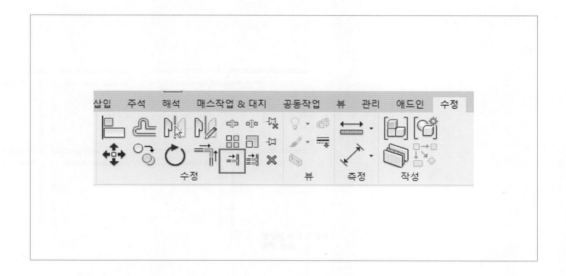

05

뷰에서 자르기 또는 연장할 기준을 클릭합니다.

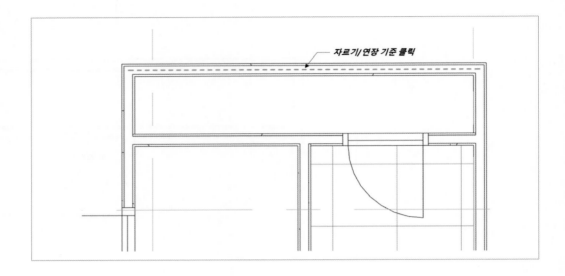

자르기/연장 기준 클릭

06

계속해서 **자르기 또는 연장할 요소**를 클릭합니다. Esc를 눌러 완료합니다.

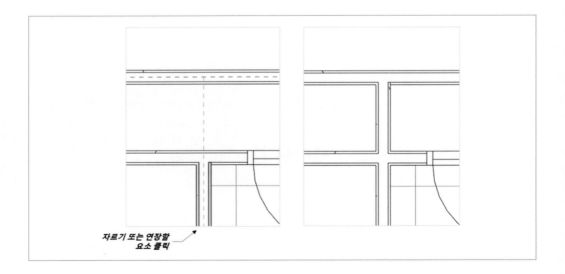

자르기 또는 연장할
요소 클릭

정렬

정렬은 한 요소를 기준으로 다른 요소들의 위치를 정렬시키는 것입니다. 메뉴에서 정렬을 먼저 클릭하고, 뷰에서 정렬의 기준이 되는 요소와 정렬하고자 하는 요소를 차례로 클릭합니다. 정렬에서는 요소의 모서리, 중심선 등을 사용할 수 있습니다.

01

메뉴에서 수정 탭의 수정 패널에서 **정렬**을 클릭합니다.

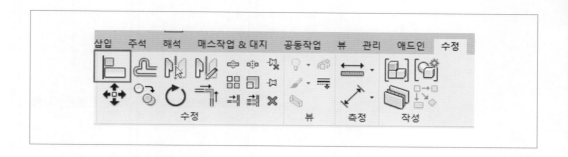

02

뷰에서 **정렬의 기준**으로 그리드를 클릭합니다. 요소를 정렬의 기준으로 사용할 수도 있습니다.

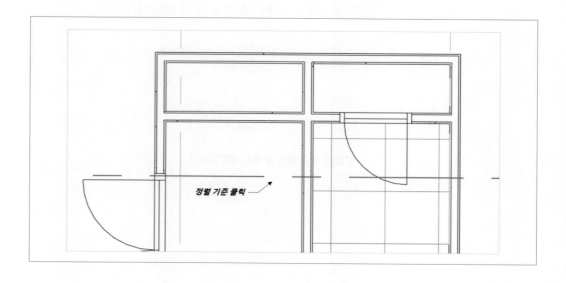

정렬 기준 클릭

03

정렬 대상인 벽을 클릭합니다. 벽의 위치가 그리드에 정렬된 것을 확인합니다. 벽의 중심이 아닌 끝선을 선택해도 됩니다.

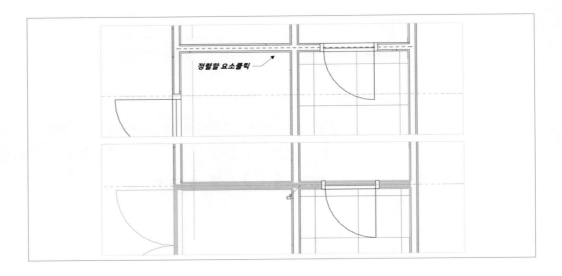

04

화면의 오른쪽 아래에 '결합된 벽과 함께 충돌을 삽입합니다' 라는 경고가 표시됩니다. 문이 벽과 겹친다는 내용으로 X를 눌러 닫습니다.

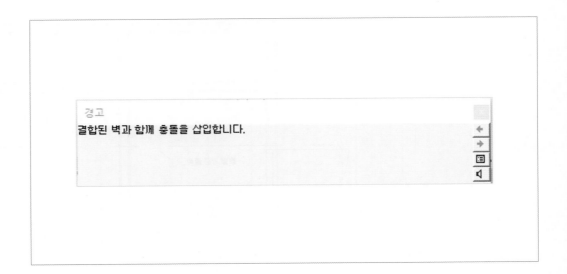

명령 취소 및 복구

명령 취소는 가장 최근 작업을 취소합니다. 아래쪽 화살표를 클릭하여 최근 작업을 선택하고 선택한 작업을 포함하여 현재까지의 모든 작업을 취소할 수 있습니다.

명령 복귀는 가장 최근 작업을 복원합니다. 아래쪽 화살표를 클릭하여 최근 작업을 선택하고 선택한 작업을 포함하여 현재까지의 모든 작업을 복원합니다.

클립보드

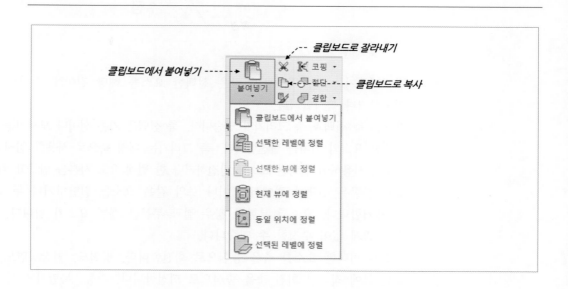

클립보드로 잘라내기는 선택한 요소를 제거하고 클립보드에 배치합니다. 요소를 클립보드에 배치한 후 붙여넣기 도구 또는 정렬로 붙여넣기 도구를 사용하여 요소를 현재 뷰, 다른 뷰 또는 다른 프로젝트에 붙여넣을 수 있습니다.

클립보드로 복사는 선택한 요소를 클립보드에 복사합니다. 요소를 클립보드에 복사한 후 붙여넣기를 사용하여 복사한 요소를 현재 뷰, 다른 뷰 또는 다른 프로젝트에 붙여넣습니다.

클립보드에서 붙여넣기는 클립보드에서 현재 뷰로 요소를 붙여넣습니다. 클릭하여 요소를 원하는 위치에 배치합니다. 그런 다음 이동, 회전, 정렬 및 기타 도구를 사용하여 위치를 조정합니다. 붙여넣기는 클립보드에 복사된 요소가 있어야만 활성화됩니다. 종류는 클립보드에서 붙여넣기, 선택한 레벨에 정렬, 선택한 뷰에 정렬, 현재 뷰에 정렬, 동일 위치에 정렬, 선택된 레벨에 정렬이 있으며, 자세한 내용은 뒤에서 학습합니다.

유형 일치 특성은 동일한 뷰에 있는 다른 요소의 유형과 일치하도록 하나 이상의 요소의 유형을 일치시킵니다. 유형 일치는 하나의 뷰에서만 작동합니다. 프로젝트 뷰 사이에서 유형을 일치시킬 수 없습니다. 선택한 요소는 동일한 카테고리에 속해야 합니다.

기타 수정도구

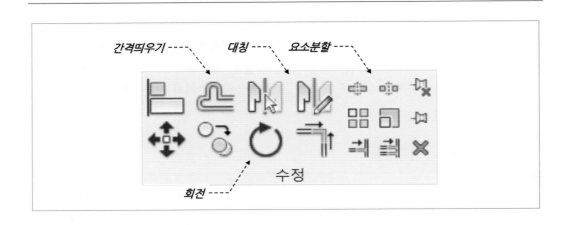

간격띄우기는 선, 벽, 보와 같은 선택한 요소를 해당 길이에 수직으로 지정된 거리만큼 이동하거나 복사합니다.

대칭은 축 선택과 축 그리기가 있습니다. 축 선택은 기존 선이나 모서리를 대칭 축으로 사용한 선택한 요소의 위치를 반전합니다. 축 그리기는 대칭 축으로 사용할 임시선을 그립니다. 대칭 도구를 사용하여 선택된 요소를 반전하거나 한 번에 요소 사본을 만들고 위치를 반전합니다.

요소 분할은 선택한 점에서 벽이나 보와 같은 요소를 절단하거나 두 점 사이의 세그먼트를 제거합니다. 요소를 분할한 경우 결과 부분은 개별 요소가 됩니다. 각 요소를 다른 요소와 관계 없이 수정할 수 있습니다.

회전은 선택한 요소를 축을 중심으로 회전합니다. 평면도, 천장평면도, 입면도 등에서 요소는 뷰에 직각인 회전 축을 중심으로 회전합니다. 기둥, 독립기초 등 요소의 작성 시 미리보기 상태에서 스페이스바를 누르면 90도씩 미리보기를 회전할 수 있습니다.

또한 기둥, 독립기초 등의 작성된 요소를 선택하고 스페이스바를 누르면 90도씩 회전할 수 있습니다.

그룹

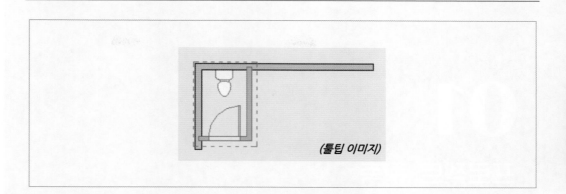

(툴팁 이미지)

그룹은 재사용하기 쉽게 요소 그룹을 작성합니다. 프로젝트나 패밀리에서 배치를 여러 번 반복해야 하는 경우 그룹을 사용합니다. 그룹은 호텔 객실, 아파트 또는 반복되는 층과 같은 많은 건물 프로젝트에 공통적인 요소들을 작성할 때 유용합니다.

그룹을 작성하거나 배치 후에 그룹을 수정할 수 있습니다. 그룹 편집기를 사용하여 프로젝트 또는 패밀리 내에서 그룹을 수정하거나 외부에서 편집할 수 있습니다. 수정 및 편집된 내용은 배치된 동일 그룹에 반영됩니다.

작성된 그룹은 프로젝트 탐색기의 그룹에서 확인 및 관리할 수 있습니다. 원하는 그룹을 우클릭하고 복제, 모든 인스턴스 선택, 인스턴스 작성, 편집, 그룹 저장 등을 할 수 있습니다.

형상 절단 및 결합

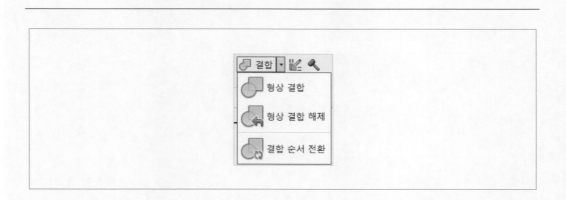

형상 절단은 솔리드 요소에서 솔리드 요소를 절단하거나 솔리드 요소에서 보이드를 절단하는 경우처럼 형상을 절단하고자 할 때 유용합니다.

형상 결합은 벽 및 바닥과 같은 공통 면을 공유하는 두 개 이상의 호스트 요소 사이에서 결합 마무리를 작성합니다. 결합된 요소 사이에서 보이는 모서리를 제거합니다. 그러면 결합된 요소가 동일한 선 두께와 채우기 패턴을 공유합니다. 이러한 기능은 주로 건축 및 구조 모델링에 사용됩니다.

CHAPTER

01

프로젝트 구축

01 실기시험 시작

시작 준비

실기시험을 시작하면 가장 먼저 Revit 소프트웨어의 인터페이스를 설정합니다. 인터페이스는 작업에 필요한 메뉴, 창 등이 있는지 확인하고 표시하는 것입니다.

인터페이스 설정

메뉴, 특성 창, 프로젝트 탐색기 창, 옵션 바 등의 기본 위치를 설정합니다.

TIP

기본 학습에서 프로젝트 탐색기 창의 위치를 이동하였으면 다르게 표시될 수 있음

01

Revit 프로그램을 실행하면 메뉴, 특성 창, 프로젝트 탐색기 창의 기본 인터페이스가 표시됩니다.

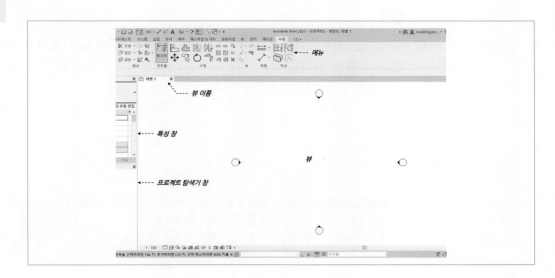

02

메뉴는 탭, 패널, 명령으로 구성됩니다.

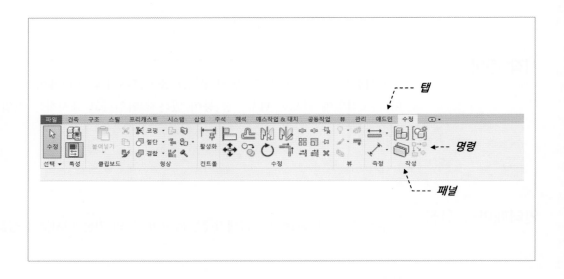

03

만약 탭, 패널, 명령이 모두 표시되지 않는다면, 메뉴의 탭에서 순환 버튼을 확장하여 모두 순환을 클릭합니다.

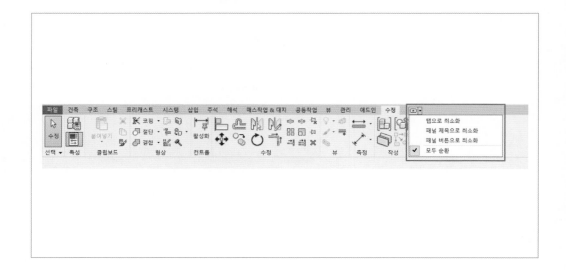

04

메뉴의 표시는 모두 순환, 탭으로 최소화, 패널 제목으로 최소화, 패널 버튼으로 최소화
가 있습니다.

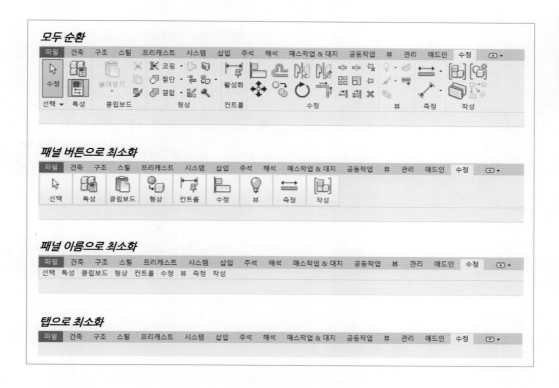

05

특성 창이 표시되는지 확인합니다.

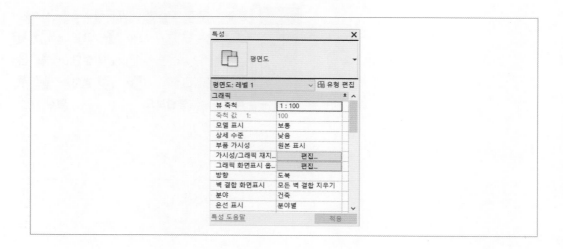

06

만약 특성 창이 표시되지 않는다면 메뉴에서 뷰 탭의 창 패널에서 사용자 인터페이스를
확장하고, 특성을 체크합니다.

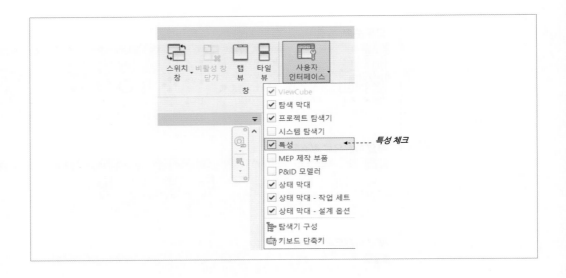

07

또는 메뉴에서 수정 탭의 특성 패널에서 특성을 클릭해도 됩니다.

08

프로젝트 탐색기 창이 표시되는지 확인합니다.

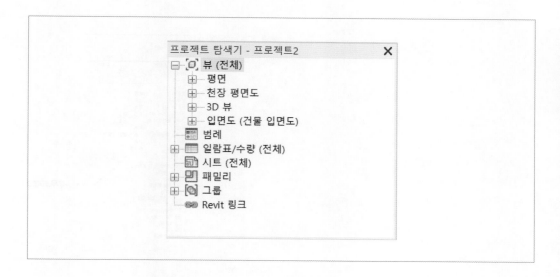

09

만약 프로젝트 탐색기 창이 표시되지 않는다면 메뉴에서 뷰 탭의 창 패널에서 사용자 인터페이스를 확장하고, **프로젝트 탐색기**를 체크합니다.

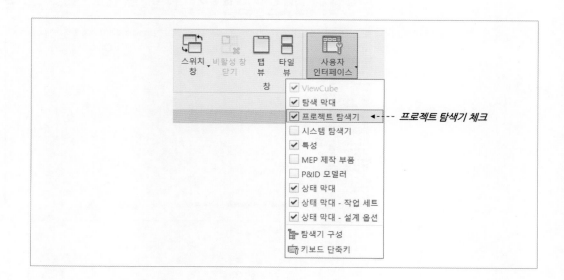

10

프로젝트 탐색기의 제목을 드래그하여 화면의 오른쪽으로 이동합니다.

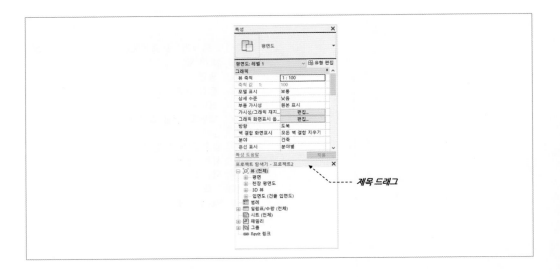

제목 드래그

TIP

창의 위치는 사용자
편의사항임

11

화면의 오른쪽 중간 부분에 마우스를 위치하면 창의 위치가 **미리보기**로 표시됩니다.

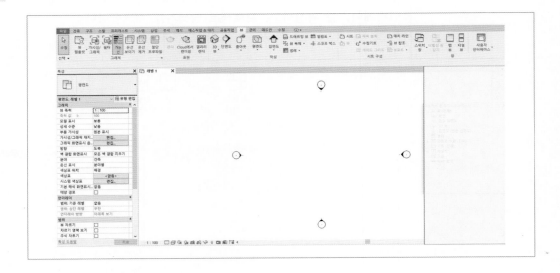

12

화면의 오른쪽에 표시되도록 마우스를 위치한 다음 드래그를 해제하면 창이 이동됩니다.

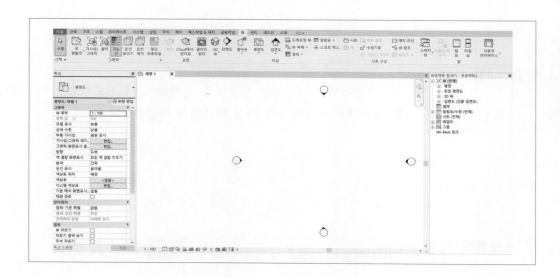

13

옵션바는 화면의 위 또는 아래에 표시할 수 있습니다. 옵션바를 우클릭하면 하단에 고정 또는 상단에 고정을 사용할 수 있습니다. 인터페이스는 사용자 선택 사항으로 시험의 평가 대상이 아닙니다. 학습에서는 이와 같은 인터페이스로 계속 진행할 것입니다.

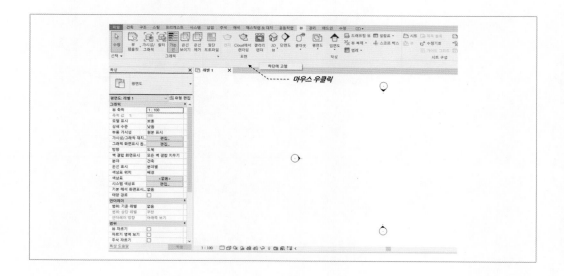

02 템플릿 기반 프로젝트 작성

학습 내용

소프트웨어에서 제공하는 템플릿을 선택하여 새 프로젝트를 작성합니다. 시험에서는 기본 템플릿을 지정하거나 특정 템플릿을 제공합니다.

새 프로젝트 작성

기본 템플릿 파일을 이용하여 새 프로젝트를 만듭니다.

01

Revit 프로그램을 실행하고, 홈 화면에서 모델의 새로 작성을 클릭합니다.

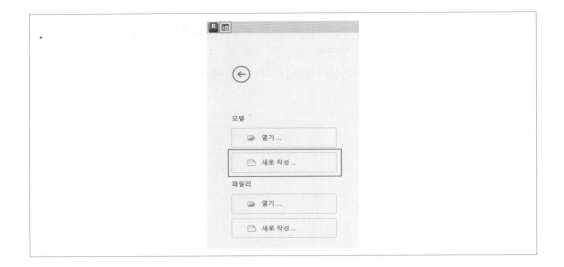

02

또는 메뉴에서 파일 탭의 새로 작성에서 프로젝트를 클릭합니다.

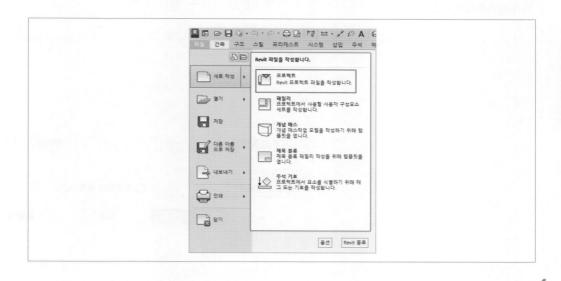

TIP

만약 문제에서 제공되
는 템플릿을 선택하라
고 제시된다면, 새 프
로젝트 창에서 찾아보
기를 클릭하고, 템플
릿 선택 창에서 제공
된 템플릿의 폴더 경
로를 찾아 템플릿을
선택하고 열기 클릭

03

만약 문제에서 기본 템플릿 중 특정 템플릿을 선택하라고 제시된다면, 새 프로젝트 창
에서 템플릿 파일의 리스트를 확장하여 지정한 템플릿을 선택합니다. 본 학습에서는 기
본 템플릿 중 **건축 템플릿**을 선택합니다. 만약 건축 템플릿이 표시되지 않는다면 예제파
일을 사용합니다.

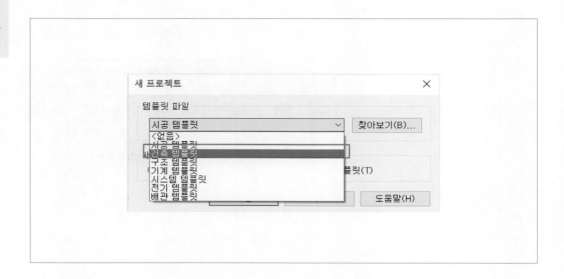

TIP

프로젝트 템플릿을 선
택할 경우 파일의 확장
자가 달라지므로 주의

04

새 프로젝트 창에서 새로 작성 옵션이 프로젝트로 선택된 상태에서 확인을 클릭합니다.
이는 기본값으로 별도의 선택은 필요 없습니다.

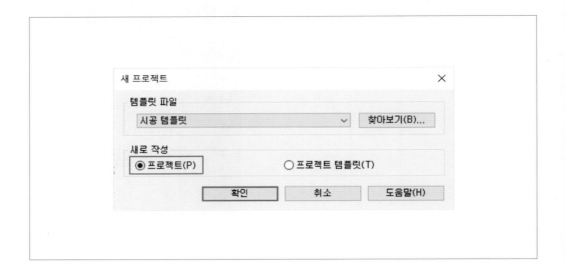

05

새 프로젝트가 만들어지면 뷰가 표시되고, 제목 창에 프로젝트1이 표시됩니다. 프로젝트
1은 임의로 주어지는 이름입니다. 새 프로젝트 작성이 완료되었습니다.

프로젝트 저장

Revit은 모델 및 도면을 포함한 파일을 프로젝트라고 하며, 파일 형식은 RVT입니다. 파일을 저장하고, 저장된 파일을 확인합니다.

01

메뉴의 신속접근 도구 막대에서 **저장**을 클릭합니다.

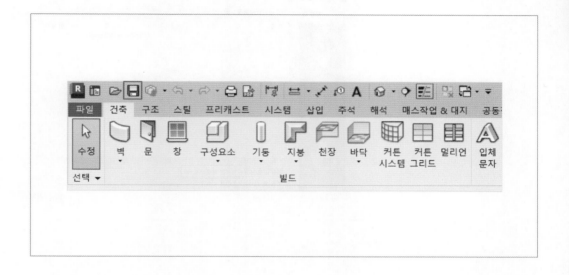

02

또는 메뉴에서 파일 탭을 클릭하고, 저장을 클릭합니다.

03

다른 이름으로 저장 창에서 파일을 저장할 위치를 지정하고, 파일의 이름을 '실기시험 제출파일' 로 입력합니다. 파일 이름은 반드시 시험에서 지정하는 이름을 입력합니다. 제출 파일명이 다를 경우 채점 대상에서 제외됩니다.

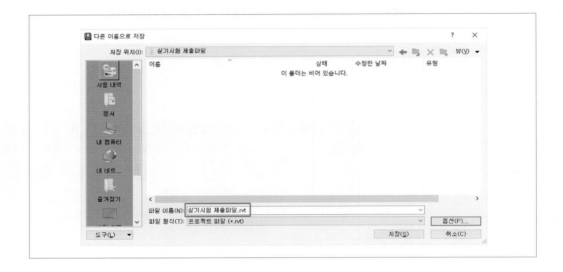

04

옵션 버튼을 클릭합니다. 파일 저장 옵션에서 최대 백업 수를 1로 변경합니다. 최대 백업 수는 백업 파일이 저장되는 개수로, 사용자의 편의 사항입니다. 확인을 클릭합니다.

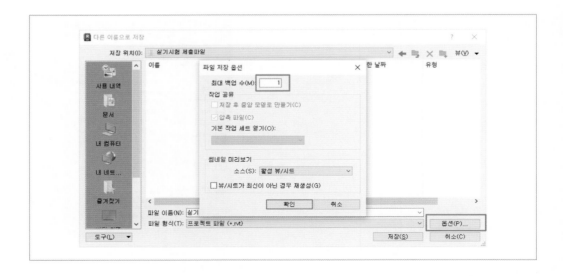

05

다른 이름으로 저장 창에서 **저장**을 클릭합니다.

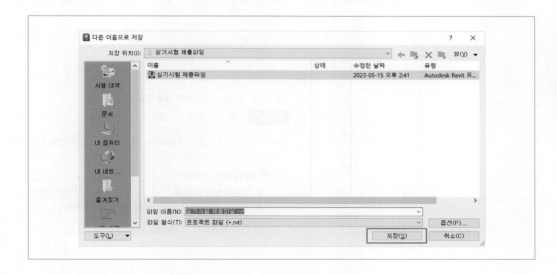

06

윈도우의 파일 탐색기를 열고, 파일이 저장된 것을 확인합니다. 파일의 유형이 Revit Project인 것을 확인합니다.

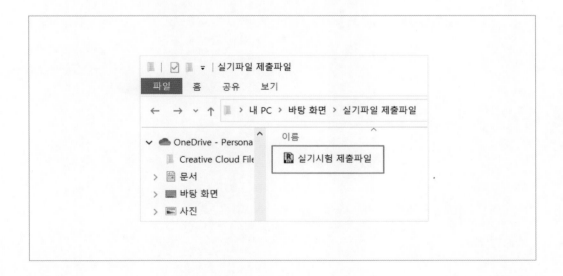

07

Revit 프로그램에서 신속접근막대에서 저장을 클릭합니다. 파일 탐색기에서 파일 이름 뒤에 0001과 같은 내용이 붙은 백업 파일이 만들어진 것을 확인합니다.

03 프로젝트 정보 구축

학습내용

새로 작성한 프로젝트에 프로젝트 이름, 작성자 등의 정보를 입력합니다. 시험에서는 제시하는 내용을 프로젝트 정보로 입력하면 됩니다.

프로젝트 정보

프로젝트 정보는 프로젝트 이름, 작성자 등과 같이 프로젝트 전체에 공통으로 적용되는 내용을 입력하는 기능입니다. 이렇게 입력한 내용은 시트 작성 시 해당 내용이 자동으로 입력됩니다.

01

메뉴에서 관리 탭의 설정 패널에서 프로젝트 정보를 클릭합니다.

02

프로젝트 정보 창에서 작성자에 사용자의 이름, 프로젝트 이름은 실기시험 실습으로 입력합니다. 시험에서는 제시한 내용을 입력하면 됩니다. 확인을 클릭합니다.

뷰 템플릿 작성

학습 내용

새로 작성한 프로젝트에 프로젝트 이름, 작성자 등의 정보를 입력합니다. 시험에서는 제시하는 내용을 프로젝트 정보로 입력하면 됩니다.

뷰 템플릿 작성

현재 뷰에서 축척, 상세 수준 등을 설정하고 이를 뷰 템플릿으로 작성합니다.

01

1층 평면도 뷰가 열려 있는 것을 확인합니다. 만약 열려 있지 않다면 프로젝트 탐색기에 서 더블클릭하여 엽니다.

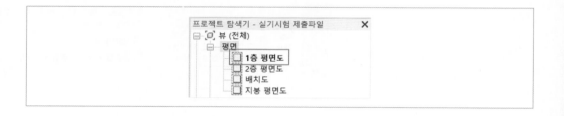

02

특성 창에 1층 평면도의 특성이 표시되는 것을 확인합니다. 특성에서 상세 수준을 높음 으로 선택합니다.

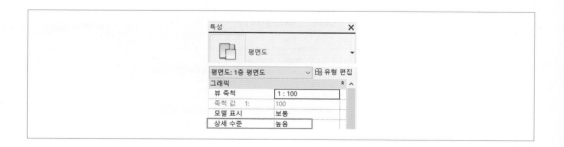

03

뷰 조절 막대에서 비주얼 스타일을 **음영 처리**로 선택합니다. 은선은 모든 요소를 흰색으로 표시하고, 음영 처리를 요소의 재료 색상을 표현합니다.

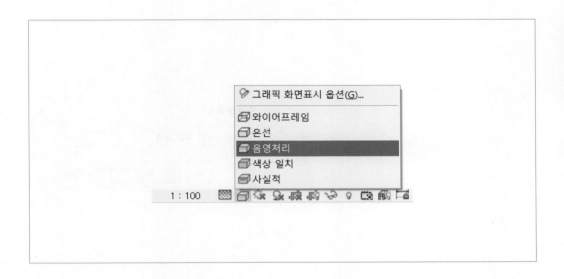

04

현재 뷰에서 설정한 특성을 뷰 템플릿으로 작성하기 위해 메뉴에서 뷰 탭의 그래픽 패널에서 뷰 템플릿을 확장하여 **현재 뷰에서 템플릿 작성**을 클릭합니다.

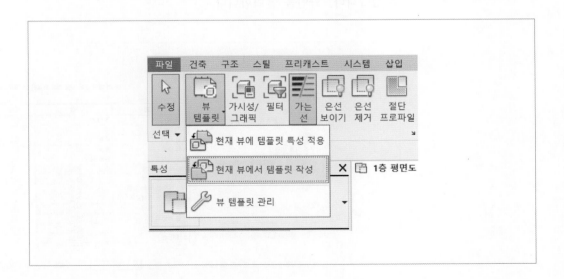

05

새 뷰 템플릿 창에서 이름을 '기본 작업 평면' 으로 입력하고 확인을 클릭합니다. 이름은 문제에서 주어진 대로 입력하면 됩니다.

TIP

뷰 유형 필터에 따라
필터가 표시 또는 표
시되지 않을 수 있음

06

뷰 템플릿 창에 작성한 뷰 템플릿이 표시됩니다. 뷰 템플릿 창은 뷰 템플릿의 복사, 이름 바꾸기, 삭제를 할 수 있고, 각 뷰 템플릿의 특성을 편집하고, 포함 여부를 설정할 수 있습니다. 확인을 클릭합니다.

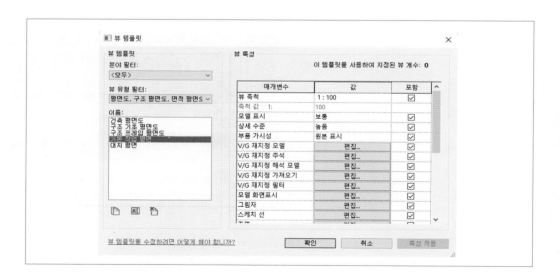

07

뷰 템플릿 창은 메뉴에서 뷰 탭의 그래픽 패널에서 **뷰 템플릿**을 확장하여 뷰 템플릿 관리를 클릭하면 확인할 수 있습니다.

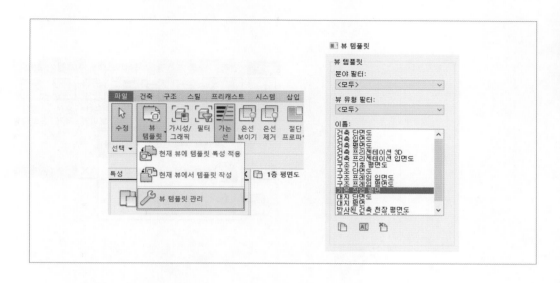

뷰 템플릿 적용

뷰 템플릿의 적용은 현재 뷰에 템플릿 특성 적용을 클릭하거나 뷰의 특성에서 뷰 템플릿을 지정할 수도 있습니다.

01

프로젝트 탐색기에서 **2층 평면도**를 엽니다. 뷰 조절 막대에서 상세 수준은 중간, 비주얼 스타일은 은선으로 설정된 것을 확인합니다.

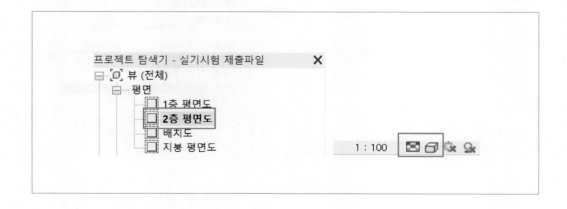

02

메뉴에서 뷰 탭의 그래픽 패널에서 뷰 템플릿을 확장하여 현재 뷰에 템플릿 특성 적용을 클릭합니다.

03

뷰 템플릿 적용 창에서 작성한 기본 작업 평면을 선택하고 확인을 클릭합니다.

04

뷰 조절 막대에서 상세 수준 및 비주얼 스타일이 뷰 템플릿에 적용된 특성으로 변경된 것을 확인합니다.

05

프로젝트 탐색기에서 뷰를 선택하고 우클릭한 후 템플릿 특성을 적용할 수도 있습니다. 여러 뷰를 동시에 선택하여 적용할 수도 있습니다.

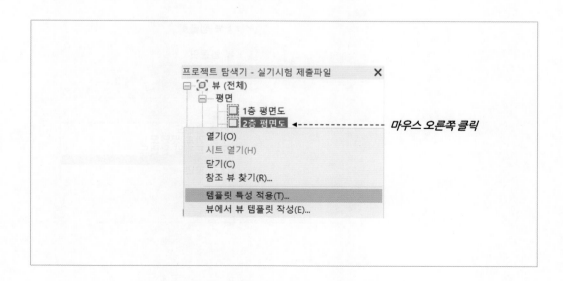

06

2층 평면도의 특성에서 뷰 템플릿의 〈없음〉 버튼을 클릭합니다.

범위		⌃
뷰 자르기	☐	
자르기 영역 보기	☐	
주석 자르기	☐	
뷰 범위	편집...	
깊게 자르기	자르기 없음	
ID 데이터		⌃
뷰 템플릿	<없음>	
뷰 이름	2층 평면도	

07

뷰 템플릿 지정 창에서 작성한 기본 작업 평면을 선택하고 확인을 클릭합니다.

▦ 뷰 템플릿

뷰 템플릿

분야 필터:

〈모두〉 ⌄

이름:
건축 평면도
구조 기초 평면도
구조 프레임 평면도
기본 작업 평면
대지 평면

08

특성 창의 대부분 내용이 회색으로 비활성화 되는 것을 확인합니다. 뷰 템플릿을 지정하면 뷰의 특성을 뷰 템플릿을 통해서만 변경할 수 있습니다.

범위	⌃
뷰 자르기	☐
자르기 영역 보기	☐
주석 자르기	☐
뷰 범위	편집...
깊게 자르기	자르기 없음
ID 데이터	⌃
뷰 템플릿	기본 작업 평면
뷰 이름	2층 평면도
의존성	독립적

09

뷰 조절 막대에서도 상세 수준을 확장하여 비활성화 되는 것을 확인합니다.

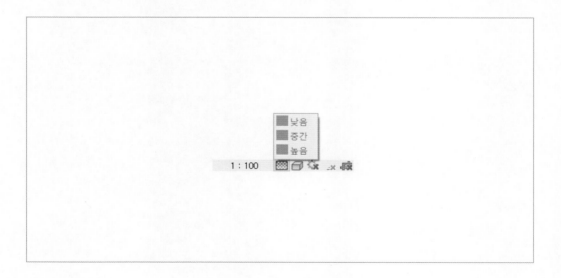

10

다시 특성에서 뷰 템플릿 버튼을 클릭하고, 뷰 템플릿 지정 창에서 〈없음〉을 선택하고 확인을 클릭합니다.

SECTION

05

레벨 및 그리드 작성

학습 내용

레벨 및 그리드를 작성합니다. 시험에서는 제시하는 레벨 및 그리드의 유형, 개수, 방향, 간격 등에 맞춰 레벨 및 그리드를 작성하면 됩니다.

레벨 작성

1층 GL±±0, 2층 GL+3000, 지붕 GL+6000, 지붕상단 GL+9000의 4개 레벨을 작성합니다.

01

프로젝트 탐색기에서 입면도의 **남측면도**를 더블클릭하여 엽니다. 레벨은 입면도 또는 단면도에서 작성할 수 있습니다.

02

뷰에서 템플릿에 미리 작성된 레벨이 표시됩니다. 1F 레벨을 선택하고, 특성 창에서 이름을 1층으로 **입력하고 특성 창** 아래의 적용 버튼을 클릭합니다.

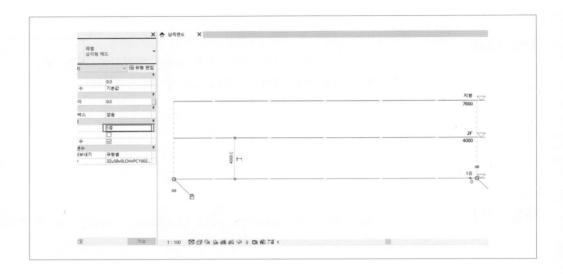

03

뷰에서 2F 레벨을 선택하고 이름 및 고도 부분을 확대합니다. 이름을 마우스로 클릭하면 이름이 활성화 됩니다. 활성화 된 상태에서 클릭하면 이름을 직접 수정할 수도 있습니다. **2층으로 이름을** 변경합니다.

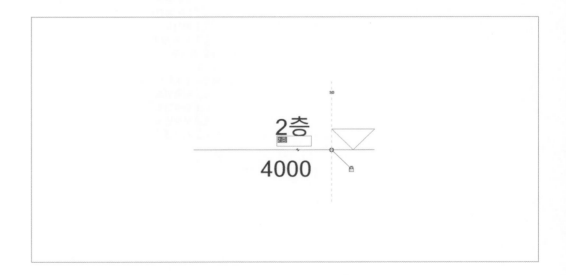

04

계속해서 고도 값을 마우스로 클릭하고, 고도 값이 활성화되면 클릭합니다. **고도 값을** 3000으로 변경합니다.

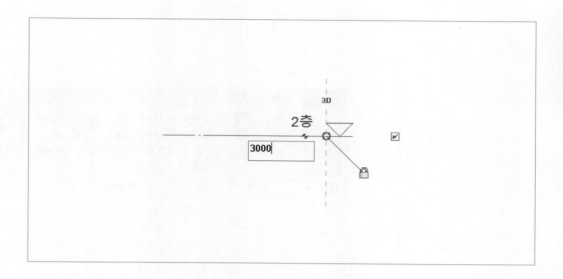

05

같은 방법으로 지붕 레벨의 **고도 값을** 6000으로 수정합니다.

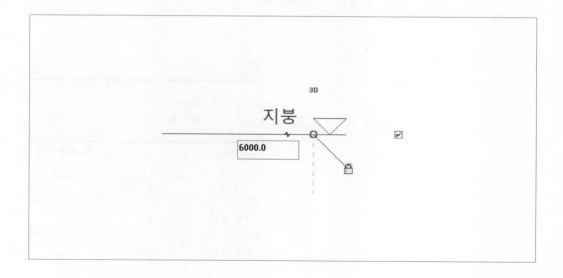

06

지붕상단 레벨을 새로 작성하기 위해 메뉴에서 건축 탭의 기준 패널에서 레벨을 클릭합니다.

07

특성 창에서 유형을 삼각형 헤드로 선택합니다. 만약 문제에서 요구하는 유형이 있다면 해당 유형을 선택합니다.

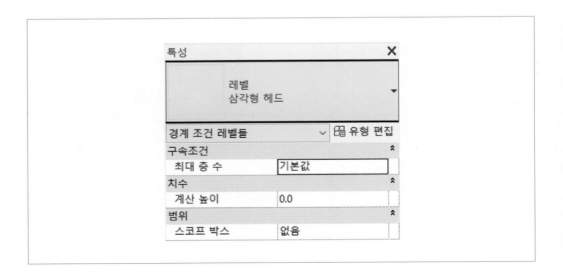

08

메뉴에서 수정 | 배치 레벨 탭의 그리기 패널에서 선을 클릭합니다. 옵션바에서 평면도 만들기가 체크된 것을 확인합니다. 체크하지 않고 레벨 작성 후에 만들 수도 있습니다.

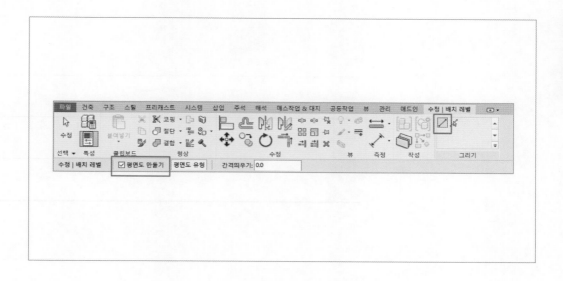

09

뷰에서 지붕 레벨의 왼쪽 끝점 위쪽에 마우스를 위치합니다. 정렬선과 임치 치수가 표시되는 것을 확인합니다.

10

임시 치수를 참고하여 위쪽으로 3000이 되는 위치를 시작점으로 클릭하고, 마우스를
수평으로 이동하여 지붕의 오른쪽 끝점에서 정렬선이 표시되는 위치를 클릭합니다.

11

레벨이 작성되고, 계속해서 레벨을 작성할 수 있는 상태가 됩니다. Esc를 두 번 눌러
완료합니다.

12

새로 작성한 레벨을 선택하고 이름을 **지붕상단**으로 수정합니다. 만약 레벨 이름 바꾸기 확인 창이 표시되면 예를 클릭합니다. 예를 선택하면 프로젝트 탐색기에서 뷰의 이름 이 같이 변경됩니다.

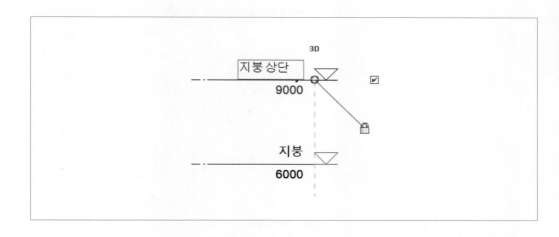

그리드 작성

X방향과 Y방향의 그리드를 각각 8개씩 작성합니다. X방향의 첫번째와 두번째 그리드의 간격은 1500이며, 그외 모든 그리드 간의 간격은 3000입니다.

01

프로젝트 탐색기에서 **1층 평면도** 뷰를 더블클릭하여 엽니다. 이미 열려 있는 경우 뷰 탭 의 이름을 클릭하여 활성화할 수도 있습니다. 그리드는 평면뷰에서 작성할 수 있습니다.

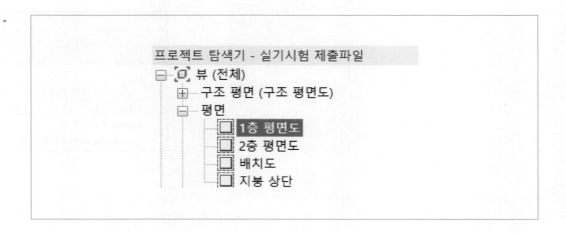

02

뷰에서 4개의 입면도 기호가 표시되는 것을 확인합니다. 입면도는 템플릿에 미리 작성되어 있는 내용입니다.

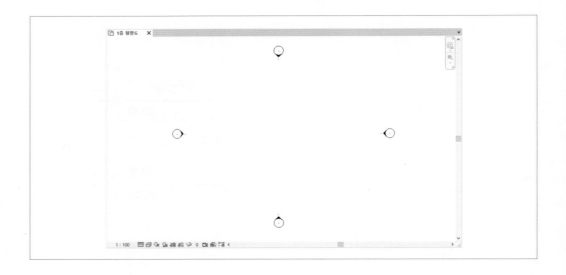

03

메뉴에서 건축 탭의 기준 패널에서 **그리드**를 클릭합니다. 유형 선택기에서 **6.5mm 버블**이 선택된 것을 확인합니다.

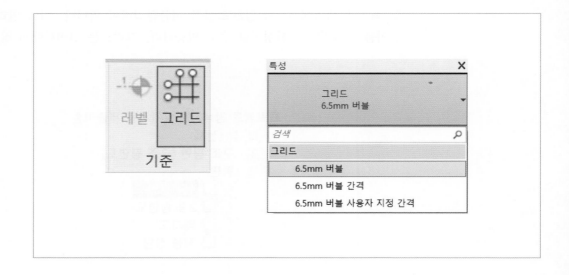

04

수정 | 배치 그리드 탭의 그리기 패널에서 선을 클릭합니다.

05

뷰에서 그리드의 **시작점**과 **끝점**을 클릭합니다. 정확한 위치는 다시 수정할 것입니다.

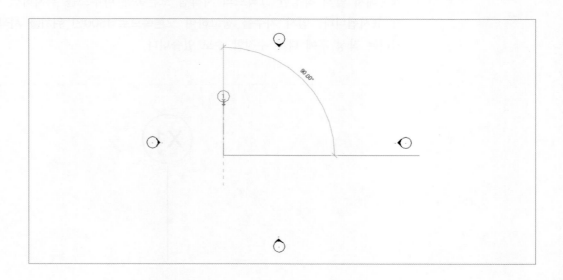

06

작성한 그리드의 버블 안에 문자를 마우스로 클릭하면 이름이 활성화됩니다. 활성화 된 상태에서 이름을 클릭하고, X1으로 이름을 입력 후 enter를 누릅니다. Esc를 눌러 완료합니다.

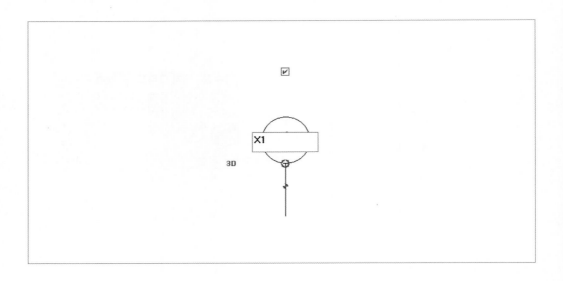

07

계속해서 앞서 작성한 그리드의 시작점 오른쪽에 마우스를 위치하면 정렬선과 임시 치수 가 표시됩니다. 임시 치수를 참고하여 **오른쪽으로 1500인 위치를 시작점으로** 클릭합니다. 거리는 작성 후에 다시 수정할 수도 있습니다.

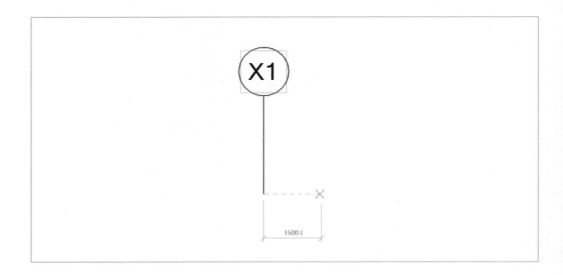

08

마우스를 아래로 이동하여 앞서 작성한 그리드의 끝점으로부터 정렬선이 표시되는 위치를 **끝점**으로 클릭합니다.

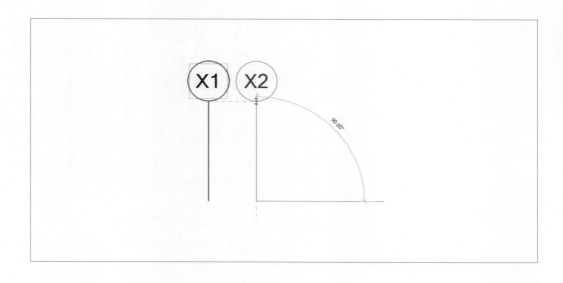

09

그리드의 이름이 자동으로 X2로 입력되는 것을 확인합니다.

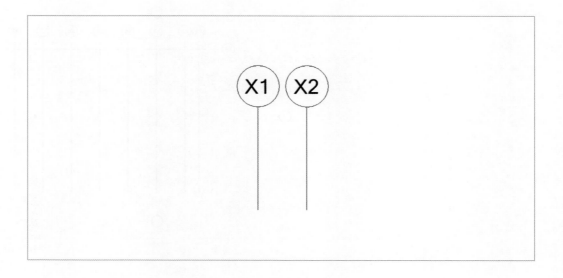

10

같은 방법으로 3000 간격의 X8까지 그리드를 작성합니다.

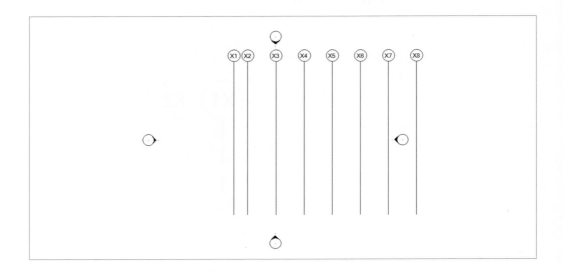

11

Y방향 그리드를 작성하기 위해 X방향 그리드의 위쪽에서 첫번째 Y방향 그리드를 시작점과 끝점을 클릭하여 작성합니다. 정확한 위치는 중요하지 않습니다.

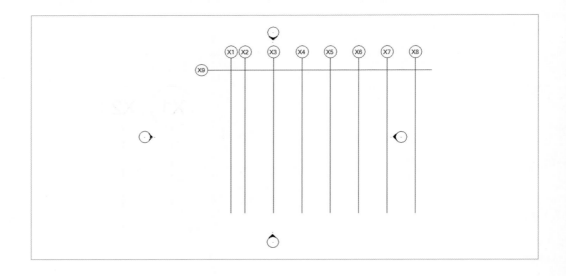

12

작성한 Y방향 그리드의 이름을 클릭하고, Y1로 변경합니다.

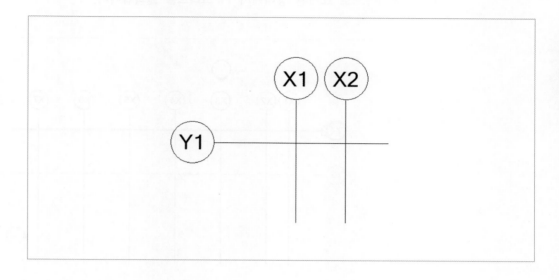

13

메뉴에서 수정 | 배치 그리드 탭의 그리기 패널에서 선 선택을 클릭합니다. 옵션바에서 간격띄우기에 3000을 입력합니다.

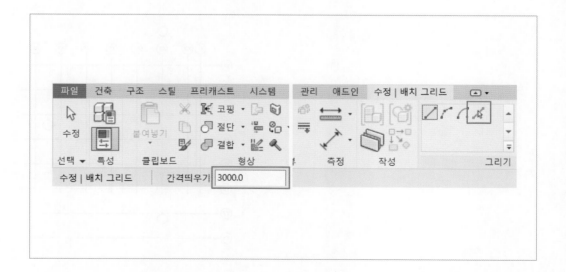

14

뷰에서 Y1 그리드 위에 마우스를 위치하면 미리보기 선이 표시됩니다. 미리보기 선이
아래쪽으로 표시된 상태에서 Y1 그리드를 클릭합니다.

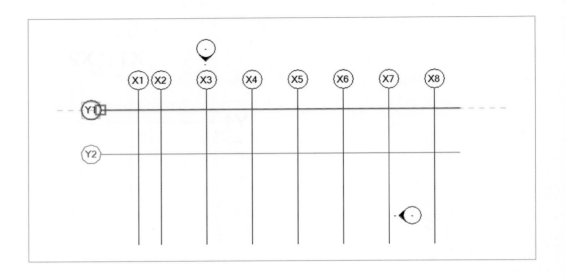

15

같은 방법으로 Y8까지 그리드를 작성합니다. Esc를 두 번 눌러 완료합니다.

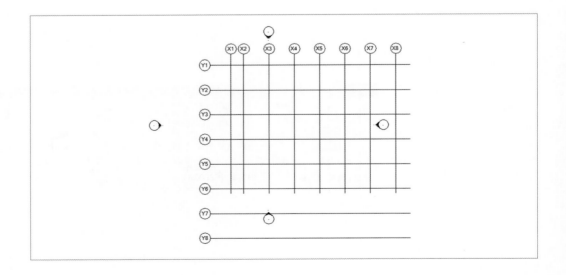

16

작성한 그리드 중 한 개를 선택하고, 특성 창에서 유형 편집을 클릭합니다.

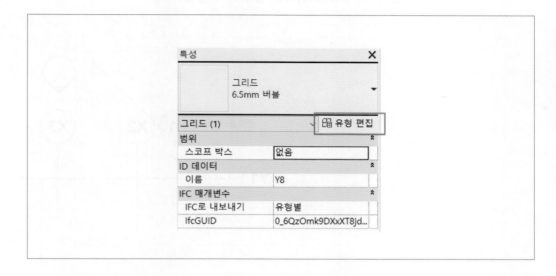

17

유형 특성 창에서 평면도 기호 끝 1을 체크하고 확인을 클릭합니다. 그리드의 양쪽 끝에 버블 및 이름이 표시되는 것을 확인합니다.

유형 매개변수(M)		
매개변수	**값**	**=**
그래픽		⌃
기호	그리드 헤드 - 원	
중심 세그먼트	연속	
끝 세그먼트 두께	1	
끝 세그먼트 색상	■ 검은색	
끝 세그먼트 패턴	솔리드	
평면도 기호 끝 1(기본값)	☑	
평면도 기호 끝 2(기본값)	☑	
비평면도 기호(기본값)	상단	

18

그리드가 선택된 상태에서 그리드 끝부분의 컨트롤을 드래그하여 그리드의 범위를 조정합니다. 정확한 위치는 중요하지 않습니다.

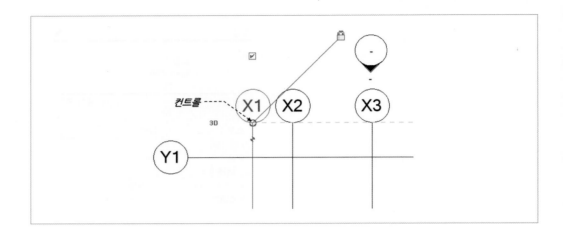

그리드 및 입면도 이동

X1과 Y1 그리드의 교차점이 프로젝트 기준점에 위치하도록 수정하고, 입면도의 기호의 위치를 이동합니다. 입면도 뷰에서 그리드 위치에 맞춰 레벨의 범위를 수정합니다.

01

메뉴에서 뷰 탭의 그래픽 패널에서 **가시성/그래픽**을 클릭합니다.

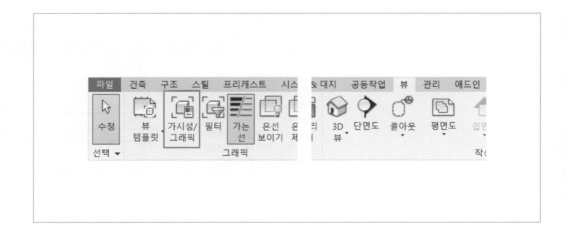

02

모델 카테고리 탭에서 대지를 확장하고 **프로젝트 기준점**을 체크합니다. 확인을 클릭합니다.

03

뷰에 프로젝트 기준점이 표시됩니다. 프로젝트 기준점은 **원점인 0,0**의 위치를 표시합니다. 이 위치는 AutoCAD와 같은 다른 CAD 프로그램의 원점과 같습니다.

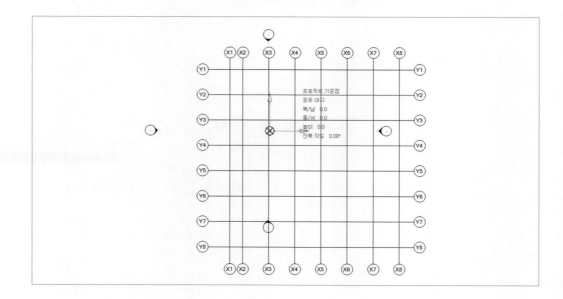

04

뷰에서 마우스를 드래그하여 뷰에 표시된 모든 요소를 선택합니다.

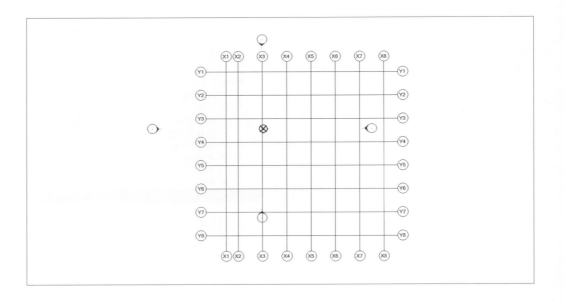

05

메뉴에서 수정 | 다중 선택 탭의 선택 패널에서 **필터**를 클릭합니다. 필터 창에서 그리드만 체크하고 확인을 클릭합니다.

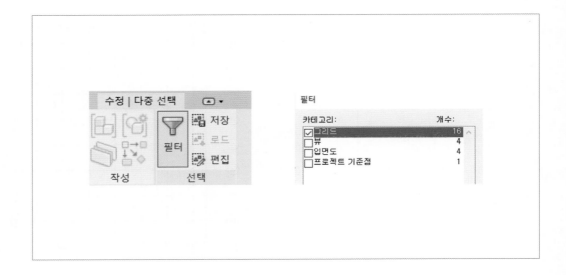

06

메뉴에서 수정 | 그리드 탭의 수정 패널에서 이동을 클릭합니다.

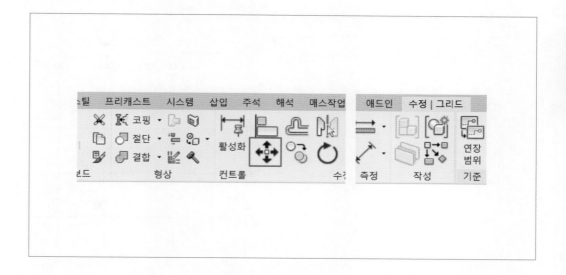

07

뷰에서 X1과 Y1 그리드의 교차점에 마우스를 위치하면 두 그리드가 활성화되고, 교차 스냅을 표시하는 X가 표시는 됩니다.

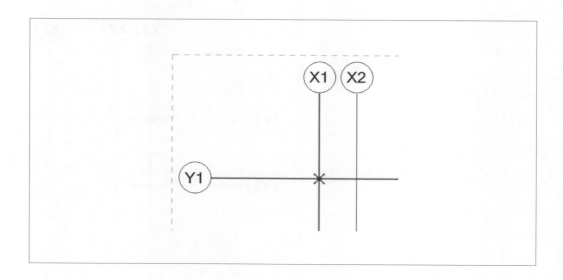

08

교차점을 이동의 시작점으로 클릭하고, 프로젝트 기준점 위에 마우스를 위치합니다.

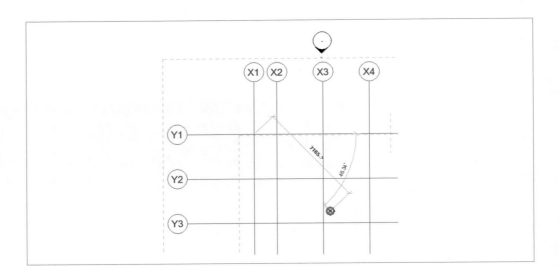

09

점 스냅이 표시되는 위치를 이동의 끝점으로 클릭합니다.

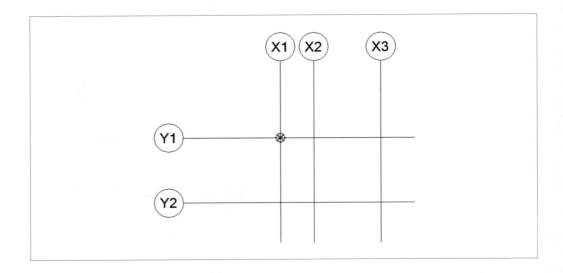

10

모든 그리드가 선택된 상태에서 메뉴에서 수정 | 그리드 탭의 수정 패널에서 **고정**을 클릭합니다. 뷰에서 핀 아이콘이 표시되는 것을 확인합니다.

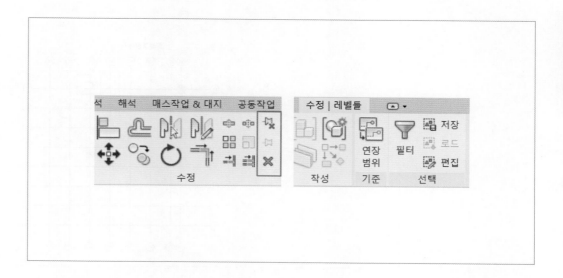

11

핀 요소 선택을 비활성화하면 불필요한 선택을 방지할 수 있습니다. 화면의 오른쪽 아래의 선택 옵션에서 핀 요소 선택 아이콘을 클릭하여 X가 표시되도록 합니다. 뷰에서 그리드 위에 마우스를 위치하면 그리드가 비활성화되는 것을 확인합니다.

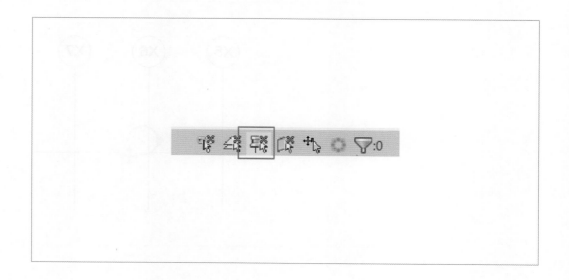

12

그리드 안쪽에 위치한 **입면도 기호**를 이동하기 위해 드래그하여 선택합니다.

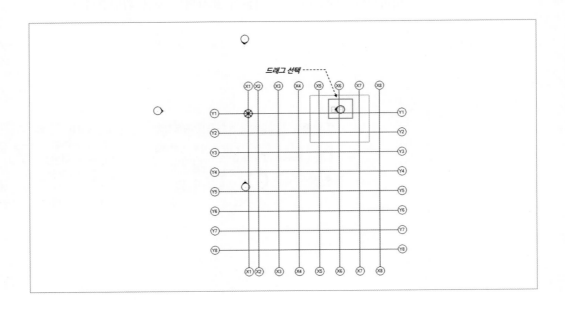

13

입면도 기호가 선택된 상태에서 마우스를 입면도 기호 위에 위치하면 마우스의 커서가 **이동 아이콘**으로 표시됩니다.

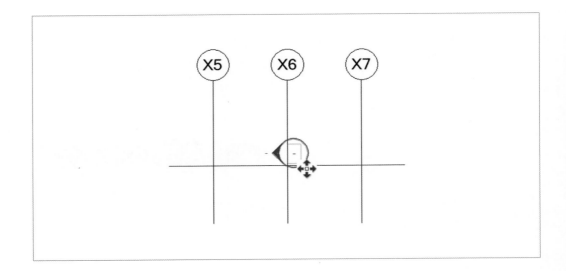

14

이 상태에서 마우스를 **클릭한 상태로 이동**하면 요소를 이동시킬 수 있습니다. 그리드의 바깥쪽 임의의 위치로 이동합니다.

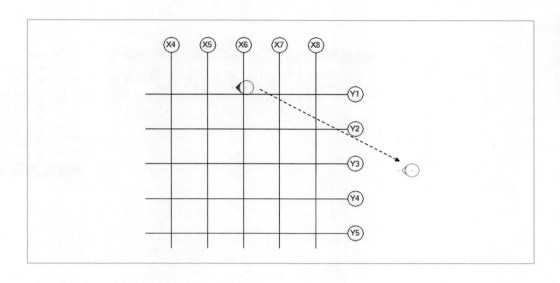

15

같은 방법으로 다른 입면도 기호의 위치를 이동합니다. 정확한 위치는 중요하지 않습니다.

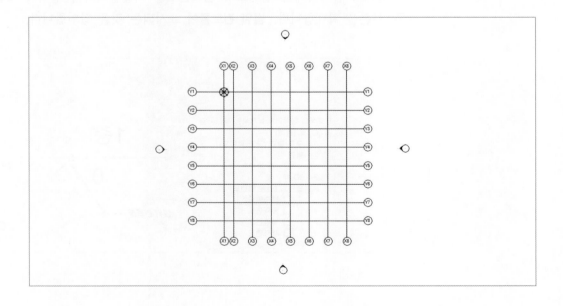

16

뷰에서 프로젝트 기준점을 표시하지 않기 위해 메뉴에서 뷰 탭의 그래픽 패널에서 **가시 성/그래픽**을 클릭하고, 대지의 **프로젝트 기준점**을 체크해제하고 확인을 클릭합니다.

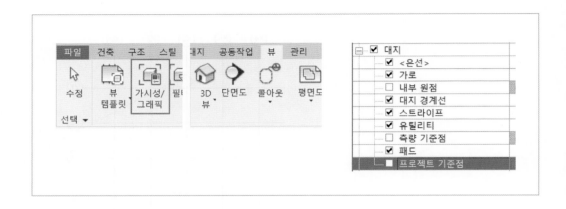

레벨 범위 조정

레벨은 무한한 수평면이지만 범위에 따라 입면도 또는 단면도에서 표시되지 않을 수 있습니다. 레벨의 범위를 조정하여 모든 입면도 및 단면도에서 표시되도록 합니다.

01

프로젝트 탐색기에서 입면도의 남측면도를 더블클릭하여 엽니다. 1층 레벨을 선택하고 끝 부분을 확대합니다. 범위 컨트롤이 표시되는 것을 확인합니다.

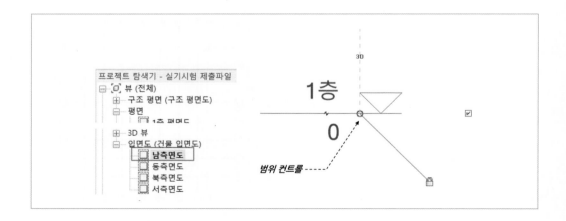

02

범위 컨트롤을 **드래그**하여 그리드 밖의 위치로 이동합니다. 정확한 위치는 중요하지 않습니다.

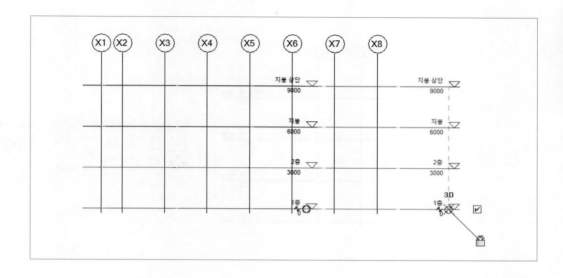

03

같은 방법으로 동측면도, 북측면도, 서측면도의 뷰에서 그리드의 범위를 그리드 밖의 위치로 이동합니다.

04

레벨의 이동이 완료되면 뷰에서 모든 레벨을 선택하고, 메뉴에서 수정 | 레벨들 탭의 수정 패널에서 고정을 클릭합니다.

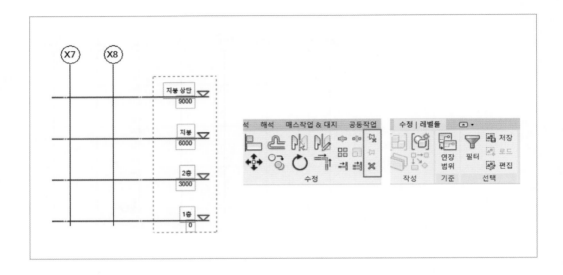

그리드 및 레벨 기호 변경

그리드 및 레벨의 기호는 사용자 정의 패밀리로, 외부 라이브러리를 사용할 수 있습니다. 시험에서 라이브러리를 제공한다면 해당 라이브러리를 로드하여 사용합니다. 라이브러리를 로드하여 사용하는 방법을 학습니다.

01

동측면도를 활성화하고, 메뉴에서 삽입 탭의 라이브러리 로드 패널에서 **패밀리 로드**를 클릭합니다.

02

패밀리 로드 창에서 문제에서 제공하는 폴더 경로에서 해당 파일을 선택합니다.

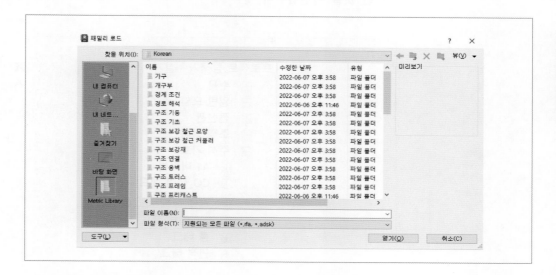

03

본 학습에서는 예제파일의 '레벨 – 사각형 헤드' 파일을 선택하고 열기를 클릭합니다.

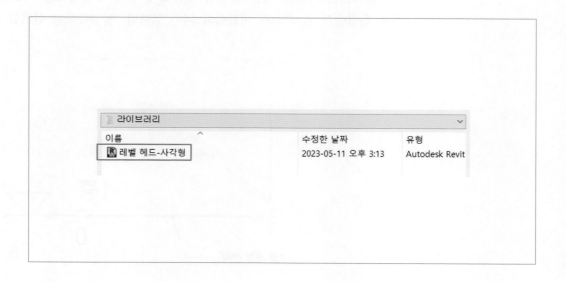

04

프로젝트 탐색기에서 패밀리를 확장하고, 주석 기호의 레벨 헤드 – 사각형 헤드 파일이
로드된 것을 확인합니다.

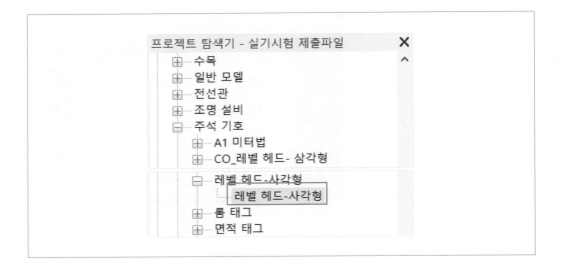

05

로드한 라이브러리를 레벨 유형에 적용하기 위해 뷰에서 1층 레벨을 선택합니다. 만약
선택 옵션에서 핀 요소가 비활성화 되어 있다면, 활성화하여 선택합니다.

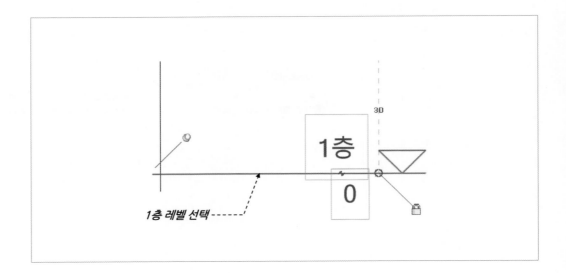

06

특성 창에서 유형 편집을 클릭합니다.

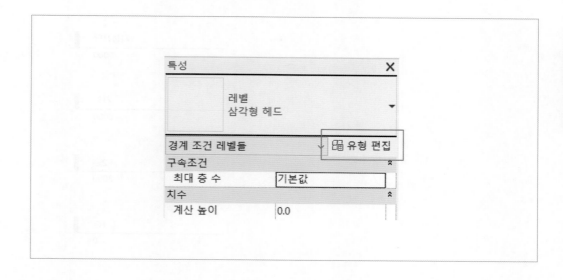

TIP
적용 버튼은 변경한 내용을 창을 닫지 않고 반영하는 기능

07

유형 특성 창에서 기호를 확장하여 로드한 사각형 헤드를 선택하고, 적용 버튼을 클릭합니다.

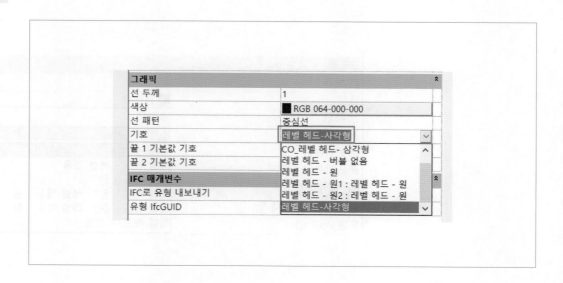

08

유형 특성 창의 위치를 조정하여, 뷰에서 레벨의 기호가 변경된 것을 확인합니다.

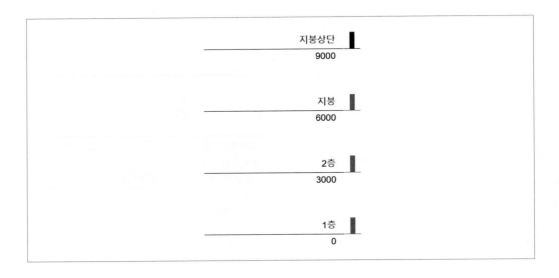

09

사각형 유형은 라이브러리 적용 학습을 위한 것으로, 다시 CO_레벨 헤드_삼각형 유형을 선택하고, 확인을 클릭합니다.

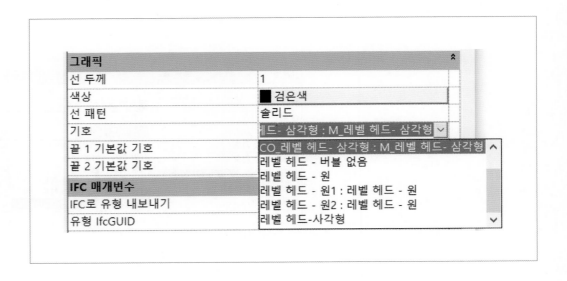

06 치수 작성

학습 내용

작성한 레벨 및 그리드에 치수를 작성합니다. 시험에서는 제시하는 치수 유형, 위치 등에 따라 치수를 작성합니다.

치수 작성

작성한 레벨 및 그리드에 전체 치수 및 개별 치수를 작성합니다.

01

프로젝트 탐색기에서 남측면도를 엽니다.

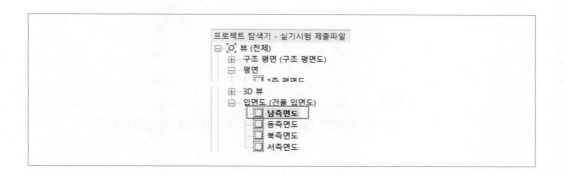

02

메뉴에서 주석 탭의 치수 패널에서 정렬을 클릭합니다.

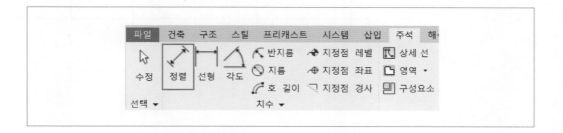

03

뷰에서 그리드를 X1부터 X8까지 차례로 클릭하면 치수의 미리보기가 만들어 집니다.

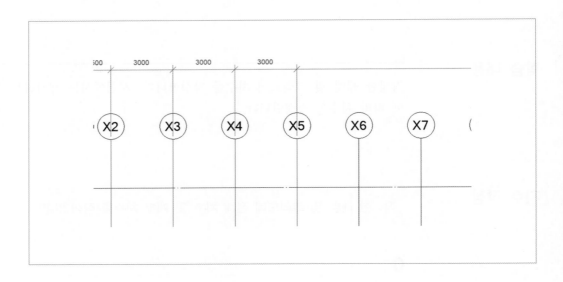

04

치수를 배치할 위치를 클릭하여 치수를 작성합니다.

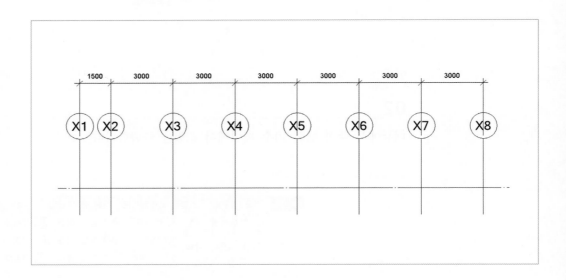

05

계속해서 X1과 X8 그리드에 치수를 작성합니다.

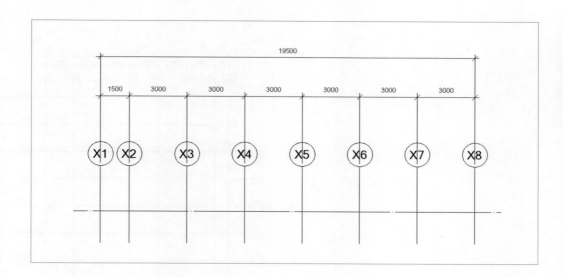

06

같은 방법으로 레벨에 개별 치수와 전체 치수를 작성합니다.

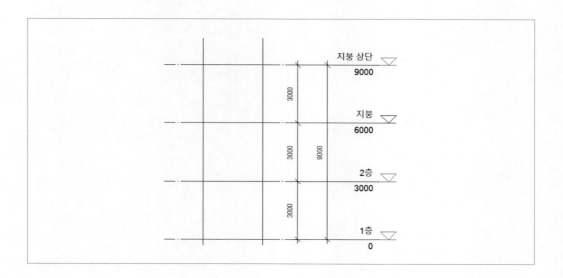

1층 평면도를 열고, X축 및 Y축 그리드에 개별 치수 및 전체 치수를 작성합니다.

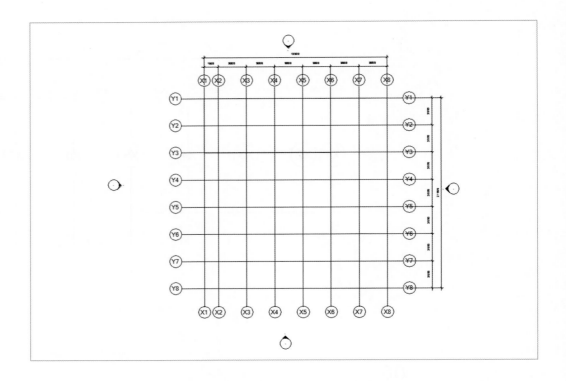

SECTION

07 매스 모델링

학습 내용

매스를 작성하고, 뷰에 매스가 표시되도록 합니다. 시험에서는 제시하는 크기, 위치 등에 매스를 작성합니다.

매스 작성

ㄱ자 형태의 2층 높이 매스를 작성하고 이를 표시하는 3차원 뷰를 작성합니다.

01

1층 평면도 뷰를 활성화합니다.

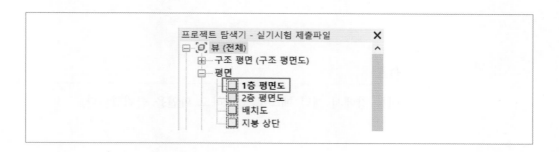

02

메뉴에서 매스작업 & 대지 탭의 개념 매스 패널에서 **내부 매스**를 클릭합니다.

03

매스작업 - 매스 표시 사용 창이 표시되면 닫기를 클릭합니다. 매스는 기본적으로 뷰에 표시되지 않도록 가시성이 설정되어 있기 때문에 매스가 표시되는 모드로 변경된다는 내용입니다.

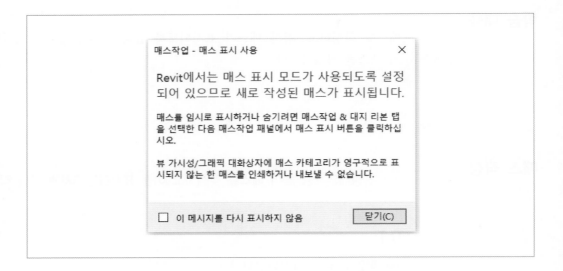

04

이름 창에서 개념 매스로 입력하고 확인을 클릭합니다.

05

메뉴가 매스를 작성하는 모드로 변경되는 것을 확인합니다.

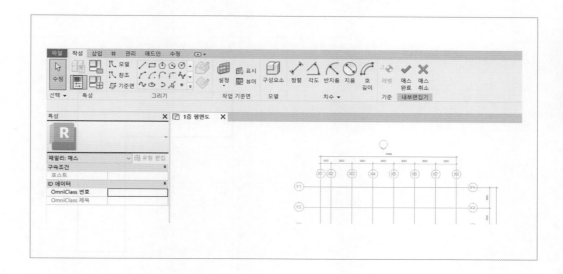

06

메뉴에서 작성 탭의 그리기 패널에서 **모델**을 클릭합니다. 그리기 옵션에서 선이 선택된 것을 확인합니다.

07

뷰에서 그리드의 교차점을 차례로 클릭하여 다각형을 작성합니다. Esc를 두 번 눌러 완료합니다.

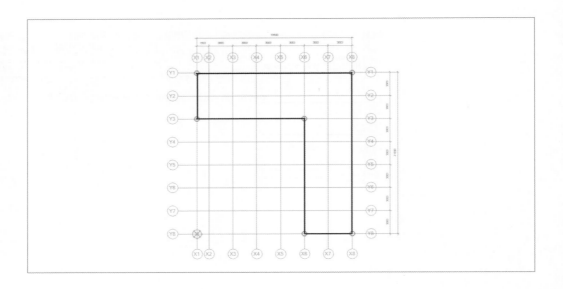

08

작성한 다각형의 모서리 위에 마우스를 위치하면 전체 다각형의 선이 활성화됩니다. 클릭하여 **다각형을 선택**합니다.

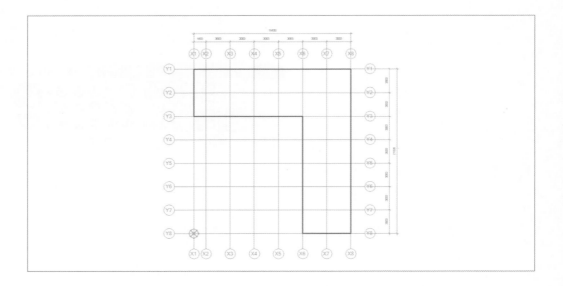

09

메뉴에서 수정 | 선 탭의 양식 패널에서 양식 작성을 확장하여 **솔리드 양식**을 클릭합니다.

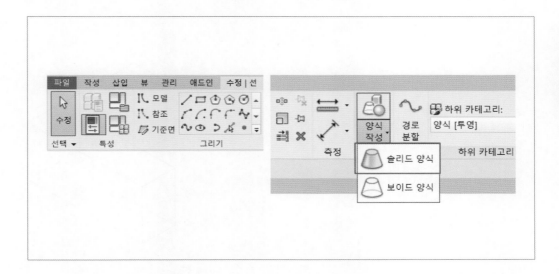

10

솔리드가 작성되면 작성한 매스의 중심에 **화살표**가 표시됩니다. Esc를 눌러 완료합니다.

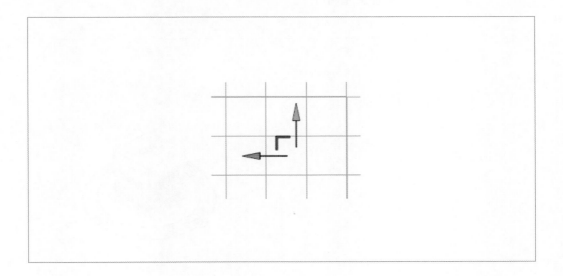

11

프로젝트 탐색기에서 **3차원 뷰**를 더블클릭하여 엽니다. 매스가 표시되는 것을 확인합니다.

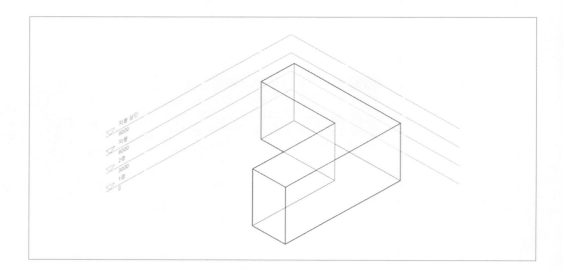

12

만약 뷰에 매스가 표시되지 않는다면 뷰의 오른쪽 위의 **뷰큐브**의 모서리를 클릭하여 전체 줌을 합니다.

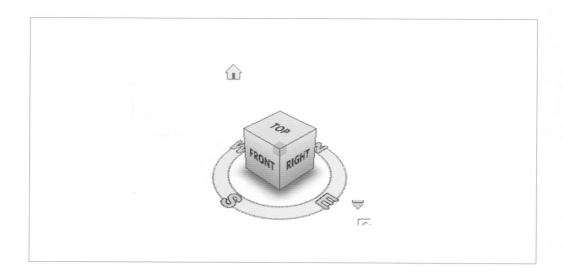

13

매스의 높이를 조정하기 위해 매스의 상단 모서리에 마우스를 위치합니다. 마우스의 위치를 조정하여 **상단면**이 활성화되도록 합니다.

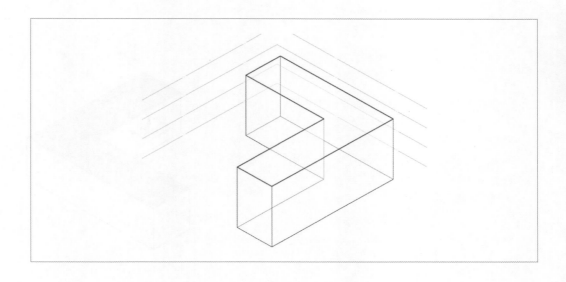

14

상단면이 활성화된 상태에서 클릭하여 선택합니다. 면이 투명한 파란색으로 표시되고, 크기를 조정할 수 있는 화살표와 임시치수가 표시됩니다.

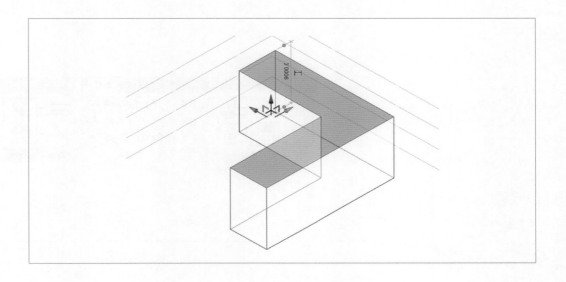

15

높이를 표시하는 임시치수의 값을 클릭하여 6000을 입력하고 enter를 누릅니다. Esc를
눌러 완료합니다.

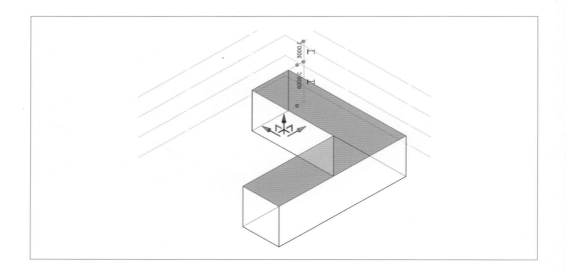

16

매스 작성을 완료하기 위해 메뉴에서 수정 탭의 내부편집기 패널에서 **완료**를 클릭합니다.

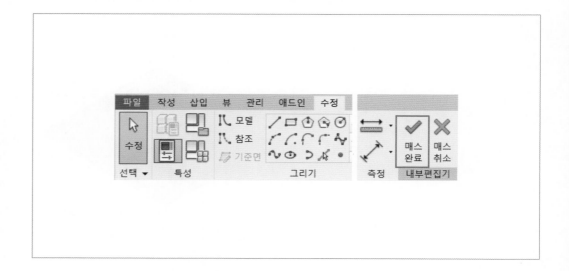

17

매스가 항상 표시되는 뷰를 만들기 위해 프로젝트 탐색기에서 3D 뷰를 우클릭하고, 뷰 복제의 복제를 클릭합니다.

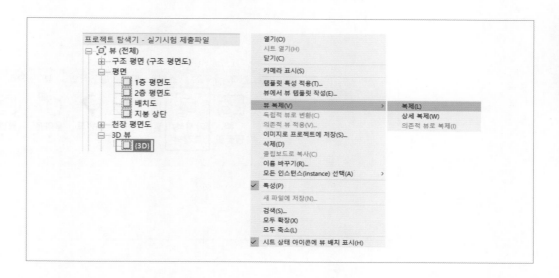

18

뷰를 복사하면 복사한 뷰가 활성화됩니다. 특성에서 이름을 3D 매스뷰로 입력합니다.

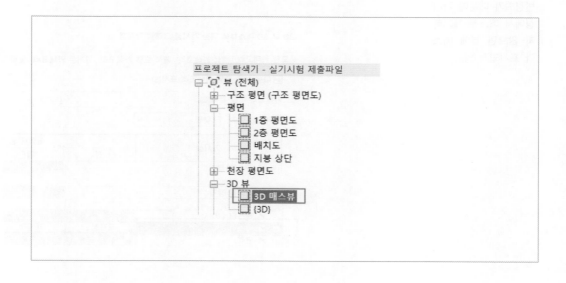

19

메뉴에서 뷰 탭의 그래픽 패널에서 **가시성/그래픽**을 클릭합니다.

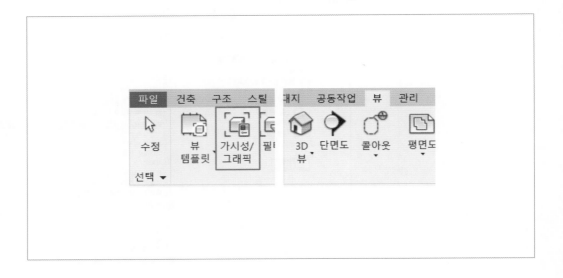

20

TIP

프로젝트를 종료하고
다시 열면 뷰 설정별
매스 표시로 자동으로
변경되기 때문에 가시
성에서 매스를 체크하
지 않으면 뷰에 매스
가 표시되지 않음

재지정 창에서 매스를 체크하고 확인을 클릭합니다. 가시성에서 매스가 체크해제 되어
있어도 표시되는 이유는 매스 양식 및 바닥 표시 상태이기 때문입니다.

3D 뷰: 3D 매스뷰에 대한 가시성/그래픽 재지정

| 모델 카테고리 | 주석 카테고리 | 해석 모델 카테고리 | 가져온 카테고리 | 필터 |

☑ 다음 뷰로 모델 카테고리 표시(S)

카테고리 이름 검색(C):

필터 리스트(F): <다중>

가시성	투영/표면	
	선	패턴
☐ ☑ 구조 트러스		
☑ 데이터 장치		
☐ ☑ 도로		
☑ 래스터 이미지		
☐ ☑ 매스	재지정...	재지정...
☐ ☑ 면적		

파일 제출

저장을 클릭하여 작성한 내용을 저장합니다. 열려 있는 모든 뷰를 종료하여 현재 프로젝트를 종료합니다.

파일이 저장된 폴더를 열어 파일의 이름과 형식을 확인합니다. 파일의 이름은 반드시 문제에서 주어진 이름으로 저장해야 합니다. 이름이 다를 경우 채점 대상에 제외되기 때문에 주의가 필요합니다. 파일 형식은 Revit Project입니다.

파일 이름 뒤에 0001과 같은 내용이 붙은 백업 파일은 삭제합니다.

SECTION
01 시작하기

학습 내용

예제파일의 시작 파일을 열어 구조 BIM 모델 구축을 시작합니다. 시작 파일에는 레벨 및 그리드가 미리 작성되어 있습니다. 시험에서는 제시된 시작 파일을 열어 시작하면 됩니다.

파일 열기 및 저장

예제파일의 시작 파일을 열고, 다른 이름으로 저장합니다.

01

Revit 프로그램의 홈 화면에서 모델의 **열기**를 클릭합니다. 또는 파일 탭을 클릭하고 열기를 클릭합니다.

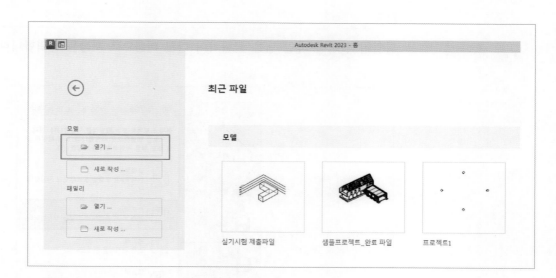

02

열기 창에서 예제파일의 시작 파일을 선택하고 열기를 클릭합니다. 시험에서는 제공되
는 파일을 선택하면 됩니다.

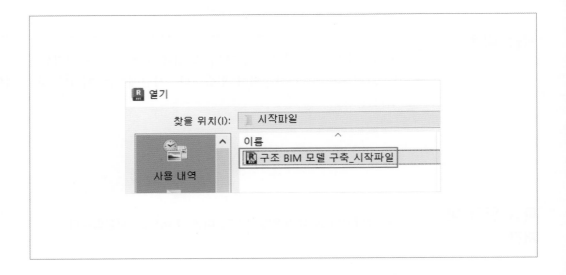

03

파일이 열리면 파일 탭을 클릭하여 다른 이름으로 저장을 클릭합니다.

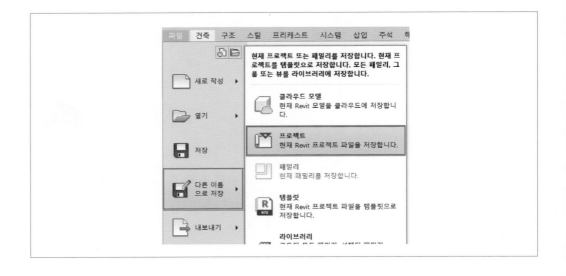

04

이름을 02.구조모델작성으로 입력합니다. 시험에서는 반드시 문제에서 주어진 이름으로 입력합니다.

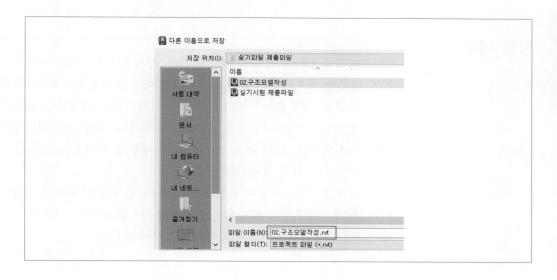

05

옵션을 클릭하고, 최대 백업 수를 1로 입력하고 확인을 클릭합니다. 다른 이름으로 저장 창도 저장을 클릭합니다.

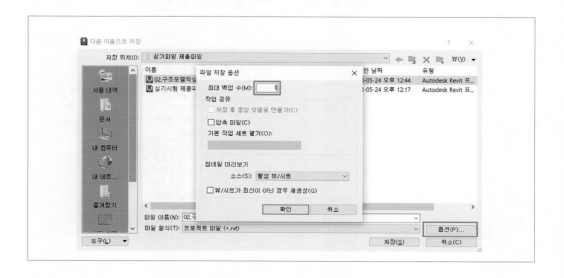

02 CAD 링크

학습 내용

CAD 파일을 Revit 프로젝트에 층별로 가져옵니다. CAD 파일은 프로젝트에서 모델의 평면 계획을 참고하는데 활용됩니다. 시험에서는 제공되는 CAD 파일을 가져오면 됩니다. CAD 파일을 가져오는 방법은 CAD 링크와 CAD 가져오기 2가지의 방법이 있습니다. CAD 링크는 CAD 파일과의 관계를 유지하여 CAD 파일의 업데이트를 반영합니다. CAD 가져오기는 CAD 파일을 프로젝트 내부로 가져오는 것으로 한번 가져온 CAD 파일은 업데이트 되지 않습니다.

CAD 링크는 CAD 파일이 프로젝트 외부에 존재하기 때문에 CAD 파일이 없거나 위치, 이름 등이 수정되면 CAD 파일을 표시할 수 없습니다. 시험에서는 작성한 파일을 제출해야하기 때문에 CAD 가져오기 방법을 사용합니다.

CAD 가져오기

CAD 가져오기 기능을 이용하여 층별로 CAD 파일을 가져옵니다.

01

프로젝트 탐색기에서 1층 평면도를 엽니다.

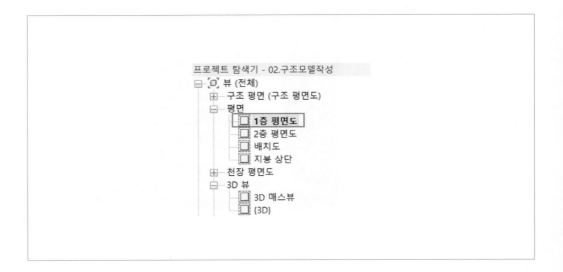

02

메뉴에서 삽입 탭의 가져오기 패널에서 CAD 가져오기를 클릭합니다.

03

CAD 형식 가져오기 창에서 예제파일의 1층 평면도를 선택합니다. 시험에서는 제공되는 파일을 선택하면 됩니다.

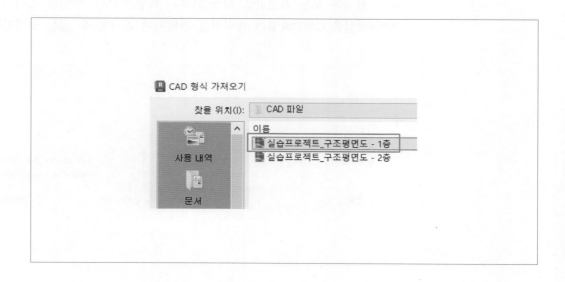

04

아래의 설정에서 **현재 뷰만을** 체크합니다. 현재 뷰만 설정은 CAD 파일의 가시성을 설정하는 것으로 가져오기한 CAD파일이 현재 뷰만 표시되는지 또는 모든 뷰에 표시되는지를 설정할 수 있습니다. 현재 뷰만을 설정하는 것이 작업에 편리합니다. 만약 시험에서 제시하는 조건이 있다면, 조건을 따라 설정하면 됩니다.

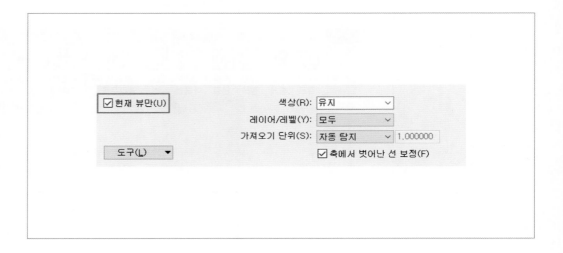

05

다른 설정은 모두 기본값을 사용합니다. 색상은 CAD 파일의 레이어 색상을 말하여, 레이어/레벨은 CAD 파일의 레이어를 선택하여 가져올 수 있는 설정입니다.

06

가져오기 단위는 대부분 자동 탐지를 사용하며, 만약 단위가 맞지 않을 경우 특정 단위를 선택하여 가져옵니다.

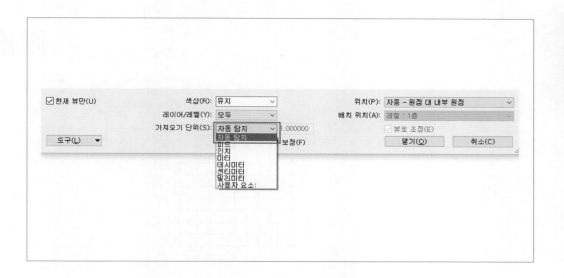

07

위치는 CAD 파일이 배치되는 위치입니다. 원점은 CAD 프로그램의 0,0을 말합니다. 배치 위치는 현재 뷰만이 설정되지 않으면 선택할 수 있습니다.

08

열기를 클릭하면 현재 뷰에 CAD 파일이 자동으로 배치됩니다.

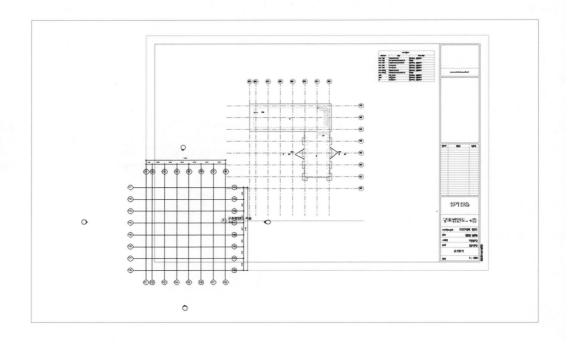

09

만약 뷰에 CAD 파일이 표시되지 않는다면, 탐색 막대에서 **창에 맞게 줌**을 클릭합니다.

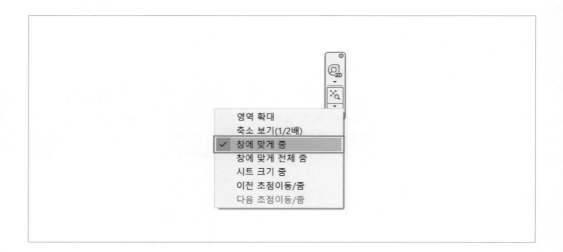

10

CAD 파일을 선택하기 위해 화면의 오른쪽 아래의 선택 옵션에서 핀 아이콘을 클릭하여 고정을 해제합니다.

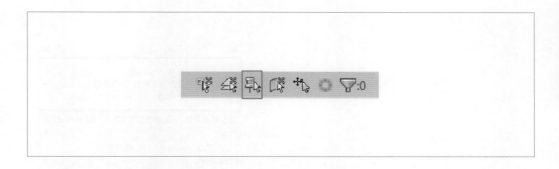

11

CAD 파일의 임의의 선 위에 마우스를 위치합니다. CAD 파일 전체가 하이라이트 되는 것을 확인합니다.

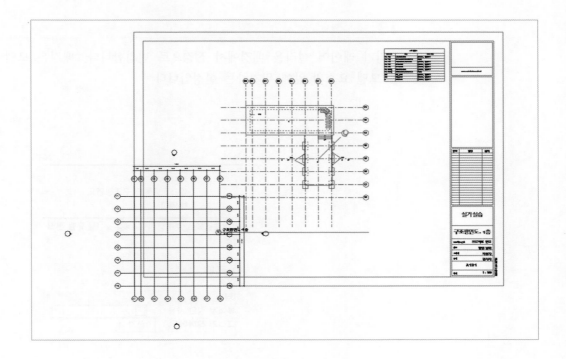

12

클릭하여 CAD 파일을 선택합니다. 특성 창에서 파일의 이름과 그리기 레이어 설정을 확인할 수 있습니다.

13

그리기 레이어 설정을 배경에서 **전경**으로 변경합니다. 배경은 모델 요소의 뒤에, 전경은 모델 요소의 앞에 위치하는 설정입니다.

14

메뉴에서 정렬, 레이어 삭제, 분해, 조회 등의 명령을 사용할 수 있습니다.

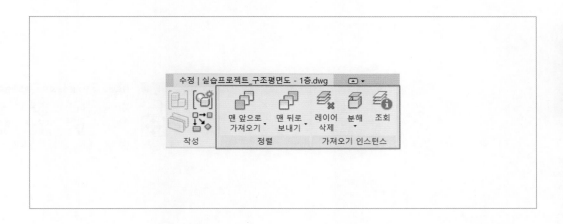

15

CAD 파일의 위치를 수정하기 위해 뷰에서 핀 아이콘을 클릭하여 고정을 해제합니다. 화면의 오른쪽 가져오기 설정에서 위치의 자동 – 원점 대 내부 원점은 자동으로 CAD 파일이 고정됩니다.

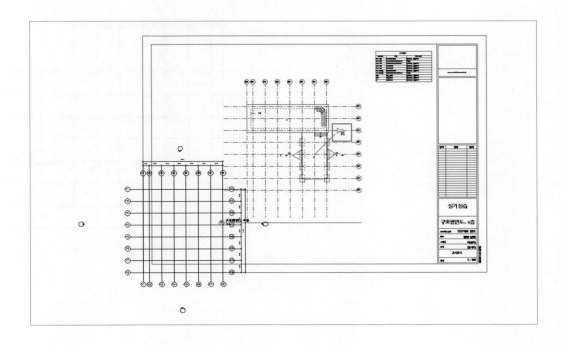

16

메뉴에서 수정 | CAD 파일 이름 탭의 수정 패널에서 **이동**을 클릭합니다.

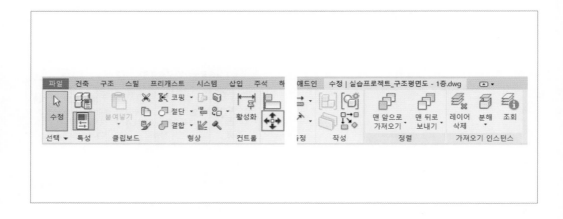

17

CAD 파일의 X1과 Y1 그리드 교차점을 시작점으로 클릭하고, 프로젝트의 X1과 Y1 그리드 교차점을 끝점으로 클릭합니다. Esc를 눌러 완료합니다.

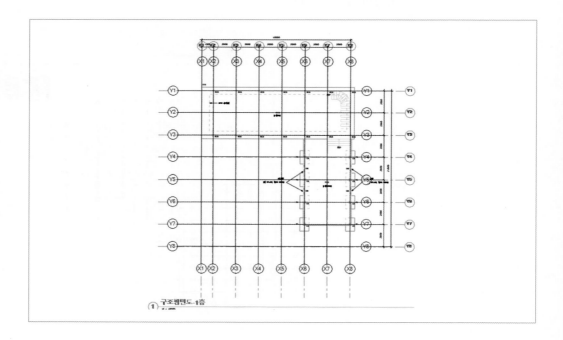

18

같은 방법으로 2층 평면도에 예제파일의 CAD 파일의 가져와 올바른 위치에 배치합니다.

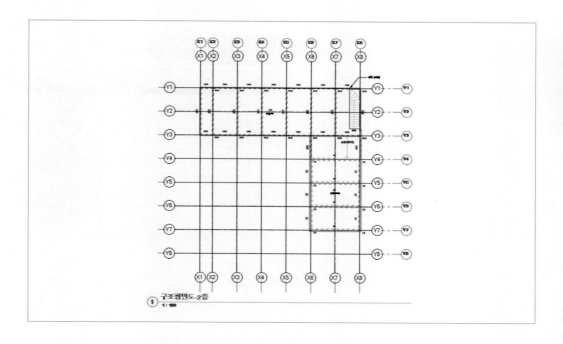

CAD 레이어 설정

가시성/그래픽 재지정에서 CAD 파일의 레이어 색상을 변경합니다.

01

2층 평면도 뷰를 활성화합니다. 메뉴에서 뷰 탭의 그래픽 패널에서 가시성/그래픽을 클릭합니다.

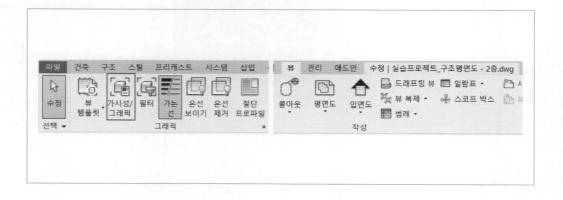

02

가시성/그래픽 재지정 창에서 **가져온 카테고리** 탭을 클릭하고, CAD 파일을 확장합니다.

03

CAD 파일의 모든 레이어를 선택하고 선 열의 안쪽을 클릭하면 **재지정** 버튼이 표시됩니다. 버튼이 표시되면 클릭합니다.

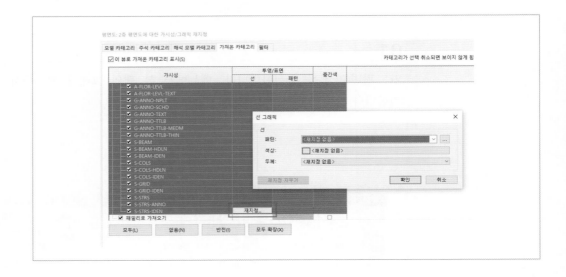

04

선 그래픽 창에서 색상 버튼을 클릭하고, 색상 창에서 검정색을 선택하고 확인을 클릭합니다. 선 그래픽 창과 재지정 창도 확인을 클릭하여 닫습니다.

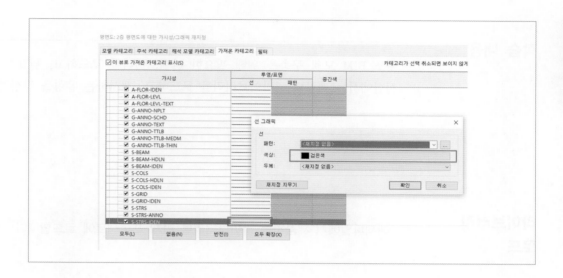

05

뷰에서 CAD 파일의 레이어 색상이 변경된 것을 확인합니다. 같은 방법으로 1층의 평면도에서 CAD 파일의 레이어 색상을 검정색으로 변경합니다. 뷰 템플릿을 활용하여 CAD 파일의 레이어 색상을 관리할 수도 있습니다.

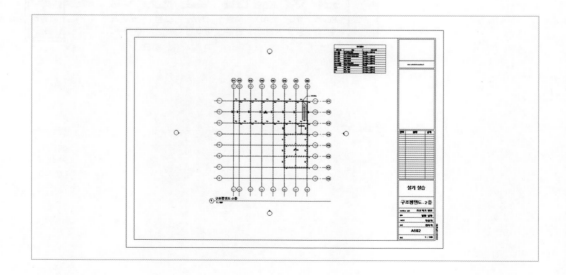

03

BIM 라이브러리 구축 및 활용

학습 내용

구조 BIM 모델 구축을 위해 필요한 라이브러리를 로드하고, 필요한 유형을 작성합니다.
시험에서는 제공되는 라이브러리를 로드하고, 제시하는 유형을 작성하면 됩니다.

**라이브러리
로드**

예제파일에서 제공하는 라이브러리를 현재 프로젝트에 로드합니다.

01

메뉴에서 삽입 탭의 라이브러리에서 로드 패널의 **패밀리 로드**를 클릭합니다.

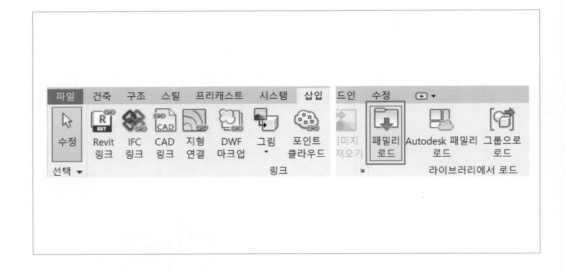

02

패밀리 로드 창에서 예제파일의 라이브러리 폴더에 있는 모든 파일을 선택하고, 열기를 클릭합니다.

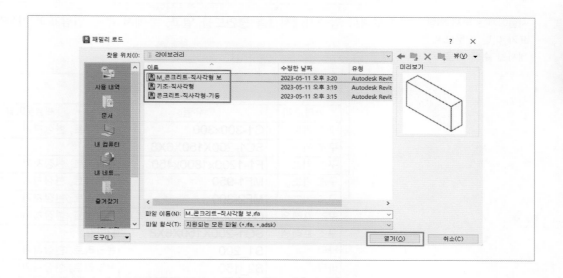

03

프로젝트 탐색기에서 해당 라이브러리가 로드 되었는지 확인합니다.

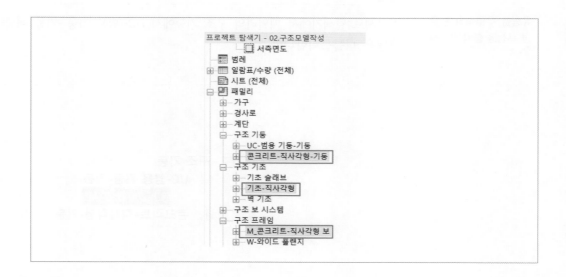

기둥 유형 작성

철골 기둥과 콘크리트 기둥의 유형을 작성합니다.

TIP

시험에서는 부재 일람
표가 아닌 지문으로
제시될 수도 있음

01

프로젝트 탐색기에서 1층 평면도를 열고, 뷰에서 부재 일람표의 기둥을 확인합니다.

부재 일람표		
카테고리	유형	재료: 이름
구조 기둥	C1-300x300	콘크리트, 현장치기
구조 기둥	SC1-200X150X6X8	H형강
구조 기초	F1-1200x1800x450	콘크리트, 현장치기
구조 기초	MF1-950	콘크리트, 현장치기
구조 기초	MF2-300	콘크리트, 현장치기
구조 프레임	G1-300x300	콘크리트, 현장치기
구조 프레임	SG1-200X150X6X8	H형강
바닥	S1_200	콘크리트, 현장치기
바닥	S2_150	콘크리트, 현장치기
벽	W1-150	콘크리트, 현장치기

TIP

유형을 우클릭하고 유
형 특성을 클릭해도 됨

02

프로젝트 탐색기에서 패밀리의 구조 기둥에서 UC-범용 기둥-기둥 패밀리의 305x305x97UC
유형을 더블클릭합니다.

```
└─ 구조 기둥
   └─ UC-범용 기둥-기둥
      └─ 305x305x97UC
   ⊞ 콘크리트-직사각형-기둥
```

03

유형 특성 창에서 새 유형을 만들기 위해 복제를 클릭합니다. 이름을 SC1_200x150x6x8
로 입력하고 확인을 클릭합니다.

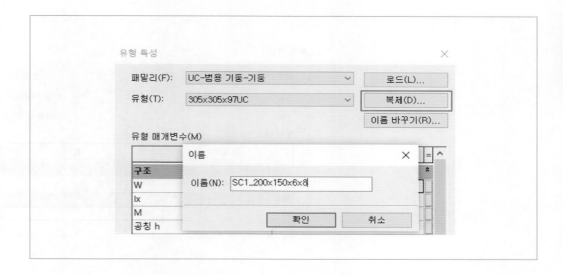

04

유형 특성 창에서 치수의 b, h, s, t, 값을 150, 200, 6, 8로 입력합니다. 입력한 값은
기둥의 단면 치수가 됩니다. 확인을 클릭합니다.

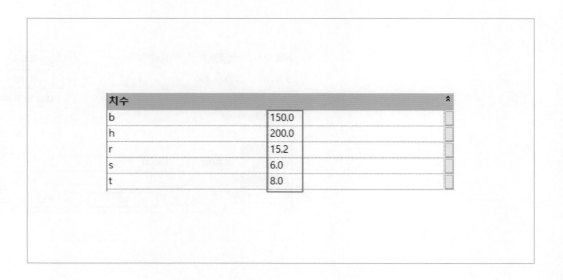

05

프로젝트 탐색기에서 콘크리트–직사각형–기둥의 300x450 유형을 더블클릭하여 유형 특성 창을 엽니다.

06

유형 특성 창에서 복제를 클릭하고 이름을 C1_300x300으로 입력하고 확인을 클릭합니다.

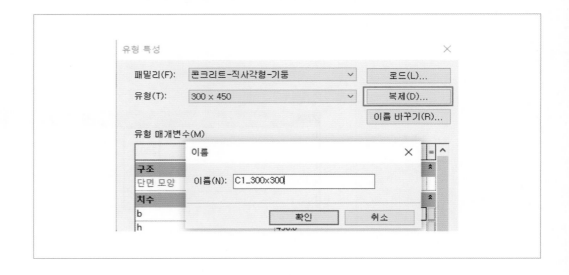

07

치수의 b와 h를 모두 300으로 입력하고 확인을 클릭합니다. 시험에서는 문제에서 제공하는 이름, 크기 등을 적용하면 됩니다.

08

프로젝트 탐색기에서 작성된 유형을 확인합니다.

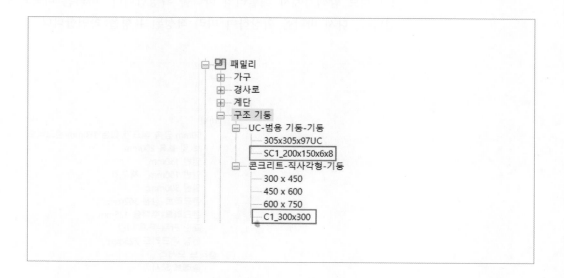

바닥 유형 작성

> 콘크리트 바닥의 유형을 작성합니다.

01

1층 평면도 뷰에서 부재 일람표의 바닥을 확인합니다.

부재 일람표		
카테고리	유형	재료: 이름
구조 기둥	C1-300x300	콘크리트, 현장치기
구조 기둥	SC1-200X150X6X8	H형강
구조 기초	F1-1200x1800x450	콘크리트, 현장치기
구조 기초	MF1-950	콘크리트, 현장치기
구조 기초	MF2-300	콘크리트, 현장치기
구조 프레임	G1-300x300	콘크리트, 현장치기
구조 프레임	SG1-200X150X6X8	H형강
바닥	S1_200	콘크리트, 현장치기
바닥	S2_150	콘크리트, 현장치기
벽	W1-150	콘크리트, 현장치기

02

프로젝트 탐색기에서 패밀리의 바닥을 확장합니다. 바닥은 바닥과 슬래브 모서리로 구성됩니다. 다시 바닥을 확장하여 미리 작성된 유형을 확인합니다.

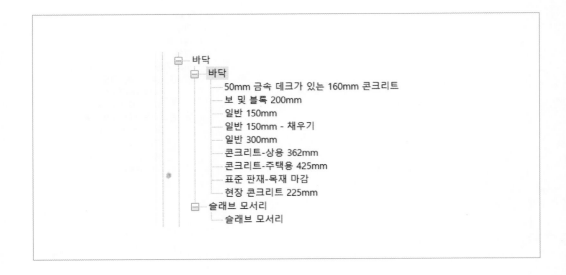

03

일반 150mm 유형을 더블클릭하여 유형 특성 창을 엽니다.

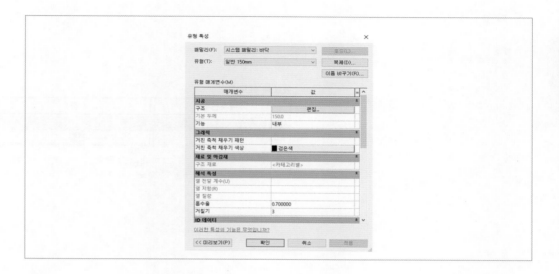

04

유형 특성 창에서 복제를 클릭하고 이름을 S1_200로 입력하고 확인을 클릭합니다. 시험에서는 지정하는 유형의 이름이 있다면 적용하고, 없다면 임의의 이름으로 작성하면 됩니다.

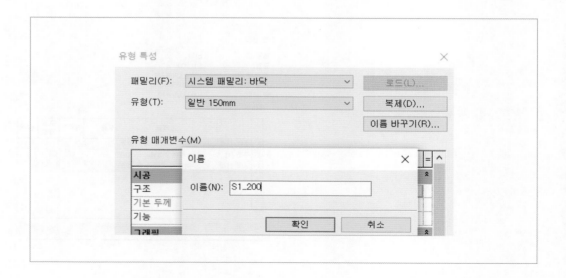

05

구성의 구조에서 **편집** 버튼을 클릭합니다.

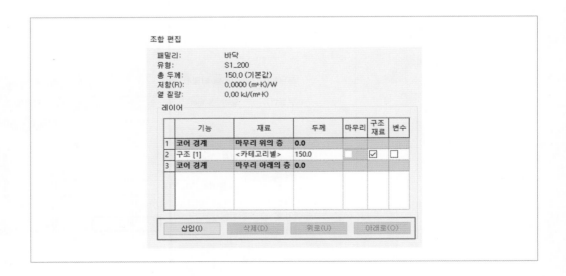

06

삽입, 삭제, 위로, 아래로 버튼을 이용하여 새 레이어 추가 또는 삭제, 레이어의 위치를 이동할 수 있습니다.

07

미리 작성된 **구조 [1]** 레이어의 기능을 확장합니다. 구조, 하지재, 마감 등의 기능이 있으며, 문제에서 주어진 기능을 선택하거나, 주어진 기능이 없다면 임의의 기능을 선택하면 됩니다.

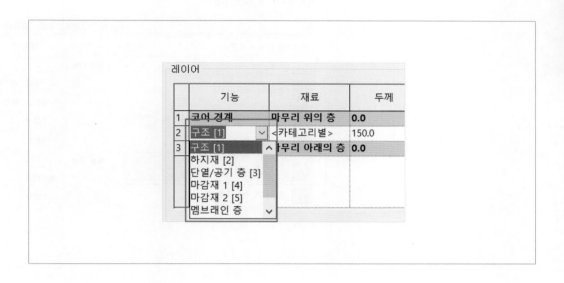

08

재료를 설정하기 위해 〈카테고리별〉 문자를 클릭합니다. **축소 버튼**이 표시되면 축소 버튼을 클릭합니다. 축소 버튼은 해당 내용이 활성화될 때만 표시됩니다.

	기능	재료	두께	마무리	구조 재료	변수
1	코어 경계	마무리 위의 층	0.0			
2	구조 [1]	<카테고리별> ...	150.0	☐	☑	☐
3	코어 경계	마무리 아래의 층	0.0			

09

재료 탐색기 창에서 **콘크리트 - 현장치기**를 선택하고 확인을 클릭합니다.

10

레이어의 두께를 200으로 입력하고, 확인을 클릭합니다.

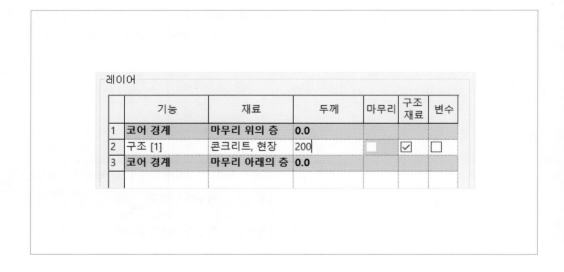

11

다시 유형 특성 창에서 **복제**를 클릭하고, 이름을 S2_150으로 입력하고 확인을 클릭합니다.

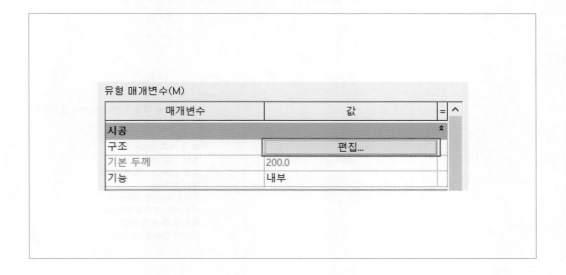

12

구성의 구조에서 **편집** 버튼을 클릭합니다.

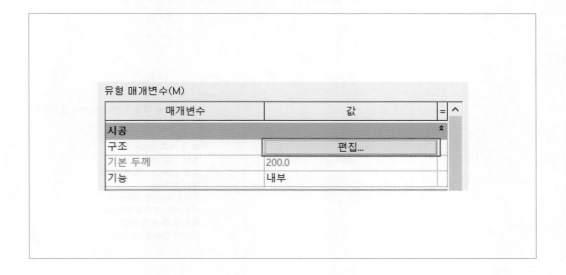

13

레이어의 **두께**를 150으로 입력하고 확인을 클릭합니다. 유형 특성 창도 확인을 클릭하여
완료합니다.

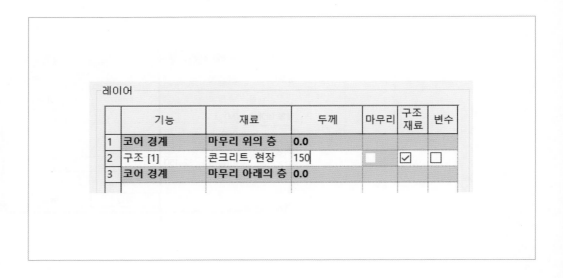

14

프로젝트 탐색기에서 유형이 작성된 것을 확인합니다.

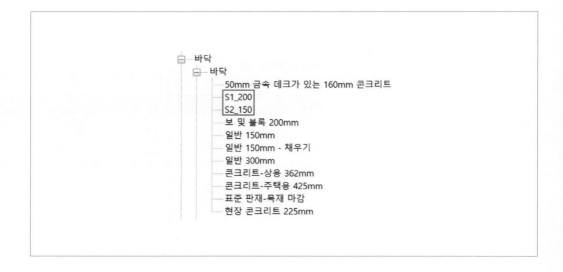

04 구조 기둥 작성

학습 내용

CAD 파일을 참고하여 각 층에 철골 기둥과 콘크리트 기둥을 작성합니다. 시험에서는 CAD 파일과 제시하는 조건을 참고하여 작성하면 됩니다.

1층 기둥 작성

1층에 철골과 콘크리트 기둥을 작성합니다.

01

프로젝트 탐색기에서 1층 평면도를 더블클릭하여 엽니다.

02

뷰에서 CAD 파일의 철골 및 콘크리트 기둥의 위치, 크기, 재료 등을 확인합니다.

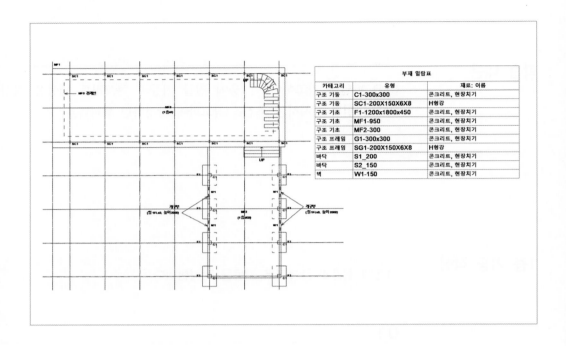

부재 일람표		
카테고리	유형	재료: 이름
구조 기둥	C1-300x300	콘크리트, 현장치기
구조 기둥	SC1-200X150X6X8	H형강
구조 기초	F1-1200x1800x450	콘크리트, 현장치기
구조 기초	MF1-950	콘크리트, 현장치기
구조 기초	MF2-300	콘크리트, 현장치기
구조 프레임	G1-300x300	콘크리트, 현장치기
구조 프레임	SG1-200X150X6X8	H형강
바닥	S1_200	콘크리트, 현장치기
바닥	S2_150	콘크리트, 현장치기
벽	W1-150	콘크리트, 현장치기

03

메뉴에서 구조 탭의 구조 패널에서 기둥을 클릭합니다.

04

유형 선택기에서 SC1_200x150x6x8 유형을 선택합니다.

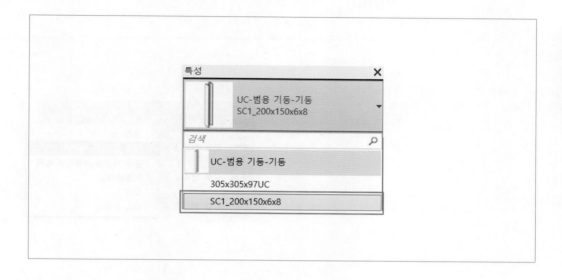

05

특성에서 **구조 재료**의 재료 이름을 클릭하고, 축소 버튼이 활성화 되면 축소 버튼을 클릭합니다.

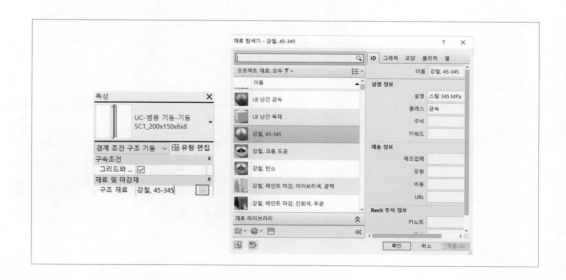

06

재료 탐색기 창에서 강철, 45-345 재료의 이름을 우클릭하고, 재료 및 자산 복제를 클릭합니다.

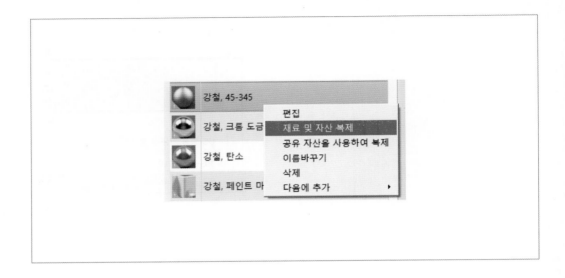

07

복제한 재료의 이름을 우클릭하고, 이름 바꾸기를 클릭합니다. 이름을 H형강으로 입력합니다.

08

H형강 재료가 선택된 상태에서 그래픽 탭의 음영 처리에서 **색상** 버튼을 클릭합니다.

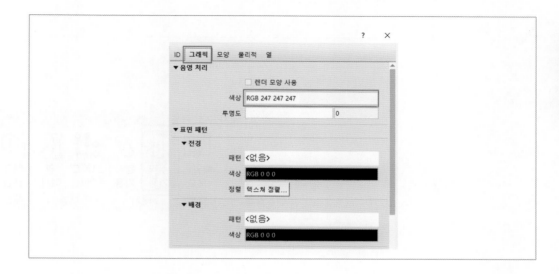

09

색상 창에서 기본 색상의 왼쪽 위에 첫번째 색상을 선택하고 확인을 클릭합니다. 재료 탐색기 창도 확인을 클릭하여 닫습니다.

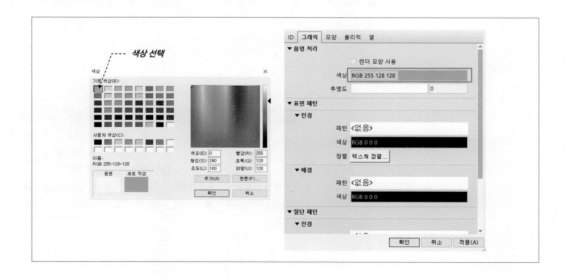

10

메뉴에서 배치 패널의 **수직 기둥**을 선택합니다. 수직 또는 경사 기둥을 선택하는 옵션입니다.

11

옵션바에서 높이와 2층으로 선택합니다. 깊이는 기둥이 현재 뷰의 아래 방향으로 배치되며, 높이는 위 방향으로 배치됩니다. 2층은 기둥 상단의 레벨입니다.

12

뷰에서 X2와 Y1 그리드의 교차점 주위에 마우스를 위치합니다. 마우스의 커서에 기둥의 **미리보기**가 표시됩니다.

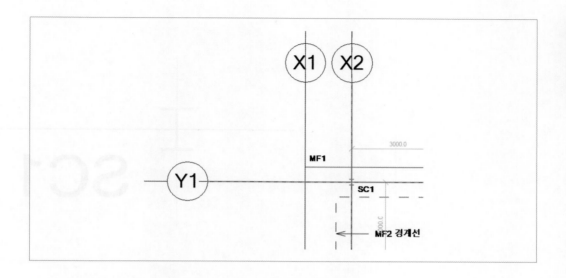

13

키보드에서 **스페이스바**를 누르면 기둥의 방향을 45도 또는 90도씩 회전할 수 있습니다.

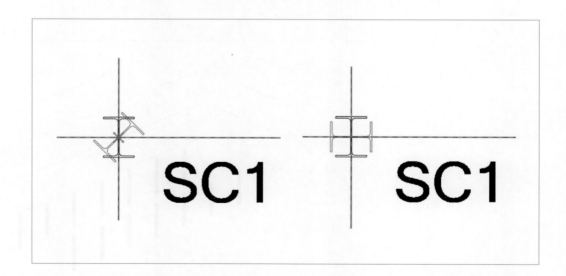

14

철골 기둥의 길이 방향이 X 그리드 방향이 되도록 회전한 후 그리드 교차점을 클릭하여 기둥을 배치합니다.

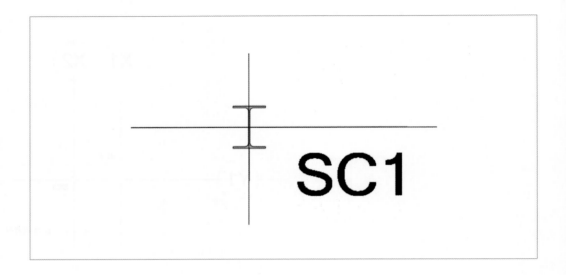

15

같은 방법으로 CAD 파일을 참고하여 철골 기둥을 모두 작성하고, 3차원 뷰에서 확인합니다.

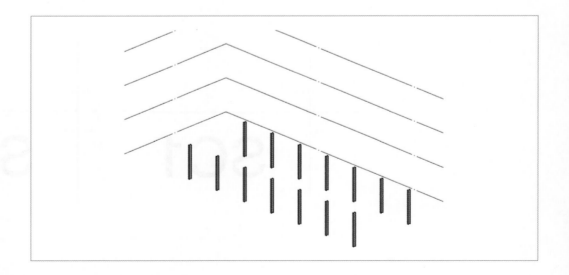

16

계속해서 계속해서 1층 평면도에서 기둥 명령을 실행하고 유형 선택기에서 C1_300x300 유형을 선택합니다.

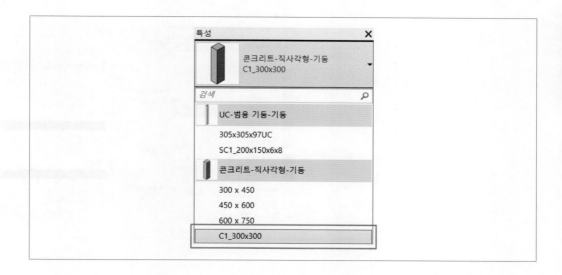

17

특성 창에서 구조 재료의 이름을 클릭하여 **축소 버튼**이 표시되면 축소 버튼을 클릭합니다.

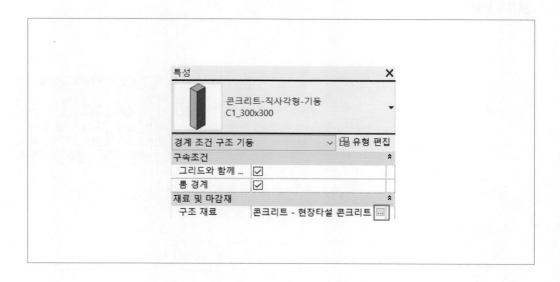

18

재료 탐색기 창에서 '**콘크리트, 현장치기**' 를 선택합니다.

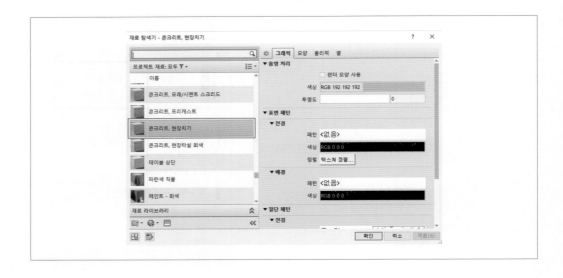

TIP

그리드에서 옵션의 사용은 사용자 편의사항으로 시험에서 평가 대상이 아님

19

메뉴에서 다중 패널의 그리드에서를 클릭합니다.

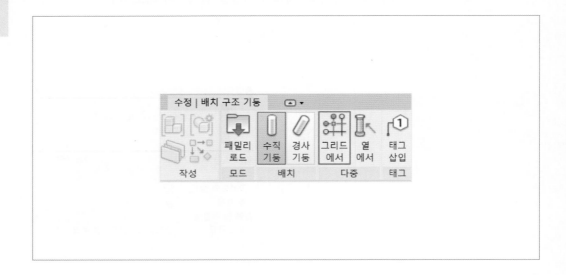

20

뷰에서 X6, X8, Y4~7 그리드를 모두 선택합니다. Ctrl를 누른 상태로 그리드를 차례로
선택합니다.

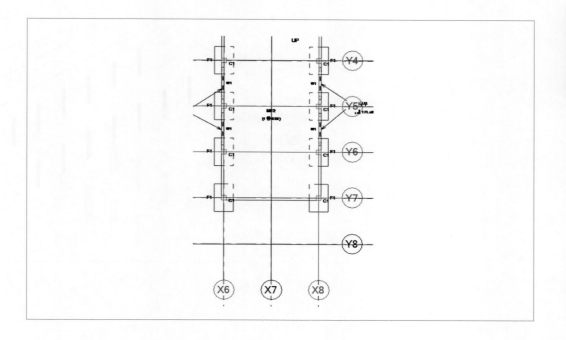

21

뷰에 배치할 기둥이 미리보기로 표시됩니다. 메뉴에서 다중 패널의 완료를 클릭합니다.
Esc를 두 번 눌러 완료합니다.

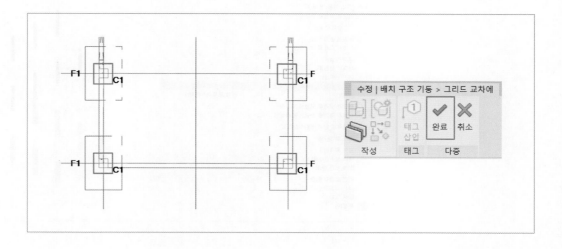

22

메뉴에서 뷰 탭의 작성 패널에서 3D 뷰를 클릭합니다. 3D 뷰에서 작성한 기둥을 확인합니다.

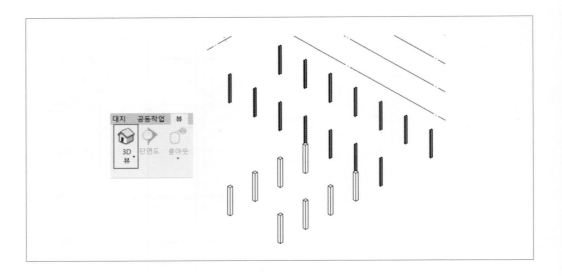

23

콘크리트 기둥의 하단과 상단 높이를 조정하기 위해 3D 뷰에서 작성한 콘크리트 기둥을 우클릭하여 **모든 인스턴스 선택**의 **표시된 뷰에서**를 클릭합니다. 같은 유형의 모든 요소가 선택됩니다.

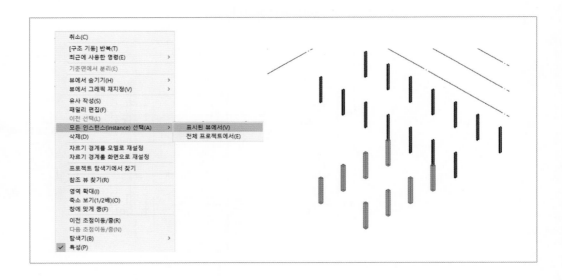

24

특성 창에서 베이스 간격띄우기에 −650, 상단 간격띄우기에 −550을 입력하고 적용을 클릭합니다.

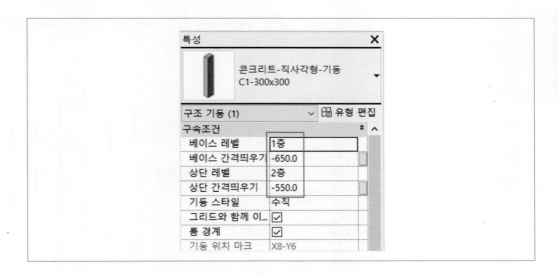

25

뷰큐브의 정면도를 클릭하여 기둥의 상단 및 하단 높이가 수정된 것을 확인합니다.

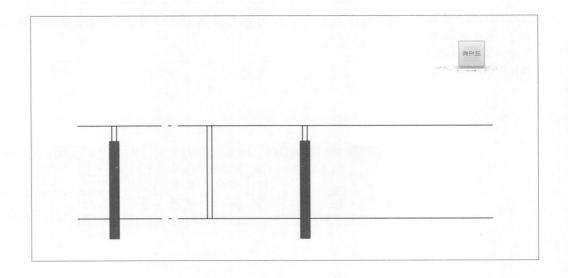

2층 기둥 작성

콘크리트 바닥의 유형을 작성합니다.

01

3D 뷰에서 철골 기둥을 우클릭하여 모든 인스턴스 선택의 표시된 뷰에서를 클릭합니다.

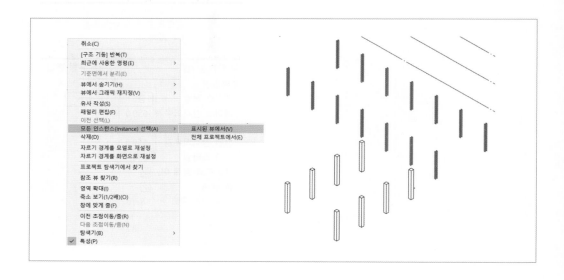

TIP

그리드에서 옵션의 사용은 사용자 편의사항으로 시험에서 평가대상이 아님

02

메뉴에서 수정 | 구조 기둥 탭의 클립보드 패널에서 클립보드로 복사를 클릭합니다.

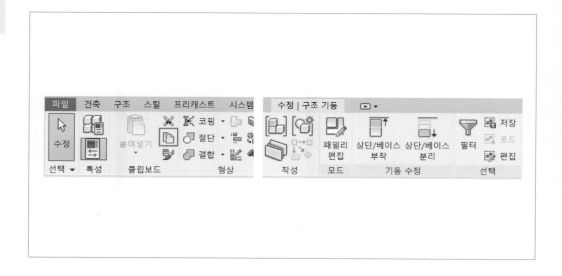

03

붙여넣기가 활성화되면 확장하여 **선택한 레벨에 정렬**을 클릭합니다.

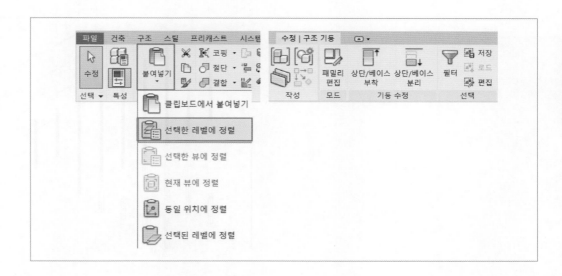

04

레벨 선택 창에서 지붕을 선택하고 확인을 클릭합니다. 기둥은 상단을 기준으로 복사하기 때문에 상단 레벨을 선택합니다.

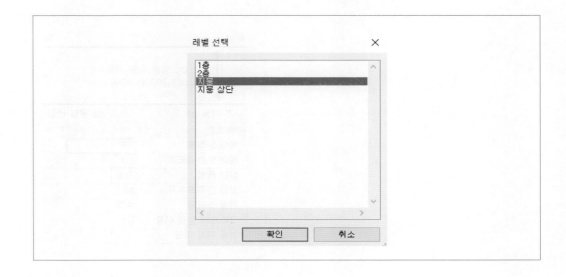

05

뷰에서 철골 기둥이 복사된 것을 확인합니다.

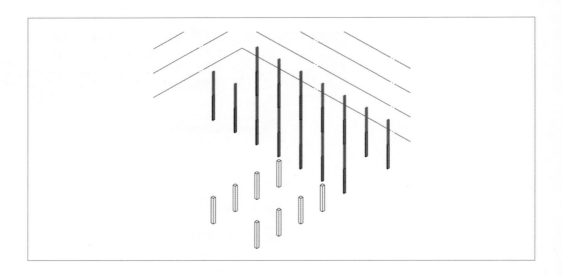

06

복사한 철골 기둥이 선택된 상태에서 특성 창에서 베이스 레벨은 2층, 상단 레벨은 지붕으로 선택된 것을 확인합니다.

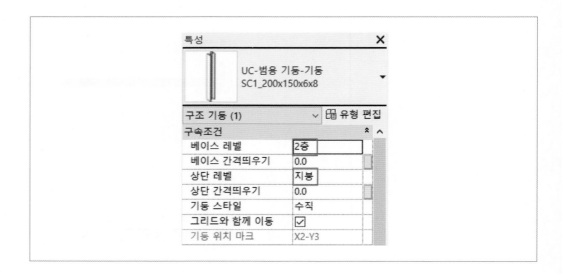

05 기초 작성

학습 내용

CAD 파일을 참고하여 매트기초와 독립기초를 작성합니다. 시험에서는 CAD 파일과 제시하는 조건을 참고하여 작성하면 됩니다.

매트 기초 작성

CAD 파일을 참고하여 매트기초인 MF1과 MF2를 작성합니다.

01

프로젝트 탐색기에서 1층 평면도를 더블클릭하여 엽니다.

02

뷰에서 CAD 파일을 참고하여 매트기초의 유형, 위치 등을 파악합니다.

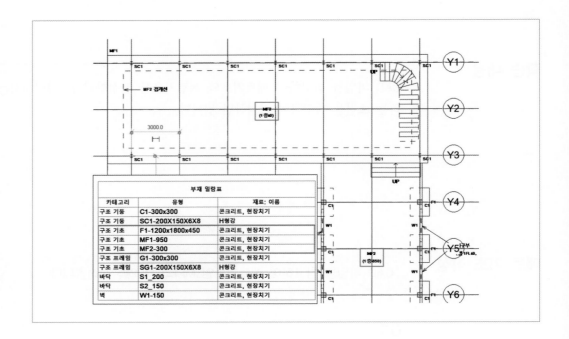

03

메뉴에서 구조 탭의 기초 패널에서 **슬래브**를 클릭합니다.

04

유형 선택기에서 기초 슬래브 1이 선택된 것을 확인하고, 유형 편집을 클릭합니다.

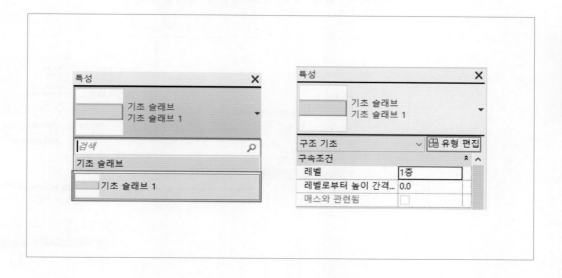

05

유형 특성 창에서 복제를 클릭하고, 이름을 MF1_950으로 입력합니다.

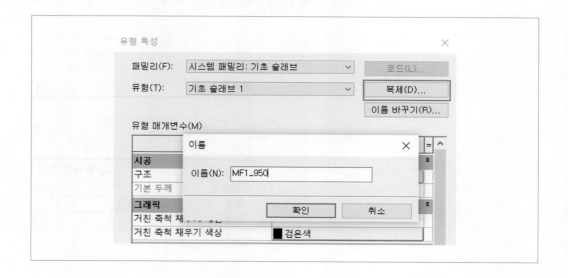

06

구조의 편집 버튼을 클릭합니다. 조합 편집 창에서 두께를 950으로 입력하고 확인을 클릭합니다. 유형 특성 창도 확인을 클릭합니다.

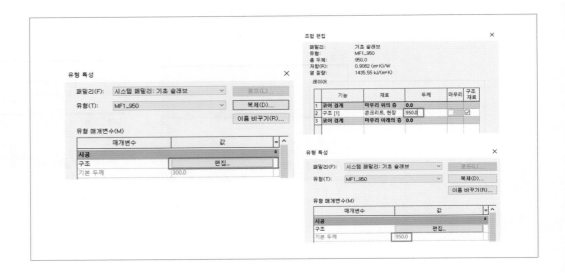

07

특성 창에서 레벨은 1층, 레벨로부터 높이 간격띄우기는 0인 것을 확인합니다.

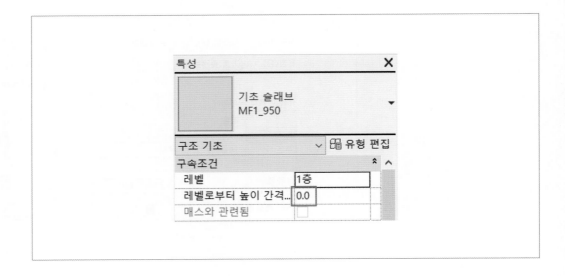

08

메뉴에서 수정 | 바닥 경계 작성 탭의 그리기 패널에서 **경계선**을 선택하고, **직사각형**을 선택합니다.

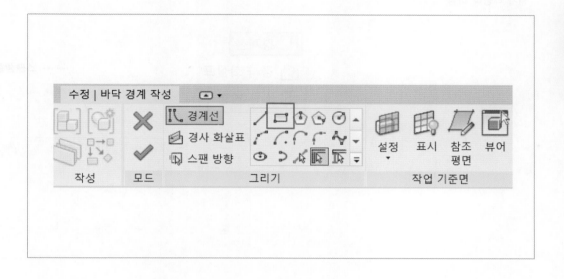

09

뷰에서 CAD 파일을 참고하여 MF1의 시작점과 끝점을 클릭하여 직사각형을 작성합니다.

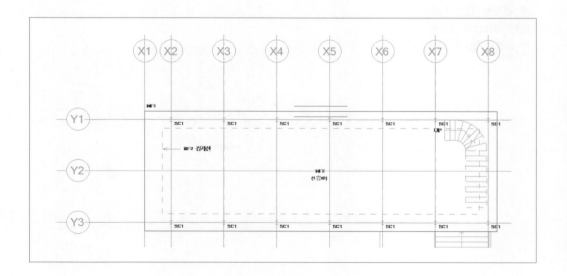

10

스팬 방향은 기초 슬래브 및 구조 바닥의 방향을 표시하는 것으로 자동으로 표시됩니다. 메뉴에서 스팬 방향을 클릭하고, 뷰에서 원하는 스팬을 선택하여 변경할 수 있습니다.

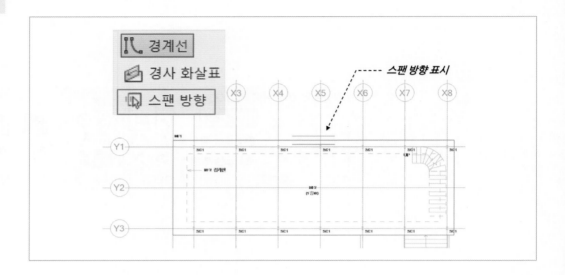

TIP

기초 슬래브, 바닥 등의 경계선 작성 시 닫힌 경계선 안에 다른 닫힌 경계선이 있으면 빈 공간이 됨

11

계속해서 안쪽의 직사각형 경계선을 작성합니다.

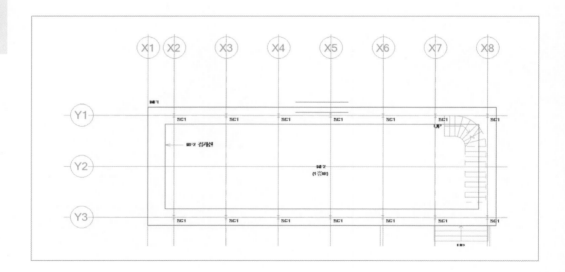

12

메뉴에서 수정 | 바닥 경계 작성 탭의 모드 패널에서 완료를 클릭합니다.

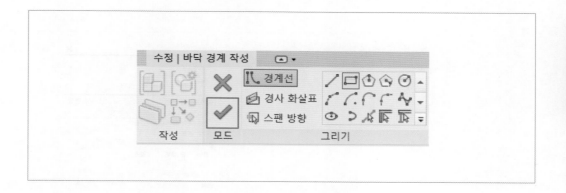

13

작성한 기초는 1층 레벨 아래로 만들어지기 때문에 현재의 뷰 범위에서는 표시되지 않습니다.

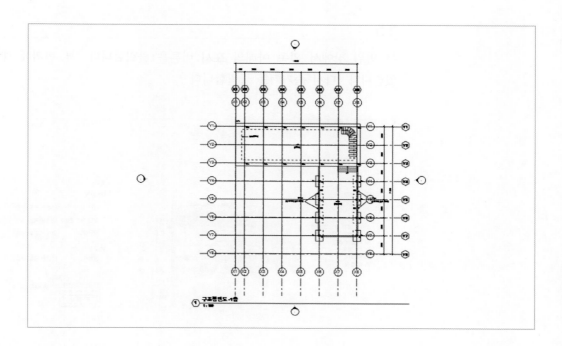

14

뷰 범위를 조정하기 위해 아무것도 선택하지 않은 상태에서 특성 창에서 뷰 범위의 **편집** **버튼**을 클릭합니다.

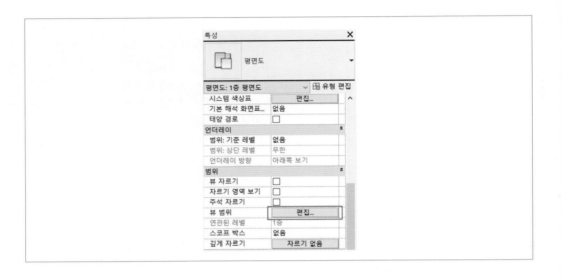

15

뷰 범위 창에서 왼쪽 아래의 **표시** 버튼을 클릭합니다. 뷰 범위에 대한 설명이 표시되어 있습니다. 다시 **숨기기**를 클릭합니다

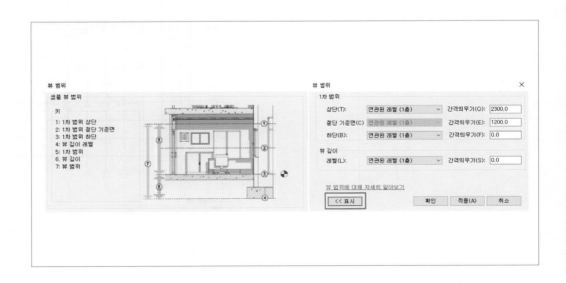

16

뷰 범위 창에서 하단과 레벨의 간격띄우기를 −1000으로 입력하고 확인을 클릭합니다.

뷰 범위   ×

1차 범위

상단(T):	연관된 레벨 (1층)	∨	간격띄우기(O):	2300.0
절단 기준면(C)	연관된 레벨 (1층)	∨	간격띄우기(E):	1200.0
하단(B):	연관된 레벨 (1층)	∨	간격띄우기(F):	−1000.0

뷰 깊이

레벨(L):	연관된 레벨 (1층)	∨	간격띄우기(S):	−1000.0

뷰 범위에 대해 자세히 알아보기

<< 표시   확인   적용(A)   취소

17

확인을 클릭하고, 뷰에서 기초가 표시되는 것을 확인합니다.

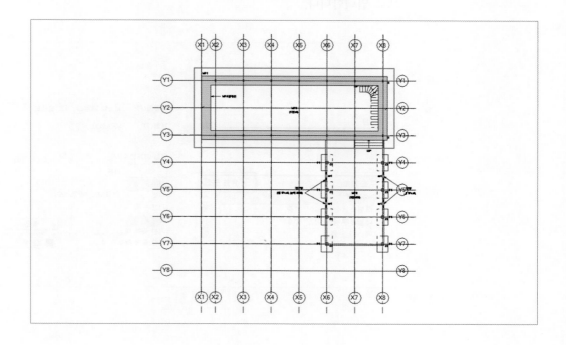

18

계속해서 매트기초를 작성하기 위해 구조 탭의 기초 패널에서 슬래브를 클릭합니다.

19

특성 창에서 유형 편집을 클릭하고, 유형 특성 창에서 복제를 클릭하여 이름을 MF2_300 으로 입력합니다.

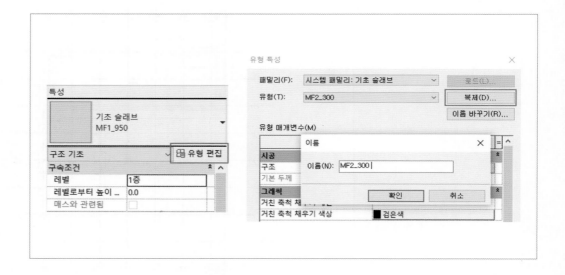

20

구조의 **편집 버튼**을 클릭하고, 조합 편집 창에서 두께를 300으로 입력하고 확인을 클릭합니다. 유형 특성 창도 확인을 클릭하여 닫습니다.

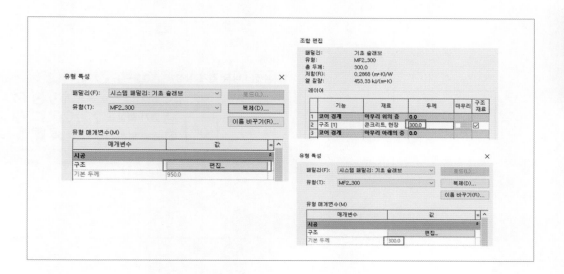

21

앞선 방법과 같이 뷰에서 CAD 파일을 참고하여 MF2의 직사각형 경계를 작성합니다.

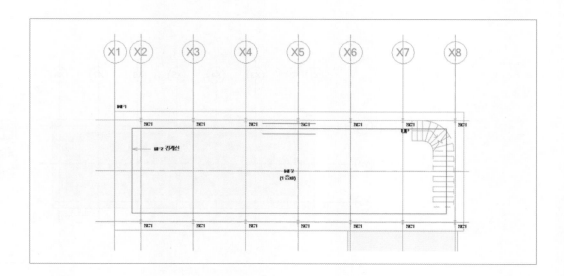

22

메뉴에서 모드 패널의 완료를 클릭합니다.

23

계속해서 같은 유형을 작성하기 위해 MF2_300이 선택된 상태에서 메뉴에서 수정 | 구조 기초 탭의 작성 패널에서 **유사 작성**을 클릭합니다.

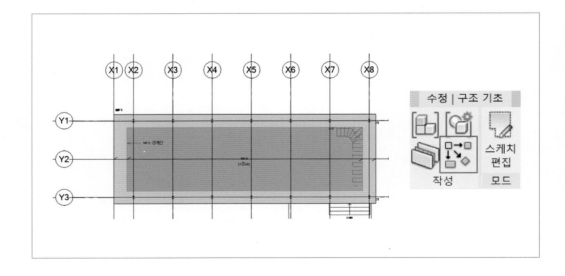

24

같은 유형의 슬래브 기초를 작성할 수 있는 상태로 변경됩니다.

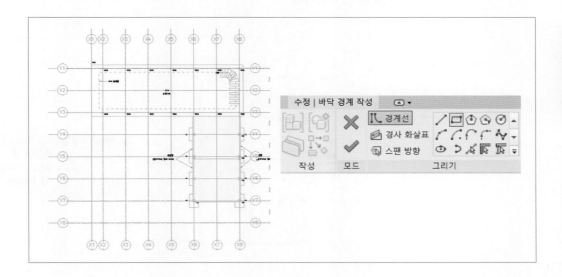

25

특성 창에서 **레벨로부터 높이 간격띄우기**를 −650으로 입력합니다.

26

뷰에서 CAD 파일을 참고하여 MF2의 직사각형 경계를 작성하고, 메뉴에서 모드 패널의 완료를 클릭합니다.

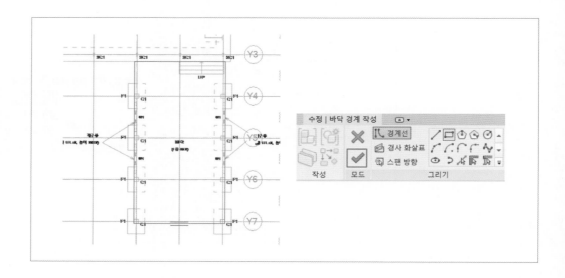

27

3D 뷰를 열어 작성한 매트기초를 확인합니다. 기초의 두께 및 높이가 다르게 작성된 것을 확인합니다.

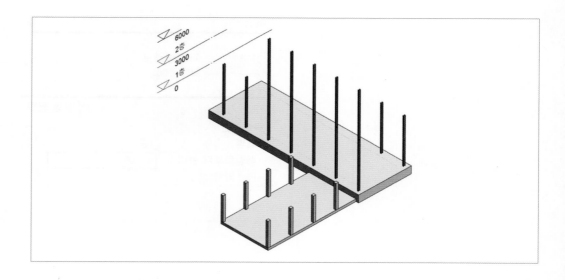

독립 기초 작성

독립 기초 라이브러리를 로드하고, 새 유형을 작성하여 콘크리트 기둥 하단에 독립기초를 작성합니다.

01

1층 평면도를 활성화하여 독립 기초의 유형, 위치 등을 확인합니다.

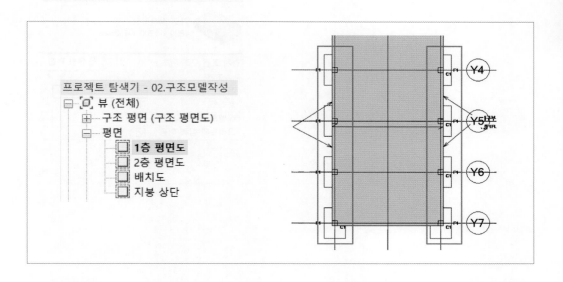

02

메뉴에서 구조 탭의 기초 패널에서 **분리됨(독립기초)**를 클릭합니다.

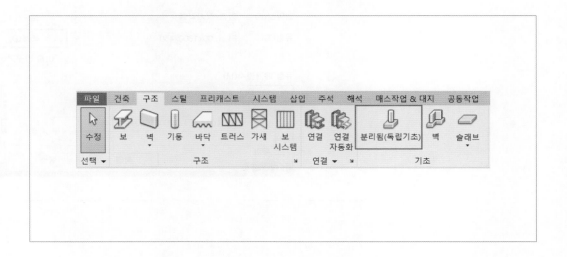

03

특성 창에서 유형 편집을 클릭합니다.

04

유형 특성 창에서 복제를 클릭하고, 이름을 F1_1200x1800x450을 입력하고 확인을 클릭합니다.

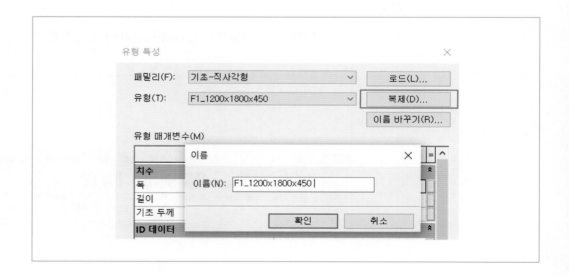

05

치수에서 폭 1200, 길이 1800, 기초 두께를 450으로 입력하고 확인을 클릭합니다.

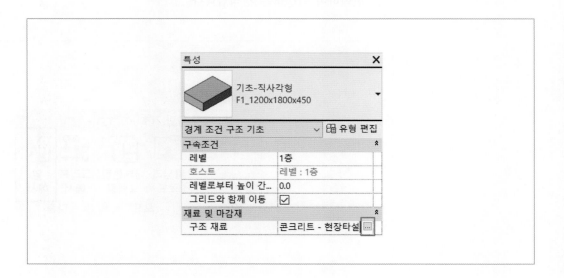

06

특성 창에서 구조 재료의 이름을 클릭하고, 축소 버튼이 표시되면 축소 버튼을 클릭합니다.

07

재료 탐색기 창에서 '콘크리트, 현장치기'를 선택하고 확인을 클릭합니다.

08

메뉴에서 수정 | 배치 독립 기초 탭의 다중 패널에서 **열에서**를 클릭합니다. 열에서는 기둥을 선택하여 작성하는 방식입니다.

09

뷰를 회전 및 조정하여 드래그로 콘크리트 기둥을 모두 선택합니다. 기둥이 선택되면 독립기초가 미리보기로 표시됩니다.

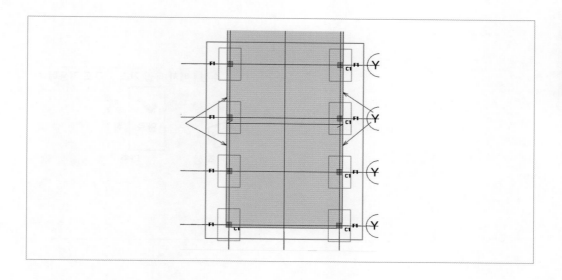

10

메뉴에서 수정 | 배치 독립 기초 탭의 다중 패널에서 완료를 클릭합니다.

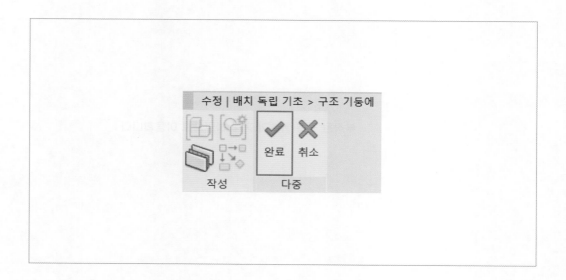

11

메뉴에서 수정 | 배치 독립 기초 탭의 다중 패널에서 완료를 클릭합니다.

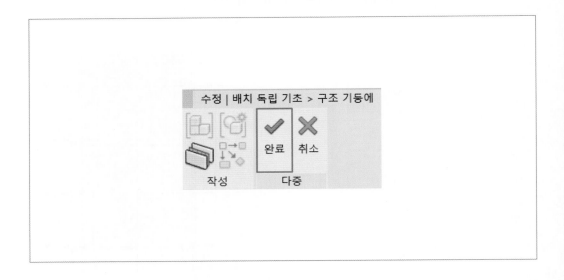

12

화면의 오른쪽 아래에 '부착된 구조 기초가 기둥 하단으로 이동합니다'라는 경고가 표시됩니다. 기초의 높이가 기둥의 하단에 맞춰진다는 내용으로 X를 클릭하여 닫습니다.

13

Esc를 눌러 완료합니다. 작성한 독립기초를 확인합니다.

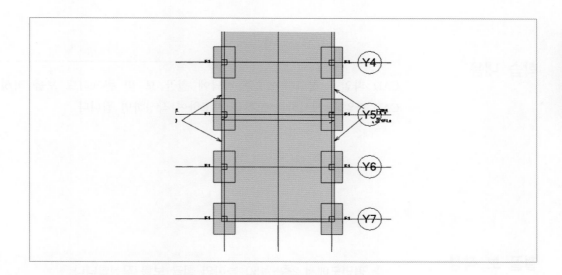

학습 내용

CAD 파일을 참고하여 2층 바닥에 철골 보 및 콘크리트 보를 작성합니다. 시험에서는 CAD 파일과 제시하는 조건을 참고하여 작성하면 됩니다.

철골 보 작성

2층 평면도에서 2층- 150 높이의 철골 보를 작성합니다.

01

프로젝트 탐색기에서 2층 평면도를 더블클릭하여 엽니다.

02

보는 레벨의 아래에 작성되므로 뷰의 범위를 조정해야 표시됩니다. 아무것도 선택하지 않은 상태에서 특성 창의 뷰 범위의 **편집 버튼**을 클릭합니다.

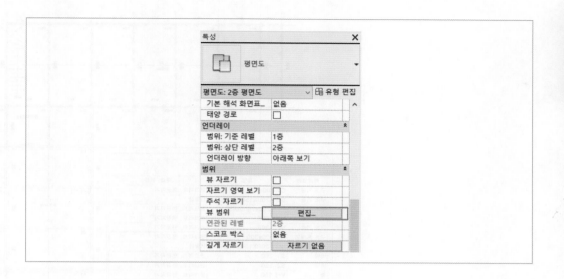

03

뷰 범위 창에서 **하단 및 레벨의 간격띄우기**를 −1000으로 입력하고 확인을 클릭합니다.

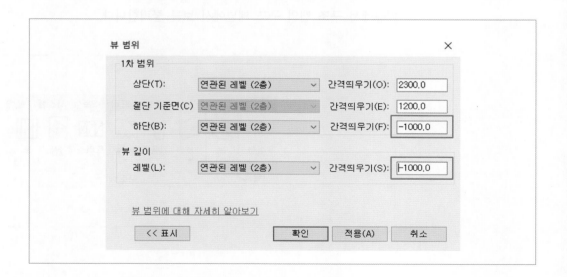

04

메뉴에서 수정 | 바닥 경계 작성 탭의 모드 패널에서 완료를 클릭합니다.

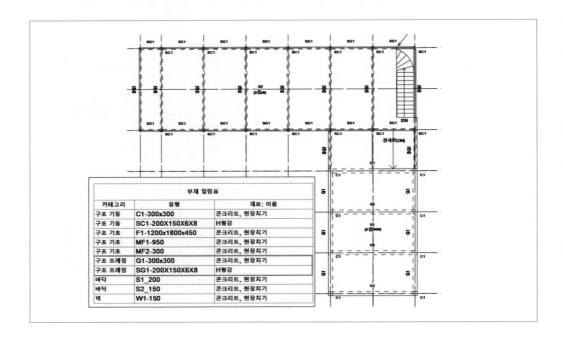

부재 일람표		
카테고리	유형	재료: 이름
구조 기둥	C1-300x300	콘크리트, 현장치기
구조 기둥	SC1-200X150X6X8	H형강
구조 기초	F1-1200x1800x450	콘크리트, 현장치기
구조 기초	MF1-950	콘크리트, 현장치기
구조 기초	MF2-300	콘크리트, 현장치기
구조 프레임	G1-300x300	콘크리트, 현장치기
구조 프레임	SG1-200X150X6X8	H형강
바닥	S1_200	콘크리트, 현장치기
바닥	S2_150	콘크리트, 현장치기
벽	W1-150	콘크리트, 현장치기

05

메뉴에서 구조 탭의 구조 패널에서 보를 클릭합니다.

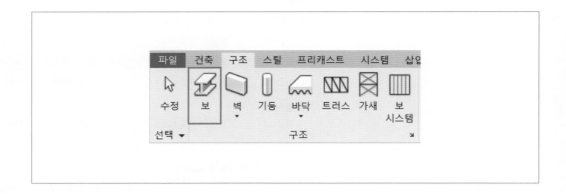

06

유형선택기에서 W-와이드 플랜지 패밀리의 W1100x499 유형을 선택하고 유형편집을 클릭합니다.

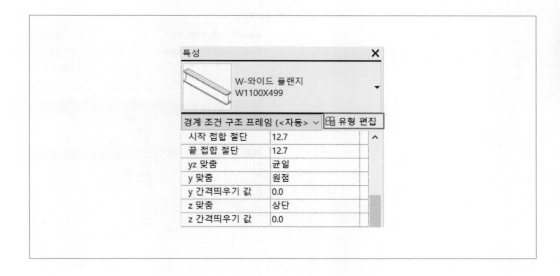

07

유형 특성 창에서 복제를 클릭하고, 이름을 SG1_200x150x6x8로 입력하고 확인을 클릭합니다.

08

치수에서 bf 150, d 200, tf 8, tw 6으로 입력하고 확인을 클릭합니다.

09

특성 창에서 **z간격띄우기** 값을 -150으로 입력합니다. 입력한 값은 슬라브의 두께로 철골 보는 슬라브 하단 높이에 작성합니다.

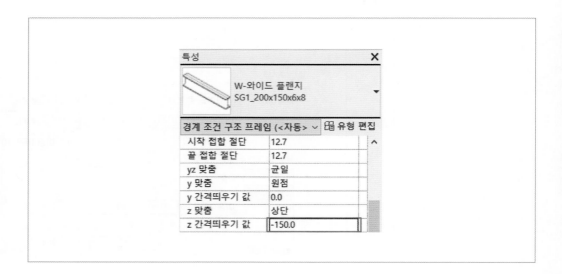

10

구조 재료의 이름을 클릭하고, **축소 버튼**이 표시되면 축소 버튼을 클릭합니다.

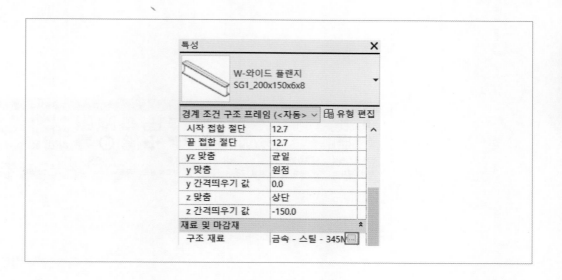

11

재료 탐색기 창에서 H형강을 선택하고 확인을 클릭합니다.

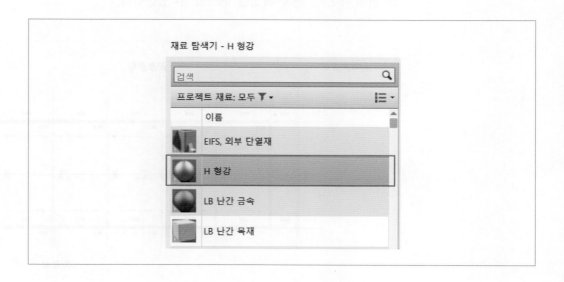

12

옵션바에서 **체인**을 체크합니다. 체인은 보를 연속하여 작성할 수 있는 옵션입니다.

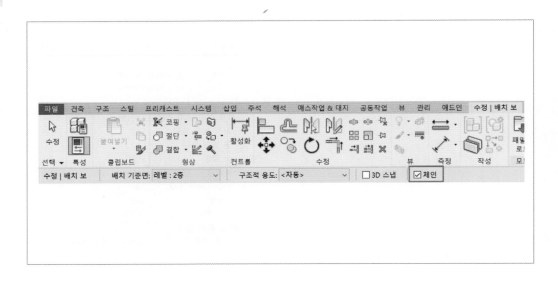

13

뷰에서 기둥을 중심을 차례로 클릭하여 외곽의 보를 작성하고 esc를 한번 누릅니다. Esc
를 한번 누르면 연속 작성을 취소할 수 있습니다.

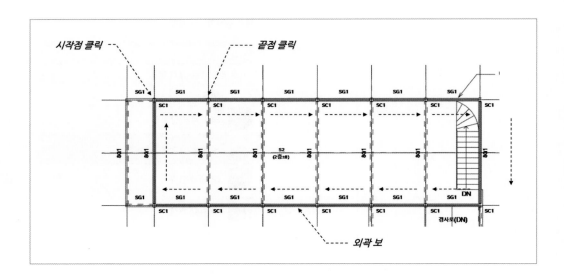

14

옵션바에서 체인을 체크 해제하고, 뷰에서 기둥 중심을 클릭하여 내부의 보를 작성합니다.

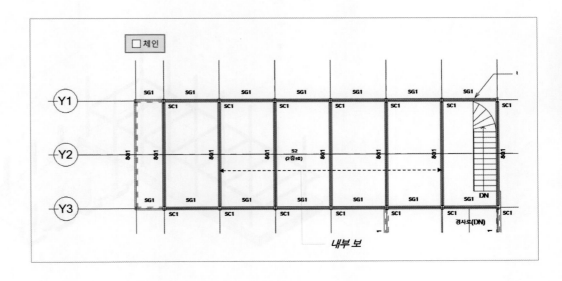

15

X1열의 돌출된 부분에 보를 작성합니다. Y1과 Y3 그리드의 보를 먼저 작성하고, X1 그리드의 보를 작성합니다. Esc를 두 번 눌러 완료합니다.

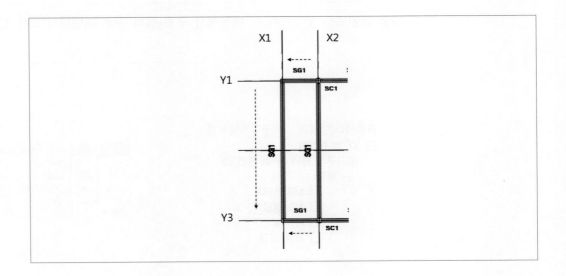

16

3D 뷰에서 작성한 내용을 확인합니다.

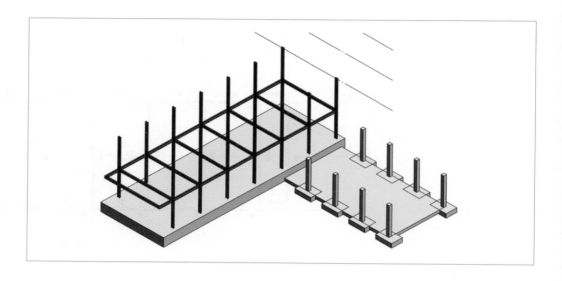

콘크리트 보 작성

2층 평면도에서 2층 - 550 높이의 콘크리트 보를 작성합니다.

01

2층 평면도를 활성화하고, 메뉴에서 구조 탭의 구조 패널에서 보를 클릭합니다.

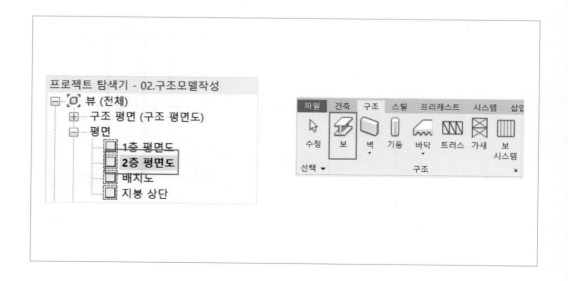

02

유형 선택기에서 M_콘크리트-직사각형 보 패밀리의 300×600mm의 유형을 선택하고,
유형 편집을 클릭합니다.

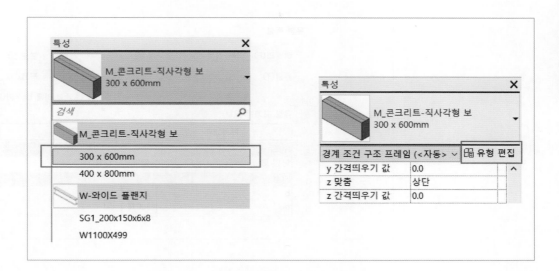

03

유형 특성 창에서 복제를 클릭하고, 이름을 G1_300x300으로 입력하고 확인을 클릭합니다.

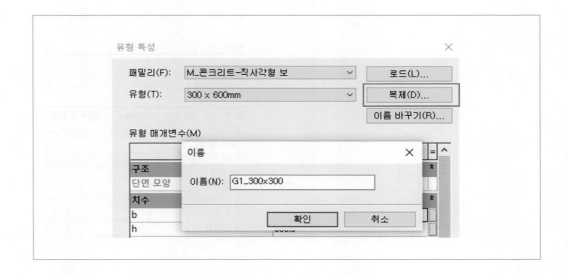

04

치수의 b와 h에 300을 입력하고 확인을 클릭합니다.

05

특성 창에서 **z간격띄우기 값**을 −550으로 입력합니다. 입력한 값은 슬라브의 높이입니다. 콘크리트 보는 슬라브와 같은 높이에 작성합니다.

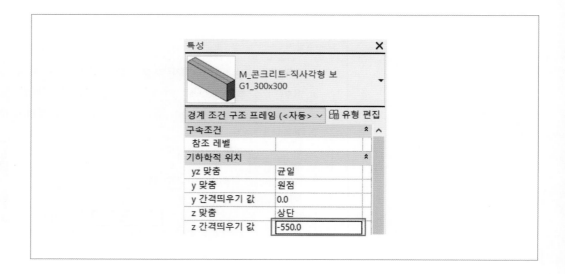

TIP

시험에서 재료 설정을
누락하지 않도록 주의

06

구조 재료의 이름을 클릭하여 **축소 버튼**이 표시되면, 축소 버튼을 클릭합니다.

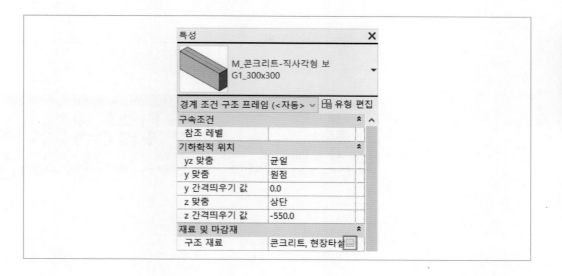

07

재료 탐색기에서 콘크리트, 현장치기를 선택하고 확인을 클릭합니다.

08

옵션바에서 **체인**을 체크합니다.

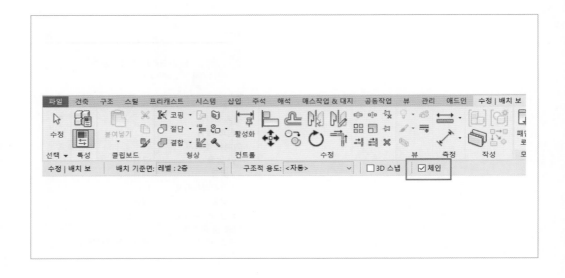

09

뷰에서 콘크리트 기둥의 중심을 차례로 클릭하여 외곽의 보를 작성합니다. Esc를 한번 눌러 연속 작성을 취소합니다.

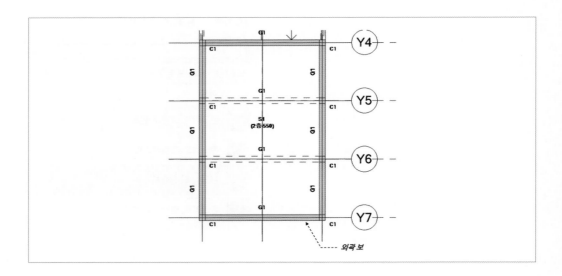

10

체인을 해제한 후 내부의 보를 작성하고, esc를 두 번 눌러 완료합니다.

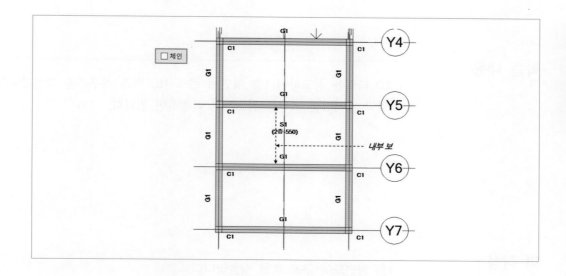

11

3D 뷰에서 작성한 내용을 확인합니다.

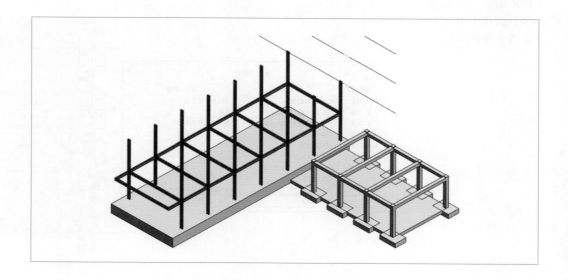

벽 및 개구부 작성

학습 내용

CAD 파일을 참고하여 1층 평면에 콘크리트 벽과 개구부를 작성합니다. 시험에서는 CAD 파일과 제시하는 조건을 참고하여 작성하면 됩니다.

벽 작성

1층 평면도에 구조 벽을 작성합니다.

TIP

시험에서 W1과 같은 벽체의 기호가 표시되어 있지 않다면, 뷰에서 벽의 두께를 측정하여 해당 유형 파악 (측정은 계단 및 경사로 작성 부분 참고)

01

프로젝트 탐색기에서 1층 평면도를 더블클릭하여 엽니다. 뷰에서 CAD 파일을 참고하여 벽의 종류와 위치를 파악합니다.

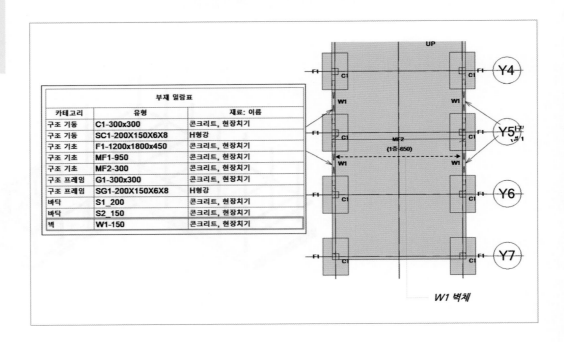

부재 일람표		
카테고리	유형	재료: 이름
구조 기둥	C1-300x300	콘크리트, 현장치기
구조 기둥	SC1-200X150X6X8	H형강
구조 기초	F1-1200x1800x450	콘크리트, 현장치기
구조 기초	MF1-950	콘크리트, 현장치기
구조 기초	MF2-300	콘크리트, 현장치기
구조 프레임	G1-300x300	콘크리트, 현장치기
구조 프레임	SG1-200X150X6X8	H형강
바닥	S1_200	콘크리트, 현장치기
바닥	S2_150	콘크리트, 현장치기
벽	W1-150	콘크리트, 현장치기

02

메뉴에서 구조 탭의 구조 패널에서 벽을 클릭합니다.

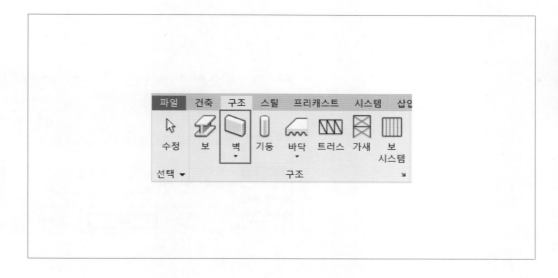

03

유형 선택기에서 일반 – 100mm 유형을 선택하고, 유형 편집을 클릭합니다.

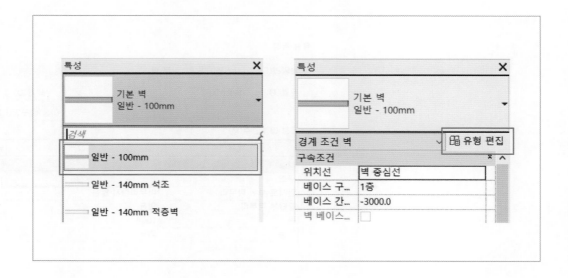

04

복제를 클릭하고 이름을 W1_150으로 입력하고 확인을 클릭합니다.

05

유형 편집 창에서 구조의 **편집**을 클릭합니다.

06

구조[1] 레이어로 선택하고 재료의 기본 벽을 클릭하여 **축소 버튼**이 표시되면 클릭합니다.

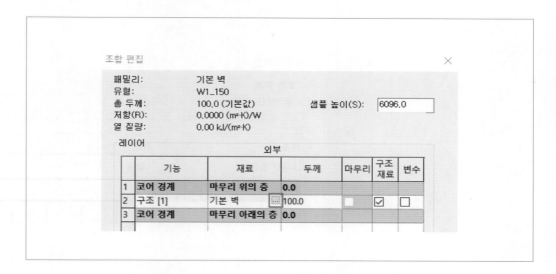

07

재료 탐색기 창에서 콘크리트, 현장치기를 선택하고 그래픽 탭에서 절단 패턴의 **전경 패턴** 버튼을 클릭합니다.

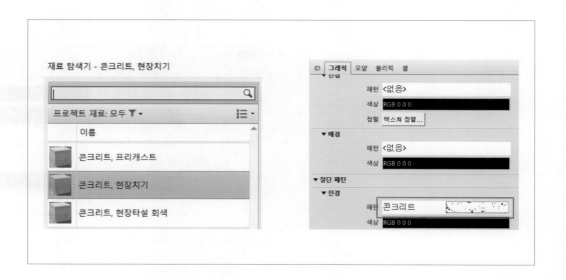

08

채우기 패턴 창에서 〈솔리드 채우기〉를 선택하고, 확인을 클릭합니다.

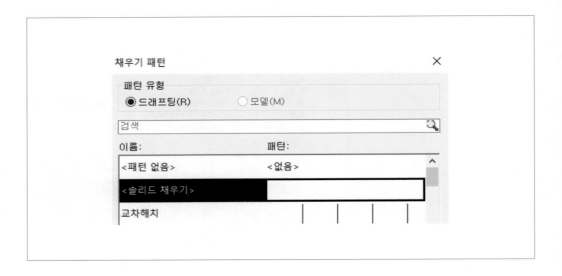

09

채우기 색상을 변경하기 위해 **색상** 버튼을 클릭합니다.

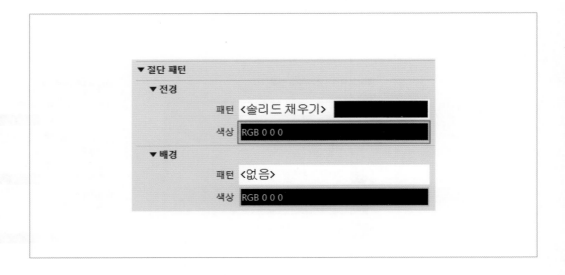

10

색상 창에서 회색을 선택하고, 확인을 클릭합니다. 재료 탐색기 창도 확인을 클릭합니다.

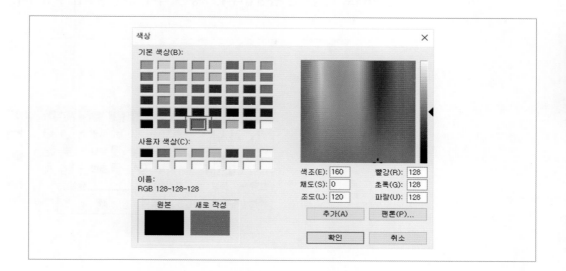

11

레이어의 두께를 150으로 입력하고 확인을 클릭합니다. 유형 특성 창도 확인을 클릭합니다.

패밀리:	기본 벽				
유형:	W1_150				
총 두께:	100.0 (기본값)	샘플 높이(S):	6096.0		
저항(R):	0.0956 (㎡·K)/W				
열 질량:	151.11 kJ/(㎡·K)				

레이어

	기능	재료	두께	마무리	구조 재료	변수
1	코어 경계	마무리 위의 층	0.0			
2	구조 [1]	콘크리트, 현장	150		☑	☐
3	코어 경계	마무리 아래의 층	0.0			

12

옵션바에서 **높이**, **2층**으로 선택합니다. 높이는 현재 뷰의 레벨에서 위로 작성되고, 깊이는 아래로 작성되는 옵션입니다. 2층은 벽의 상단 레벨을 말합니다.

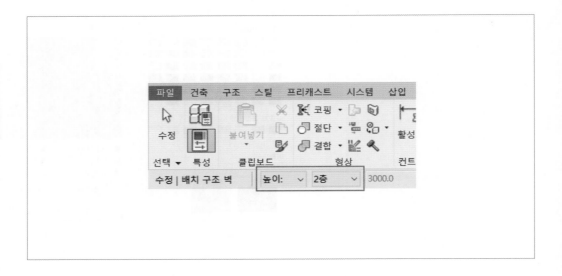

13

위치선은 **마감면 : 내부**를 선택하고, 체인을 체크 해제합니다. 위치선은 벽의 수평 위치를 설정하고, 체인은 연속해서 작성할 수 있는 옵션입니다.

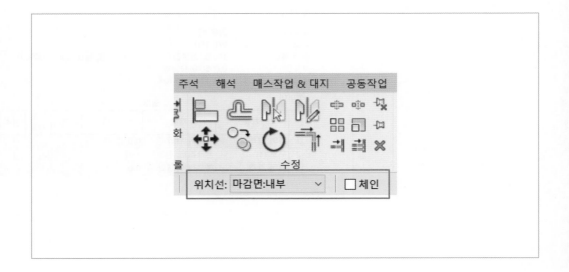

14

특성 창에서 **베이스 간격띄우기**를 −650으로 입력합니다. 입력한 값은 벽이 위치하는 슬라브의 높이입니다.

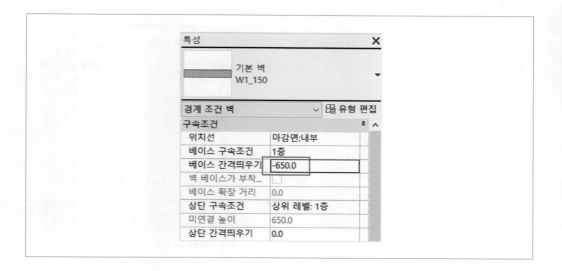

15

뷰에서 X6과 Y4 그리드 교차점에 위치한 기둥의 끝점을 벽의 시작점으로 클릭합니다. 마우스를 아래로 이동하면 벽의 미리보기가 표시됩니다.

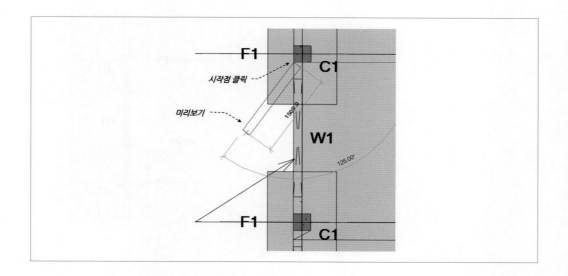

16

벽이 미리보기가 표시된 상태에서 **스페이스바**를 눌러 벽의 방향을 변경합니다. 벽의 방향이 변경된 것을 확인하고, 다시 스페이스바를 눌러 원래의 방향으로 변경합니다.

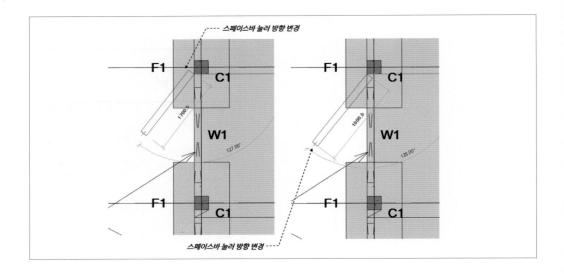

17

X6과 Y5 그리드 교차점에 위치한 기둥의 끝점을 벽의 끝점으로 클릭합니다.

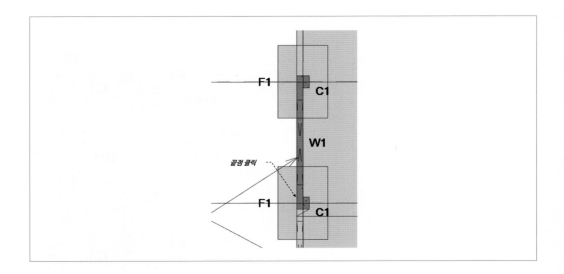

18

같은 방법으로 3개의 벽을 작성합니다. X8 그리드의 벽 작성 시 벽을 아래에서 위 방향으로 작성하거나, 스페이스바를 이용하여 벽의 방향을 조절합니다. Esc를 두번 눌러 완료합니다.

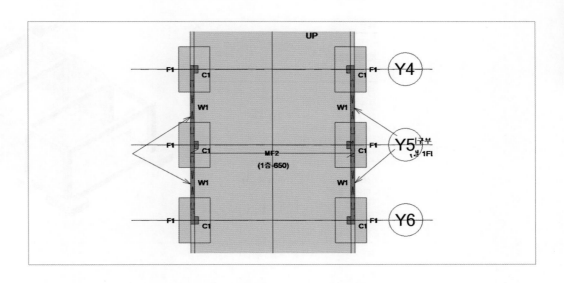

19

3D 뷰에서 작성한 내용을 확인합니다. 벽의 상단이 기둥 및 보 보다 높은 것을 확인합니다.

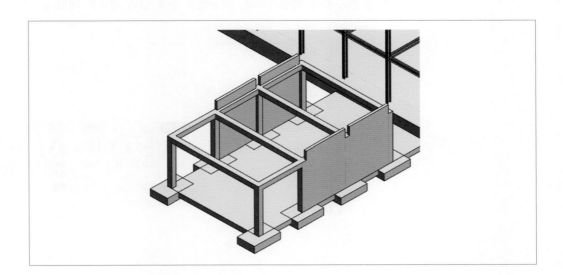

20

작성한 벽을 모두 선택하고, 특성 창에서 **상단 간격띄우기** 값을 −550으로 입력합니다.
벽의 높이가 변경된 것을 확인합니다.

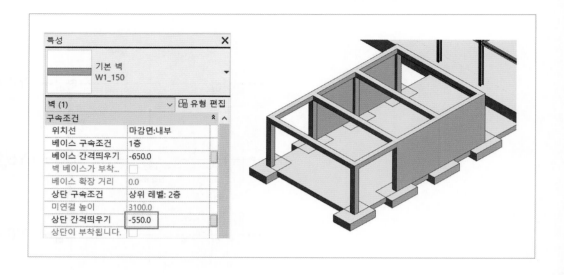

개구부 작성

작성한 벽에 씰높이 1층±0, 높이 2000, 폭은 CAD 파일을 참고하여 개구부를 작성합니다.

01

1층 평면도 뷰를 활성화하고, 메뉴에서 구조 탭의 개구부 패널에서 벽 개구부를 클릭합니다.

02

뷰에서 개구부를 작성할 벽을 클릭합니다. 개구부 영역의 시작점과 끝점을 클릭하여 작성하는 방식입니다.

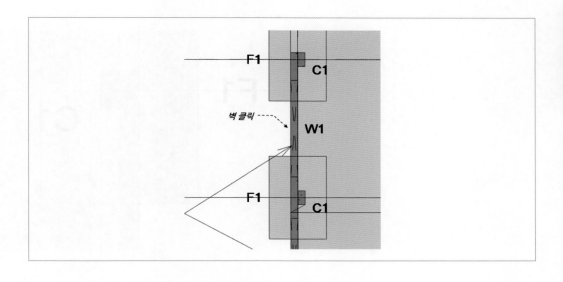

03

해당 벽 위에 CAD 도면을 참고하여 개구부의 시작점과 끝점을 클릭합니다. 개구부 작성 시에는 스냅이 표시되지 않기 때문에 임의의 위치에 작성하고, 작성 후에 정확한 위치를 수정합니다. 개구부가 작성되면 벽의 단면 색상이 변경됩니다. 회색 부분은 개구부에 의해서 벽의 상단면이 표시된 것입니다.

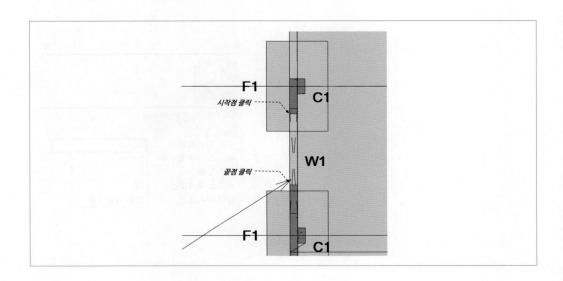

04

Esc를 두 번 눌러 개구부 작성을 완료합니다. 작성한 개구부를 선택하고, **모양 핸들**을 드래그하여 정확한 위치를 조정합니다.

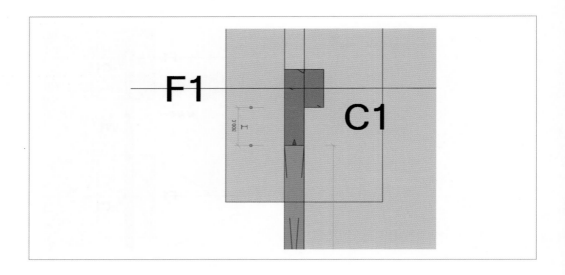

05

작성한 개구부가 선택된 상태에서 특성 창에서 **베이스 구속조건**과 **상단 구속조건**을 1층으로 선택하고, 상단 간격띄우기 2000, 베이스 간격띄우기 0으로 입력합니다.

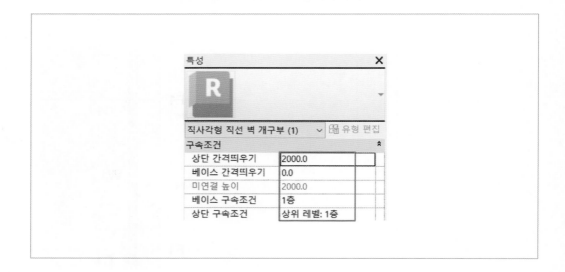

06

3D 뷰를 열어 작성한 내용을 확인합니다. 개구부는 형상이 없으므로 개구부 선택 시 개구부 주위에 마우스를 위치하여 툴팁을 확인한 후 선택합니다.

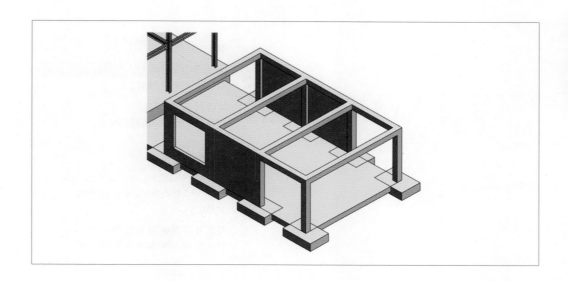

07

같은 방법으로 3개의 개구부를 작성합니다. 개구부는 서로 다른 벽에 연속하여 작성할 수 없으므로 각각 명령을 실행하여 작성해야 합니다.

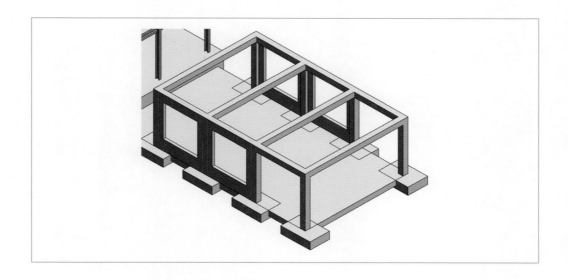

08

같은 명령의 반복은 뷰에서 빈 곳을 우클릭하여 명령 반복을 클릭하거나, 키보드의 enter를 누르면 같은 명령을 실행할 수 있습니다.

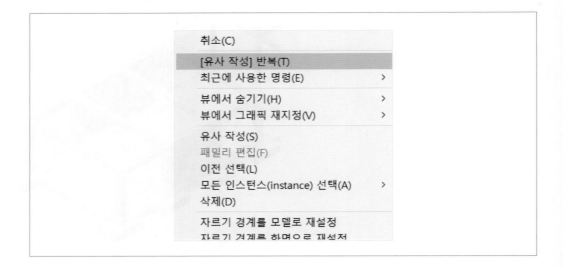

08 바닥 작성

CAD 파일을 참고하여 2층 바닥에 콘크리트 바닥을 작성합니다. 시험에서는 CAD 파일과
제시하는 조건을 참고하여 작성하면 됩니다.

바닥 작성

2층 바닥에 콘크리트 바닥을 작성합니다.

01

프로젝트 탐색기에서 2층 평면도를 더블클릭하여 엽니다.

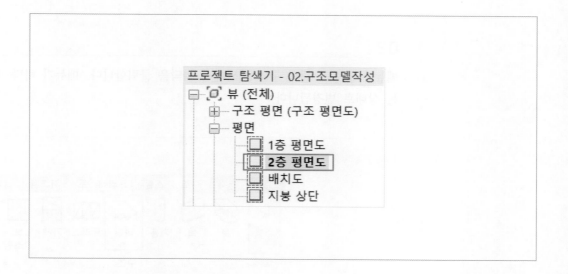

CHAPTER 02 구조 BIM 모델 구축 · 387

02

뷰에서 CAD 파일을 참고하여 바닥의 유형, 위치, 높이 등을 확인합니다.

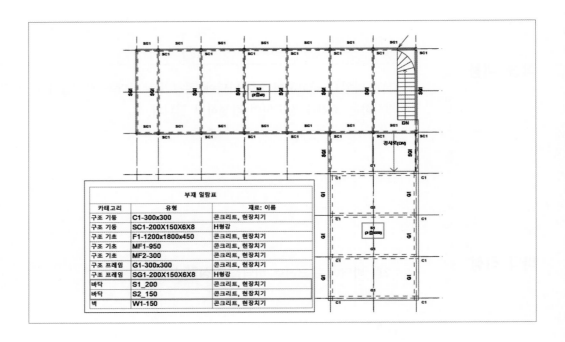

03

메뉴에서 구조 탭의 구조 패널에서 바닥을 클릭합니다. 메뉴가 바닥 경계를 작성할 수 있는 상태로 변경됩니다.

04

유형 선택기에서 S2_150 유형을 선택합니다.

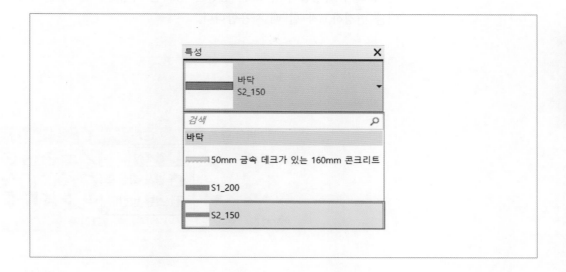

05

메뉴에서 수정 | 바닥 경계 작성 탭의 그리기 패널에서 경계선과 선을 선택합니다.

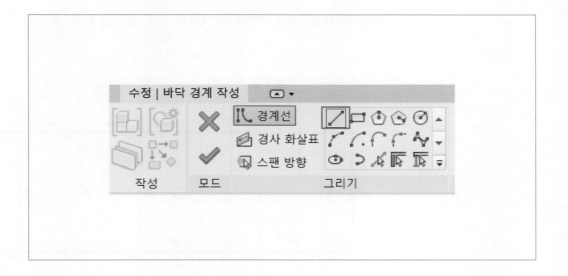

06

바닥의 영역 스케치는 경계선, 경사 화살표, 스팬 방향 3가지로 구성됩니다. 경사 화살표는 필요시 작성합니다. 스팬 방향은 경계선 작성 시 첫 번째 선에 자동으로 설정되는데, 이를 변경하고자 할 때 사용합니다.

07

뷰에서 바닥 경계선을 차례로 클릭하여 닫힌 영역을 스케치합니다.

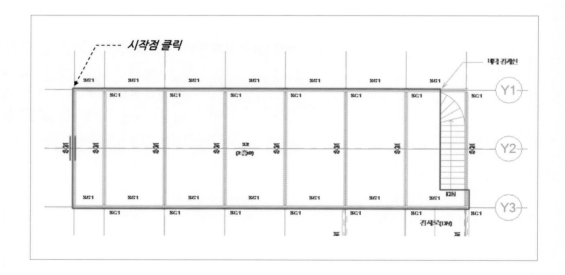

08

메뉴에서 수정 | 바닥 경계 작성 탭의 모드 패널에서 완료를 클릭합니다.

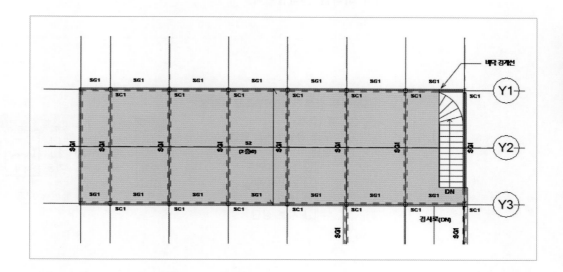

09

3D 뷰에서 작성한 바닥을 확인합니다.

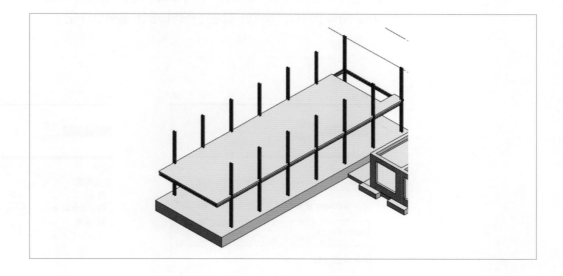

10

계속해서 바닥을 작성하기 위해 **2층 평면도**를 활성화하고, 메뉴에서 구조 탭의 구조 패널에서 **바닥**을 클릭합니다.

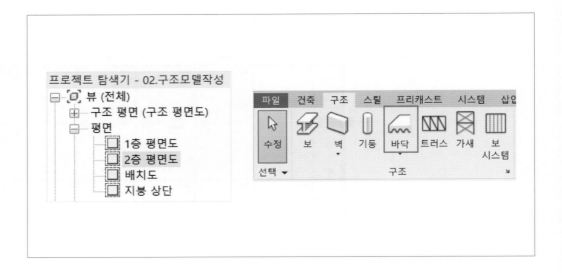

11

유형 선택에서 S1_200 유형을 선택하고, 특성 창에서 **레벨로부터 높이 간격띄우기**에 −550을 입력합니다. 입력한 값은 바닥의 상단 높이입니다.

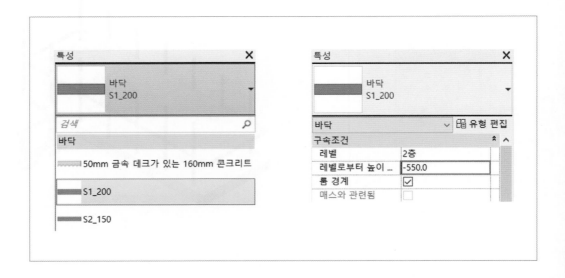

12

뷰에서 직사각형 형태의 바닥 영역을 스케치하고 완료를 클릭합니다.

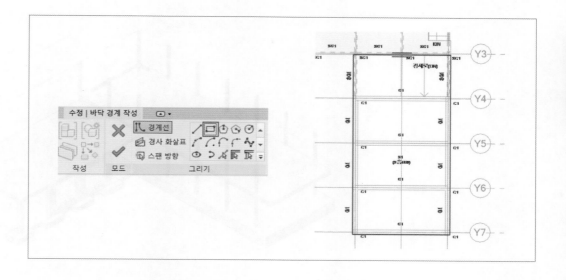

13

바닥에 부착 창이 표시되면서 해당 벽이 파란색으로 하이라이트 됩니다. 하이라이트된
벽의 선택이 맞는지 확인 후 **부착**을 클릭합니다. 바닥 및 벽의 형상이 복잡하거나 바닥에
개구부가 있는 경우 원하지 않는 벽이 하이라이트 될 수 있습니다. 이런 경우는 부착 안
함을 선택합니다.

바닥에 부착   ✕

현재 바닥 레벨까지 이동하는 벽을 바닥 하단에 부착
하시겠습니까?

☐ 이 메시지를 다시 표시하지 않음   부착   부착 안 함

14

3D 뷰를 열어 작성한 바닥을 확인합니다.

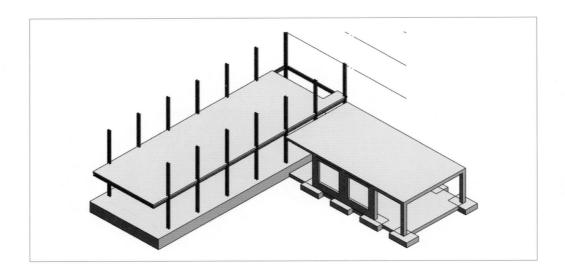

15

뷰에서 바닥에 부착된 벽을 선택하고, 특성 창에서 상단 간격띄우기 값을 0으로 변경합니다. 값을 변경해도 바닥에 부착되어 있기 때문에 뷰에서 벽의 높이가 변경되지 않는 것을 확인합니다.

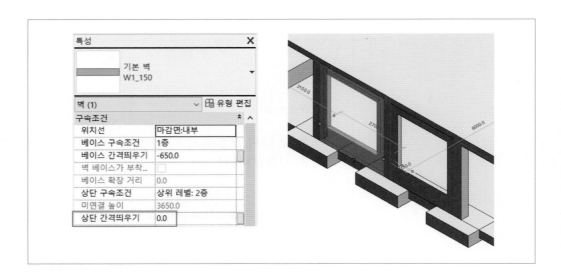

16

특성 창의 미연결 높이는 변경되는 것을 확인합니다. 미연결 높이는 부착된 벽의 경우 실제 높이가 아닌 간격띄우기를 계산한 값이 표시됩니다.

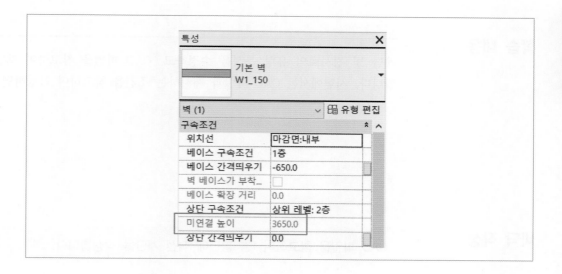

17

부착한 벽은 메뉴에서 상단/하단 분리 기능을 이용하여 분리할 수 있습니다. 부착은 경사진 바닥 또는 지붕에 맞추기 위해 사용하면 편리합니다.

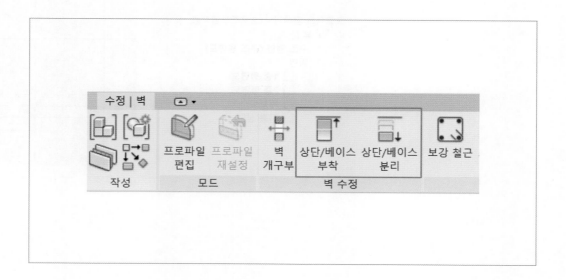

계단 및 경사로 작성

학습 내용

계단 및 경사로의 유형 특성을 수정하고, CAD 파일을 참고하여 계단 및 경사로를 작성합니다. 시험에서는 CAD 파일과 제시하는 조건을 참고하여 작성하면 됩니다.

바닥 작성

CAD 파일을 참고하여 1층 평면에 직선 계단을 작성합니다.

01

프로젝트 탐색기에서 **1층 평면도**를 더블클릭하여 엽니다. 뷰에서 계단의 위치를 확인합니다.

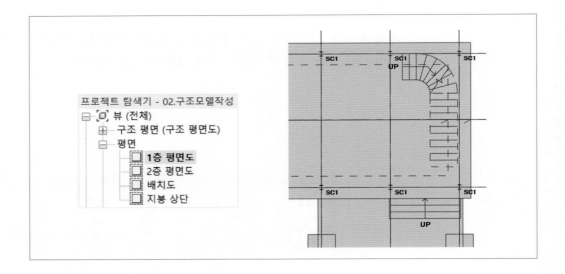

02

메뉴에서 건축 탭의 순환 패널에서 **계단**을 클릭합니다.

03

유형 선택기에서 조합된 계단 패밀리의 190mm 최대 챌판 250mm 진행 유형을 선택하고 유형 편집을 클릭합니다.

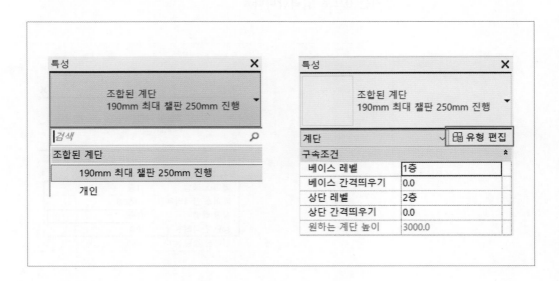

04

유형 특성 창에서 계산 규칙, 시공, 지지 등의 내용을 확인합니다. 확인을 클릭하여 창을
닫습니다.

05

특성에서 베이스 레벨은 1층, 베이스 간격띄우기는 −650, 상단 레벨은 1층, 상단 간격띄
우기는 0으로 입력합니다.

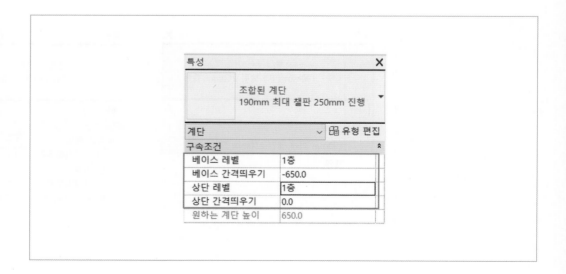

06

디딤판의 치수를 확인하기 위해 메뉴에서 수정 | 계단 작성 탭의 측정 패널에서 두 참조 간 측정을 클릭합니다.

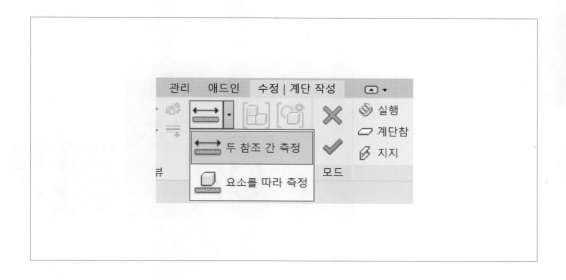

07

뷰에서 계단의 디딤판 끝점을 차례로 클릭하여 치수를 확인합니다.

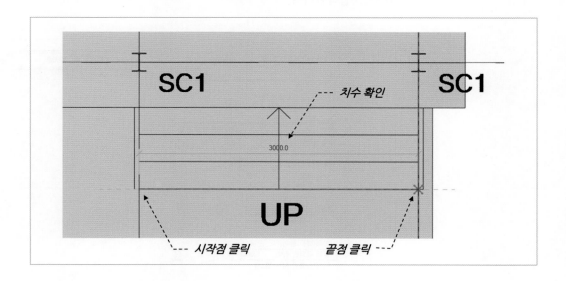

08

계속해서 디딤판의 수평 치수를 확인합니다. 계단을 작성하기위해 메뉴에서 수정 | 계단 작성 탭의 구성요소 패널에서 직선 계단을 선택합니다.

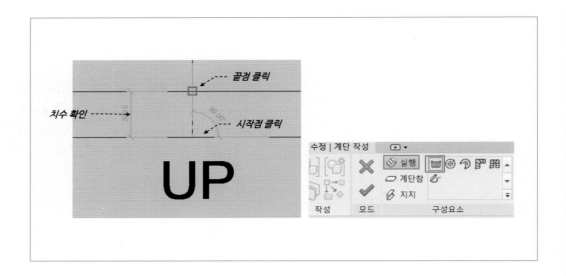

09

특성에서 실제 디딤판 깊이를 300, 원하는 챌판 수 4, 옵션바에서 실제 계단진행 폭을 3000을 입력합니다.

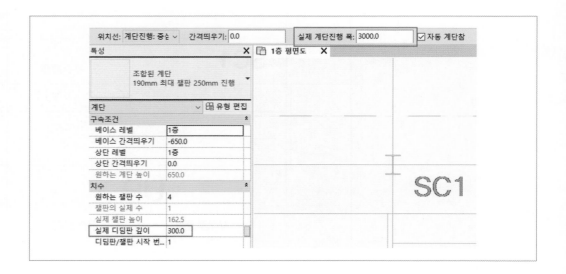

10

뷰에서 계단의 시작점과 끝점을 클릭합니다. 계단이 작성된 것을 확인합니다.

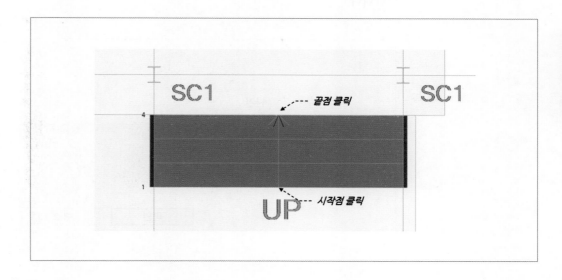

11

메뉴에서 수정 | 계단 작성 탭의 도구 패널에서 난간을 클릭합니다.

12

난간 창에서 난간 유형 또는 없음을 선택할 수 있습니다. 없음으로 선택하고 확인을 클릭합니다.

13

메뉴에서 모드 패널의 완료를 클릭하여 계단 작성을 완료합니다.

14

3D 뷰에서 작성한 계단을 확인합니다.

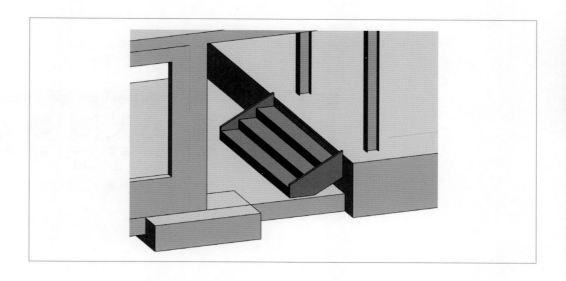

스케치 계단 작성

CAD 파일을 참고하여 1층 평면에 스케치 계단을 설치합니다. 스케치 계단은 복잡한 형상, 곡선 등의 계단에 적용합니다.

01

프로젝트 탐색기에서 1층 평면도를 더블클릭하여 엽니다. 뷰에서 계단의 위치를 확인합니다.

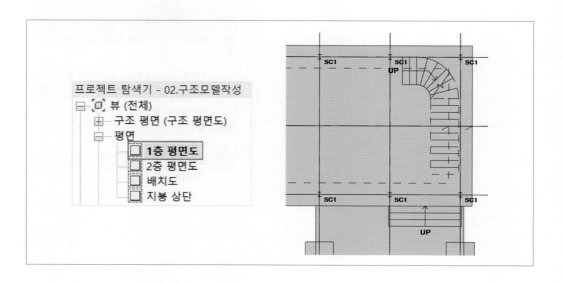

02

메뉴에서 건축 탭의 순환 패널에서 계단을 클릭합니다.

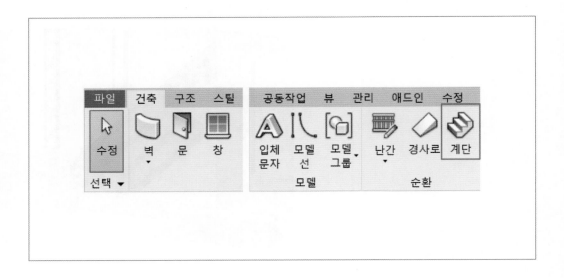

03

유형 선택기에서 현장타설 계단 패밀리의 일체식 계단 유형을 선택합니다.

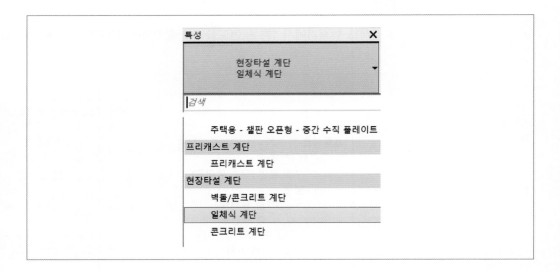

04

특성 창에서 베이스 레벨은 1층, 상단 레벨은 2층, 간격띄우기는 모두 0으로 입력합니다.

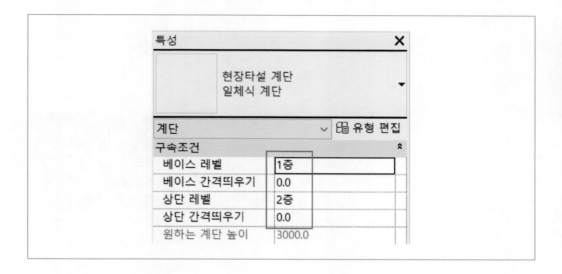

05

메뉴에서 수정 | 계단 작성 탭의 구성요소 패널에서 실행을 선택하고, 계단의 종류를 스케치 작성으로 선택합니다.

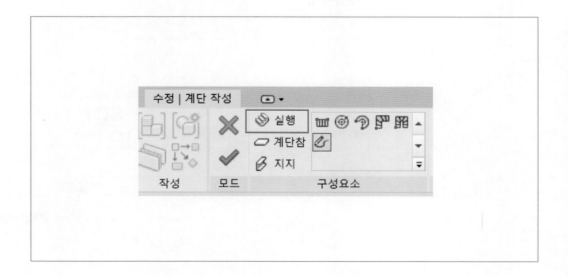

06

스케치 작성은 경계, 챌판, 계단 경로를 직접 스케치하여 작성합니다. 스케치 작성은 다양한 형태의 계단을 만들 수 있습니다.

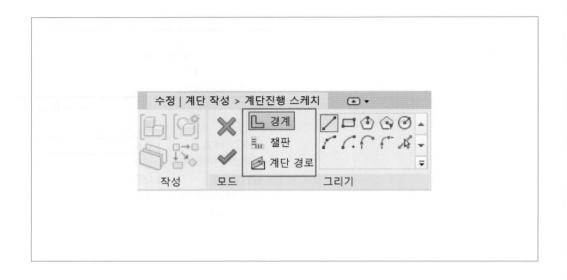

07

메뉴에서 수정 | 계단 작성 탭의 그리기 패널에서 경계와 선을 선택합니다. 뷰에서 계단 경계를 작성합니다.

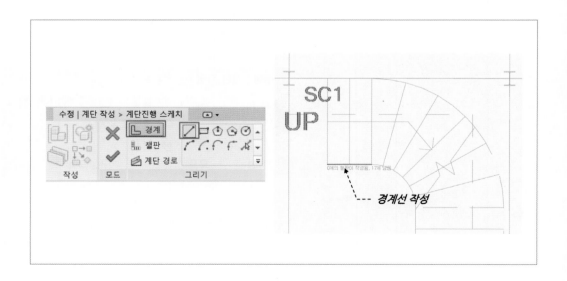

경계선 작성

08

호를 작성하기 위해 메뉴에서 그리기 패널의 시작–끝–반지름 호를 선택합니다. 뷰에서 호의 시작점, 끝점, 반지름 위치를 차례로 클릭합니다.

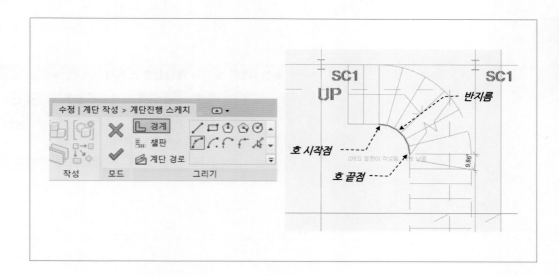

09

같은 방법으로 계단의 경계선을 작성합니다.

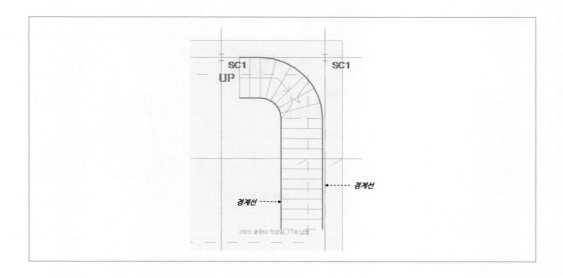

10

챌판을 작성하기 위해 메뉴에서 그리기 패널의 챌판과 선 선택을 차례로 선택합니다.

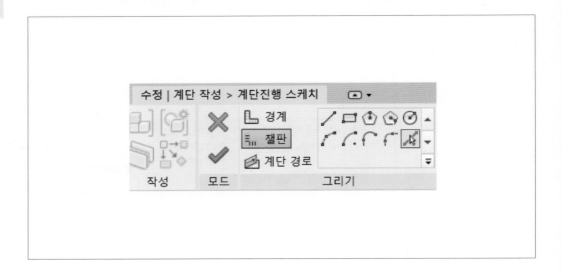

11

뷰에서 CAD 파일의 계단 선을 차례로 클릭합니다.

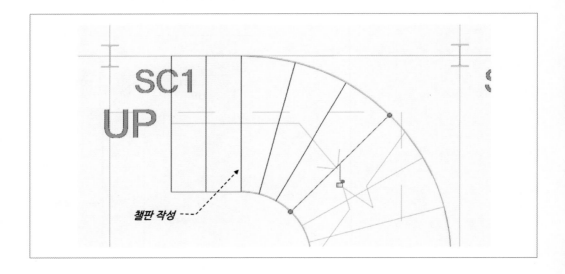

챌판 작성

12

챌판 선 중 잘려진 부분의 선은 선의 끝점을 드래그하여 수정할 수 있습니다.

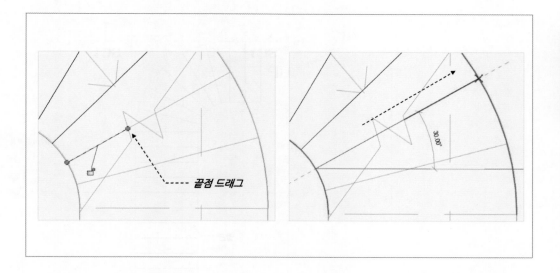

13

계속해서 CAD 파일의 계단 선을 클릭하여 작성합니다. CAD 파일 선 중 여러 선이 겹쳐서 원하는 선이 하이라이트 되지 않을 때는 tab를 여러 번 눌러 원하는 선이 하이라이트 되도록하여 선택합니다.

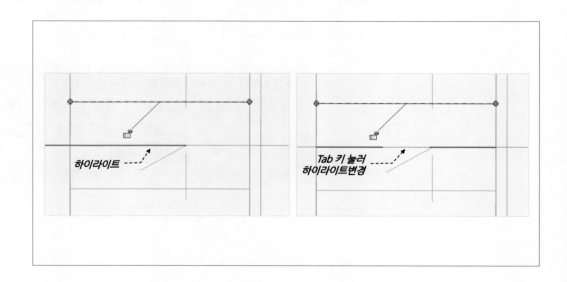

14

모든 챌판 선을 작성하였으면, esc를 두번 눌러 완료합니다.

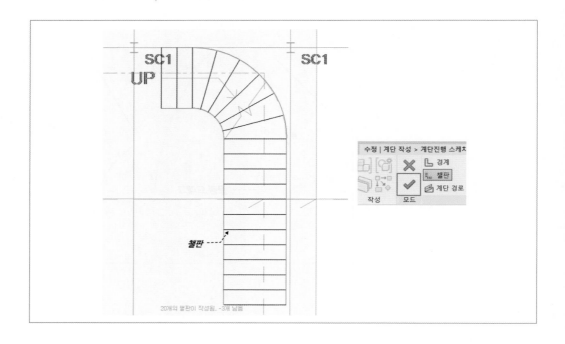

15

계단 경로를 작성하기 위해 메뉴에서 그리기 패널의 계단 경로와 선을 차례로 클릭합니다.

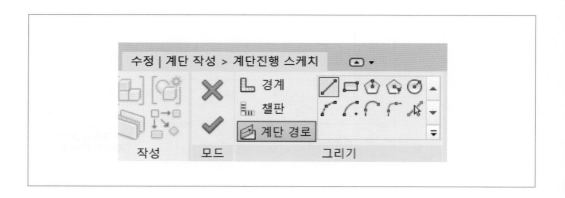

16

뷰에서 계단의 진행 방향에 맞춰 경로를 스케치합니다. 정확한 위치는 중요하지 않으며, 반드시 첫번째 챌판 선과 마지막 챌판 선까지 작성되어야 합니다. 메뉴에서 완료를 클릭하여 스케치 작성을 완료합니다.

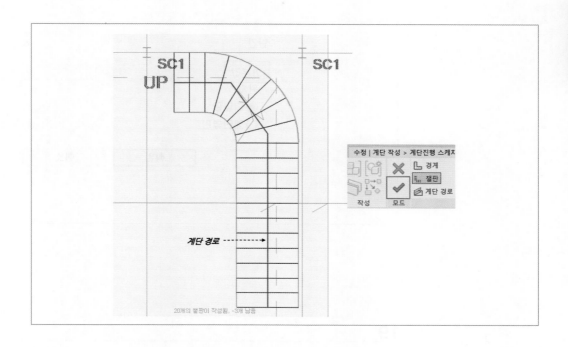

17

메뉴가 수정 | 계단 작성 탭으로 변경되면, 도구 패널의 난간을 클릭합니다.

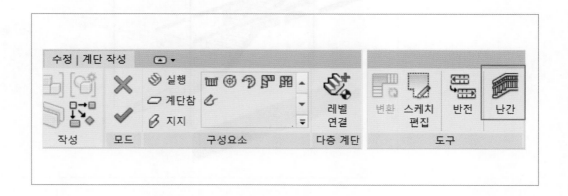

18

난간 창에서 유형을 **기본값**으로 선택하고 확인을 클릭합니다.

19

3D 뷰를 열어 작성 중인 계단의 모습을 확인합니다. 다시 메뉴에서 완료를 클릭하여 계단 작성을 모두 완료합니다.

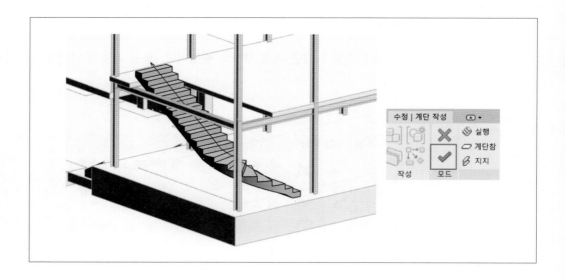

20

화면의 오른쪽 아래에 계단의 높이가 다르다는 경고 창이 표시됩니다. 계단의 높이는 다시 수정할 것입니다. X를 눌러 닫습니다. 계단의 상단 높이가 다른 이유는 계단의 구속조건에서 입력한 내용과 유형 특성의 계산 규칙에 따라 계산된 챌판 수와 실제 작성한 챌판 수가 다르기 때문입니다.

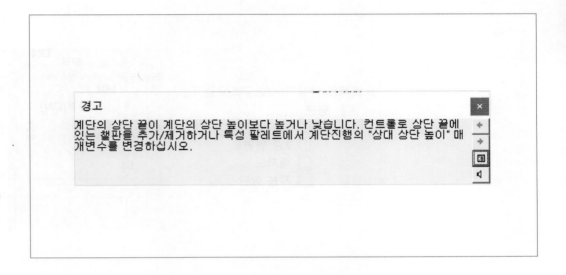

21

뷰에서 계단을 선택하고 특성 창에서 원하는 챌판 수를 챌판의 실제 수와 같도록 입력합니다. 계단의 높이가 수정된 것을 확인합니다.

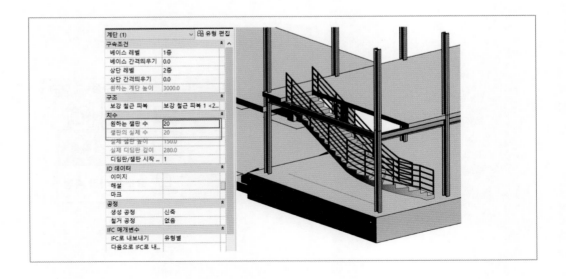

경사로 작성

CAD 파일을 참고하여 2층 평면도에 경사로를 작성합니다.

01

프로젝트 탐색기에서 2층 평면도를 더블클릭하여 엽니다. 뷰에서 경사로의 위치를 파악합니다.

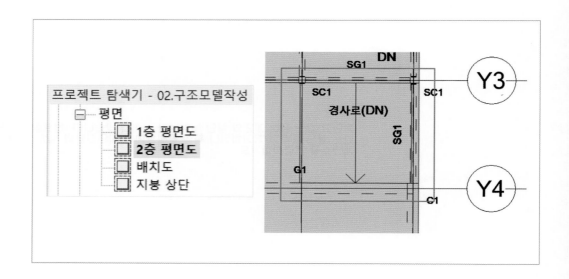

02

경사로의 폭을 측정하기 위해 메뉴에서 수정 탭의 측정 패널에서 두 참조간 측정을 클릭합니다.

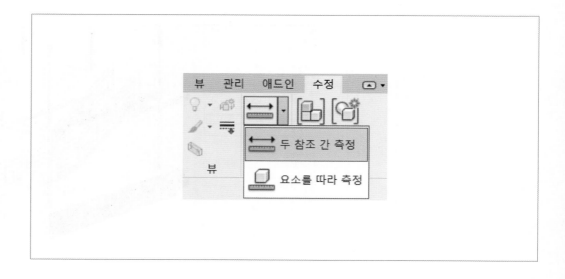

03

뷰에서 경사로의 수평 길이를 측정합니다.

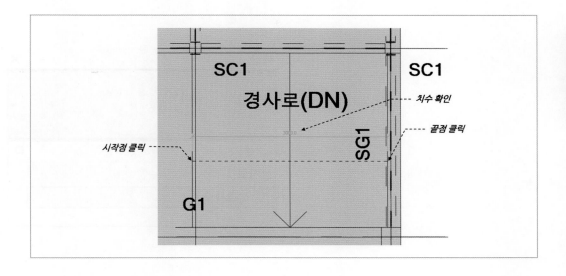

04

메뉴에서 건축 탭의 순환 패널에서 **경사로**를 클릭합니다.

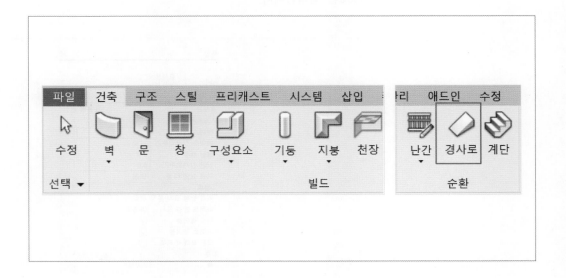

05

유형 선택기에서 경사로 패밀리의 경사로 1 유형을 선택합니다.

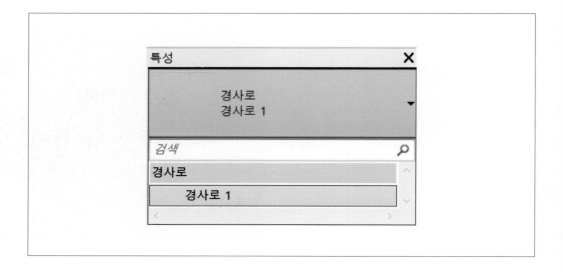

06

특성 창에서 베이스 레벨은 2층, 간격띄우기는 -550, 상단 레벨은 2층, 간격띄우기는 0, 폭은 3000을 입력합니다.

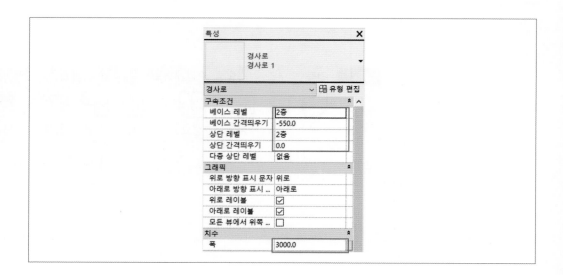

07

메뉴에서 수정 | 경사로 스케치 작성 패널에서 실행과 선을 선택합니다.

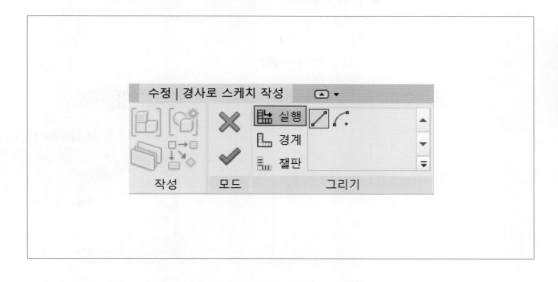

08

뷰에서 경사로의 시작점과 끝점을 클릭합니다. 스냅이 표시되지는 않지만 툴팁에 스냅의 내용이 표시되는 것을 확인할 수 있습니다.

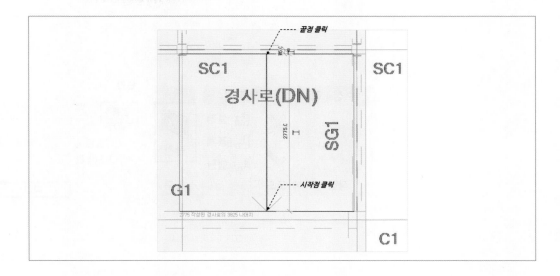

09

작성한 스케치는 경계와 챌판으로 구성됩니다. 메뉴에서 경계와 챌판을 선택하여 직접 스케치할 수도 있습니다.

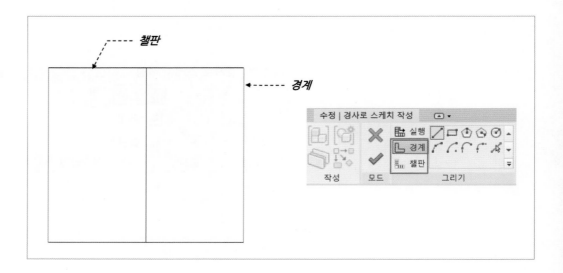

10

메뉴에서 도구 패널의 난간을 클릭합니다. 난간 창에서 없음을 선택하고 확인을 클릭합니다.

11

모드 패널에서 완료를 클릭합니다. 화면의 오른쪽 아래에 경사 또는 경사로의 길이를 수정하라는 경고가 표시됩니다. X를 눌러 닫습니다.

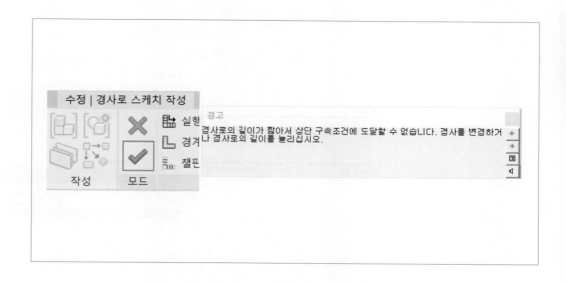

12

3D 뷰를 활성화하여 작성한 경사로를 확인합니다. 경사로의 높이가 부족한 것을 확인합니다.

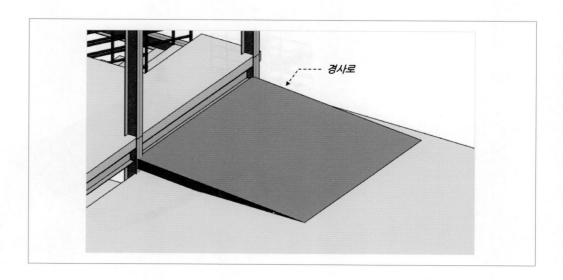

13

뷰에서 경사로를 선택하고 유형 편집을 클릭합니다. 유형 특성 창에서 경사로 최대 경사를 5로 입력하고 확인을 클릭합니다.

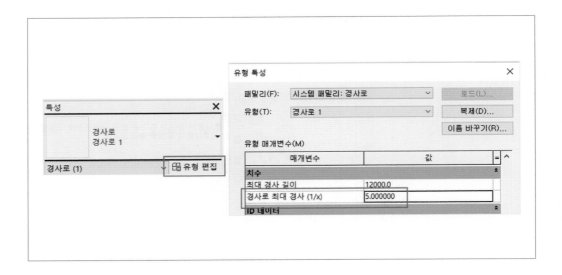

14

뷰에서 경사로가 원하는 높이로 변경된 것을 확인합니다.

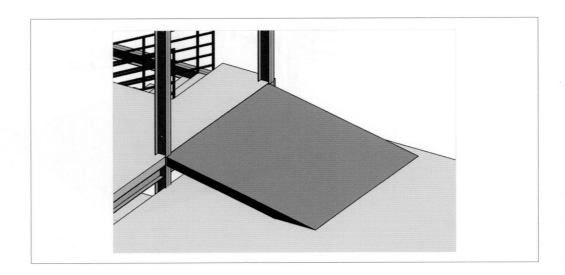

SECTION

10 그룹

그룹 배치

외부의 Revit 프로젝트 파일을 그룹으로 로드하여 현재 프로젝트에 배치합니다.

01

프로젝트 탐색기에서 3D 뷰를 더블클릭하여 엽니다. 메뉴에서 삽입 탭의 라이브러리에서 로드 패널에서 **그룹으로 로드**를 클릭합니다.

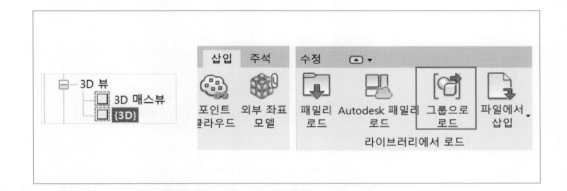

02

파일을 그룹으로 로드 창에서 예제파일의 라이브러리 폴더에서 구조 지붕 모델을 선택하고 열기를 클릭합니다.

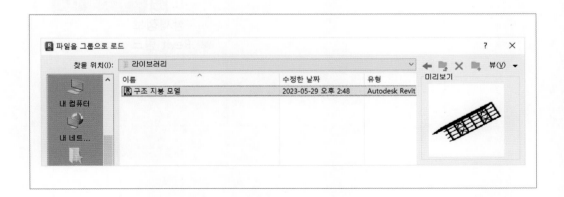

03

링크 결합 창과 복제 유형 창이 표시되면 예와 확인을 클릭합니다.

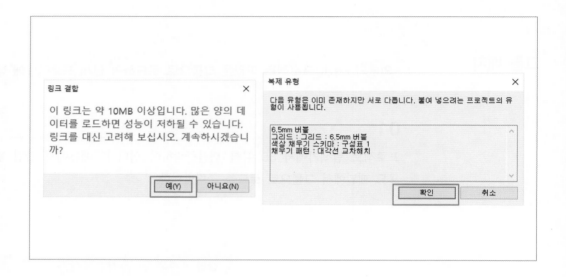

04

프로젝트 탐색기에서 그룹의 모델에서 선택한 파일이 그룹으로 로드된 것을 확인합니다.

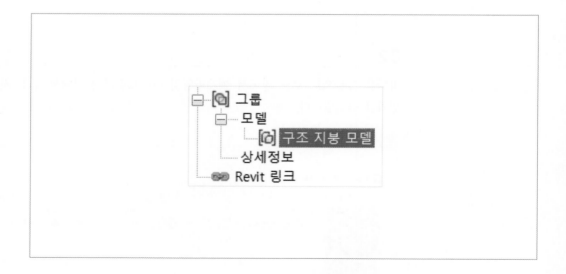

05

그룹의 이름인 구조 지붕 모델을 우클릭하여 **인스턴스 작성**을 클릭합니다.

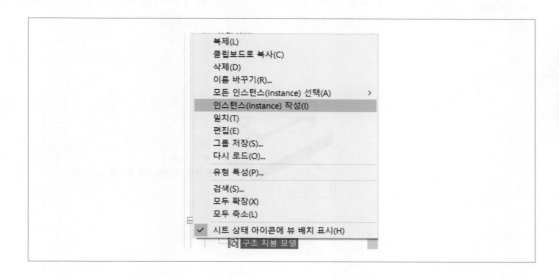

06

뷰에 그룹의 미리보기가 표시됩니다. 옵션바에서 레벨을 1층으로 선택합니다.

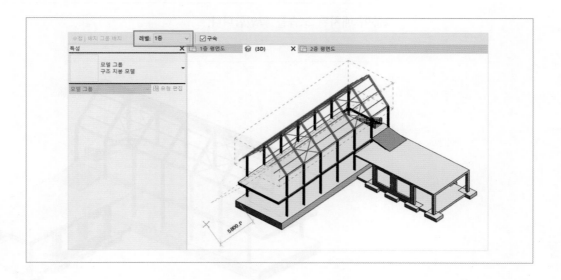

TIP

평면뷰에서는 치수 입
력을 사용할 수 없으므
로 3D 뷰에서 그룹 작
성함

07

위치를 원점에 배치하기 위해 키보드에서 0을 입력하고 enter를 누릅니다. 경고 창이 표시
되면 X를 눌러 닫습니다. 경고를 룸이 가져온 모델에 룸이 작성되어 있기 때문에 표시되는
내용입니다. Esc를 눌러 배치를 완료합니다.

08

그룹이 배치된 모습을 확인합니다.

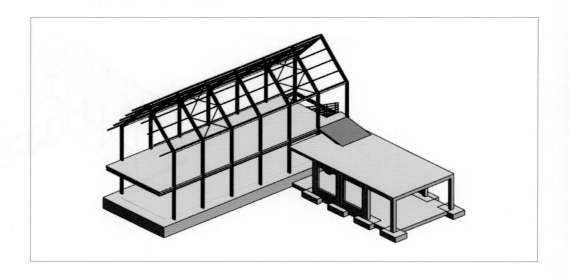

파일 제출

저장을 클릭하여 작성한 내용을 저장합니다. 열려 있는 모든 뷰를 종료하여 현재 프로젝트를 종료합니다.

파일이 저장된 폴더를 열어 파일의 이름과 형식을 확인합니다. 파일의 이름은 반드시 문제에서 주어진 이름으로 저장하여 합니다. 파일 이름이 다를 경우 채점 대상에 제외되기 때문에 주의가 필요합니다. 파일 형식은 Revit Project입니다.

파일 이름 뒤에 0001과 같은 내용이 붙은 백업 파일은 삭제합니다.

01 시작하기

학습 내용

예제파일의 시작 파일을 열어 건축 BIM 모델 구축을 시작합니다. 시작 파일에는 레벨 및 그리드가 미리 작성되어 있습니다. 시험에서는 제시된 시작 파일을 열어 시작하면 됩니다.

**파일 열기 및
저장**

예제파일의 시작 파일을 열고, 다른 이름으로 저장합니다.

01

Revit 프로그램의 홈 화면에서 모델의 **열기**를 클릭합니다. 또는 파일 탭을 클릭하고 열 기를 클릭합니다.

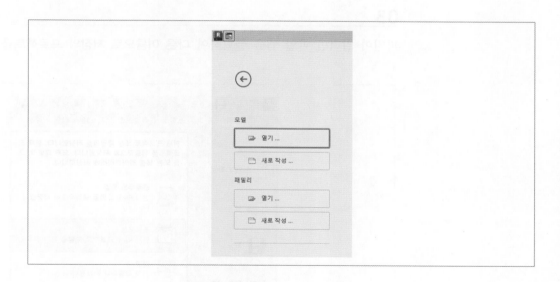

02

열기 창에서 예제파일의 시작 파일을 선택하고 열기를 클릭합니다. 시험에서는 제공되
는 파일을 선택하면 됩니다.

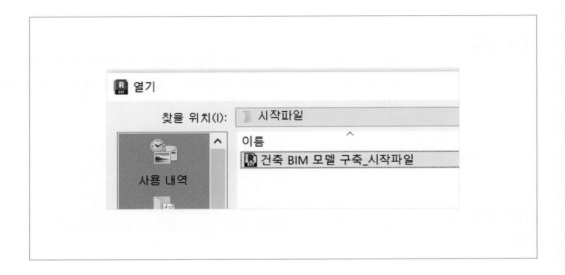

03

파일이 열리면 파일 탭을 클릭하여 다른 이름으로 저장의 프로젝트를 클릭합니다.

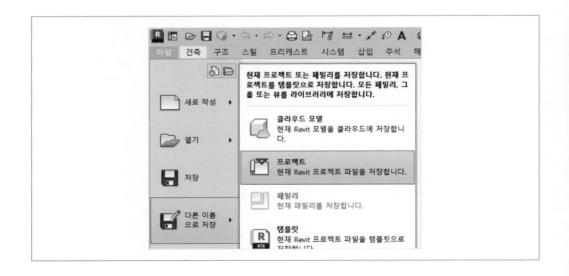

04

이름을 '03.건축모델작성' 으로 입력합니다. 시험에서는 반드시 문제에서 주어진 이름
으로 입력합니다.

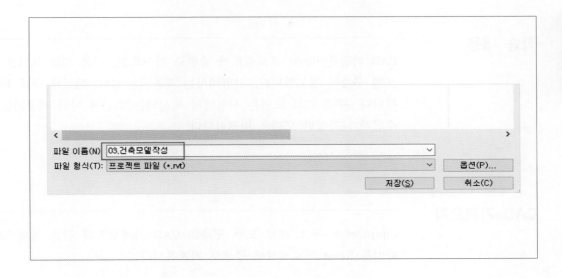

05

옵션을 클릭하고, 최대 백업 수를 1로 입력하고 확인을 클릭합니다. 다른 이름으로 저
장 창도 저장을 클릭합니다.

CAD 가져오기 및 Revit 링크

학습 내용

CAD 파일을 Revit 프로젝트에 층별로 가져오고, 구조 BIM 모델을 링크하여 건축 BIM 모델 구축에 참고합니다. 시험에서는 제공되는 CAD 파일과 구조 BIM 모델을 사용하면 됩니다. 구조 BIM 모델은 시험에서 제시되는 조건에 따라 제공되는 모델을 링크하거나 수험자가 작성한 모델을 링크합니다.

CAD 가져오기

Chapter02. 구조 BIM 모델 구축의 CAD 가져오기와 같은 방법으로 예제파일의 CAD 파일을 Revit 프로젝트에 층별로 가져옵니다.

구조 모델 링크

예제 파일의 구조 BIM 모델을 현재 프로젝트에 링크하여 활용합니다. 구조 BIM 모델은 chapter02. 구조 BIM 모델 작성에서 작성한 모델입니다.

01

프로젝트 탐색기에서 3D 뷰를 엽니다. 메뉴에서 뷰 탭의 그래픽 패널에서 **가시성/그래픽**을 실행하고, 주석 카테고리의 레벨들을 체크 해제합니다.

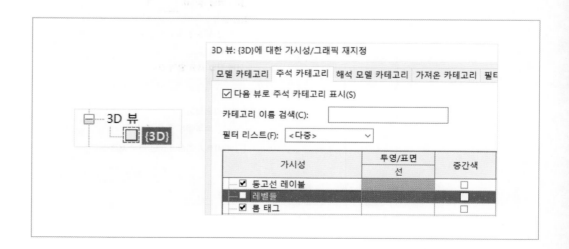

02

뷰 조절 막대에서 상세 수준은 높음, 비주얼 스타일은 은선을 선택합니다.

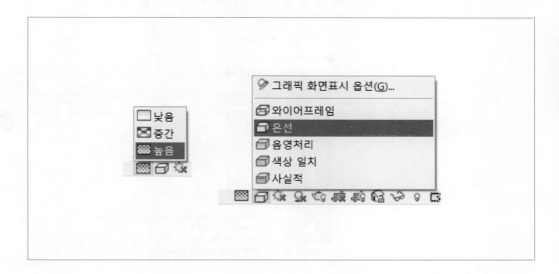

03

메뉴에서 삽입 탭의 링크 패널에서 Revit 링크를 클릭합니다.

04

RVT 가져오기/링크 창에서 예제파일의 구조 BIM 모델을 선택하고, 위치는 자동 - 내부 원점 대 내부 원점을 선택합니다. 열기를 클릭합니다.

05

3D 뷰에서 링크된 구조 모델을 확인합니다. 구조 모델이 이동되지 않도록 뷰에서 구조 모델을 선택하고, 메뉴에서 수정 탭의 수정 패널에서 고정을 클릭합니다. 미리 작성되어 있는 2층의 외부 벽은 학습을 위해 작성한 것입니다.

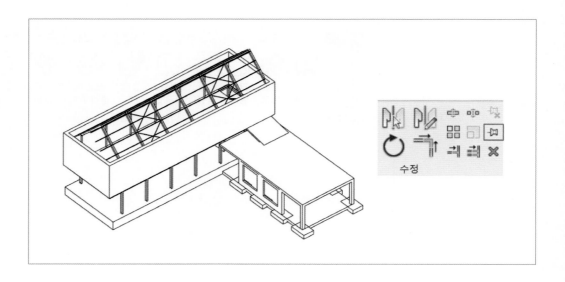

03

BIM 라이브러리 구축 및 활용

학습 내용

건축 BIM 모델 구축을 위해 필요한 라이브러리를 로드하고, 필요한 유형을 작성합니다.
시험에서는 제공되는 라이브러리를 로드하고, 제시하는 유형을 작성하면 됩니다.

라이브러리 로드

예제파일에서 제공하는 라이브러리를 현재 프로젝트에 로드합니다.

01

메뉴에서 삽입 탭의 라이브러리에서 로드 패널의 패밀리 로드를 클릭합니다.

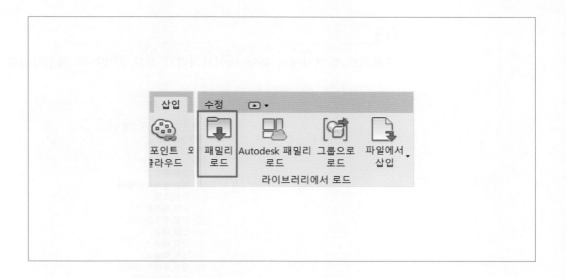

02

패밀리 로드 창에서 예제파일의 라이브러리 폴더에 있는 모든 파일을 선택하고, 열기를 클릭합니다.

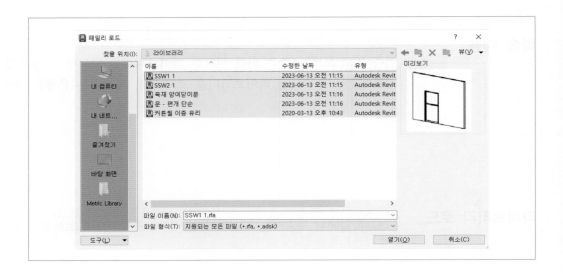

03

프로젝트 탐색기에서 해당 라이브러리가 로드 되었는지 확인합니다.

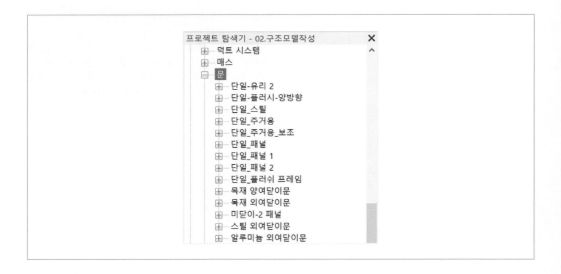

벽 유형 작성

CAD 파일의 부재 범례를 참고하여 벽 유형을 작성합니다.

TIP

시험에서는 부재 범례가 지문으로 제시될 수도 있음

01

프로젝트 탐색기에서 1층 평면도를 열고, CAD 파일의 부재 범례에서 벽의 유형을 확인합니다.

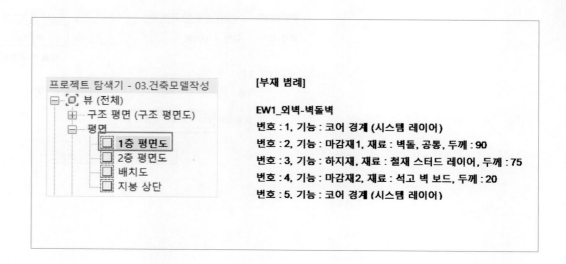

02

메뉴에서 건축 탭의 빌드 패널에서 벽을 클릭합니다. 유형 선택기에서 기본 벽 패밀리의 일반 - 100mm 유형을 선택합니다.

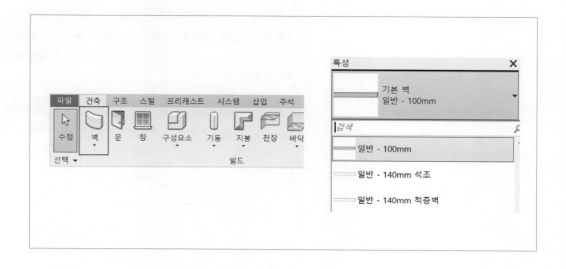

03

새 유형을 작성하기 위해 유형 특성 창에서 복제를 클릭하고, 이름을 EW1_외벽 – 벽돌
벽으로 입력합니다.

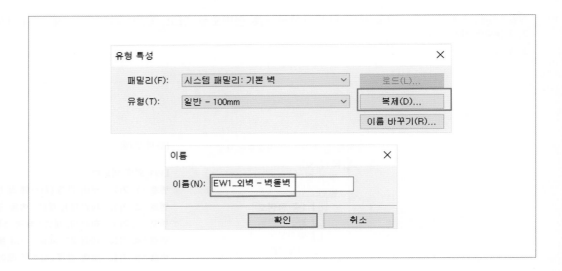

04

구조의 편집 버튼을 클릭합니다.

05

조합 편집 창에서 2번 레이어의 기능을 마감재1로 선택합니다.

06

재료의 이름을 클릭하여 축소 버튼이 표시되면 축소 버튼을 클릭합니다.

07

재료 탐색기 창에서 벽돌, 공통을 선택하고 확인을 클릭합니다.

08

두께를 90으로 입력하고, 구조 재료를 체크 해제합니다.

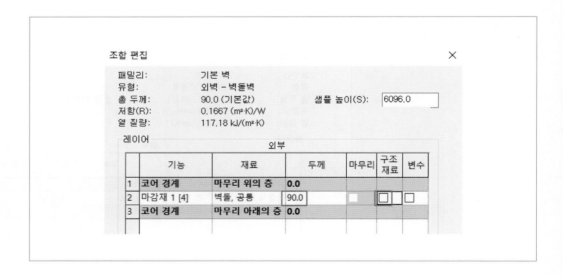

09

삽입 버튼을 클릭하고, 위로 또는 아래로 버튼을 클릭하여 새로 추가한 레이어를 3번으로 변경합니다.

레이어

외부

	기능	재료	두께	마무리	구조 재료	변수
1	코어 경계	마무리 위의 층	0.0			
2	마감재 1 [4]	벽돌, 공통	90.0		☐	☐
3	구조 [1] ⌄	<카테고리별>	0.0		☐	☐
4	코어 경계	마무리 아래의 층	0.0			

내부

삽입(I)	삭제(D)	위로(U)	아래로(O)

10

레이어 3의 기능은 하지재, 재료는 철재 스터드 레이어, 두께는 75로 설정합니다.

레이어

외부

	기능	재료	두께	마무리	구조 재료
1	코어 경계	마무리 위의 층	0.0		
2	마감재 1 [4]	벽돌, 공통	90.0		☐
3	하지재 [2]	철재 스터드 레이어	75.0		☐
4	코어 경계	마무리 아래의 층	0.0		

내부

삽입(I)	삭제(D)	위로(U)	아래로(O)

11

같은 방법으로 레이어4의 기능은 마감재2, 재료는 석고 벽 보드, 두께는 20으로 설정합니다. 모든 레이어를 설정하고 조합편집 창의 확인을 클릭합니다.

12

유형 특성 창에서 폭이 185인 것을 확인합니다. 기능을 외부로 설정합니다. 내벽의 경우 기능을 내부, 커튼월의 경우 외부로 선택합니다. 확인을 클릭합니다.

13

같은 방법으로 유형이름을 IW1_실내-120mm 칸막이 유형을 작성합니다.

레이어2의 기능 : 마감재1, 재료 : 석고 벽 보드, 두께 : 20

레이어3의 기능 : 하지재, 재료 : 철재 스터드 레이어, 두께 : 80

레이어4의 기능 : 마감재2, 재료 : 석고 벽 보드, 두께 : 20 설정하고 확인을 클릭합니다.

패밀리:	기본 벽			
유형:	IW1_실내 – 120mm 칸막이			
총 두께:	120.0 (기본값)		샘플 높이(S):	6096.0
저항(R):	3.2615 (㎡·K)/W			
열 질량:	37.06 kJ/(㎡·K)			

레이어

	기능	재료	두께	마무리	구조 재료	변수
			외부			
1	코어 경계	마무리 위의 층	0.0			
2	마감재 1 [4]	석고 벽 보드	20.0			
3	하지재 [2]	철재 스터드 레	80.0			
4	마감재 2 [5]	석고 벽 보드	20.0			
5	코어 경계	마무리 아래의 층	0.0			
			내부			

14

벽과 같은 방법으로 부재 범례를 참고하여 **지붕 유형**을 작성합니다.

유형 이름 : 지붕 – 타일

레이어2의 기능 : 마감재1, 재료 : 루핑, 타일, 두께 : 150

레이어3의 기능 : 구조, 재료 : 구조, 판재 장선, 두께 : 200 설정하고 확인을 클릭합니다.

패밀리:	기본 지붕			
유형:	지붕 – 타일			
총 두께:	350.0 (기본값)			
저항(R):	8.1786 (㎡·K)/W			
열 질량:	228.24 kJ/(㎡·K)			

레이어

	기능	재료	두께	마무리	변수
1	코어 경계	마무리 위의 층	0.0		
2	마감재 1 [4]	루핑, 타일	150.0		
3	구조 [1]	구조, 판재 장선	200.0		
4	코어 경계	마무리 아래의 층	0.0		

15

같은 방법으로 **바닥 유형**을 작성합니다.

유형 이름 : 내부 바닥 - 목재 마감

레이어2의 기능 : 마감재1, 재료 : 떡갈나무 바닥, 두께 : 20

레이어3의 기능 : 하지재, 재료 : 목재 외장, 판지, 두께: 30 설정하고 확인을 클릭합니다.

패밀리: 바닥
유형: 내부 바닥 - 목재 마감
총 두께: 50.0 (기본값)
저항(R): 0.3611 (m²·K)/W
열 질량: 61.25 kJ/(m²·K)

레이어

	기능	재료	두께	마무리	구조재료	변수
1	**코어 경계**	**마무리 위의 층**	**0.0**			
2	마감재 1 [4]	떡갈나무 바닥	20.0	☐	☐	☐
3	하지재 [2] ∨	목재 외장, 판지	30.0	☐	☐	☐
4	**코어 경계**	**마무리 아래의 층**	**0.0**			

16

같은 방법으로 **천장 유형**을 작성합니다. 복합 천장 유형을 복제하여 작성합니다.

유형 이름 : 내부 천장 - 플레인

레이어2의 기능 : 하지재, 재료 : 목재 - 퍼링, 두께 : 30

레이어3의 기능 : 마감재1, 재료 : 페인트 및 코팅, 두께 : 10 설정하고 확인을 클릭합니다.

패밀리: 복합 천장
유형: 내부 천장 - 플레인
총 두께: 40.0
저항(R): 0.0000 (m²·K)/W
열 질량: 0.00 kJ/(m²·K)

레이어

	기능	재료	두께	마무리
1	**코어 경계**	**마무리 위의 층**	**0.0**	
2	하지재 [2]	목재 - 퍼링	30.0	☐
3	마감재 1 [4]	페인트 및 코팅	10.0	☐
4	**코어 경계**	**마무리 아래의 층**	**0.0**	

창 유형 작성

CAD 파일의 부재 범례를 참고하여 창 유형을 작성합니다.

TIP

사용자 편의에 따라 CAD 파일의 레이어 색상 변경

01

프로젝트 탐색기에서 1층 평면도를 열고, 부재 범례에서 창의 유형을 확인합니다.

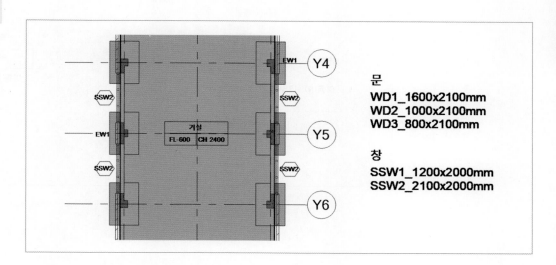

문
WD1_1600x2100mm
WD2_1000x2100mm
WD3_800x2100mm

창
SSW1_1200x2000mm
SSW2_2100x2000mm

02

프로젝트 탐색기에서 패밀리의 창에서 SSW2를 확장하고, SSW2 유형을 더블클릭합니다.

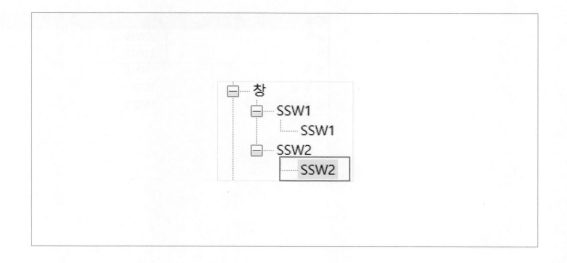

03

유형 특성 창에서 복제를 클릭하고, 이름을 SSW2_2100x2000mm로 입력합니다.

04

치수에서 높이 2000, 폭 2100으로 입력하고 확인을 클릭합니다.

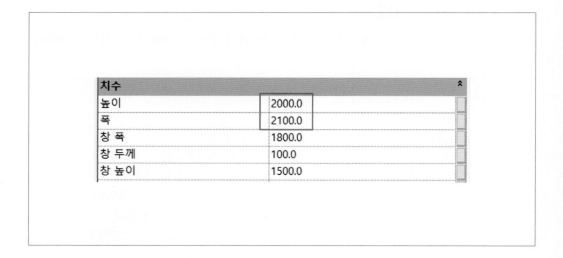

05

같은 방법으로 SSW1 패밀리의 SSW1_1200x2000mm 유형을 작성합니다.

학습 내용

CAD 도면을 참고하여 외부 및 내부 마감벽과 커튼월을 작성합니다. 시험에서는 CAD 파일과 제시하는 조건을 참고하여 작성하면 됩니다.

외부 마감벽 작성

1층의 외부 마감벽을 작성합니다.

01

프로젝트 탐색기에서 1층 평면도를 열고, 뷰에서 CAD 파일을 참고하여 벽의 유형과 위치를 확인합니다.

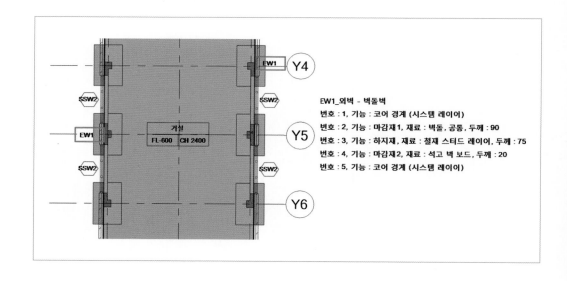

EW1_외벽 - 벽돌벽
번호 : 1, 기능 : 코어 경계 (시스템 레이어)
번호 : 2, 기능 : 마감재1, 재료 : 벽돌, 공통, 두께 : 90
번호 : 3, 기능 : 하지재, 재료 : 철재 스터드 레이어, 두께 : 75
번호 : 4, 기능 : 마감재2, 재료 : 석고 벽 보드, 두께 : 20
번호 : 5, 기능 : 코어 경계 (시스템 레이어)

02

메뉴에서 건축 탭의 빌드 패널에서 벽을 클릭합니다.

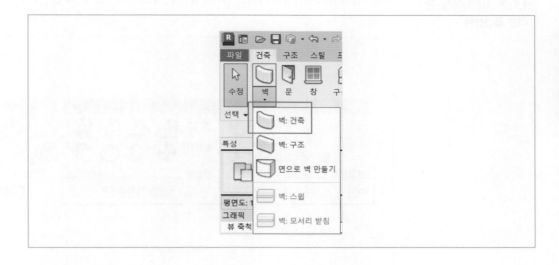

03

유형선택기에서 EW1_외벽-벽돌벽 유형을 선택합니다.

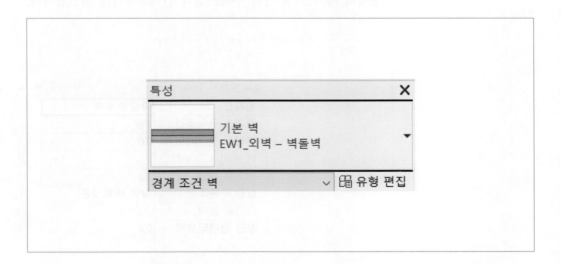

04

메뉴의 그리기 옵션에서 선을 선택하고, 옵션바에서 높이, 2층, 위치선은 마감면 : 외부로 선택합니다. 위치선은 벽 작성 시 작성하는 선에 대한 벽의 수평 위치입니다.

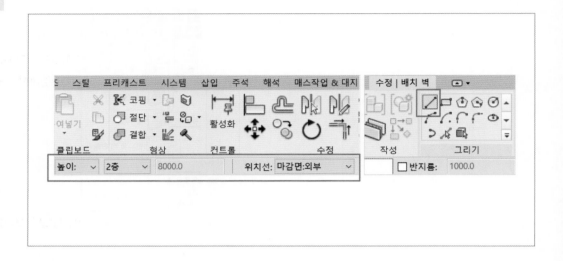

05

특성에서 베이스 및 상단 구속조건과 간격띄우기를 확인합니다.

구속조건	
위치선	마감면:외부
베이스 구속조건	1층
베이스 간격띄우기	0.0
벽 베이스가 부착…	☐
베이스 확장 거리	0.0
상단 구속조건	상위 레벨: 2층
미연결 높이	3000.0
상단 간격띄우기	0.0

TIP

벽의 시작위치, 방향
등은 시험에서 평가대
상이 아님

06

뷰에서 CAD 선을 참고하여 벽의 시작점을 클릭하고 마우스를 이동하면 미리보기가 표
시됩니다. 미리보기 상태에서 스페이스바를 누르면 벽의 방향을 변경할 수도 있습니다.

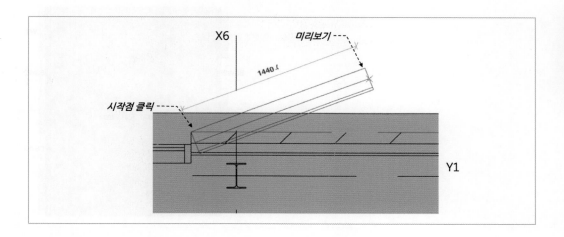

07

끝점을 차례로 클릭하여 벽을 작성하고, esc를 눌러 완료합니다.

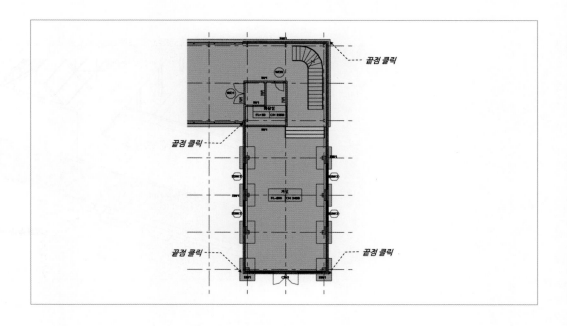

08

창이 위치하는 부분은 벽 작성 후 뒷 부분에서 배치합니다.

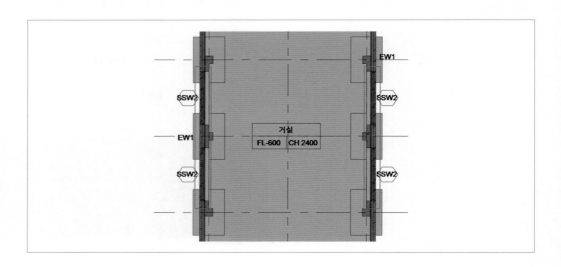

09

3D 뷰에서 작성한 내용을 확인합니다. 벽이 위치하는 기초의 높이가 다른 것을 확인합니다.

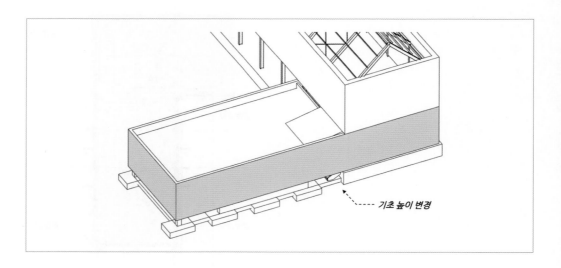

TIP

분할 명령은 평면뷰에
서도 실행할 수 있음

10

메뉴에서 수정 탭의 수정 패널에서 분할을 클릭합니다.

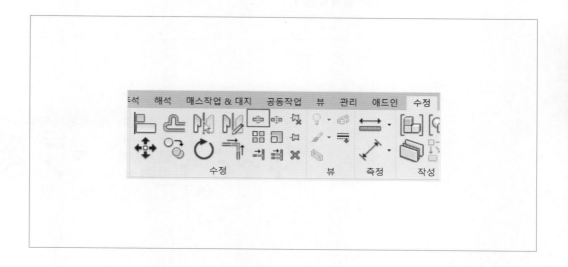

11

뷰에서 벽의 임의의 위치에 마우스를 위치하면 분할 대상이 하이라이트 됩니다. 임의의
위치를 클릭하고, esc를 두 번 눌러 완료합니다.

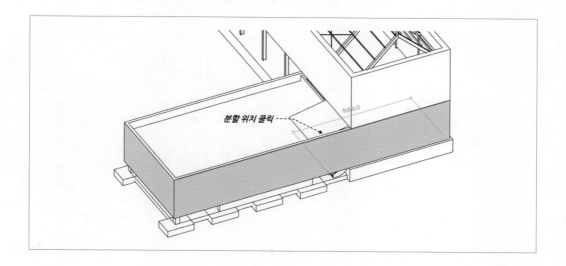

분할 위치 클릭

12

벽의 분할 위치를 수정하기 위해 메뉴에서 수정 탭의 수정 패널에서 단일 요소 자르기/
연장을 클릭합니다.

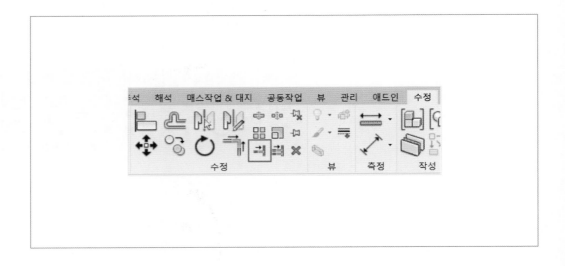

13

뷰에서 기초의 측면을 연장 기준 위치로 클릭하고, 연장할 벽을 클릭합니다. 필요시 탭
키를 누르면 원하는 면을 선택할 수 있습니다.

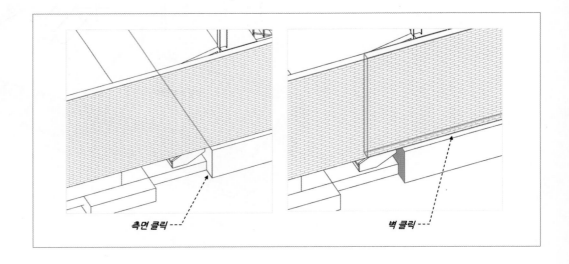

14

벽의 길이가 조정된 것을 확인합니다.

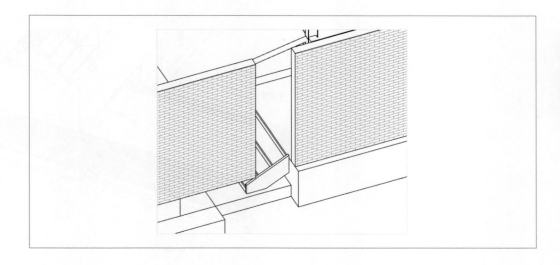

15

같은 방법으로 왼쪽의 벽 길이를 조정합니다.

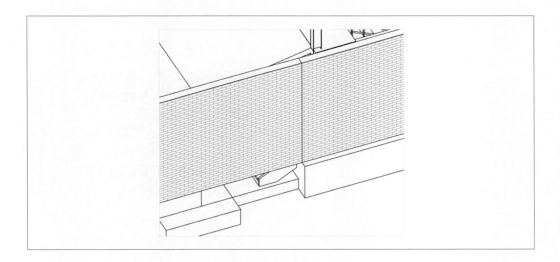

16

뷰에서 벽의 베이스 높이를 변경할 3개의 벽을 모두 선택합니다.

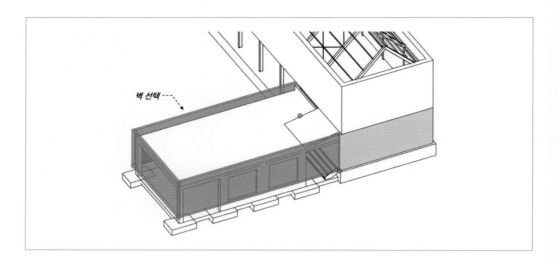

17

특성 창에서 베이스 간격띄우기를 −650으로 입력합니다.

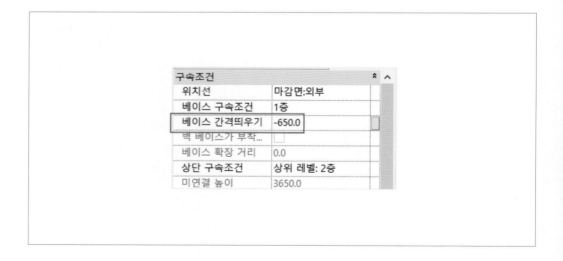

18

뷰에서 벽의 베이스 높이가 변경된 것을 확인합니다.

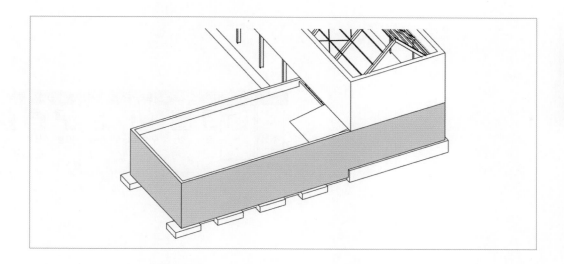

내부 마감벽 작성

1층의 내부 마감벽을 작성합니다.

01

프로젝트 탐색기에서 **1층 평면도**를 더블클릭하여 엽니다. 뷰에서 CAD 파일을 참고하여 벽의 유형 및 위치를 확인합니다.

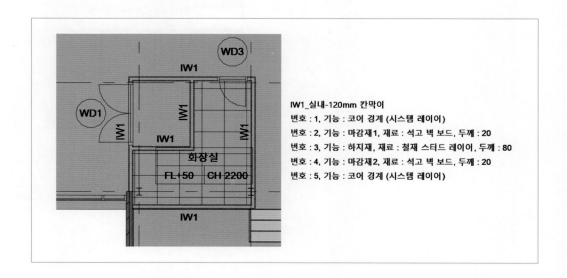

IW1_실내-120mm 칸막이
번호 : 1, 기능 : 코어 경계 (시스템 레이어)
번호 : 2, 기능 : 마감재1, 재료 : 석고 벽 보드, 두께 : 20
번호 : 3, 기능 : 하지재, 재료 : 철재 스터드 레이어, 두께 : 80
번호 : 4, 기능 : 마감재2, 재료 : 석고 벽 보드, 두께 : 20
번호 : 5, 기능 : 코어 경계 (시스템 레이어)

02

메뉴에서 건축 탭의 빌드 패널에서 **벽**을 클릭합니다.

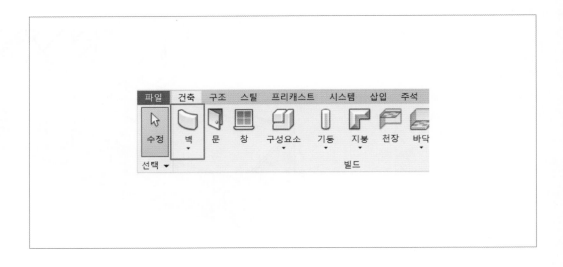

03

유형 선택기에서 IW1_실내-120 칸막이 유형을 선택합니다.

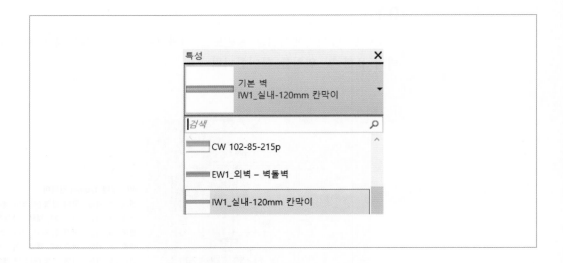

04

옵션바에서 높이, 2층, 위치선 : 벽 중심선을 선택하고, 그리기 패널에서 선을 선택합니다.

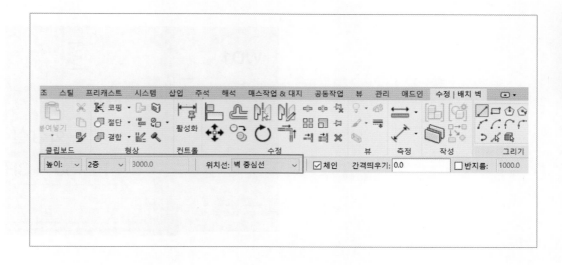

05

특성 창에서 상단 구속조건은 2층, 상단 간격띄우기는 −150을 입력합니다. 입력한 값은 2층 슬라브의 하단면입니다.

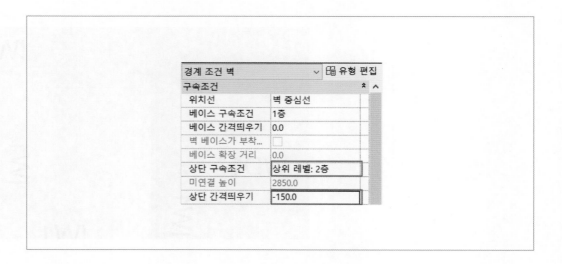

06

뷰에서 CAD 파일의 벽 선 안쪽 중심 부분에 마우스를 위치하면 벽의 중심에 미리보기 점선이 표시됩니다. 미리보기를 참고하여 벽의 시작점을 클릭합니다.

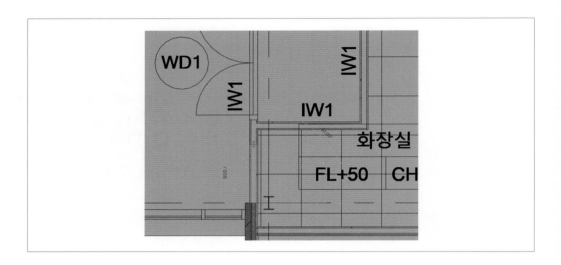

07

벽의 미리보기를 참고하여 벽의 끝점을 연속으로 클릭하여 벽을 작성합니다. Esc를 한 번 눌러 연속 작성을 완료합니다.

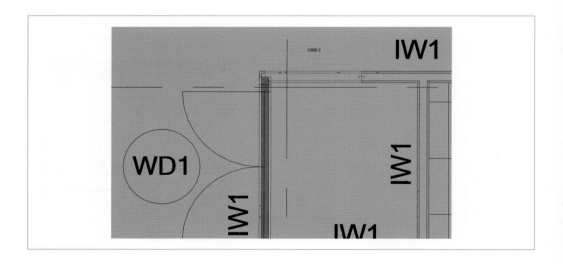

08

계속해서 안쪽의 벽을 모두 작성하고, esc를 두 번 눌러 벽 작성을 완료합니다.

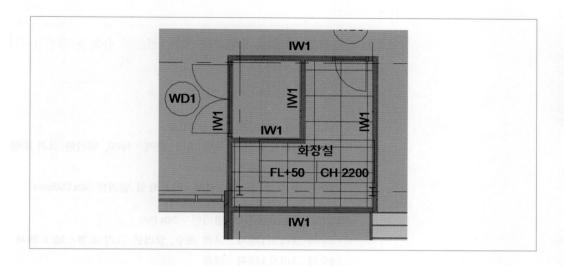

09

3D 뷰에서 작성한 내용을 확인합니다. 단면상자를 이용하여 내부 모습을 확인합니다.

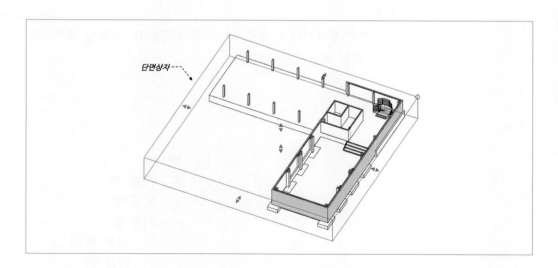

커튼월 유형

수직 및 수평 그리드의 배치 방법, 멀리언 등의 커튼월 유형을 설정합니다.

01

프로젝트 탐색기에서 1층 평면도를 열고, 커튼월 유형을 확인합니다.

> **CW1_수직 1600, 멀리언 50x150**
> - **(수직 그리드) 배치 : 고정 거리, 간격 : 1600, 멀리언 크기 조정 : 체크 해제**
> - **(수평 그리드) 배치 : 없음**
> - **(수직 및 수평 멀리언) 전체 : 직사각형 멀리언 50x150mm**
>
> **CW2_수직 고정개수, 멀리언 - 50x150**
> - **(수직 그리드) 배치 : 고정 개수, 멀리언 크기 조정 : 체크 해제**
> - **(수평 그리드) 배치 : 없음**
> - **(수직 및 수평 멀리언) 전체 : 직사각형 멀리언 50x150mm**

02

프로젝트 탐색기에서 패밀리의 벽을 확장하고, 커튼월 패밀리의 커튼월 유형을 더블클릭하여 유형 특성 창을 엽니다.

03

유형 특성 창에서 복제를 클릭하고, 이름을 'CW1_수직 1600, 멀리언 50x150' 으로 입력합니다.

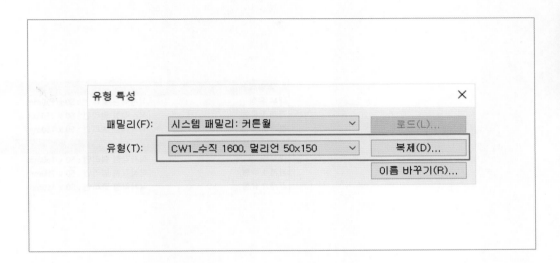

TIP

멀리언 크기 조정을 체크할 경우 그리드 간격을 동일하게 하기 위해 고정 거리에서 설정한 간격이 자동으로 변경될 수 있음

04

수직 그리드의 배치를 **고정 거리**로 선택하고, 간격을 1600으로 입력합니다. **멀리언 크기 조정**은 체크 해제합니다. 수평 그리드의 배치는 **없음**을 선택합니다.

수직 그리드		☆
배치	고정 거리	
간격	1600.0	
멀리언 크기 조정	☐	
수평 그리드		☆
배치	없음	
간격		
멀리언 크기 조정	☐	

05

수직 및 수평 멀리언의 모든 유형을 직사각형 멀리언 50x150mm로 선택합니다. 적용을
클릭합니다.

06

계속해서 유형을 추가하기 위해 복제를 클릭하고, 이름을 'CW2_수직 고정개수, 멀리언
50x150' 으로 입력합니다.

07

수직 그리드의 배치는 **고정 개수**, 멀리언 크기 조정은 체크 해제합니다. 수평 그리드의 배치는 없음을 선택합니다. 고정 개수의 개수는 인스턴스 특성으로 작성 시 특성 창에서 입력합니다.

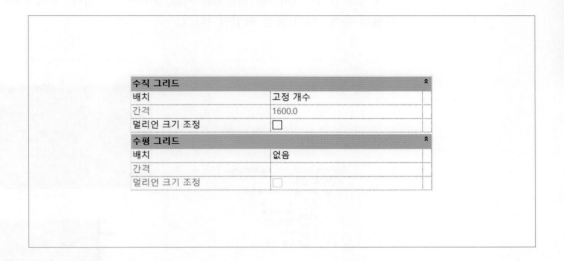

수직 그리드		⌃
배치	고정 개수	
간격	1600.0	
멀리언 크기 조정	☐	
수평 그리드		⌃
배치	없음	
간격		
멀리언 크기 조정	☐	

08

수직 및 수평 멀리언의 모든 유형을 직사각형 멀리언 50x150mm로 선택합니다. 확인을 클릭하여 유형 특성 창을 닫습니다.

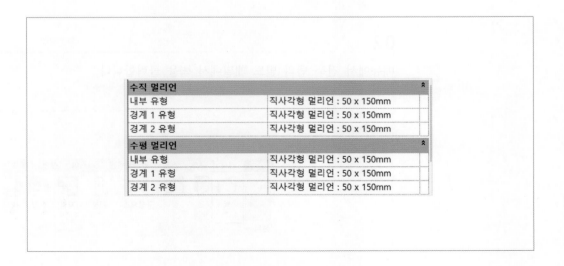

수직 멀리언		⌃
내부 유형	직사각형 멀리언 : 50 x 150mm	
경계 1 유형	직사각형 멀리언 : 50 x 150mm	
경계 2 유형	직사각형 멀리언 : 50 x 150mm	
수평 멀리언		⌃
내부 유형	직사각형 멀리언 : 50 x 150mm	
경계 1 유형	직사각형 멀리언 : 50 x 150mm	
경계 2 유형	직사각형 멀리언 : 50 x 150mm	

커튼월 작성

1층 외부에 커튼월을 작성합니다.

01

프로젝트 탐색기에서 **1층 평면도**를 더블 클릭하여 엽니다. 뷰에 CAD 파일을 참고하여 커튼월의 유형, 위치 등을 확인합니다.

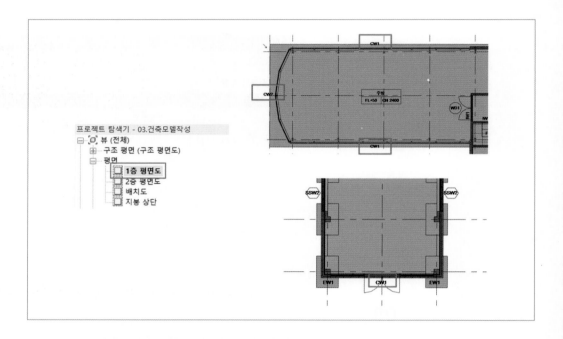

02

메뉴에서 건축 탭의 빌드 패널에서 **벽**을 클릭합니다.

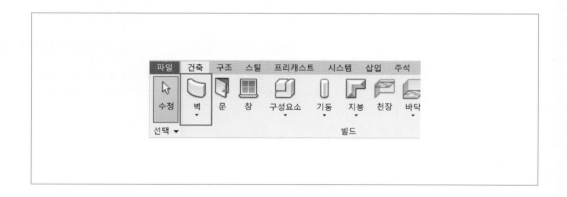

03

유형 선택기에서 커튼월 패밀리의 CW1_수직 1600, 멀리언 50x150 유형을 선택합니다.

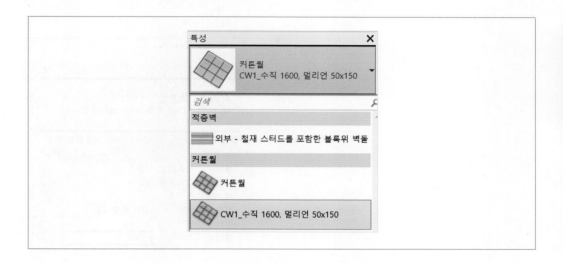

04

옵션바에서 높이, 2층을 선택합니다. 커튼월은 위치선 옵션을 사용할 수 없습니다. 그리기 패널에서 **선**을 선택합니다.

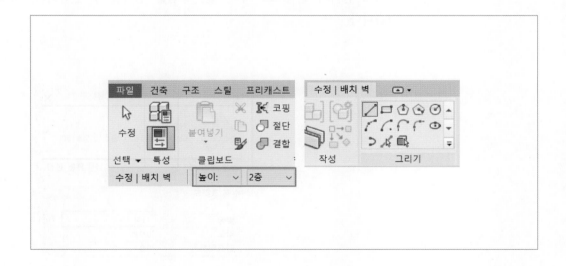

05

특성 창에서 **상단 간격띄우기** 값을 −350으로 입력합니다. 입력한 값은 철골보의 하단 높이입니다.

06

특성 창에서 **수직 그리드의 맞춤**이 시작으로 설정된 것을 확인합니다. 맞춤은 커튼월의 그리드 간격의 원점으로 시작, 끝, 중심을 선택할 수 있습니다. 작성 후에도 변경할 수 있습니다.

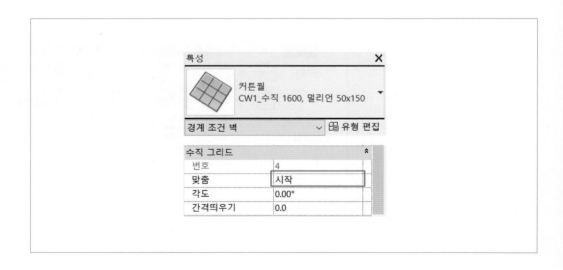

07

뷰에서 Y1 열의 CAD 파일을 참고하여 커튼월의 시작점과 끝점을 클릭하고, esc를 한번
눌러 연속 작성을 취소합니다.

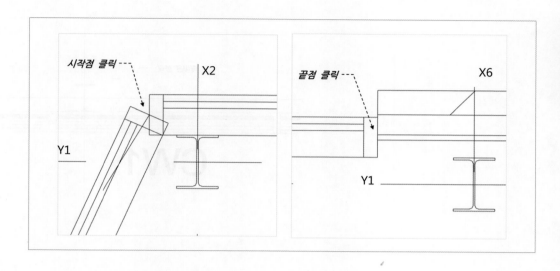

08

계속해서 Y3 열의 CAD 파일을 참고하여 커튼월의 시작점과 끝점을 클릭하고 esc를 두번
눌러 완료합니다.

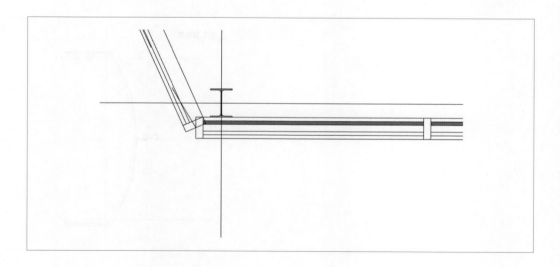

09

만약 커튼월의 방향이 반대라면 커튼월의 방향을 변경하기 위해 뷰에서 커튼월을 선택하고, 방향 변경 아이콘을 클릭하거나 스페이스바를 누릅니다.

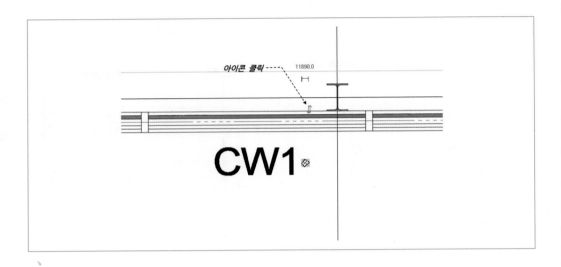

10

X1~2 그리드 사이의 곡선 형태의 커튼월을 확인합니다. 곡선 형태의 커튼월은 벽 선은 곡선이지만 그리드는 직선으로 구성됩니다.

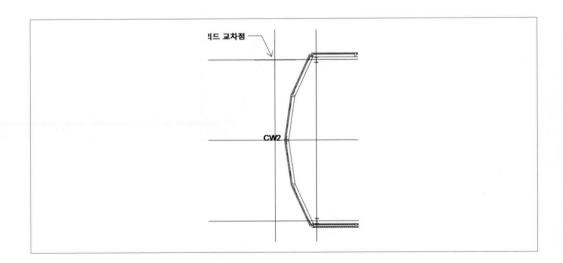

11

메뉴에서 건축 탭의 빌드 패널에서 벽을 클릭합니다.

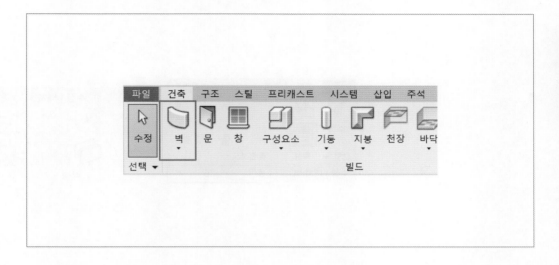

12

유형 선택기에서 CW2_수직 고정개수, 멀리언 50x150 유형을 선택합니다.

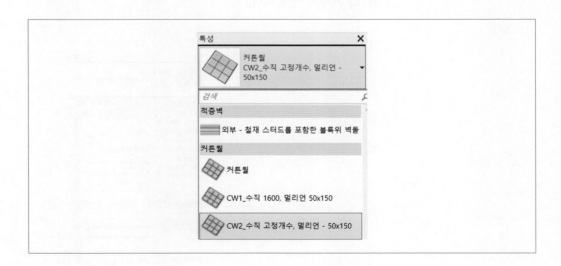

13

옵션바에서 높이, 2층을 선택하고, 그리기 패널에서 선 선택을 클릭합니다.

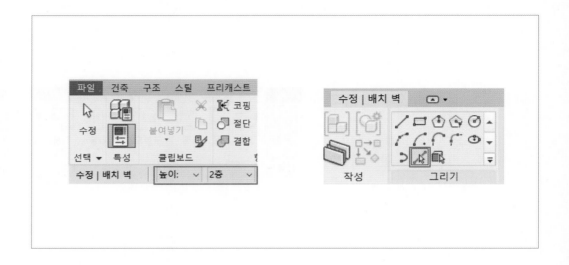

14

특성 창에서 상단 간격띄우기는 −350, 수직 그리드의 번호는 3을 입력합니다. 번호는 **수직 그리드의 개수**를 말합니다.

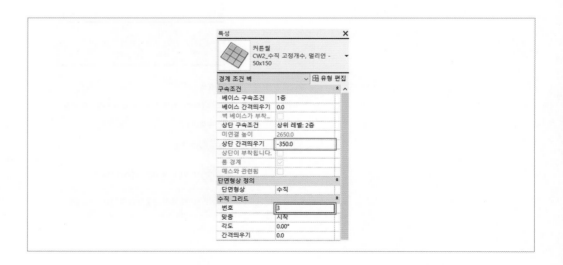

15

뷰에서 호를 클릭하여 커튼월을 작성하고 Esc를 두 번 눌러 완료합니다. 필요시 반전을 클릭하여 커튼월의 방향을 변경합니다.

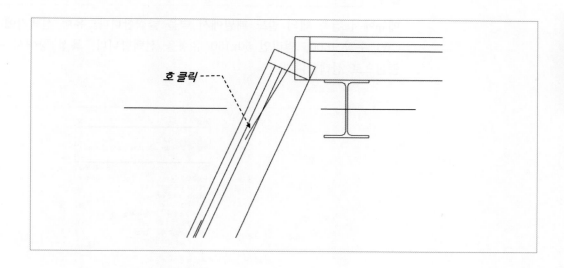

16

3D 뷰에서 작성한 내용을 확인합니다.

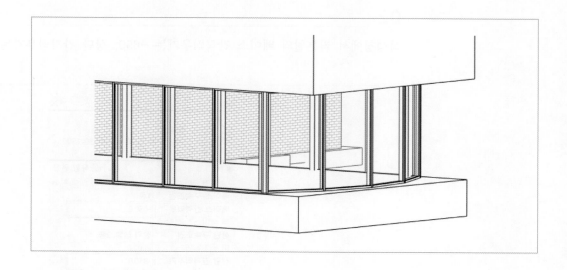

커튼월 편집

커튼월의 그리드 및 패널을 편집하여 출입문을 작성합니다.

01

메뉴에서 건축 탭의 빌드 패널에서 벽을 클릭합니다. 유형 선택기에서 커튼월 패밀리의 CW1_수직 1600, 멀리언 50x150 유형을 선택합니다. 특성 창에서 수직 그리드 맞춤을 중심으로 선택합니다.

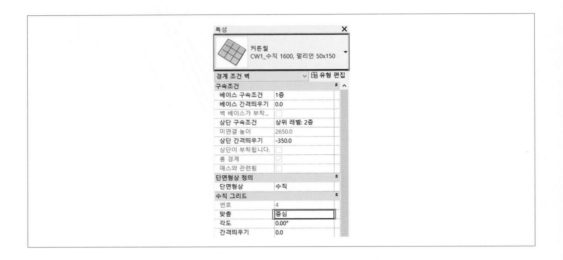

02

특성창에서 커튼월의 베이스 간격띄우기는 –650, 상단 간격띄우기는 –850입력합니다.

03

앞선 방법과 같이 Y7열 부분에 CW1_수직 1600, 멀리언 50x150 유형의 커튼월을 작성합니다.

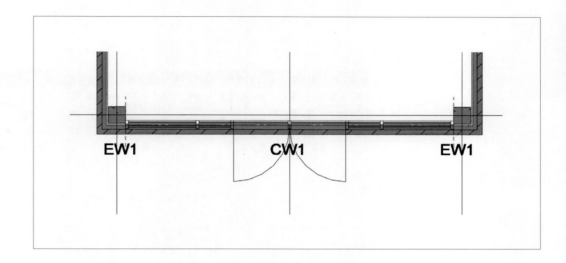

04

Y7열에는 앞선 작성한 외부 벽이 있기 때문에 커튼월을 작성하면 벽이 겹친다는 경고창이 표시됩니다. 겹치는 것은 다시 수정할 것입니다. X를 눌러 창을 닫습니다.

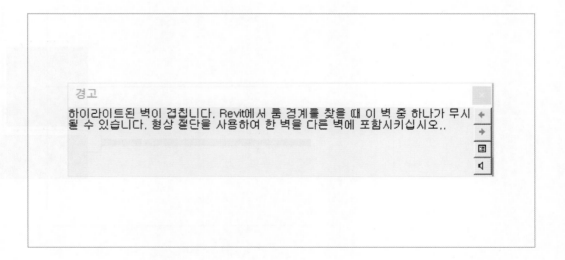

05

메뉴에서 수정 탭의 형상 패널에서 **절단**을 클릭합니다.

06

뷰에서 외부 벽과 커튼월을 차례로 클릭합니다. 커튼월이 외부 벽의 형상을 잘라냅니다. Esc를 한 번 눌러 완료합니다.

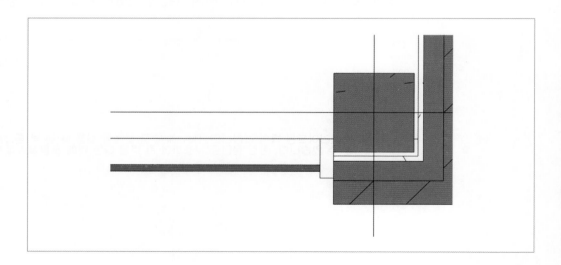

07

커튼월의 그리드 및 패널을 수정하기 위해 3D 뷰에서 해당 커튼월을 선택하고, 뷰 조절 막대에서 임시 숨기기/분리의 **요소 분리**를 클릭합니다.

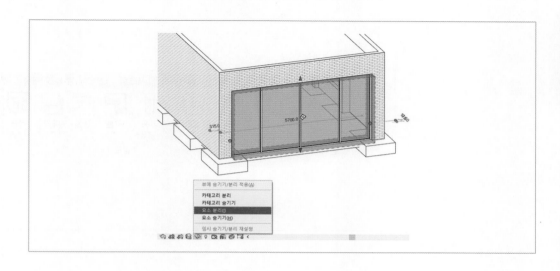

08

뷰에 임시 숨기기/분리가 적용되면 뷰의 오른쪽 위에 해당 내용이 표시됩니다. 임시 숨기기/분리는 프로젝트가 열려 있는 동안만 적용됩니다. 프로젝트 종료 후에는 적용되지 않습니다.

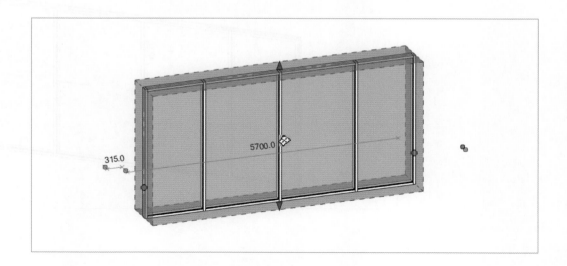

09

메뉴에서 건축 탭의 빌드 패널에서 **커튼 그리드**를 클릭합니다.

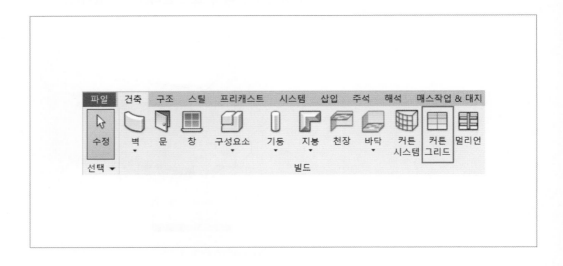

10

뷰에서 커튼월의 내부 수직 그리드 위에 마우스를 위치하면 추가할 수평 그리드가 미리 보기로 표시됩니다.

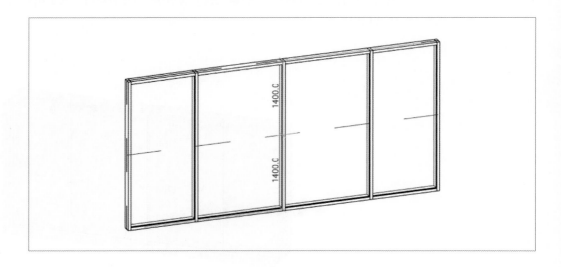

11

임시 치수를 참고하여 아래에서 2200 높이가 되도록 클릭하여 그리드를 작성합니다.

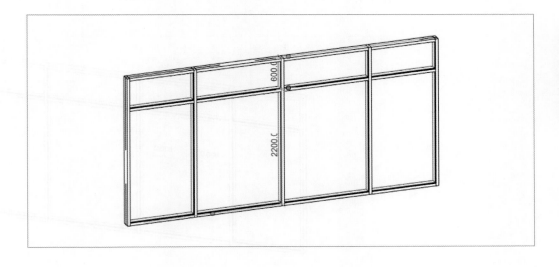

12

그리드가 작성되면 패널이 분리되고, 멀리언이 작성됩니다.

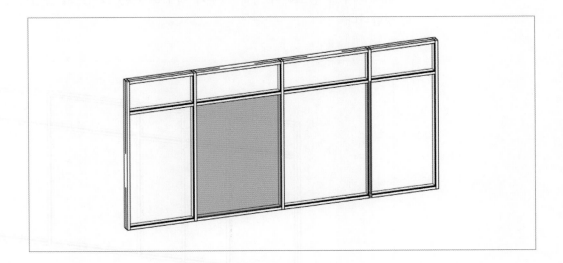

13

계속해서 수평 그리드 위에 마우스를 위치하면 추가할 수직 그리드가 미리보기로 표시
됩니다.

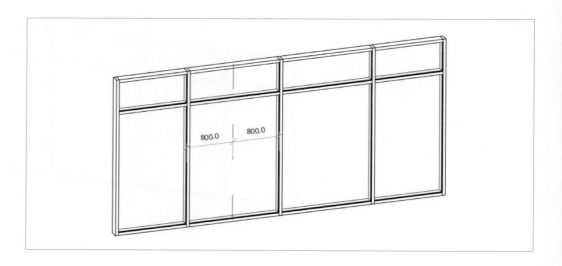

14

임시 치수를 참고하여 양쪽 치수가 같도록 기존 그리드의 중심을 클릭하여 그리드를 작
성합니다.

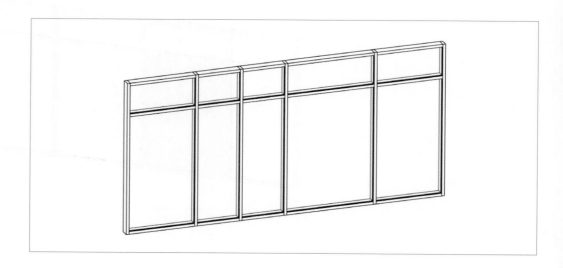

15

같은 방법으로 1개의 수직 그리드를 추가하고, esc를 두번 눌러 완료합니다.

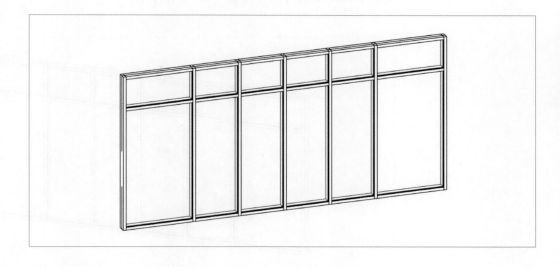

16

작성한 그리드 위에 마우스를 위치하면 그리드가 미리보기로 표시됩니다. 만약 그리드의 미리보기가 표시되지 않는다면 tab키를 표시될때까지 여러 번 누릅니다.

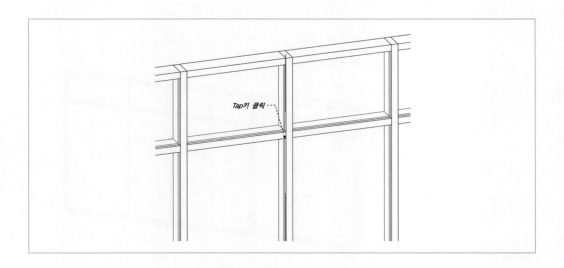

17

그리드 미리보기를 클릭하여 선택하면, 임시 치수가 표시됩니다. 임시 치수의 값을 입력하여 그리드 위치를 수정할 수도 있습니다.

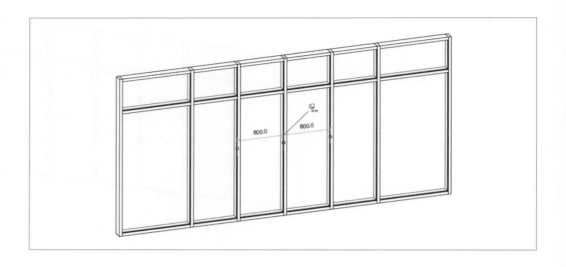

18

메뉴에서 **세그먼트 추가/제거**를 클릭하고, 뷰에서 제거하고자 하는 그리드 부분을 클릭합니다.

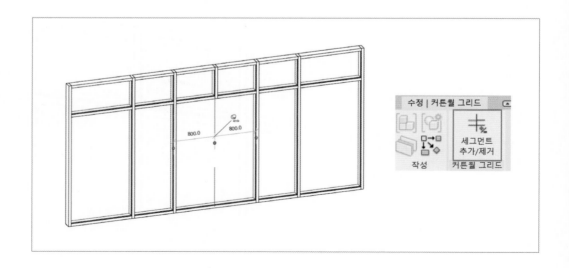

19

멀리언이 제거되고 패널이 1개로 변경됩니다. Esc를 한 번 눌러 완료합니다.

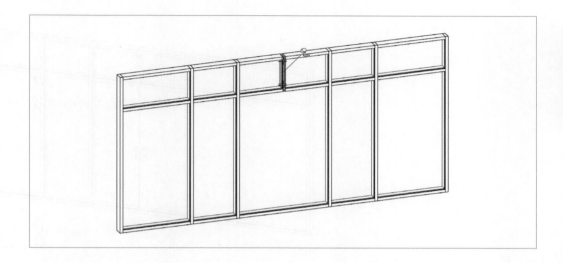

20

패널을 선택하고, 유형 선택기에서 **커튼월 이중 유리** 유형을 선택합니다.

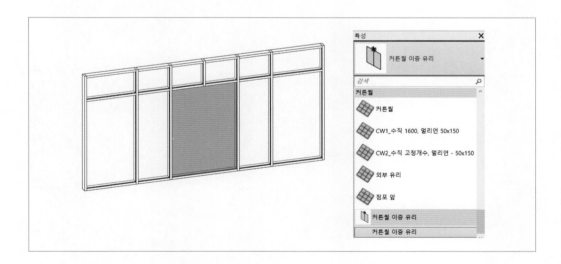

21

뷰에서 출입문이 작성된 것을 확인합니다.

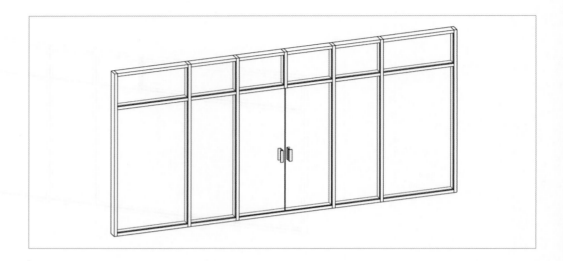

SECTION

05 지붕 작성

학습 내용

지붕 평면도를 참고하여 경사 지붕을 작성합니다. 시험에서는 CAD 파일과 제시하는 조건을 참고하여 작성하면 됩니다.

지붕 작성

지붕 평면에서 경사 지붕을 작성합니다.

01

프로젝트 탐색기에서 **지붕 평면도**를 더블클릭하여 엽니다. 뷰에서 지붕의 유형, 위치, 경사 등을 확인합니다.

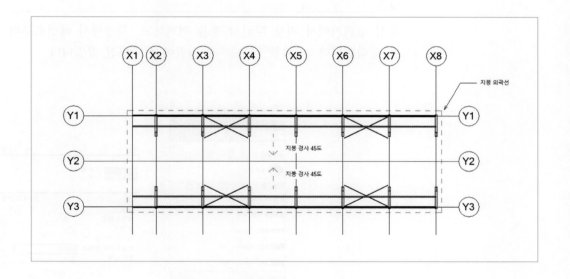

02

메뉴에서 건축 탭의 빌드 패널에서 지붕을 확장하여 **외곽 설정으로 지붕만들기**를 클릭합니다.

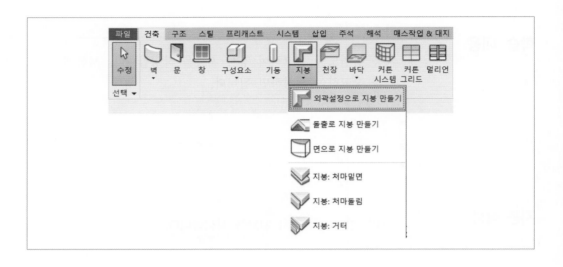

03

유형 선택기에서 지붕_타일 유형을 선택하고, 특성에서 레벨로부터 간격띄우기에 −200을 입력합니다. 입력한 값은 부재 일람에서 주어진 값입니다.

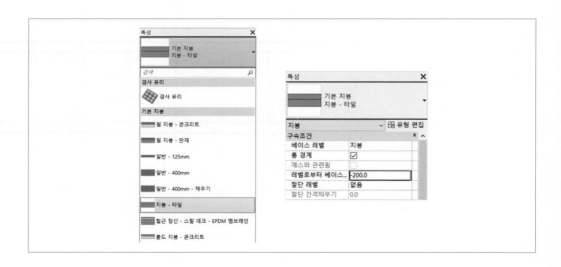

04

옵션바에서 경사 정의를 체크해제하고, 그리기 패널에서 경계선과 직사각형을 선택합니다.

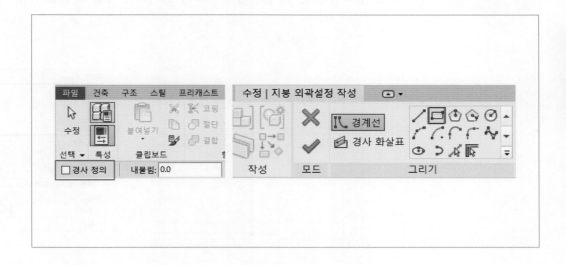

05

뷰에서 지붕 경계선의 직사각형 시작점과 끝점을 클릭하고, esc를 두번 눌러 완료합니다.

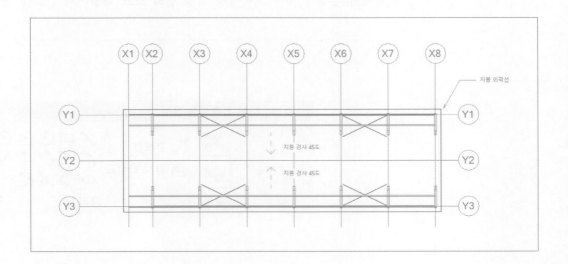

TIP

경사를 적용하지 않으면 평평한 지붕이 작성됨

06

경사를 적용하기 위해 수평선 2개를 선택하고, 특성 창에서 **지붕 경사 정의 체크**, 경사 45를 입력합니다. 뷰에서 경사 마크가 표시되는 것을 확인합니다.

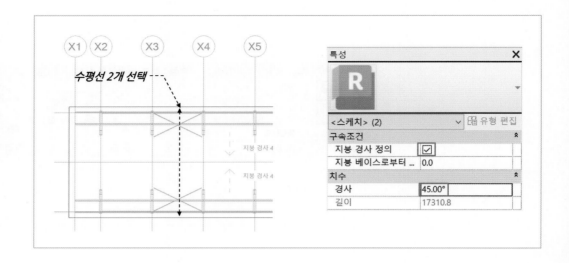

07

메뉴에서 수정 | 지붕 외곽설정 작성 탭의 모드 패널에서 완료를 클릭합니다.

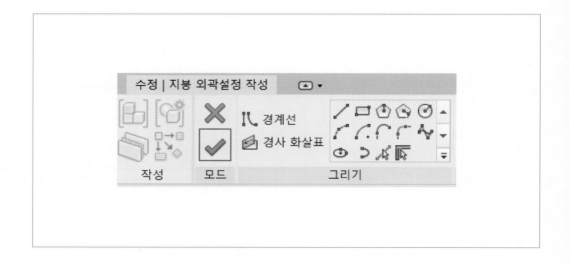

08

3D 뷰에서 작성한 내용을 확인합니다.

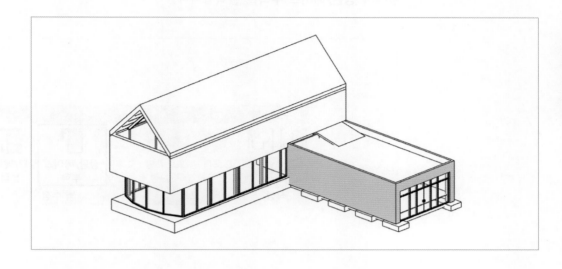

지붕에 벽 상단 부착 및 벽 프로파일 수정

작성한 경사 지붕에 벽의 상단을 부착하고 벽의 프로파일을 수정하여 오프닝을 만듭니다.

01

3D 뷰에서 2층의 외부 벽을 선택하고, 우클릭하여 모든 인스턴스 선택의 **표시된 뷰에서**
를 클릭합니다.

02

같은 유형의 모든 벽이 선택된 것을 확인합니다. 메뉴에서 수정 | 벽 탭의 벽 수정 패널에서 **상단/베이스 부착**을 클릭합니다.

03

옵션바에서 벽 부착 위치가 **상단**인 것을 확인합니다.

04

뷰에서 경사 지붕을 클릭하면 선택한 모든 벽이 경사 지붕에 부착됩니다.

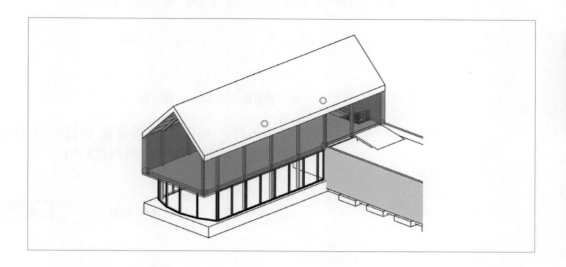

05

Esc를 눌러 모든 선택을 취소하고, 우측의 외부 벽을 선택합니다. 메뉴에서 수정 | 벽 탭의 모드 패널에서 **프로파일 편집**을 클릭합니다.

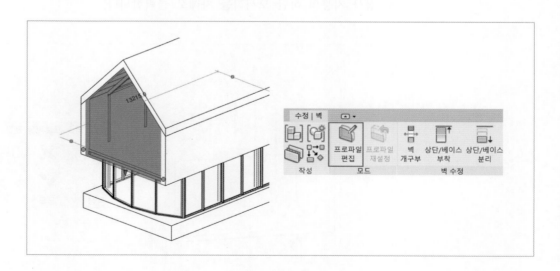

06

편집을 위해 부착이 제거된다는 메시지 창이 표시되면 닫기를 클릭합니다. 벽의 프로파일을 수정하기 위해서는 벽의 부착을 제거해야 합니다.

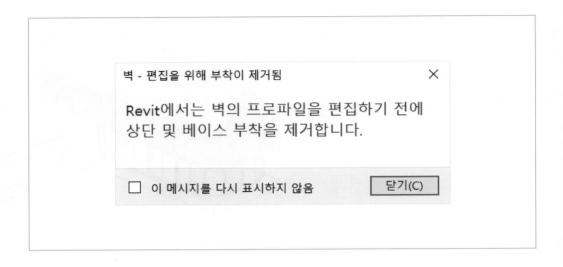

07

뷰에서 벽의 외곽 선을 확인합니다. 메뉴에서 그리기 패널의 선 선택을 클릭하고, 뷰에서 경사 지붕의 하단 모서리를 차례로 클릭합니다.

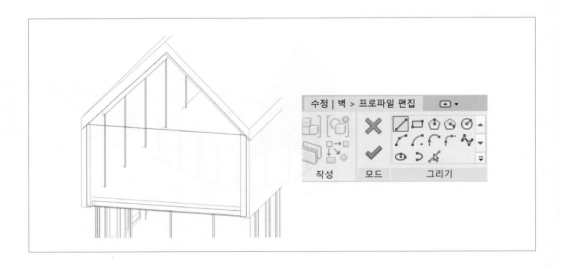

08

뷰에서 기존의 벽 상단 선택하고, 메뉴에서 삭제를 클릭합니다.

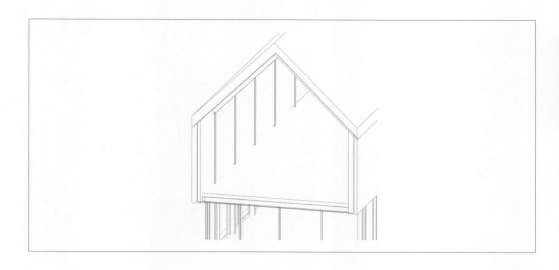

09

메뉴에서 수정 패널의 **코너로 자르기/연장**을 클릭하고, 뷰에서 경사선과 수직선을 차례로 클릭합니다.

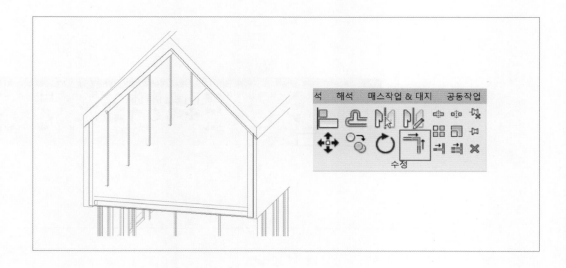

10

계속해서 반대편의 경사선과 수직선을 수정하고, esc를 눌러 완료합니다.

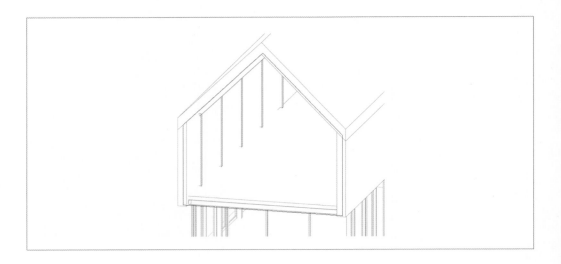

11

그리기 패널에서 선 선택을 클릭하고, 옵션바에서 간격띄우기에 500을 입력합니다.

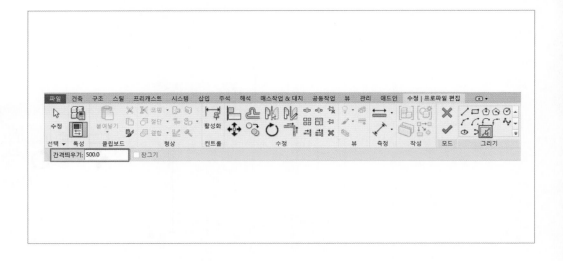

TIP

마우스의 위치에 따라
안쪽 또는 바깥쪽에 미
리보기 표시됨

12

벽의 프로파일 선 위에 마우스를 위치하면 500만큼 간격띄우기 된 미리보기 선이 표시됩니다. 미리보기 선이 벽 안쪽이 되도록 마우스의 위치를 조정합니다.

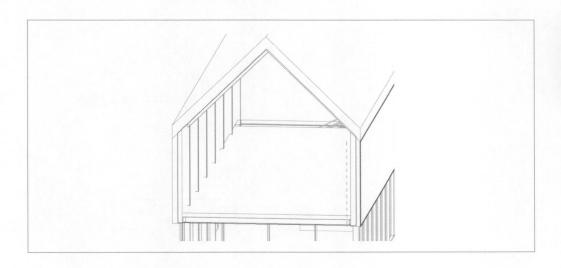

13

벽 전체 프로파일이 선이 하이라이트 되도록 키보드에서 tab키를 누릅니다. 필요시 여러 번 누릅니다.

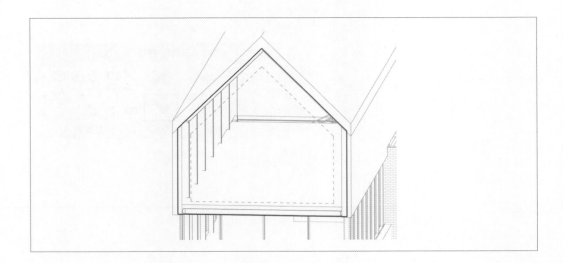

14

전체 선이 하이라이트 되면 클릭하여 프로파일 선을 안쪽에 작성합니다.

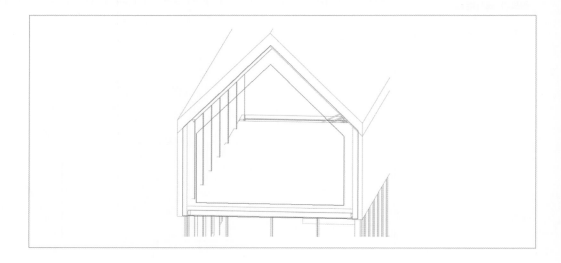

15

메뉴에서 모드 패널의 완료를 클릭합니다.

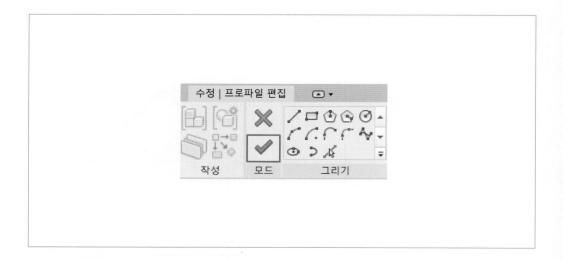

16

벽과 대상을 결합된 상태로 유지할 수 없습니다 경고 창이 표시되면 요소 결합 해제를 클릭합니다. 지붕과 벽은 자동으로 형상이 결합되는데, 형상 결합이 해제된다는 내용입니다. 벽의 프로파일을 직접 편집하였으므로 형상 결합을 유지하지 않아도 됩니다.

Autodesk Revit 2023

오류 – 무시할 수 없습니다

벽과 대상을(를) 결합된 상태로 유지할 수 없습니다.

표시(S)   자세한 정보(I)   확장(E) >>

요소 결합 해제   확인(O)   취소(C)

17

뷰 조절 막대에서 비주얼 스타일을 음영 처리로 변경하여 작성한 벽을 확인합니다.

06 바닥 작성

학습 내용

CAD 파일을 참고하여 1층의 거실, 주방, 화장실에 내부 바닥을 작성합니다. 시험에서는 CAD 파일과 제시하는 조건을 참고하여 작성하면 됩니다.

바닥 작성

1층의 거실, 주방, 화장실에 내부 바닥을 작성합니다.

01

프로젝트 탐색기에서 **1층 평면도**를 더블클릭하여 엽니다. 뷰에서 바닥의 유형, 위치, 높이 등을 확인합니다.

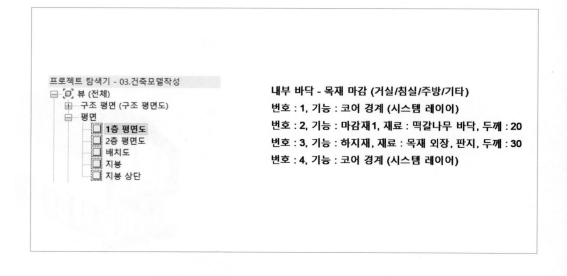

02

메뉴에서 건축 탭의 빌드 패널에서 **바닥**을 클릭합니다.

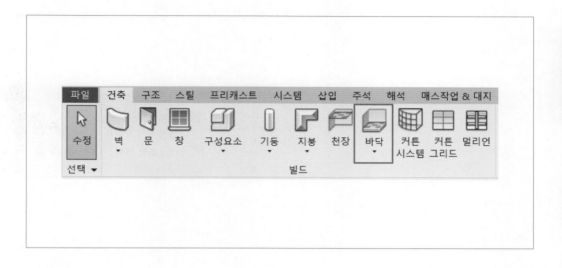

03

유형 선택기에서 내부 바닥_목재 마감 유형을 선택하고, 레벨로부터 높이 간격띄위기에 50을 입력합니다. 입력한 값은 도면에 표기된 바닥 높이 입니다.

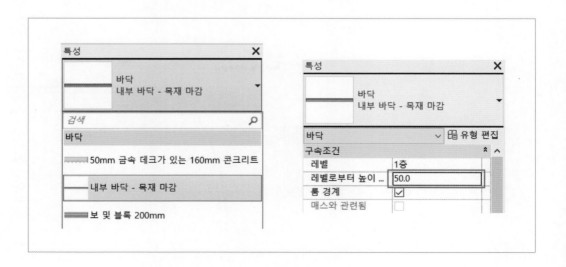

04

메뉴에서 수정 | 경계 편집 탭의 그리기 패널에서 경계선과 선을 클릭합니다.

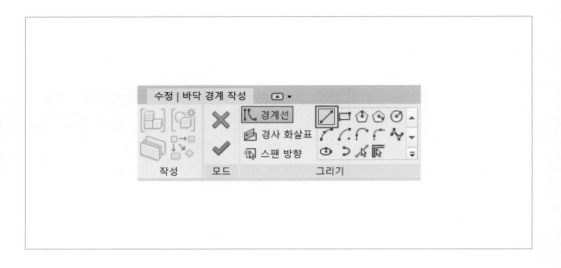

05

뷰에서 외벽 및 커튼월 멀리언의 안쪽에 바닥의 경계선을 작성합니다.

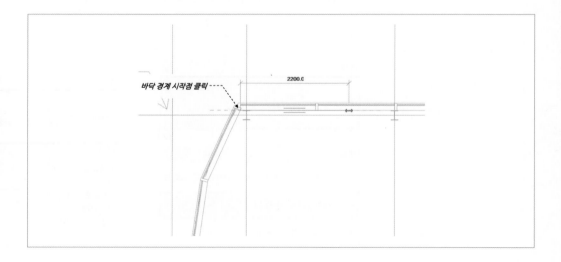

06

메뉴에서 모드의 완료 패널을 클릭하여 바닥 작성을 완료합니다.

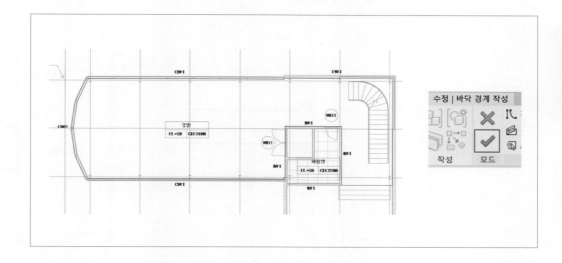

07

계속해서 바닥을 하기 위해 뷰에서 빈곳을 우클릭하여 **명령 반복**을 클릭하거나, 키보드에서 enter를 누릅니다. 바닥은 각 실별로 작성해야 합니다.

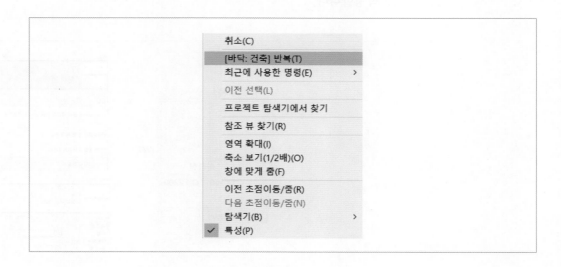

08

거실 바닥을 작성하기 위해 특성에서 레벨로부터 높이 간격띄우기에 −600을 입력하여 바닥을 작성합니다.

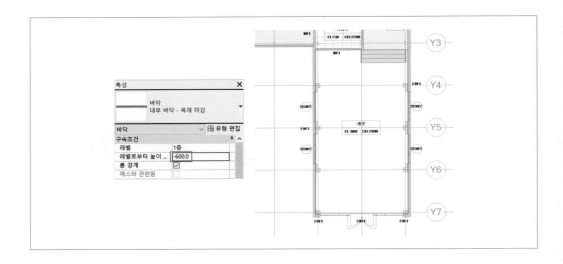

09

화장실 바닥을 작성하기 위해 화장실 타일 마감 유형을 선택하여 FL+50 높이에 바닥을 작성합니다.

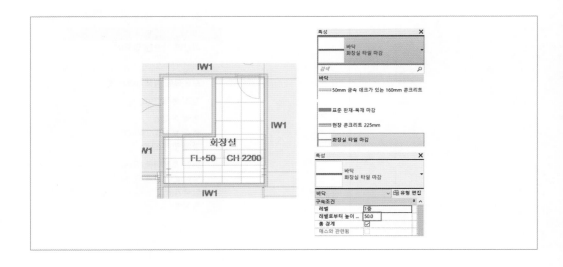

학습 내용

CAD 파일을 참고하여 1층의 각 실에 천장을 작성합니다. 시험에서는 CAD 파일과 제시하는 조건을 참고하여 작성하면 됩니다.

자동 천장 작성

1층의 화장실에 자동 천장 방식으로 천장을 작성합니다.

01

프로젝트 탐색기에서 천장 평면도의 **1층 천장 평면도**를 더블클릭하여 엽니다.

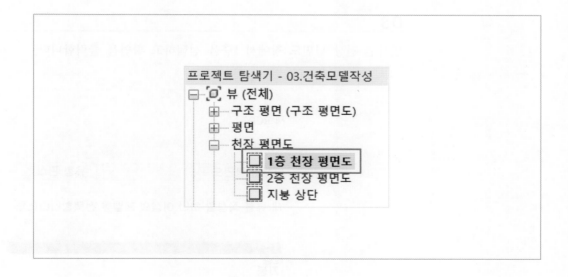

02

만약 천장 평면도가 없다면 메뉴에서 뷰 탭의 작성 패널에서 평면도를 확장하여 **반사된 천장 평면도**를 클릭합니다.

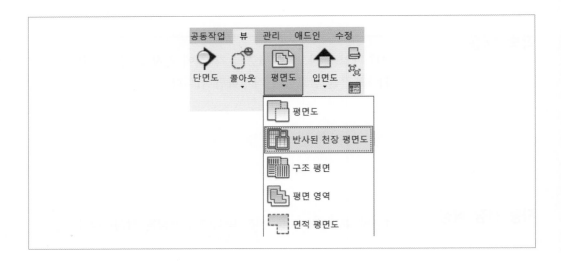

03

반사된 천장 평면도 창에서 1층을 선택하고 확인을 클릭합니다.

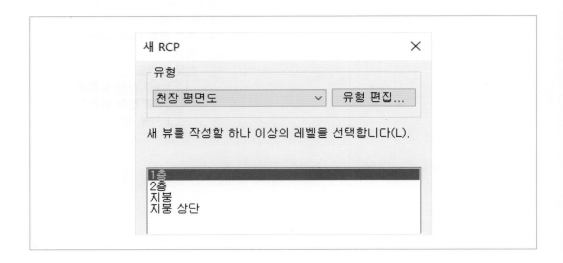

04

1층 천장 평면도의 뷰 조절 막대에서 상세 수준은 높음, 비주얼 스타일은 음영 처리로 선택합니다.

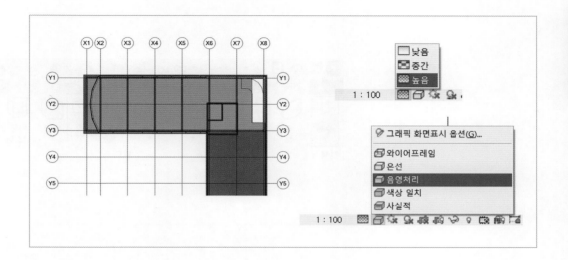

05

특성 창에서 뷰 범위의 **편집** 버튼을 클릭합니다. 뷰 범위 창에서 절단 기준면을 1500으로 입력하고 확인을 클릭합니다.

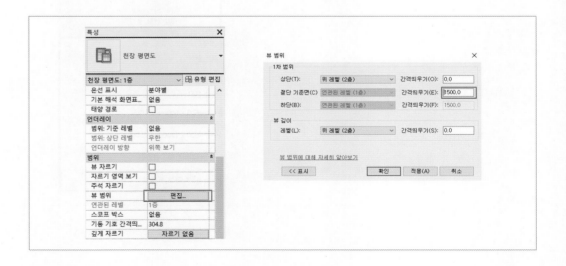

06

메뉴에서 건축 탭의 빌드 패널에서 **천장**을 클릭합니다.

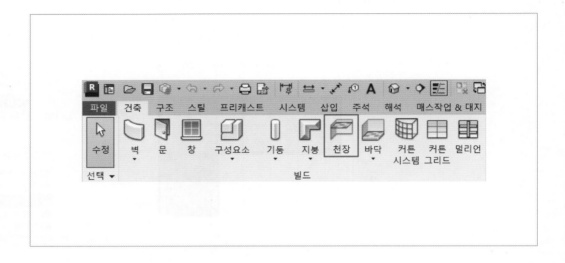

07

유형 선택기에서 내부 천장_플레인을 선택합니다.

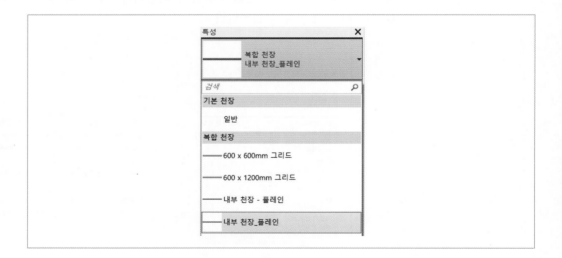

08

특성 창에서 레벨로부터 높이 간격띄우기에 2150을 입력합니다. 2150은 천장 높이 2100에 바닥 높이 FL+50을 반영한 값입니다. 천장 높이 입력시 바닥의 높이를 반영하는 것에 주의합니다.

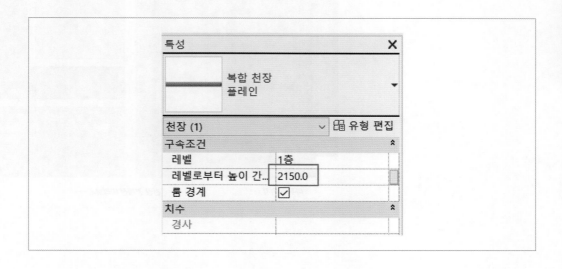

TIP

자동 천장 또는 천장 스케치의 선택은 사용자 편의 사항으로 시험에서 평가 대상이 아님

09

메뉴에서 수정 | 배치 천장 탭의 천장 패널에서 **자동 천장**을 선택합니다. 자동 천장은 벽으로 구획된 실에 적용할 수 있으며, 천장 스케치는 사용자가 영역을 스케치하여 작성합니다.

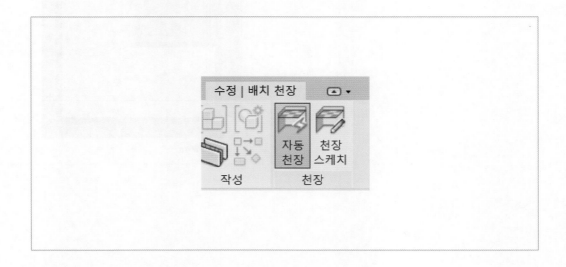

10

뷰에서 화장실 안쪽에 마우스를 위치하면 천장의 **외곽선**이 표시됩니다.

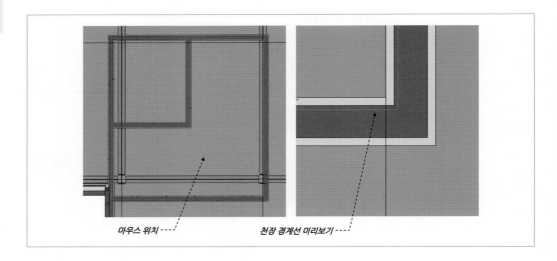

마우스 위치 ---   천장 경계선 미리보기 ---

11

외곽선을 확인한 후 클릭하여 천장을 작성합니다. Esc를 눌러 완료합니다.

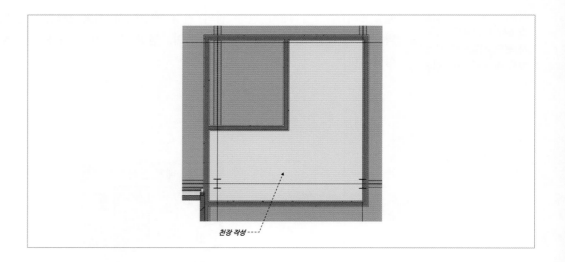

천장 작성 ---

12

3D 뷰에서 단면상자를 조정하여 작성한 내용을 확인합니다.

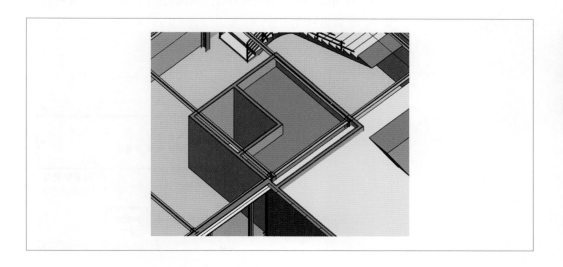

천장 스케치 작성

1층의 주방 및 거실에 천장 스케치 방식으로 천장을 작성합니다.

01

1층 천장 평면도를 활성화하고, 메뉴에서 건축 탭의 빌드 패널에서 천장을 클릭합니다.

02

유형 선택기에서 내부 천장_플레인 유형을 선택하고, 특성 창에서 레벨로부터 높이 간격띄우기에 2450을 입력합니다. 2450은 주방의 천장 높이인 2400에 바닥 높이 FL+50을 더한 값입니다.

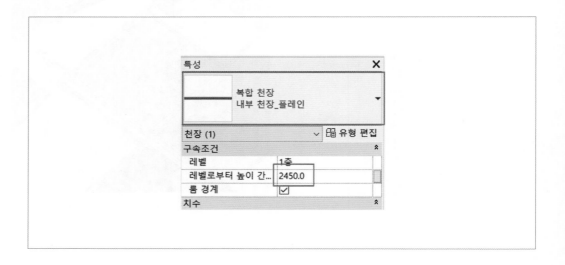

03

메뉴에서 수정 | 배치 천장 탭의 천장 패널에서 **천장 스케치**를 선택합니다.

04

옵션바에서 체인을 체크하고, 그리기 패널에서 경계선과 선을 선택합니다.

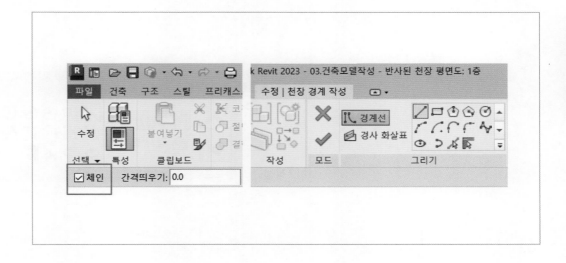

05

뷰에서 커튼월 멀리언과 외벽의 안쪽에 영역 스케치를 작성합니다. 스케치는 반드시 닫혀 있어야 합니다.

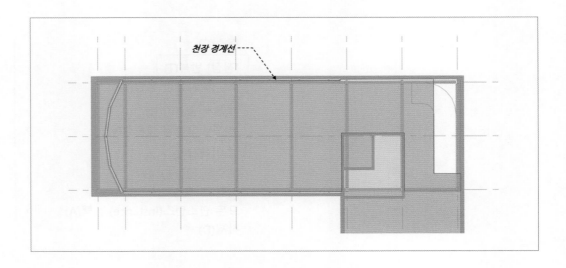

천장 경계선

06

메뉴에서 모드 패널의 완료를 클릭합니다.

07

계속해서 거실의 천장을 작성하기 위해 뷰에서 빈곳을 우클릭하여 **명령 반복**을 클릭합
니다. 또는 enter를 누릅니다.

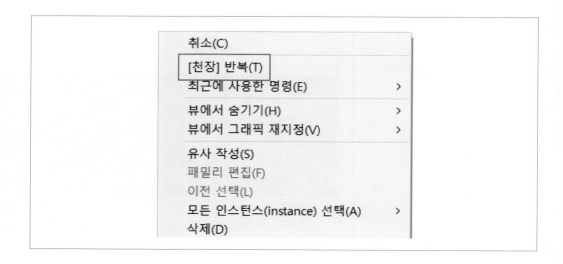

08

유형 선택기에서 내부 천장_플레인 유형을 선택하고, 특성 창에서 레벨로부터 높이 간격띄우기에 1800을 입력합니다. 1800은 거실의 천장 높이 2400에 바닥 높이 FL-600을 적용한 값입니다.

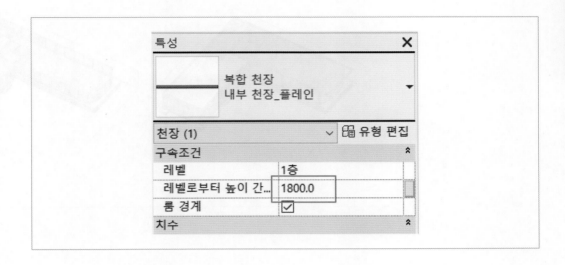

09

같은방법으로 뷰에서 천장의 경계를 스케치하여 완료합니다.

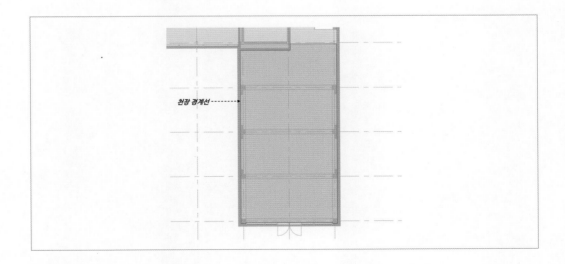

10

3D 뷰에서 작성한 내용을 확인합니다.

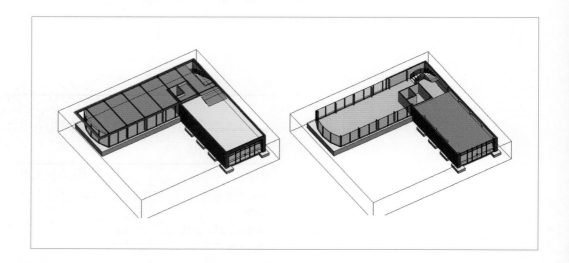

08 문 및 창 작성

학습 내용

CAD 파일을 참고하여 1층에 문과 창을 작성합니다. 시험에서는 CAD 파일과 제시하는 조건을 참고하여 작성합니다.

문 작성

1층에 문을 작성합니다.

01

프로젝트 탐색기에서 **1층 평면도**를 더블클릭하여 엽니다. 뷰에서 문의 유형, 위치 등을 확인합니다.

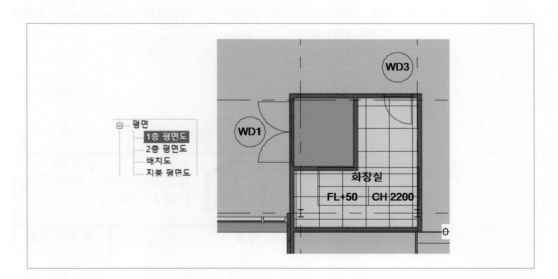

02

메뉴에서 건축 탭의 빌드 패널에서 문을 클릭합니다.

03

유형 선택기에서 목재 양여닫이문 패밀리의 1800x2100mm 유형을 선택하고, 유형 편집
을 클릭합니다.

04

유형 특성 창에서 복제를 클릭하고, 이름을 WD1_1600x2100mm로 입력합니다.

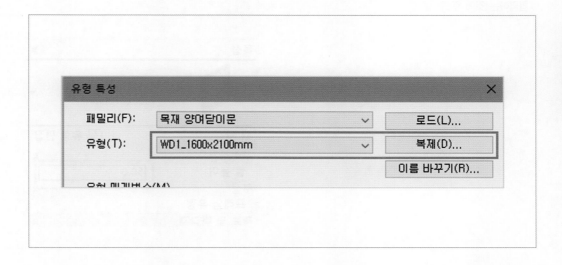

05

치수에서 높이 2100, 폭 1600을 입력하고 확인을 클릭합니다.

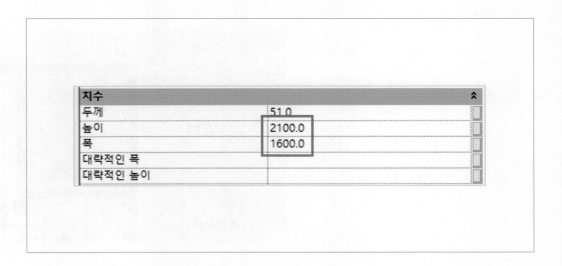

TIP

문 작성 시 바닥의 높
이에 맞춰 씰 높이를
입력하는 것에 주의

06

특성 창에서 씰 높이를 50으로 입력합니다. 바닥의 높이인 FL+50을 반영한 것입니다.

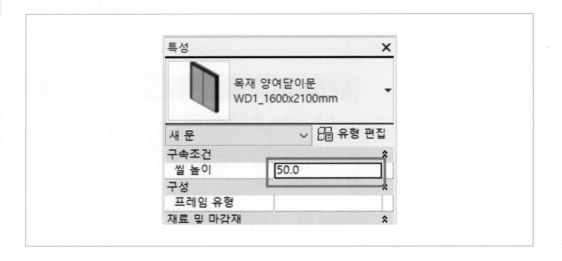

07

뷰에서 주방의 내부 벽 위에 마우스를 위치하면 문의 **미리보기**가 표시됩니다.

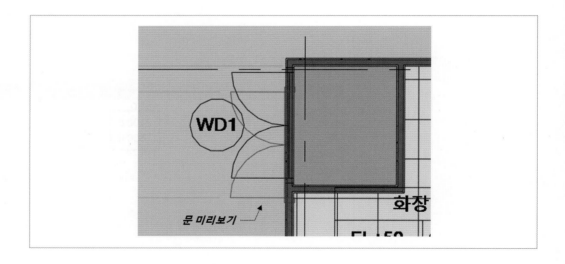

08

미리보기 상태에서 마우스의 위치가 벽의 안쪽 또는 바깥쪽에 따라 문의 **방향**이 변경되는 것을 확인합니다.

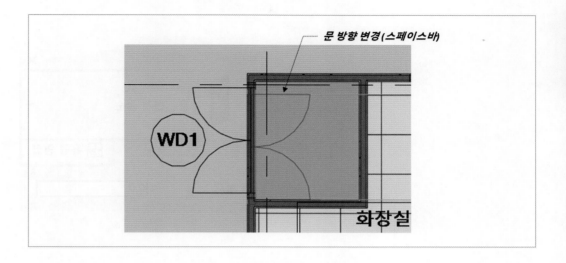

09

문이 주방 안쪽으로 향하도록 한 후 클릭하여 문을 작성합니다. 문 또는 창 작성 시 요소의 배치 기준 위치가 중심이기 때문에 스냅을 사용하는 것이 쉽지 않습니다. 따라서 임의의 위치에 먼저 배치한 후 이동 명령으로 정확한 위치를 수정할 것입니다.

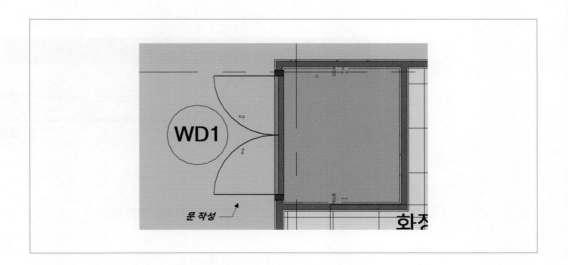

10

계속해서 화장실의 문을 작성하기 위해 유형 선택기에서 문 – 편개 단순 패밀리의 문 –
편개 단순 유형을 선택하고, 유형 편집을 클릭합니다.

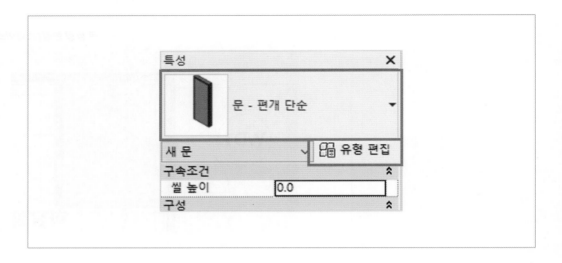

11

유형 특성 창에서 복제를 클릭하고, 이름을 WD3_800x2100mm로 입력합니다.

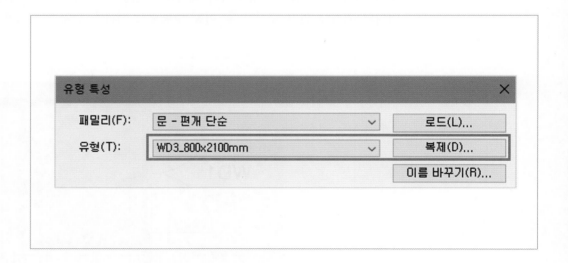

12

치수에서 높이 2100, 폭 800을 입력하고 확인을 클릭하여 창을 닫습니다.

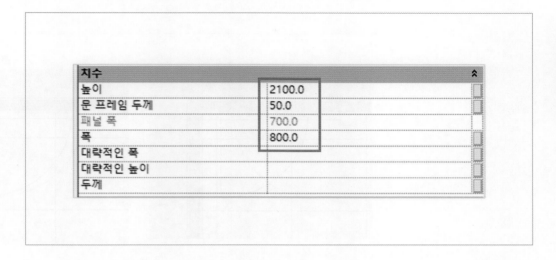

13

특성 창에서 씰 높이에 50을 입력합니다. 씰 높이는 유형 선택기에서 유형을 변경하면 값이 초기화 되는 것에 주의합니다.

14

뷰에서 화장실 벽에 마우스를 위치하고, 미리보기를 참고하여 방향을 맞춥니다.
문 방향이 다르면 스페이스바를 눌러 변경 합니다.

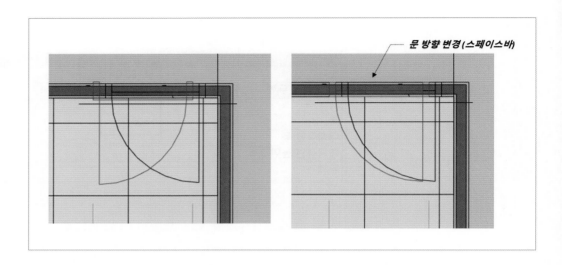

15

임의의 위치를 클릭하여 문을 작성하고, esc를 두 번 눌러 완료합니다.

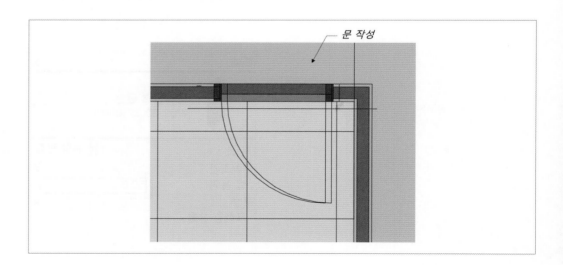

16

뷰에서 작성한 화장실 문을 선택합니다. 문의 방향을 수정할 수 있는 **반전 마크**와 임시 치수가 표시되는 것을 확인합니다. 필요시 문의 방향을 수정합니다.

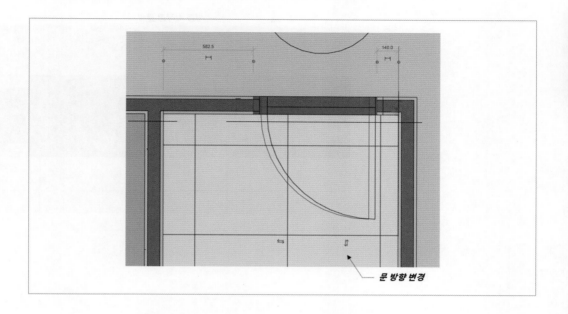

문 방향 변경

17

문의 위치를 이동하기 위해 문을 선택한 상태로 메뉴에서 수정 | 문 탭의 수정 패널에서 **이동**을 클릭합니다.

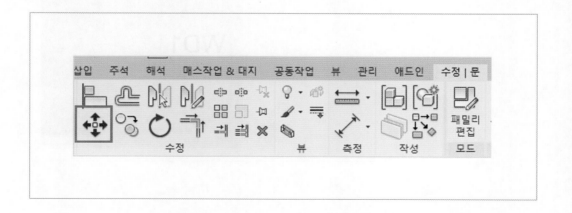

18

뷰에서 CAD 파일을 참고하여 이동의 시작점과 끝점을 클릭합니다.

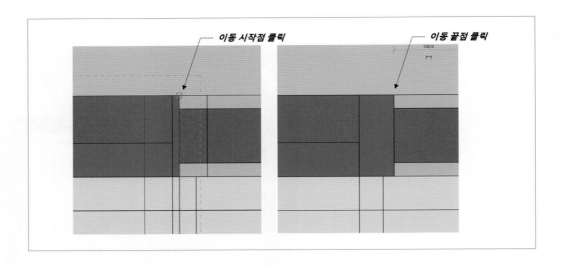

19

같은 방법으로 주방의 문도 정확한 위치로 이동합니다.

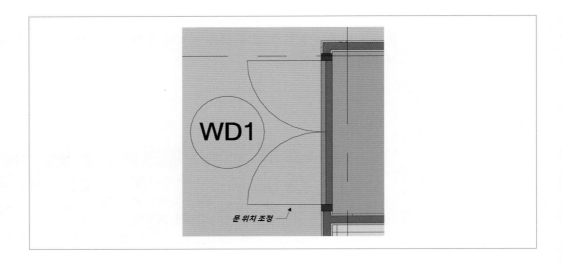

20

3D 뷰에서 작성한 내용을 확인합니다.

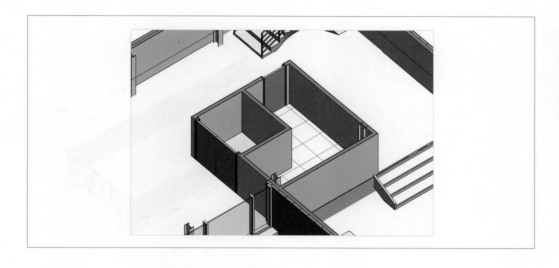

창 작성

1층의 거실에 창을 작성합니다.

01

1층 평면도 뷰를 활성화합니다. 뷰에서 창의 유형, 위치 등을 확인합니다.

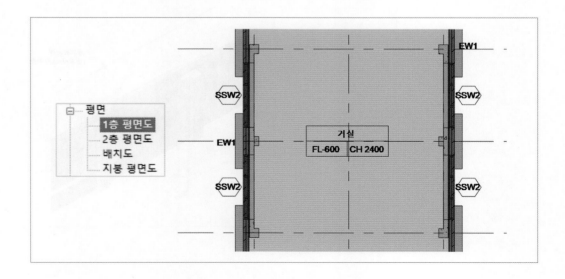

02

창의 씰 높이를 확인하기 위해 3D 뷰를 열고 단면 상자를 조정하여 구조 모델의 개구부가 표시되도록 합니다.

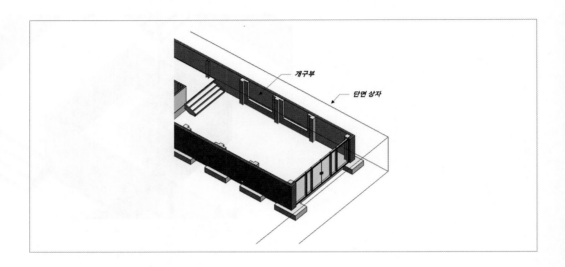

03

뷰에서 구조 모델의 **개구부**를 선택합니다. 필요시 tab 키를 개구부가 표시될 때까지 누른 후 선택합니다.

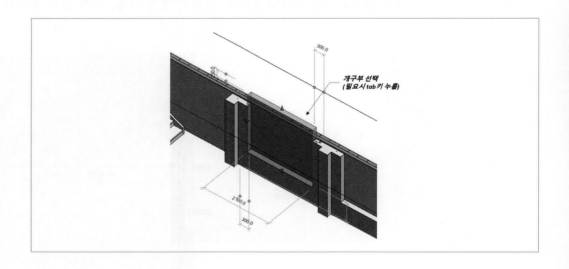

04

특성 창에서 개구부의 베이스 간격띄우기 값이 0인 것을 확인합니다. 이 값을 창의 씰 높이로 사용할 것입니다. 만약 시험에서 입면도 또는 단면도와 같은 자료가 주어진다면, 자료에서 창의 씰 높이를 확인할 수도 있습니다.

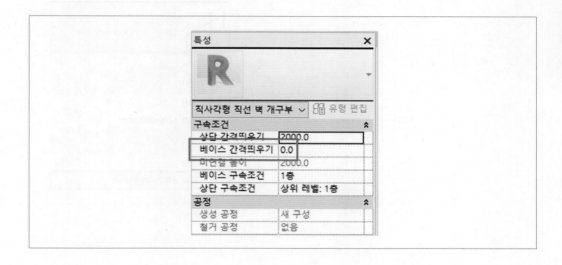

05

창을 작성하기 위해 esc를 눌러 선택을 취소하고, 1층 평면도를 활성화합니다. 메뉴에서 건축 탭의 빌드 패널에서 창을 클릭합니다.

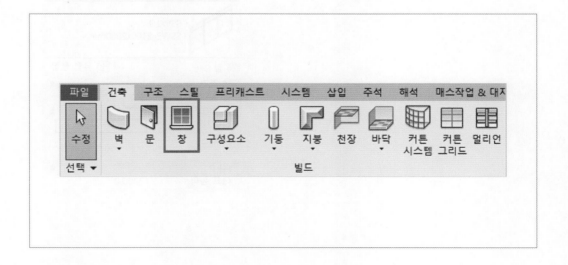

06

유형 선택기에서 SSW2 패밀리의 SSW2_2100x2000mm 유형을 선택합니다.

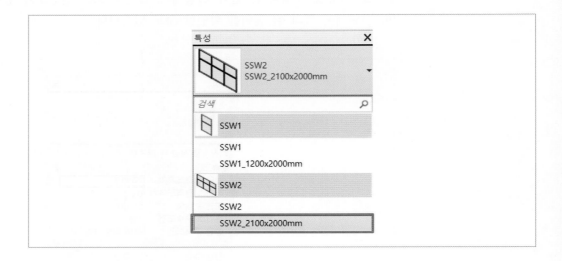

07

특성 창에서 씰 높이를 0으로 입력합니다. 0은 앞서 구조 모델에서 확인한 개구부의 하단 높이입니다.

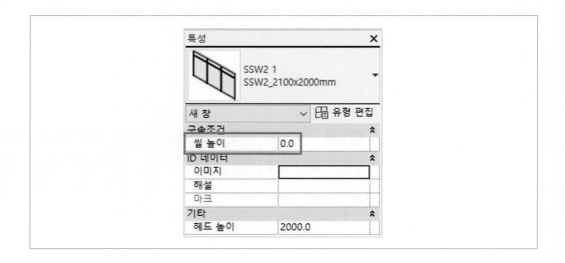

08

뷰에서 벽 위에 마우스를 위치하면 창의 **미리보기**가 표시됩니다.

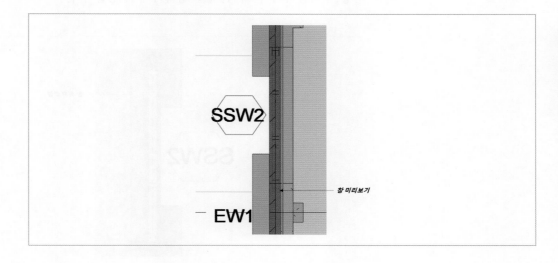

09

미리보기를 참고하여 임의의 위치에 창을 작성합니다. 창은 문과 같이 정확한 스냅을 사용하기 어렵기 때문에 작성 후에 정확한 위치를 수정합니다.

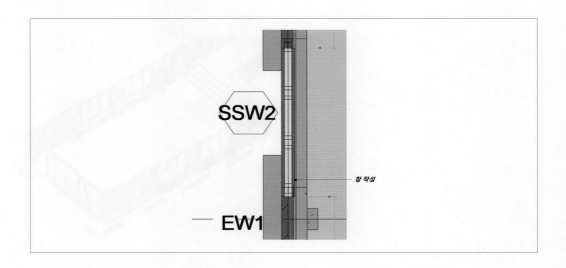

10

계속해서 3개의 창을 작성하고, esc를 두번 눌러 완료합니다. 앞서 문과 같은 방법으로
이동 명령을 이용하여 문의 위치를 정확하게 수정합니다.

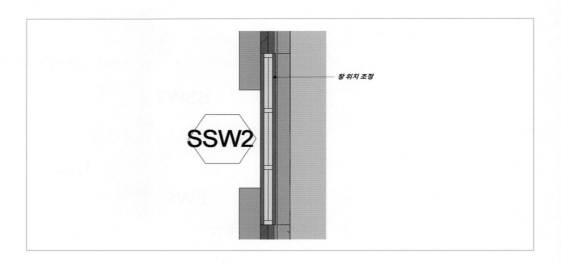

11

3D 뷰에서 작성한 내용을 확인합니다.

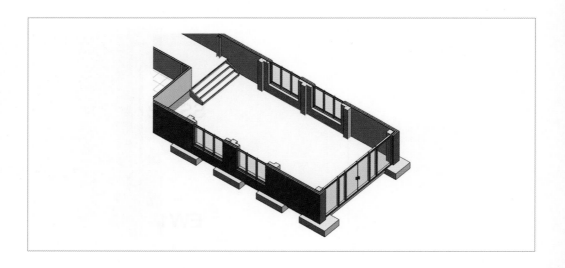

SECTION

09 난간 작성

학습 내용

계단에 자동으로 작성하는 방법과 경로를 직접 스케치하여 난간을 작성하는 방법을 학습합니다. 시험에서는 CAD 파일과 제시하는 조건을 참고하여 작성하면 됩니다.

계단/램프에 배치

계단/램프에 배치 기능을 이용하여 계단에 난간을 작성합니다.

01

파일 탭의 열기를 확장하여 프로젝트를 클릭하고, 예제파일에서 난간 작성 연습 파일을 엽니다. 앞서 작성 중이던 건축 모델은 닫지 않아도 됩니다.

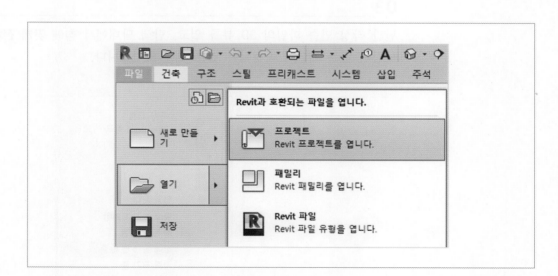

02

파일이 열리면 해당 프로젝트의 뷰가 열리고, 뷰 탭에 기존 건축 모델의 열려 있던 뷰가 표시됩니다. 뷰 이름을 클릭하여 다른 프로젝트 파일의 뷰로 이동할 수 있습니다.

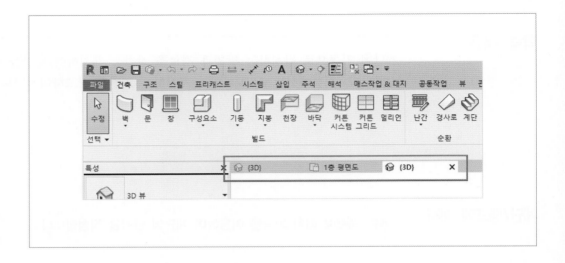

03

난간 작성 연습 파일의 3D 뷰를 열고, 탐색 막대에서 **창에 맞게 전체 줌**을 클릭합니다. 난간이 없는 계단이 작성되어 있는 것을 확인합니다.

04

메뉴에서 건축 탭의 순환 패널에서 난간을 확장하여 **계단/램프에 배치**를 클릭합니다.

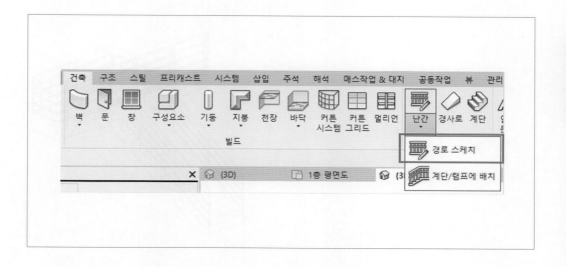

05

유형 선택기에서 900mm 배관 유형을 선택하고, 메뉴의 위치 패널에서 디딤판을 선택합니다. 난간은 계단의 디딤판 또는 계단옆판 위에 작성할 수 있습니다.

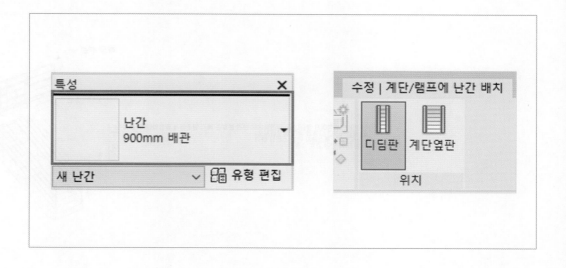

06

뷰에서 계단을 클릭합니다. 계단의 양 옆에 난간이 작성된 것을 확인합니다.

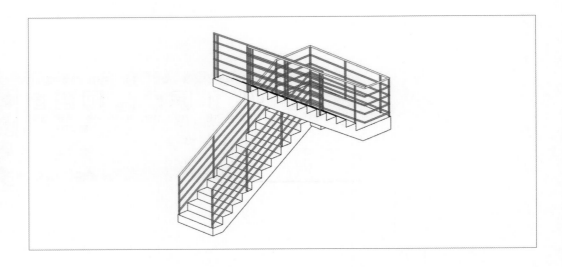

07

화면의 오른쪽 아래에 난간이 연속적이지 않다는 경고창이 표시되고, 난간의 해당 부분이 강조표시됩니다.

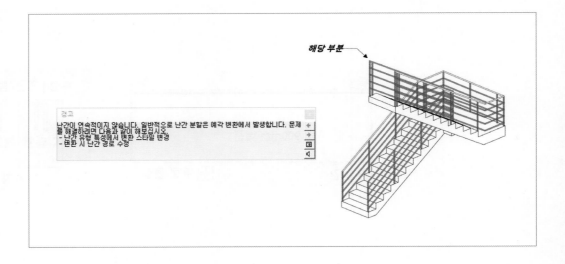

08

난간의 꺾이는 부분을 확대하면, 난간이 연속적이지 않은 것을 확인할 수 있습니다.

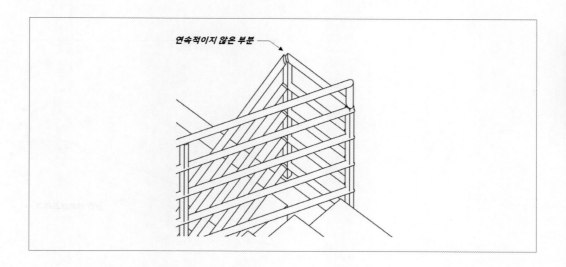

09

난간의 경로를 수정하기 위해 난간을 선택하고, 메뉴에서 수정 | 난간 모드 패널에서 경로 편집을 클릭합니다.

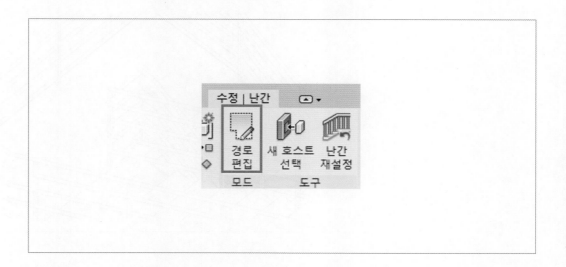

10

뷰에서 경로선의 꺾이는 부분 선을 드래그하여 이동합니다. 정확한 위치는 중요하지 않습니다.

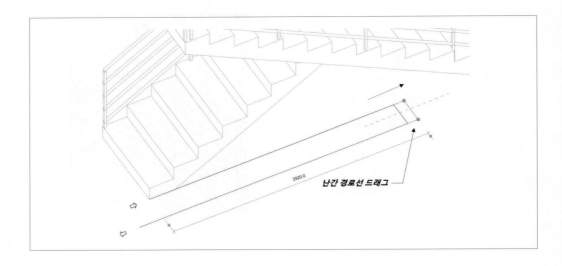

11

메뉴에서 완료를 클릭하고, 수정된 모습을 확인합니다.

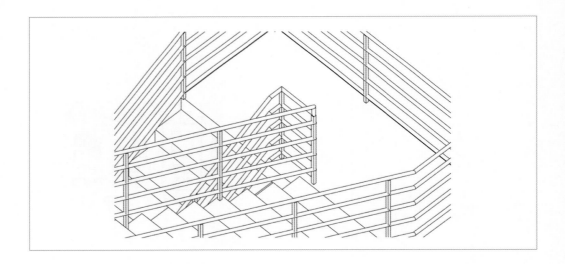

12

난간 작성 연습의 모든 뷰를 닫아 프로젝트를 종료합니다. 저장 창이 표시되면 아니요
를 클릭합니다.

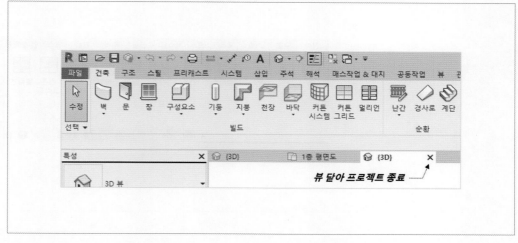

계단/램프에 배치

경로 스케치 기능을 이용하여 난간을 작성합니다.

01

건축 모델 파일에서 프로젝트 탐색기의 **2층 평면도**를 더블클릭하여 엽니다. 뷰에서 난
간의 유형과 위치를 확인합니다.

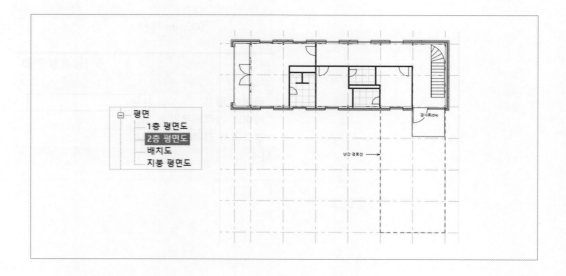

02

메뉴에서 건축 탭의 순환 패널에서 난간을 확장하여 **경로 스케치**를 클릭합니다.

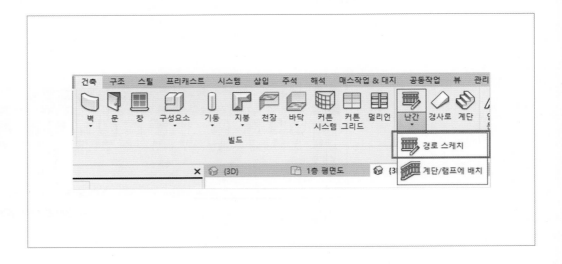

03

유형 선택기에서 900mm 배관 유형을 선택합니다. 특성 창에서 베이스 간격띄우기와
경로에서 간격띄우기를 수정할 수 있습니다.

04

메뉴에서 그리기 패널의 선을 선택합니다. 뷰에서 난간의 경로를 작성하고, 모드 패널
에서 완료를 클릭합니다.

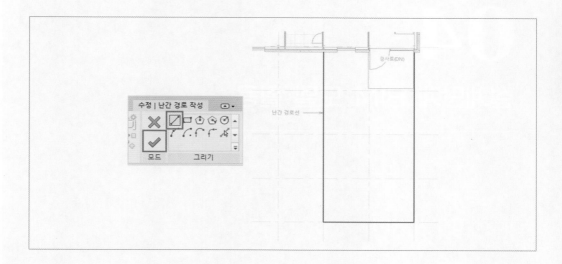

05

3D 뷰에서 작성한 난간을 확인합니다.

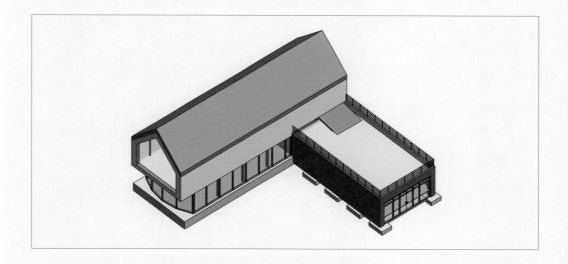

파일 제출

저장을 클릭하여 작성한 내용을 저장합니다. 열려 있는 모든 뷰를 종료하여 현재 프로
젝트를 종료합니다.

01

시작하기

학습 내용

예제파일의 시작 파일을 열어 설계단계 BIM 모델 활용을 시작합니다. 시험에서는 제시된 시작 파일을 열어 시작하면 됩니다.

파일 열기 및 저장

예제파일의 시작 파일을 열고, 다른 이름으로 저장합니다.

01

Revit 프로그램의 홈 화면에서 모델의 **열기**를 클릭합니다. 또는 파일 탭을 클릭하고 **열기**를 클릭합니다.

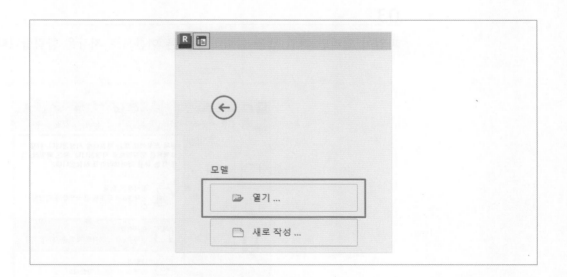

02

열기 창에서 예제파일의 시작 파일을 선택하고 열기를 클릭합니다. 시험에서는 제공되는 파일을 선택하면 됩니다.

03

파일이 열리면 파일 탭을 클릭하여 다른 이름으로 저장을 클릭합니다.

04

이름을 04. 설계단계 BIM모델 활용으로 입력합니다. 시험에서는 반드시 문제에서 주어진 이름으로 입력합니다.

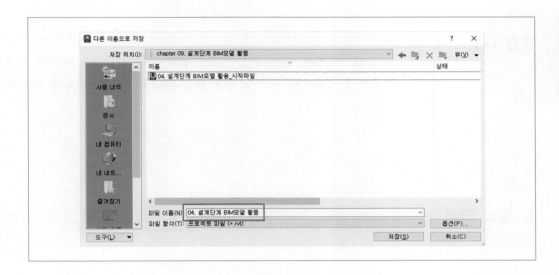

05

옵션을 클릭하고, 최대 백업 수를 1로 입력하고 확인을 클릭합니다. 다른 이름으로 저장 창도 저장을 클릭합니다.

3D 시각화 검토

학습 내용

뷰 필터, 카메라, 보행시선, 일조연구의 뷰를 작성하고 시각화 자료로 내보내기 합니다. 시험에서는 제시된 내용에 따라 뷰를 만들고 시각화 자료를 내보내기 합니다.

뷰 필터 작성

뷰 필터를 이용하여 모델의 특정 부분을 시각화 합니다.

01

프로젝트 탐색기에서 3D 뷰를 우클릭하고, 뷰 복제를 확장하여 **복제**를 클릭합니다. 복제한 뷰의 이름을 벽체 구분으로 변경합니다.

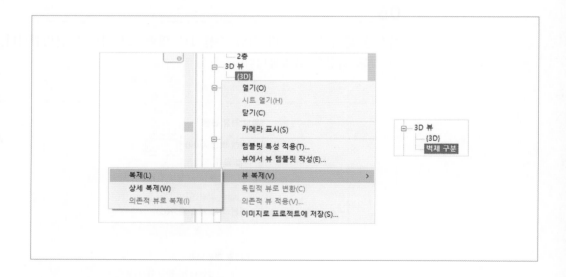

02

메뉴에서 뷰 탭의 그래픽 패널에서 필터를 클릭합니다.

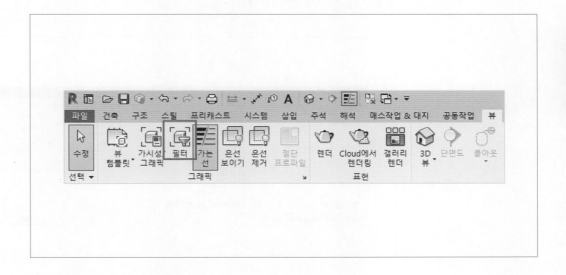

03

필터는 벽의 유형 특성인 기능과 패밀리 이름을 이용할 것입니다.

04

필터 창은 필터, 카테고리, 필터 규칙으로 구성되어 있습니다. 필터는 현재 프로젝트에 만들어진 필터를 표시합니다.

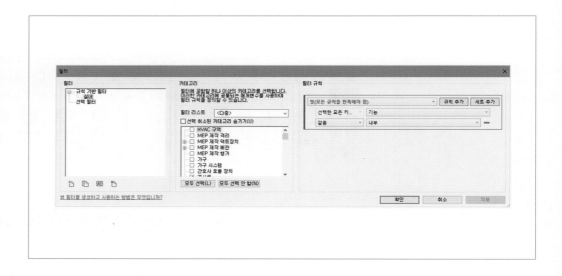

05

창의 왼쪽 아래에서 **새로 만들기**를 클릭하고, 필터 이름을 벽_내부로 입력합니다.

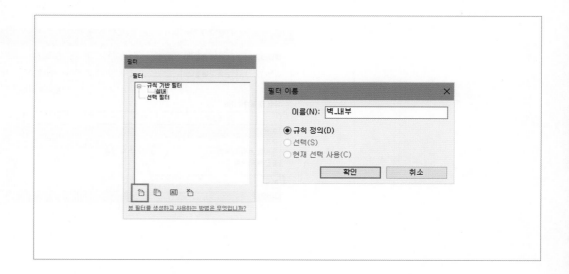

06

카테고리에서 벽을 체크합니다. 카테고리는 다중 선택을 할 수도 있습니다.

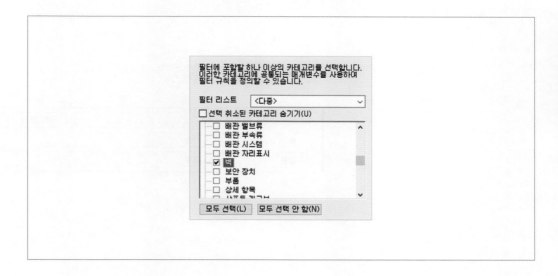

07

필터 규칙은 매개변수, 연산자, 값으로 구성됩니다.

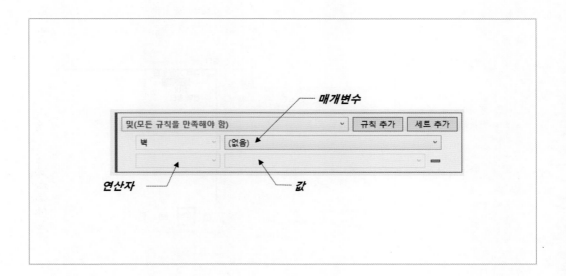

08

매개변수는 기능, 연산자는 같음, 값은 내부를 선택하고 적용을 클릭합니다.

09

필터 리스트에서 작성한 벽_내부를 선택하고, 아래의 복제를 클릭합니다.

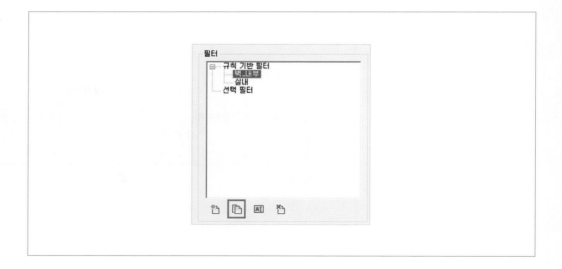

10

이름을 벽_외부로 변경하고, 필터 규칙에서 값을 외부로 선택합니다.

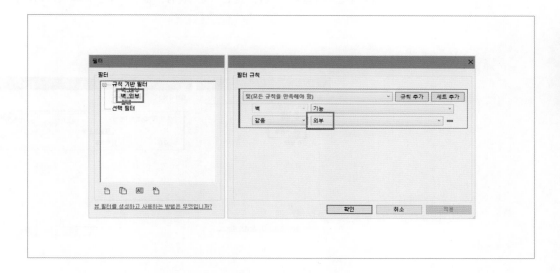

11

같은 방법으로 벽_옹벽 필터를 만들고, 필터 규칙에서 값을 옹벽으로 선택합니다.

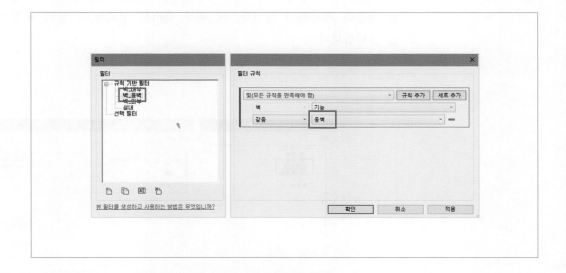

12

계속해서 작성한 벽_내부를 복제하고, 이름을 벽_커튼월로 변경합니다. 필터 규칙에서 매개변수는 패밀리 이름, 연산자는 같음, 값은 커튼월로 선택합니다.

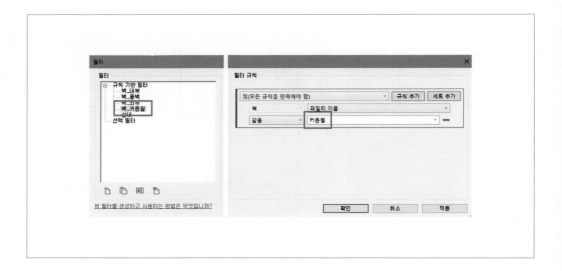

13

커튼월은 유형 특성의 기능이 외부로 되어 있기 때문에 앞서 작성한 벽_외부에서 커튼월 내용을 제외해야 합니다. 벽_외부 필터를 선택하고, 필터 규칙에서 규칙 추가 버튼을 클릭합니다.

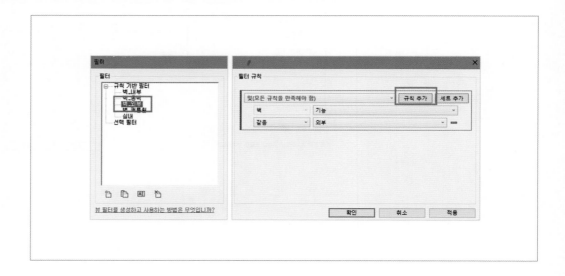

14

매개변수는 패밀리 이름, 연산자는 같지 않음, 값은 커튼월을 선택합니다. 확인을 클릭
하여 필터 창을 닫습니다.

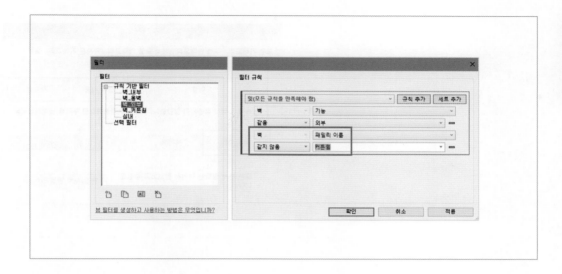

뷰 필터 적용

작성한 뷰 필터를 적용하고, 이미지로 추출합니다.

01

메뉴에서 뷰 탭의 그래픽 패널에서 **가시성/그래픽**을 클릭합니다.

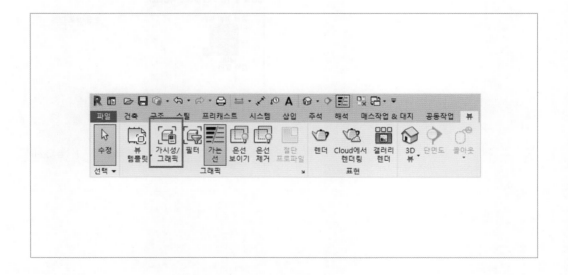

02

재지정 창에서 필터 탭을 클릭하고, **추가** 버튼을 클릭합니다.

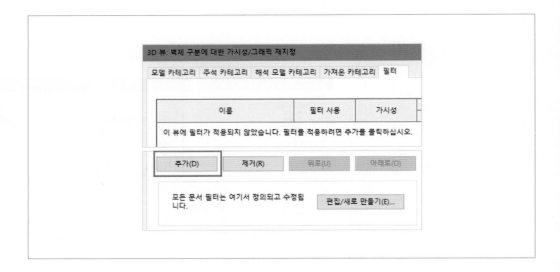

03

필터 추가 창에서 앞서 작성한 모든 벽 관련 필터를 선택하고 확인을 클릭합니다.

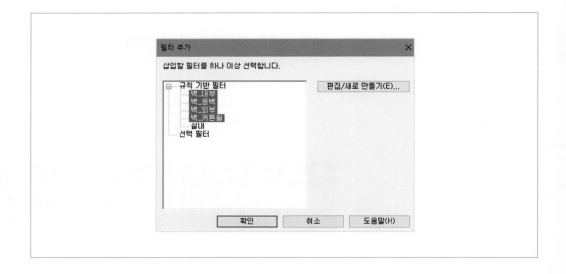

04

재지정 창에서 벽_내부를 제외한 모든 필터의 가시성을 체크 해제합니다. 가시성을 체크 해제하면 뷰에서 표시되지 않습니다.

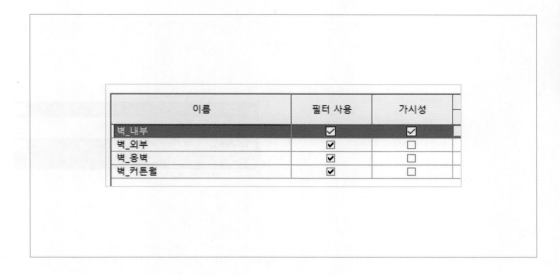

05

모델 카테고리 탭을 클릭하고, 아래의 모두 버튼을 클릭합니다. 전체 카테고리가 선택된 상태에서 체크 박스를 클릭하여 체크 해제합니다.

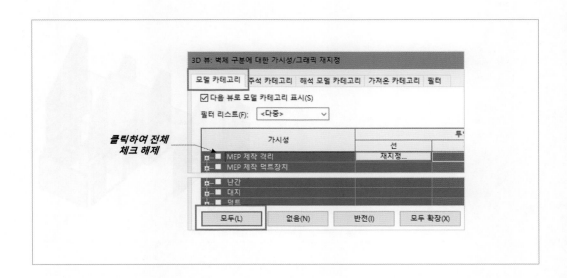

06

벽, 커튼월 멀리언, 커튼월 패널을 체크하고 확인을 클릭합니다. 커튼월은 벽과 함께 멀리언과 패널도 체크해야 합니다.

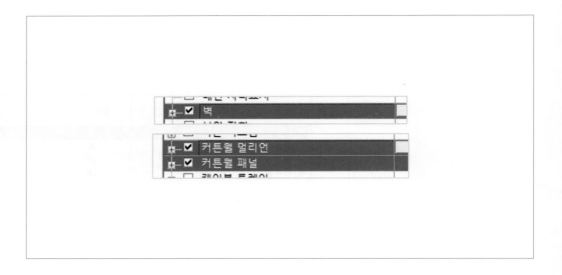

07

뷰에서 벽의 기능 중 내부 기능을 가진 벽만 표시되는 것을 확인합니다.

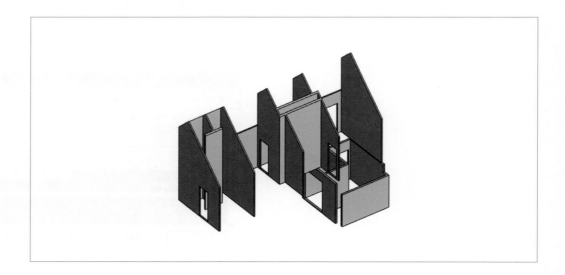

08

다시 **가시성/그래픽**을 실행하고, 재지정 창의 필터에서 커튼월만 체크합니다.

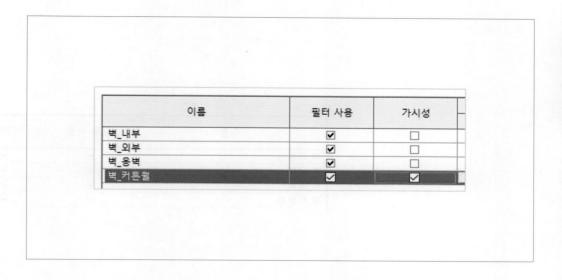

이름	필터 사용	가시성	
벽_내부	☑	☐	
벽_외부	☑	☐	
벽_옹벽	☑	☐	
벽_커튼월	☑	☑	

09

뷰에서 커튼월만 표시되는 것을 확인합니다. 필터를 이용해 작성한 뷰는 프로젝트 종료 후에도 계속 유지됩니다.

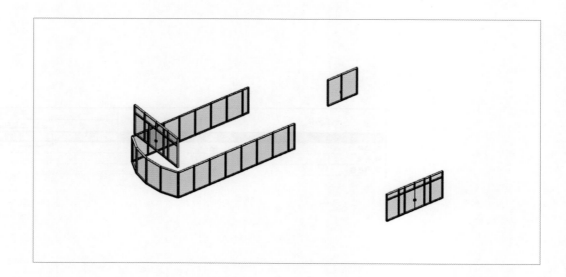

10

다시 **가시성/그래픽**을 실행하고, 재지정 창의 필터 탭에서 모든 필터의 가시성을 체크
합니다.

이름	필터 사용	가시성
벽_내부	☑	☑
벽_외부	☑	☑
벽_옹벽	☑	☑
벽_커튼월	☑	☑

11

벽_내부 필터를 선택하고, 투영/표면의 패턴 **재지정** 버튼을 클릭합니다.

이름	필터 사용	가시성	투영/표면			투명도
			선	패턴		투명도
벽_내부	☑	☑	재지정...	재지정...		재지정...
벽_외부	☑	☑				
벽_옹벽	☑	☑				
벽_커튼월	☑	☑				

12

채우기 패턴 그래픽 창에서 전경의 패턴을 솔리드 채우기로 선택합니다.

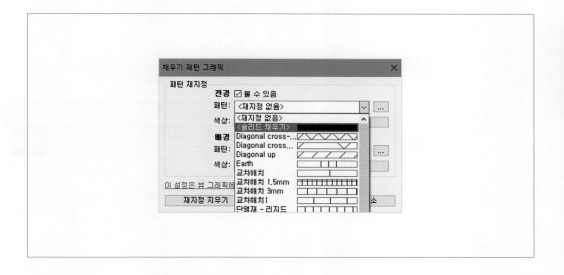

13

색상 버튼을 클릭하고, 색상 창에서 첫번째 색상을 선택하고 확인을 클릭합니다. 채우기 패턴 그래픽 창도 확인을 클릭합니다.

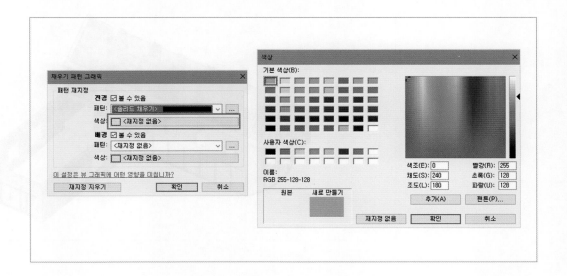

14

같은 방법으로 벽_외부와 벽_옹벽 필터에 임의의 색상을 적용합니다.

이름	필터 사용	가시성	투영/표면		
			선	패턴	투명도
벽_내부	☑	☑			
벽_외부	☑	☑			
벽_옹벽	☑	☑			
벽_커튼월	☑	☑			

15

확인을 클릭하여 재지정 창을 닫습니다. 뷰에서 벽에 색상이 적용된 것을 확인합니다.

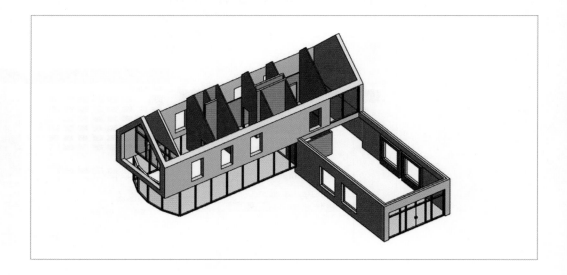

3D 뷰 이미지 내보내기

3D 뷰의 모습을 이미지로 내보냅니다.

01

벽체 구분 뷰에서 뷰 큐브의 모서리를 클릭하여 뷰를 조정합니다.

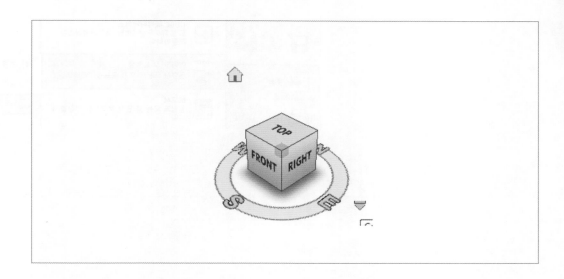

02

메뉴에서 파일 탭의 내보내기를 클릭하고 **아래 방향 화살표**에 마우스를 위치합니다. 다른 메뉴들이 표시됩니다.

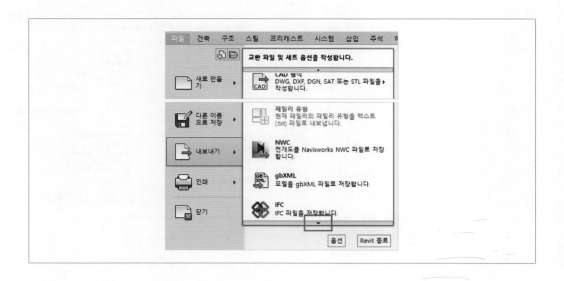

03

이미지 및 동영상을 확장하여 **이미지**를 클릭합니다.

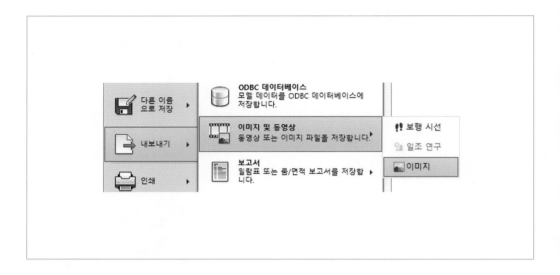

04

이미지 내보내기 창은 파일 경로, 내보내기 범위, 옵션, 이미지 크기, 형식으로 구성됩니다.

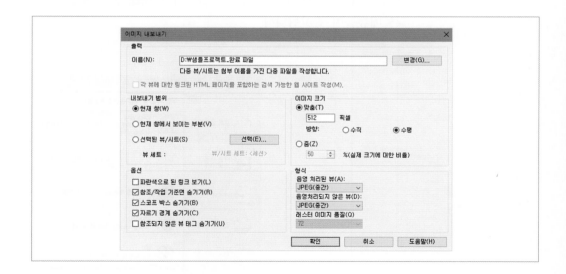

05

출력에서 **변경** 버튼을 클릭하여 파일의 임의의 이름과 경로를 지정합니다. 문제에서 주어진 이름이 있다면 해당 이름을 입력합니다.

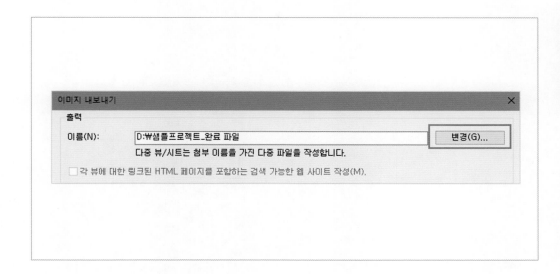

TIP

내보내기 범위를 현재
창에서 보이는 부분으
로 선택할 경우 뷰의
확대 또는 축소를 미리
설정해야 함

06

내보내기 범위에서 **현재 창에서 보이는 부분**을 선택합니다. 현재 창은 현재 뷰에서 확대로 인해 보이지 않는 요소도 내보내는 것이며, 현재 창에서 보이는 부분은 화면에 보이는 모습 그대로를 내보냅니다. 선택된 뷰/시트는 리스트에서 원하는 뷰 또는 시트를 선택하여 한번에 내보낼 수 있습니다.

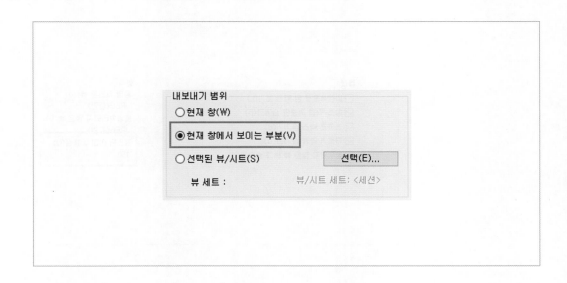

07

이미지 크기는 맞춤과 줌이 있으며, 줌을 체크하고, 실제 크기에 대한 비율을 100으로 설정합니다. 문제의 설정 조건이 있다면 따르고, 그렇지 않다면 임의로 설정하면 됩니다.

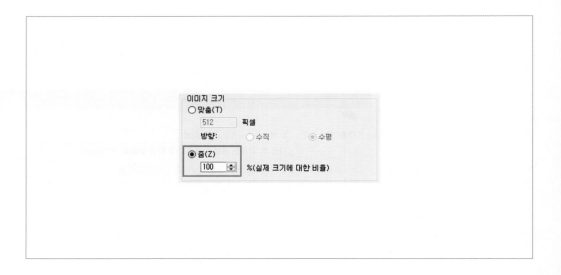

08

옵션은 현재 설정 그대로 사용하고, 형식에서 래스터 이미지 품질을 150으로 변경합니다. 값이 높을수록 고화질 및 고용량 이미지가 만들어 집니다. 확인을 클릭합니다.

09

내보낸 이미지를 열어 내용을 확인합니다.

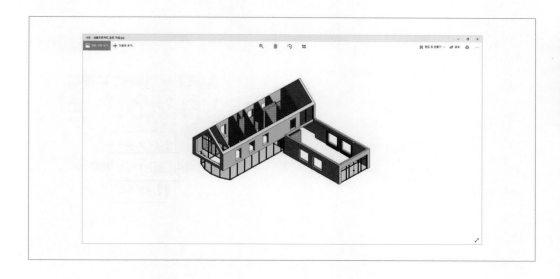

카메라 뷰

카메라 뷰를 이용하여 투시도를 작성하고, 렌더링된 이미지를 만듭니다.

01

프로젝트 탐색기에서 **1층 평면도**를 더블클릭하여 엽니다. 카메라 뷰는 평면도에서 작성할 수 있습니다.

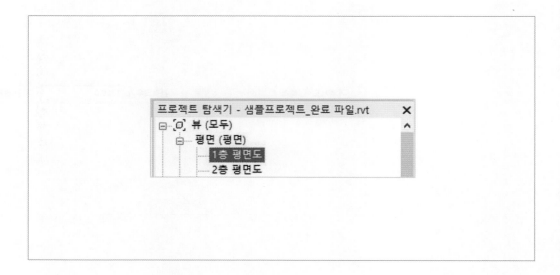

02

메뉴에서 뷰 탭의 작성 패널에서 3D 뷰를 확장하여 **카메라**를 클릭합니다.

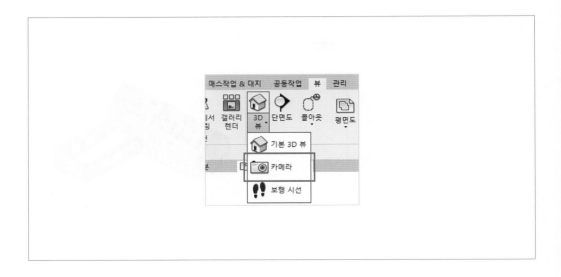

03

옵션바에서 투시도 여부, 간격띄우기 등을 설정할 수 있습니다. 간격띄우기는 현재 뷰의 레벨에서 시선의 높이입니다.

04

뷰에서 카메라의 위치를 클릭하고, 마우스를 이동하면 미리보기가 표시됩니다. 미리보기를 참고하여 대상의 위치를 클릭합니다. 정확한 위치는 중요하지 않습니다.

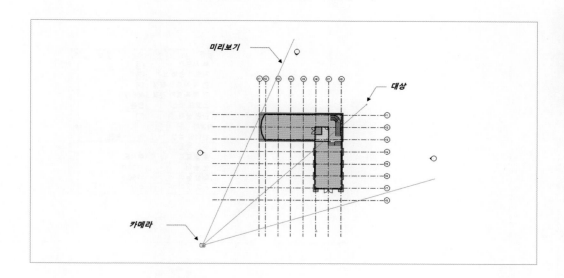

05

카메라뷰가 작성되면 작성된 뷰가 자동으로 표시됩니다. 작성된 뷰는 프로젝트 탐색기의 3D 뷰 아래에 위치합니다. 뷰의 이름을 외부 투시도로 변경합니다.

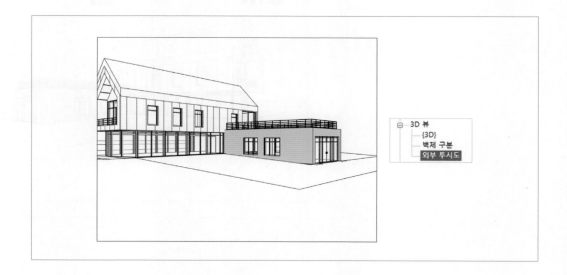

06

특성 창에서 뷰 자르기, 눈 높이, 대상 높이 등을 수정할 수 있습니다.

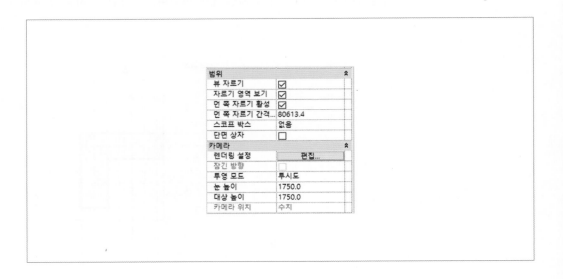

07

뷰에서 자르기 영역을 선택하고, 컨트롤을 조정하여 건물이 전체 보이도록 합니다.

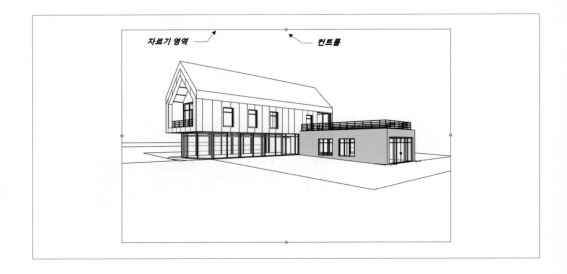

08

카메라의 위치를 수정하려면 카메라 뷰를 작성한 평면도를 열고, 프로젝트 탐색기에서
카메라 뷰를 우클릭하여 **카메라 표시**를 클릭합니다.

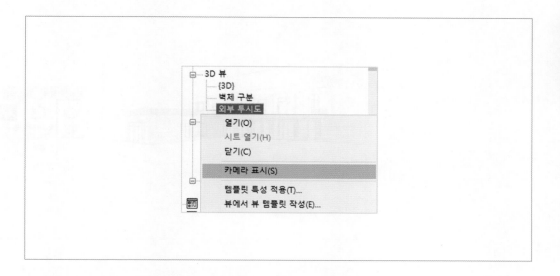

09

작성한 카메라가 표시됩니다. 카메라 위치, 대상 방향, 대상 범위를 드래그하여 수정할
수 있습니다.

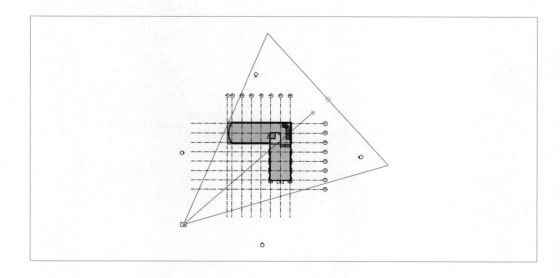

10

다시 외부 투시도 뷰를 활성화하고, 메뉴에서 뷰 탭의 표현 패널에서 **랜더**를 클릭합니다.

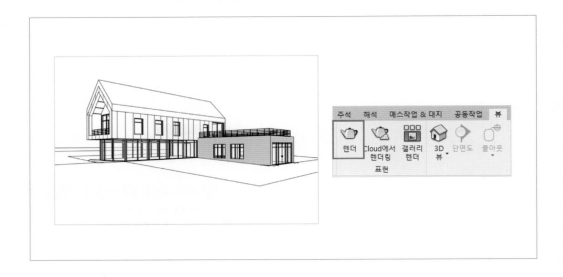

TIP

시험에서 제시되지 않는 렌더링 관련 설정은 기본값 사용

11

렌더링 창은 품질, 출력 설정, 조명, 배경, 이미지, 화면표시로 구성됩니다.

12

품질은 초안, 중간, 높음 등이 있으며, 높은 값일 수록 이미지의 품질이 높고, 렌더링 시간이 오래 걸립니다.

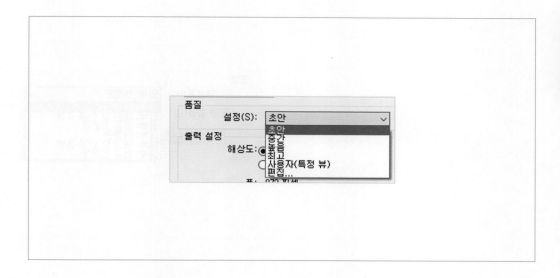

13

출력 설정은 화면 또는 프린터를 선택할 수 있습니다.

14

조명은 태양 및 인공 조명을 선택할 수 있으며, 태양을 설정할 수 있습니다.

15

배경은 하늘의 종류, 색상 등을 선택할 수 있습니다.

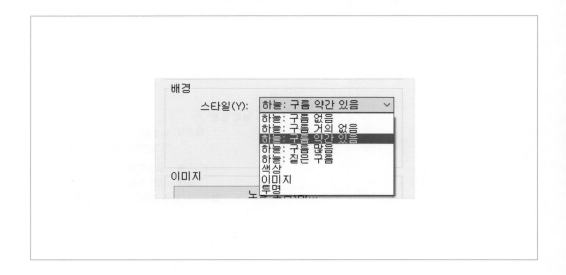

16

이미지는 노출 조정, 프로젝에 저장, 내보내기를 할 수 있으며, **화면 표시**는 렌더링 후에 모델 표시 또는 렌더링 표시를 할 수 있습니다.

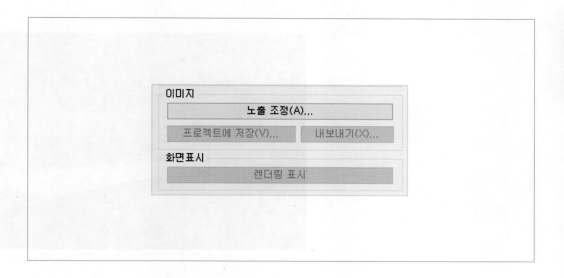

17

현재의 기본값을 그대로 유지하고, 렌더 버튼을 클릭합니다.

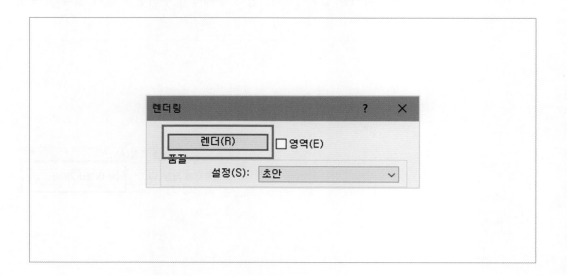

18

렌더링된 모습을 확인합니다. 렌더링 된 이미지에서는 재료의 모양 탭에 설정 내용이 표시되고, 음영 처리 상태에서는 그래픽 설정 내용이 표시됩니다.

19

렌더링 창에서 **내보내기**를 클릭하고, 이미지 저장 창에서 임의의 이름과 경로를 설정합니다. 확인을 클릭합니다. 만약 문제에서 주어진 이름이 있다면 해당 이름을 입력합니다.

20

내보낸 이미지를 열어 내용을 확인합니다.

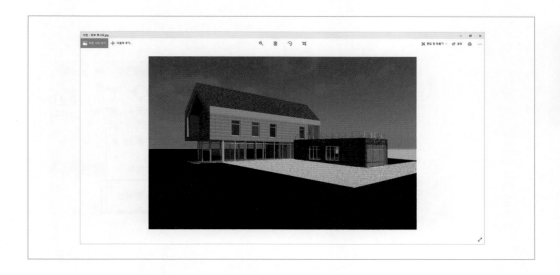

보행시선

모델의 동영상화된 3D 보행 시선을 작성합니다.

01

프로젝트 탐색기에서 **1층 평면도**를 더블클릭하여 엽니다. 보행시선은 평면도 뷰에서 작성합니다.

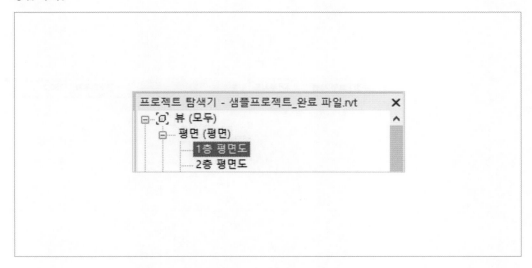

02

메뉴에서 뷰 탭의 작성 패널에서 3D 뷰를 확장하여 **보행시선**을 클릭합니다.

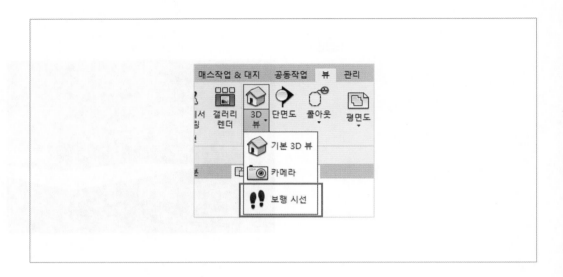

03

옵션바에서 투시도 여부, 간격띄우기 등을 설정할 수 있습니다. 간격띄우기는 현재 뷰의 레벨에서 시선의 높이입니다.

04

뷰에서 보행 시선의 경로의 시작점을 클릭하고, 마우스를 이동하면 경로의 미리보기가
표시됩니다.

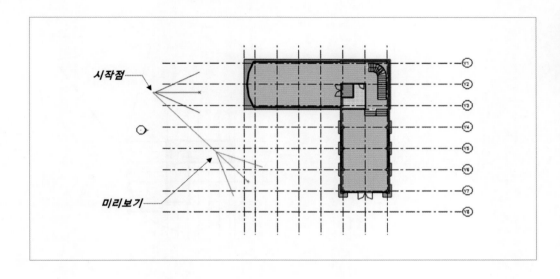

TIP

클릭하는 위치가 키프
레임이 되며, 시험에서
지정하는 키 프레임 수
가 있다면 키 프레임
수 만큼 클릭 필요

05

미리보기를 참고하여 다음 경로를 차례로 클릭하고, 메뉴에서 보행 시선 패널의 완료를
클릭합니다. 정확한 위치는 중요하지 않습니다.

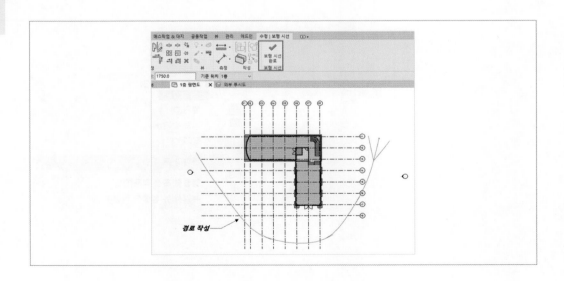

06

보행시선 뷰가 작성되면 평면뷰에 경로가 표시되고, 프로젝트 탐색기에 보행 시선 아래에 뷰가 위치합니다.

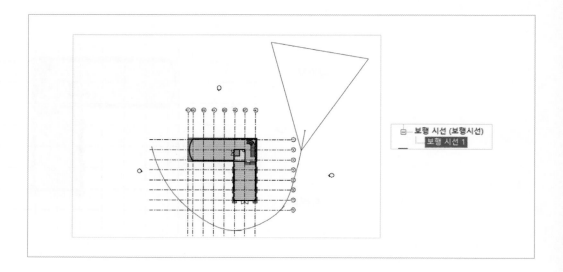

07

뷰에 보행시선 경로가 표시되지 않는다면 프로젝트 탐색기에서 보행 시선 뷰를 우클릭하여 **카메라 표시**를 클릭하면, 평면뷰에서 경로를 표시할 수 있습니다.

08

평면뷰에서 보행시선 뷰가 표시된 상태에서 메뉴에서 보행 시선 패널의 **보행 시선 편집**
을 클릭합니다.

09

보행 시선 편집 메뉴는 보행 시선의 프레임 이동, 보행 시선 열기, 카메라 재설정, 컨
트롤, 프레임 등으로 구성됩니다.

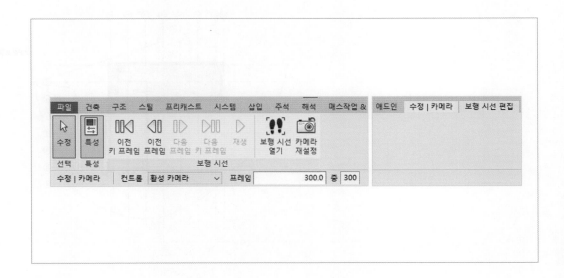

10

뷰에는 보행시선 경로, 키 프레임, 카메라가 표시됩니다. 카메라는 대상점 이동과 범위로 구성됩니다.

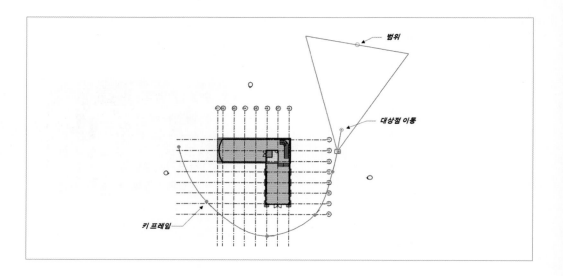

11

뷰에서 보행시선의 대상점 이동을 드래그하여 건물 방향으로 이동합니다.

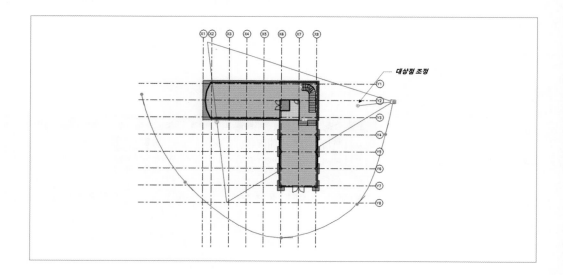

12

메뉴에서 **이전 키프레임**을 클릭합니다.

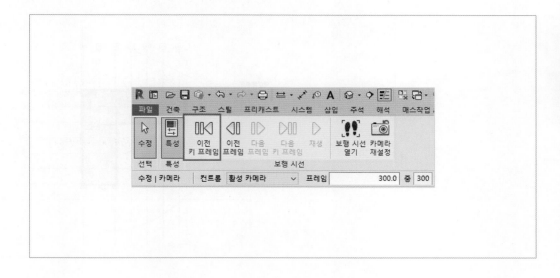

13

같은 방법으로 대상점을 건물 방향으로 이동합니다.

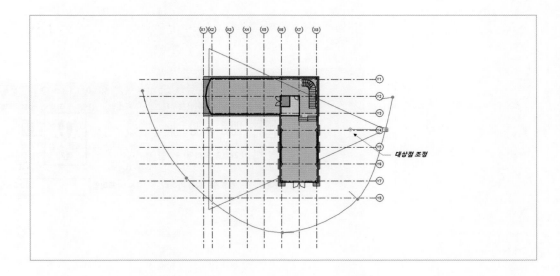

14

같은 방법으로 모든 키 프레임의 대상점을 건물 방향으로 이동합니다.

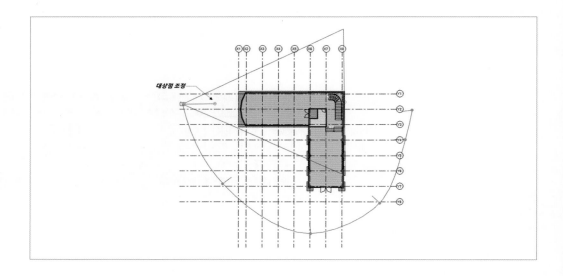

15

메뉴에서 **보행 시선 열기**를 클릭합니다.

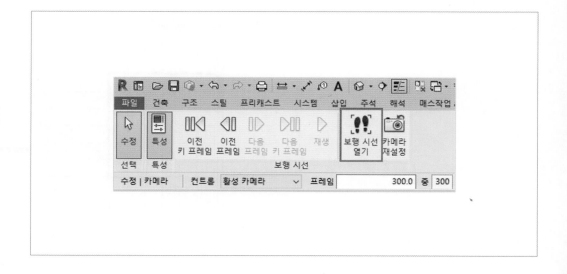

16

보행 시선 뷰가 열리면 메뉴에서 보행 시선 패널의 **재생**을 클릭합니다. 뷰에 보행시선의 동영상이 재생됩니다.

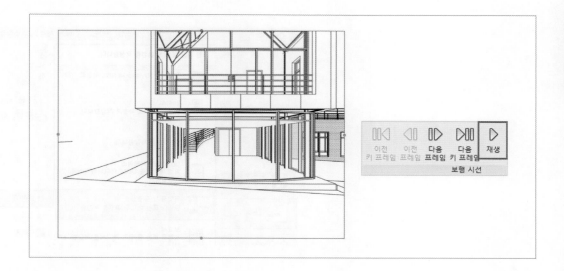

17

필요시 뷰 조절 막대에서 상세 수준, 비주얼 스타일 등을 설정할 수 있습니다.

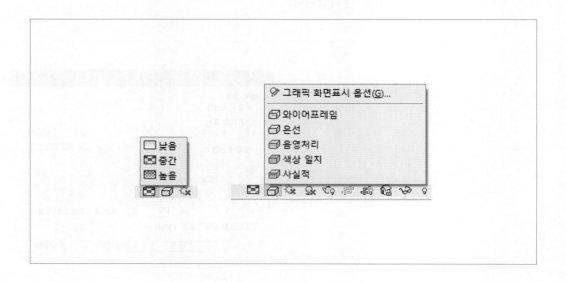

18

메뉴에서 파일 탭을 클릭하고, 내보내기의 이미지 및 동영상을 확장하여 **보행 시선**을 클릭합니다. 내보내기 위해서는 보행시선 뷰가 활성화되어 있어야 합니다.

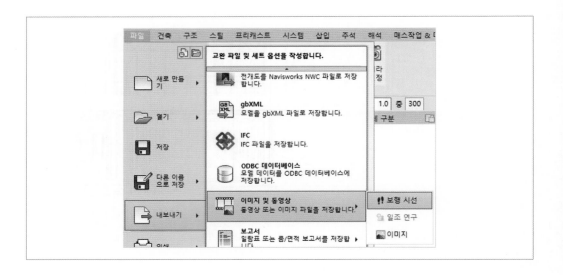

TIP

시험에서 제시되지 않는 설정은 기본값 사용

19

길이/형식 창에 출력 길이, 형식 등을 수정할 수 있습니다. 기본값을 그대로 사용하여 확인을 클릭합니다.

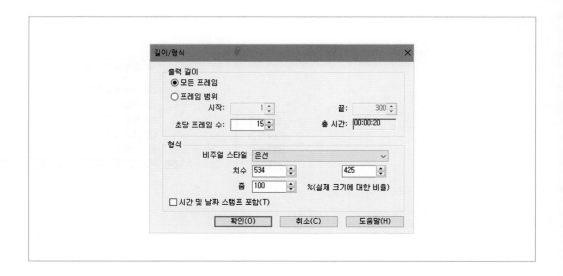

20

보행 시선 내보내기 창에서 임의의 이름과 경로를 입력하고 저장을 클릭합니다. 문제에서 주어진 이름이 있다면 해당 이름을 입력합니다. 비디오 압축 창이 표시되면 기본값을 그대로 사용하여 확인을 클릭합니다.

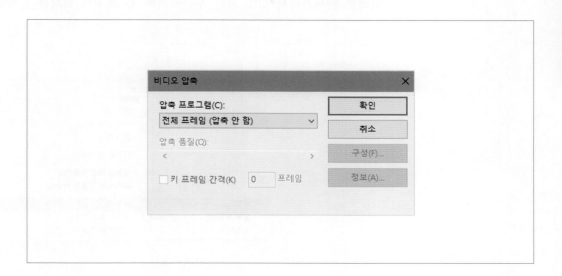

21

내보낸 동영상을 열어 내용을 확인합니다.

일조 연구

태양의 경로와 그림자가 표시된 뷰를 만들고, 결과물을 동영상으로 내보냅니다.

01

프로젝트 탐색기에서 {3D} 뷰를 우클릭하여 뷰 복제의 복제를 클릭합니다.

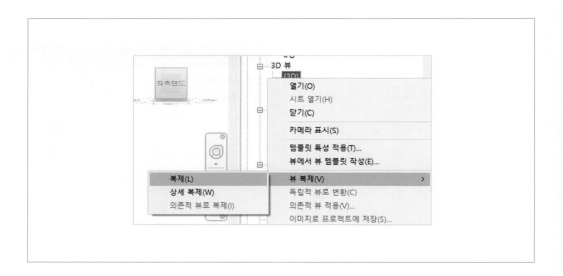

02

복제한 뷰의 이름을 일조 연구로 입력합니다. 만약 뷰에 레벨이 표시된다면, 가시성/그래픽 재설정에서 주석 카테고리의 레벨들을 체크해제 합니다.

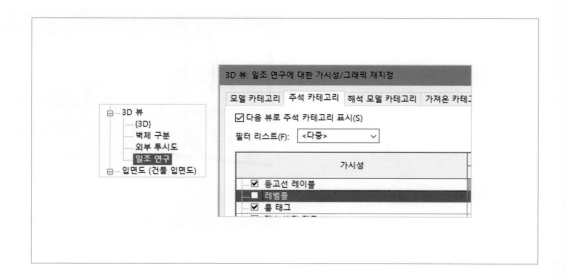

03

뷰 조절 막대에서 태양 경로를 클릭하여 **태양 설정**을 선택합니다.

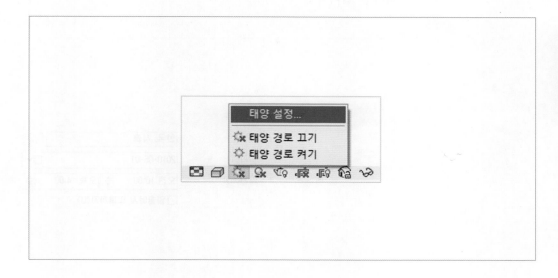

04

태양 설정 창에서 일조 연구를 일일 기준으로 선택하고, 사전 설정에서 일일 기준 일조 연구를 선택합니다.

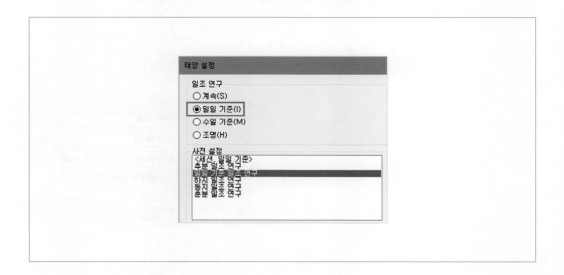

05

위치에서 만약 서울로 입력되어 있지 않다면, 축소 버튼을 클릭하고, 원하는 지역을 입력하면 됩니다.

TIP

시험에서 제시되지 않는 설정은 기본값 사용

06

날짜는 기본값을 사용하고, 일출에서 일몰까지를 체크합니다. 간격은 15분을 선택합니다. 간격이 짧을수록 동영상의 길이가 길어집니다.

07

지반 면 설정 레벨은 1층으로 선택합니다. 설정한 레벨에 태양에 의한 그림자가 표시됩니다. 확인을 클릭합니다.

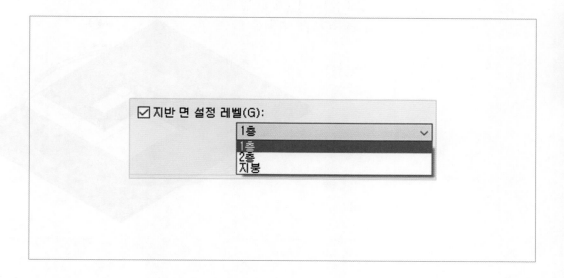

08

다시 뷰 조절 막대에서 태양 경로를 클릭하여 **태양 경로 켜기와 그림자 켜기**를 클릭합니다.

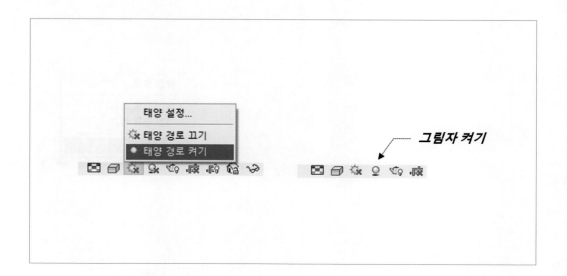

09

뷰에서 태양 경로와 그림자가 표시되는 것을 확인합니다.

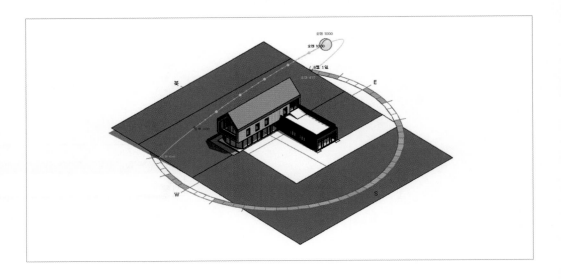

10

뷰 조절 막대에서 태양 경로를 클릭하여 **일조 연구 미리보기**를 선택합니다.

11

옵션 바에 프레임, 날짜 및 시간, 프레임 재생 관련 메뉴가 표시됩니다.

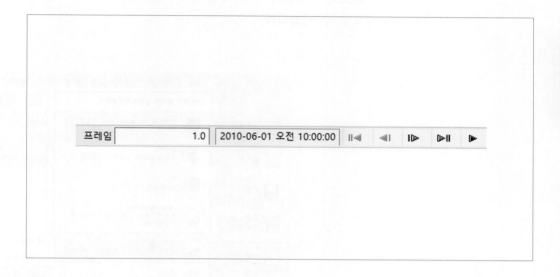

12

다음 프레임 버튼을 클릭하여 태양의 위치를 변경합니다. 그림자가 함께 변경되는 것을 확인합니다. Esc를 누르면 일조 연구 미리보기가 취소됩니다.

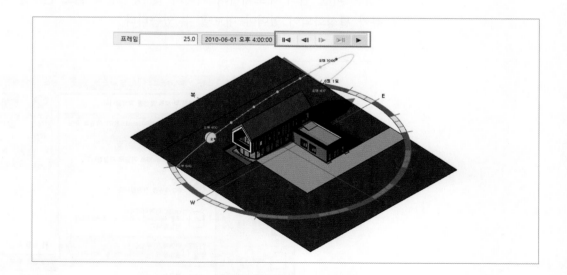

13

일조 연구는 이미지 또는 동영상으로 결과물을 내보낼 수 있습니다. 이미지는 앞선 이미지 내보내기 방법과 같이 파일 탭의 내보내기의 이미지 및 동영상의 이미지를 클릭하여 내보낼 수 있습니다.

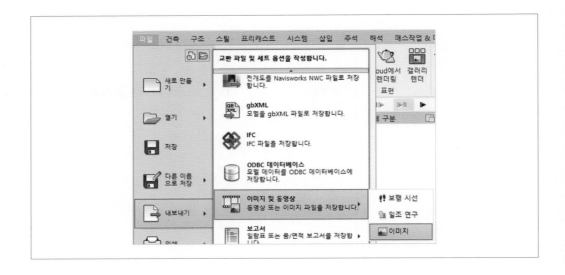

14

동영상은 파일 탭의 내보내기의 이미지 및 동영상의 **일조 연구**를 클릭합니다. 일조 연구 뷰가 활성화되어 있어야 내보낼 수 있습니다.

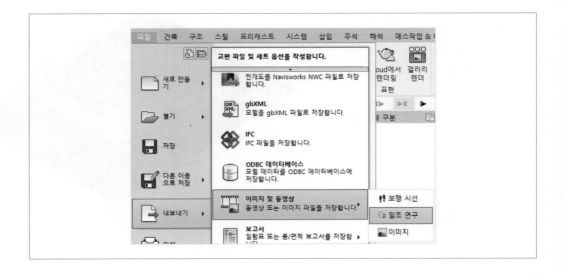

15

길이/형식 창에서 기본값을 그대로 사용하여 확인을 클릭합니다.

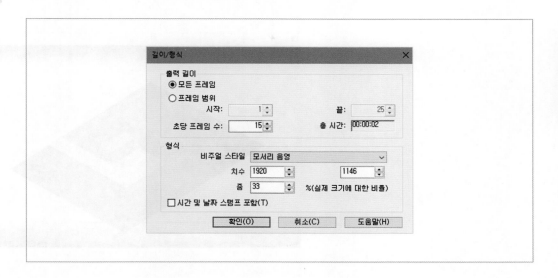

16

동영상화된 일조 연구 내보내기 창에서 파일 이름과 저장할 위치를 지정하여 저장을 클릭합니다. 비디오 압축 창이 표시되면, 기본값을 그대로 사용합니다. 확인을 클릭합니다.

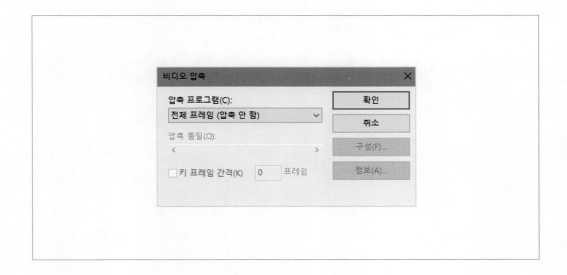

17

파일 탐색기에서 저장한 파일을 확인합니다.

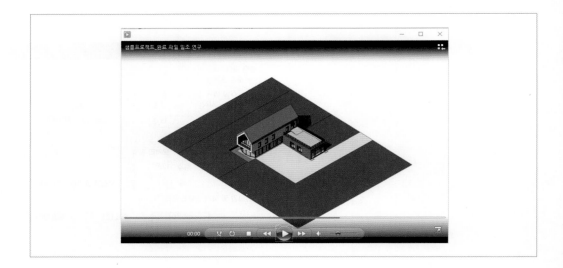

03 도면화

학습 내용

평면도, 단면도, 상세도 등의 뷰를 만들고, 치수, 태그 등의 주석을 작성하여 시트에 배치합니다. 시험에서는 제시하는 내용에 따라 뷰를 만들고, 주석을 작성하여 시트에 배치하면 됩니다.

평면도 작성

층별 평면도를 만들고, 뷰 범위, 자르기 영역, 상세 수준 등을 조정합니다.

01

메뉴에서 뷰 탭의 작성 패널에서 평면도를 확장하여 **평면도**를 클릭합니다.

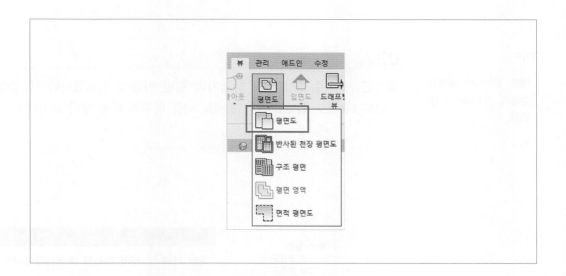

02

새 평면도 창에서 아래의 기존 뷰를 복제하지 않습니다를 체크 해제합니다. 체크 된 경우 이미 평면도가 작성되어 있는 레벨이 표시되지 않습니다. 1층을 선택하고 확인을 클릭합니다.

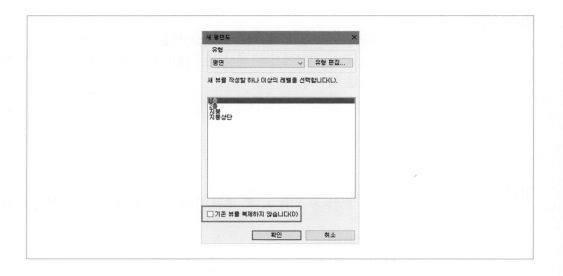

TIP

예를 클릭하면 레벨의 이름이 뷰 이름으로 변경됨

03

작성된 새 뷰는 프로젝트 탐색기의 평면 아래에 위치합니다. 작성한 뷰의 이름을 건축 평면도_1층으로 입력합니다. 평면도 이름 바꾸기 확인 창이 표시되면 아니요를 클릭합니다.

04

뷰 조절 막대에서 상세 수준은 높음, 비주얼 스타일은 은선, 가시성 그래픽에서 지형을 체크해제합니다.

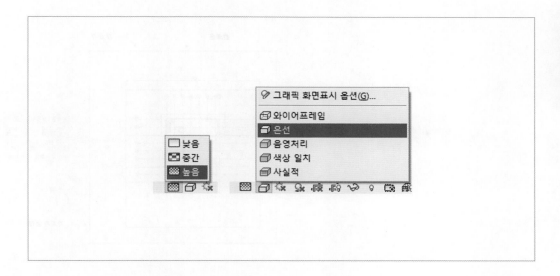

05

뷰 조절 막대에서 뷰 자르기와 자르기 영역 표시를 클릭합니다. 뷰에 자르기 영역이 표시됩니다.

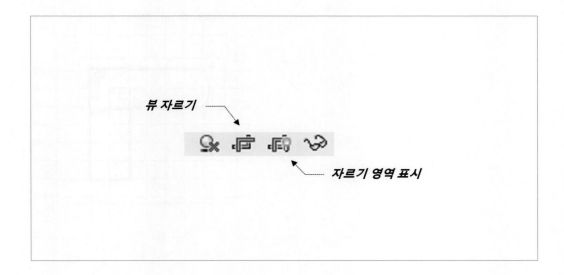

06

뷰에서 자르기 영역을 선택하면 컨트롤과 뷰 끊기가 표시됩니다. 메뉴에는 뷰 범위를 다각형으로 수정할 수 있는 편집 자르기가 표시됩니다.

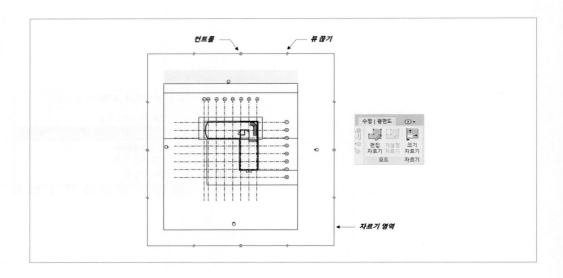

07

뷰에서 자르기 영역의 컨트롤을 드래그하여 건물 주위로 조정합니다.

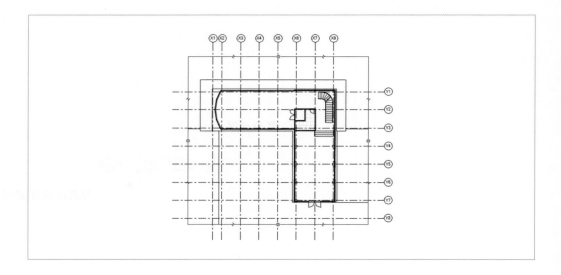

08

뷰 자르기 영역이 보이지 않도록 뷰 조절 막대에서 자르기 영역 숨기기를 클릭합니다.

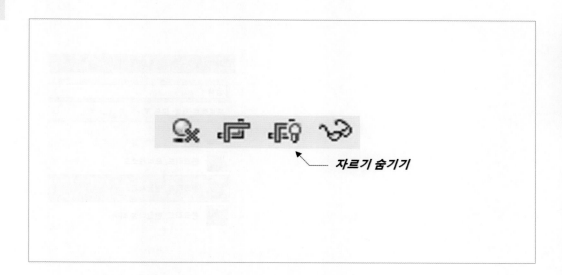

자르기 숨기기

09

콘크리트 재료의 단면을 표현하기 위해 메뉴에서 관리 탭의 설정 패널에서 **재료**를 클릭합니다.

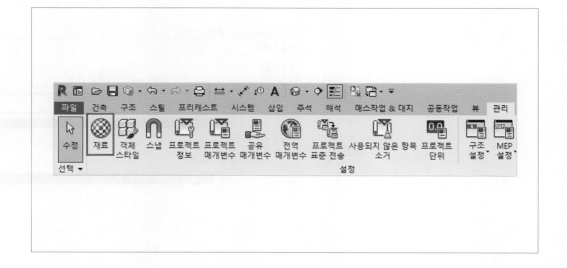

10

재료 탐색기 창에서 콘크리트, 현장치기 재료를 선택합니다.

11

그래픽 패널의 절단 패턴의 전경에서 **패턴**의 버튼을 클릭합니다.

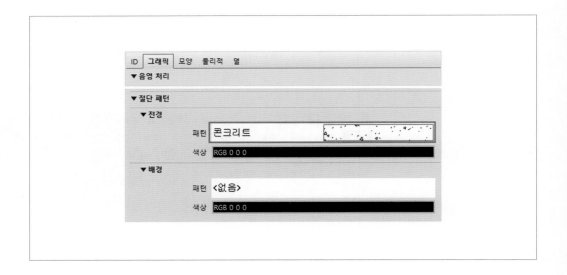

12

채우기 패턴 창에서 〈솔리드 채우기〉를 선택하고 확인을 클릭합니다.

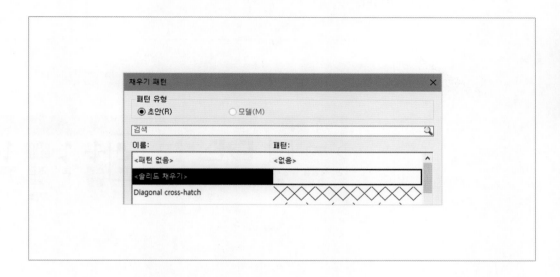

13

재료 탐색기 창도 확인을 클릭하여 닫습니다. 뷰에서 콘크리트 재료를 가진 요소들의 단면이 검정색으로 표시되는 것을 확인합니다.

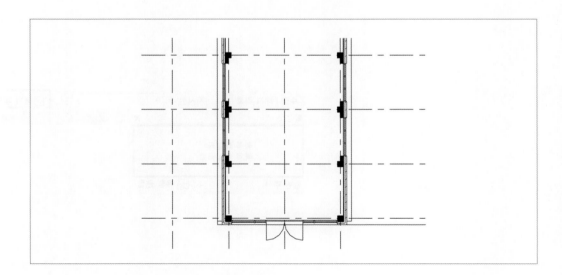

14

뷰의 방위를 표현할 수 있는 기호를 작성하기 위해 주석 탭의 기호 패널에서 **기호**를 클릭합니다.

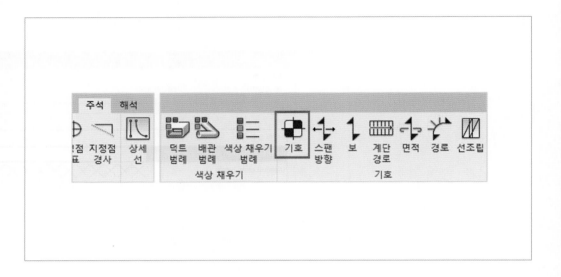

15

유형 선택기에서 북쪽 화살표-2 유형을 선택합니다. 옵션바에서 배치 후 회전을 체크합니다.

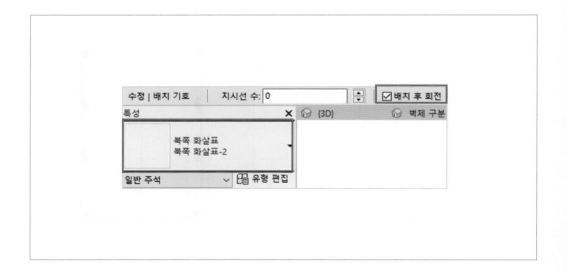

16

뷰에서 기호를 배치할 위치를 클릭하면 회전할 미리보기가 표시됩니다. 마우스의 방향을 시계방향으로 이동한 후 임시치수를 참고하여 15도 되는 위치를 클릭합니다. Esc를 두번 눌러 완료합니다. 정확한 위치는 중요하지 않습니다.

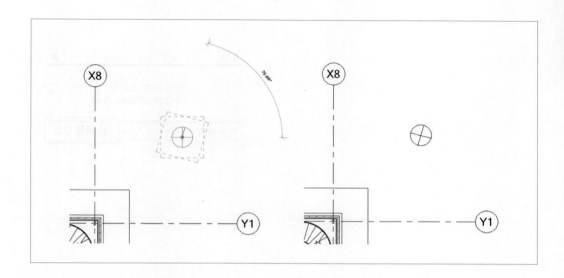

치수 및 태그 작성

작성한 평면도에서 치수 및 태그를 작성합니다.

01

건축평면도_1층을 활성화하고, 메뉴에서 주석 탭의 치수 패널에서 **정렬**을 클릭합니다.

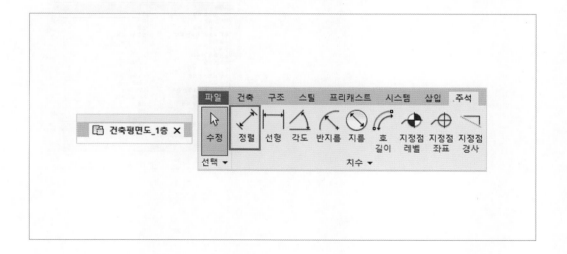

02

유형 선택기에서 대각선 - 2.5mm Arial 유형을 선택하고, **유형 편집**을 클릭합니다.

03

유형 특성 창에서 지시선, 문자, 형식 등을 수정할 수 있습니다. 확인을 클릭합니다.

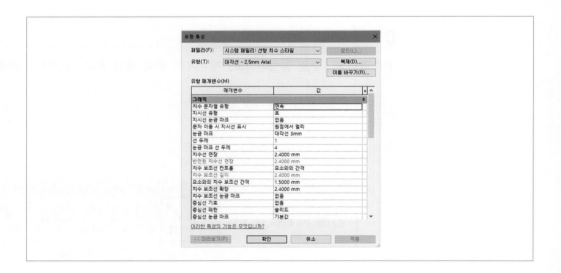

04

뷰에서 X축과 Y축에 개별 치수와 전체 치수를 작성합니다.

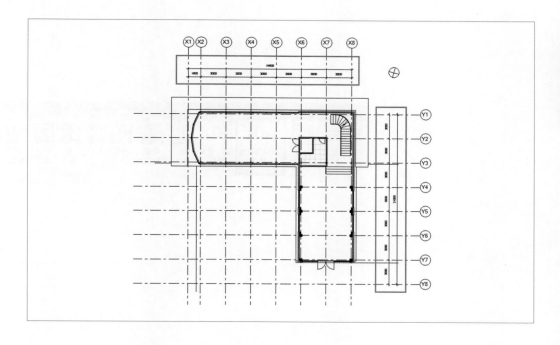

05

TIP

작성 방법의 선택은 사용자 편의사항으로 시험에서 평가 대상이 아님

요소에 태그를 작성하기 위해 메뉴에서 주석 탭의 태그 패널을 확인합니다. 태그의 작성 방법은 카테고리별 태그를 이용하여 개별 요소를 직접 선택하여 작성하는 방법과 모든 항목 태그를 이용하여 뷰에 표시된 모든 카테고리별 요소에 자동으로 작성하는 방법이 있습니다.

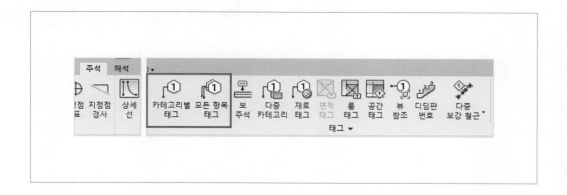

06

메뉴에서 **카테고리별 태그**를 클릭합니다.

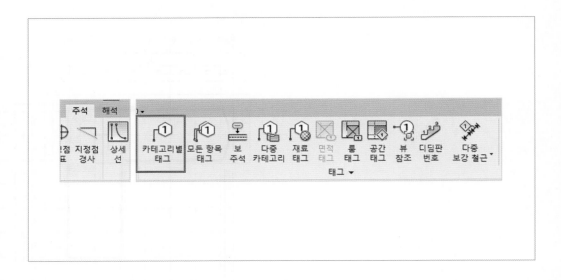

07

옵션바에서 지시 표현을 체크 해제하고, 태그 버튼을 클릭합니다.

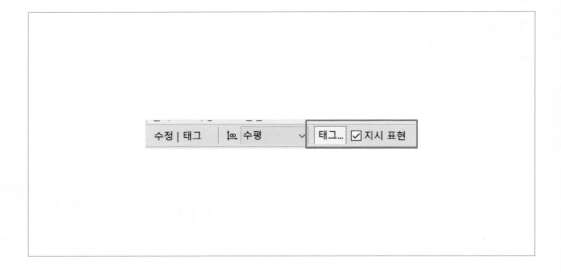

08

로드된 태그 및 기호 창에서 카테고리별로 태그의 유형을 지정할 수 있습니다. 확인을 클릭합니다.

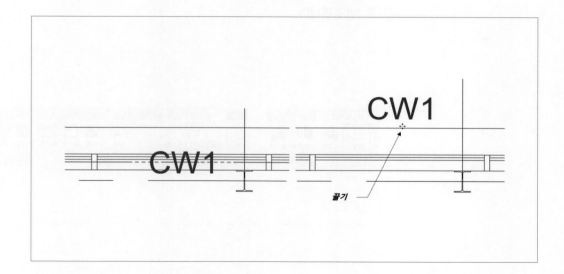

09

뷰에서 미리보기를 참고하여 커튼월을 클릭합니다. 태그가 작성되면 위치를 수정할 있도록 끌기가 표시됩니다. 끌기를 드래그하여 위치를 수정합니다.

10

같은 방법으로 모든 벽에 태그를 작성합니다. Esc를 두 번 눌러 완료합니다.

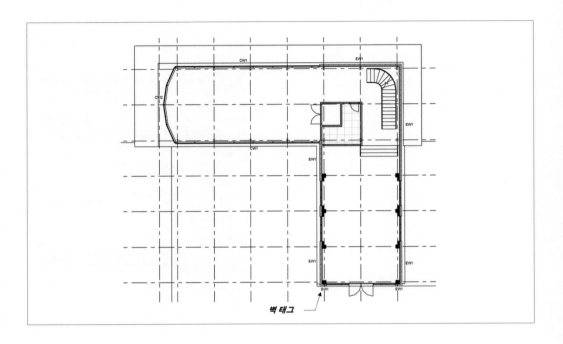

벽 태그

11

작성한 CW1 태그를 선택하고, 메뉴에서 **패밀리 편집**을 클릭합니다. 메뉴가 패밀리 편집 모드로 변경됩니다.

12

뷰에서 레이블을 선택하고, 메뉴에서 **레이블 편집**을 클릭합니다.

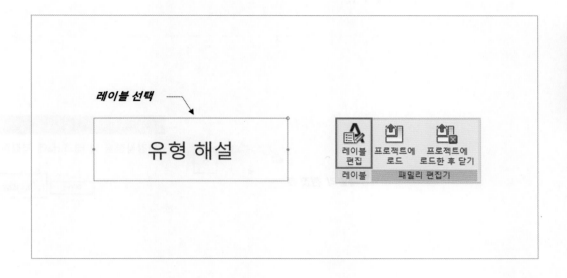

13

레이블 편집 창에는 해당 카테고리의 유형 특성 또는 인스턴스 특성을 태그에 표현할 수 있도록 합니다. 유형 해설이 적용된 것을 확인하고, 취소를 클릭하여 창을 닫습니다.

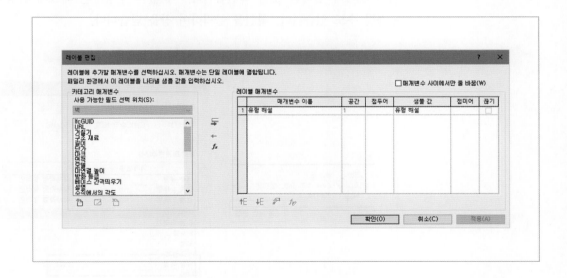

14

뷰 탭에서 X를 클릭하여 패밀리 창을 닫습니다. 만약 저장 메시지가 표시되면 아니요를 클릭합니다.

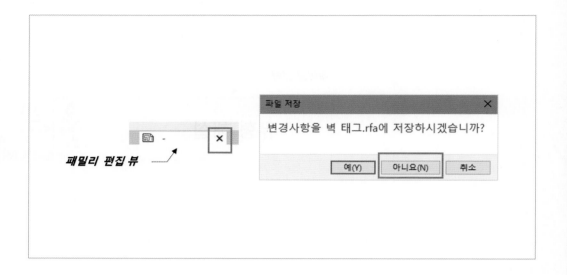

15

뷰에서 커튼월을 선택하고, 특성 창에서 유형 편집을 클릭합니다. 유형 해설에 태그에 표시된 CW1이 입력된 것을 확인합니다. 이 값을 수정하면 태그에 반영되고, 태그에서 직접 수정할 수도 있습니다. 확인을 클릭하여 창을 닫습니다.

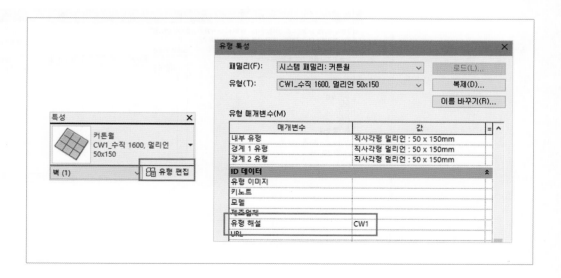

16

자동으로 태그를 작성하기 위해 메뉴에서 주석 탭의 태그 패널에서 **모든 항목 태그**를 클릭합니다.

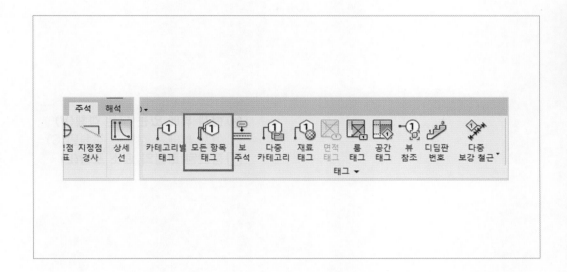

17

태그가 지정되지 않은 모든 항목 태그 창은 선택 옵션과 카테고리 선택, 지시선 등으로 구성됩니다.

18

뷰에서 요소를 선택하고 해당 명령을 실행한 경우 현재 뷰에서 선택한 객체만 옵션을 사용할 수 있으며, 링크된 파일에도 태그를 작성할 수 있습니다.

19

카테고리에서 룸 태그를 체크하고, 룸 태그_이름_바닥높이_천장높이 : 룸 태그 유형을 선택합니다. 콜론 기호의 왼쪽은 패밀리 이름, 오른쪽은 유형 이름입니다.

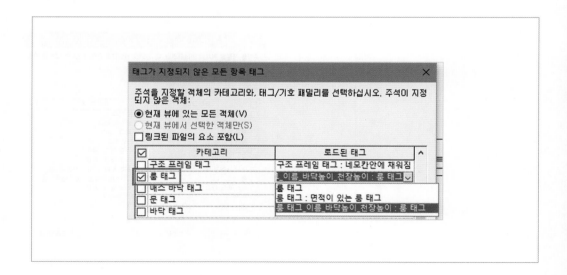

20

문 태그를 체크하고, 문 태그_cospec_1 유형을 선택합니다. 창 태그를 체크하고, 창 태그
유형을 선택합니다. 지시선은 체크 해제하고 확인을 클릭합니다.

	카테고리	로드된 태그
☑		
☐	구조 프레임 태그	구조 프레임 태그 : 네모칸안에 채워짐
☐	룸 태그	룸 태그_이름_바닥높이_천장높이 : 룸
☐	매스 바닥 태그	질량 바닥 태그 : 표준
☑	문 태그	문 태그_cospec_1
☐	바닥 태그	바닥 태그
☐	벽 태그	벽 태그 : 12mm
☐	스팬 방향 기호	스팬 방향 · 단방향 슬래브
☑	창 태그	창 태그

☐ 지시선(D)   지시선 길이(E): 12,7 mm
태그 방향(R): 수평

21

뷰에서 작성된 태그를 확인합니다. 필요시 작성한 태그를 선택하고 끌기를 드래그하여 위
치를 수정합니다.

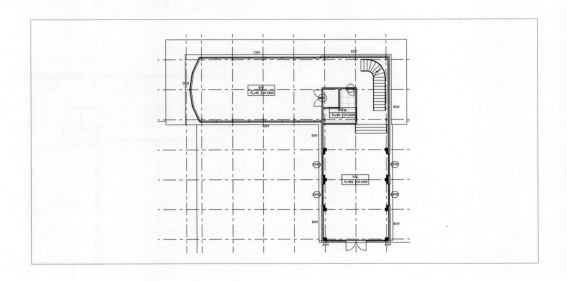

**룸 색상표 뷰
작성**

01

건축평면도_1층을 복제하고, 이름을 **룸 색상표**_1층으로 변경합니다.

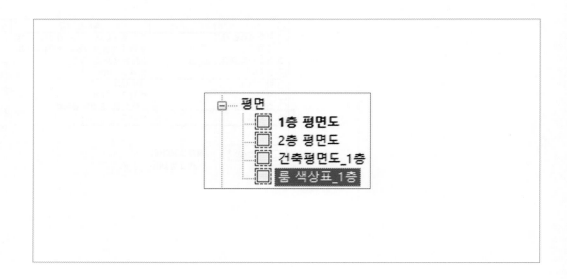

02

앞선 방법과 같이 모든 항목 태그를 이용하여, 룸 태그를 작성합니다.

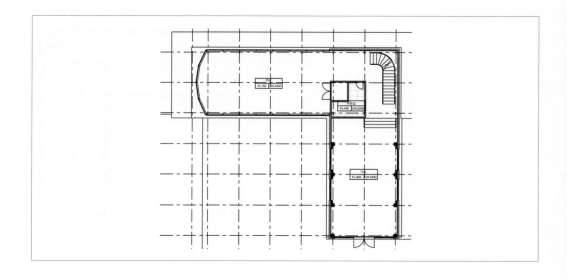

03

특성 창에서 색상표의 〈없음〉 버튼을 클릭합니다.

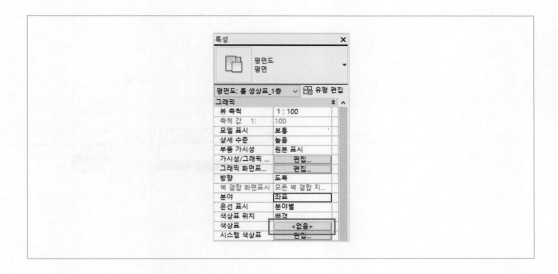

04

색상표 편집 창은 카테고리와 색상표 정의로 구성되어 있습니다.

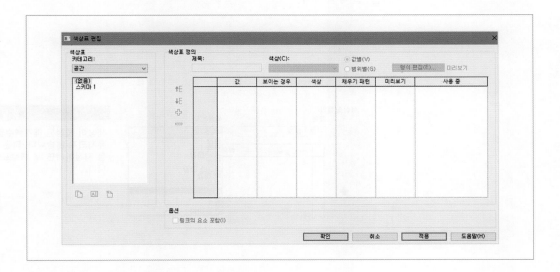

05

카테고리에서 룸을 선택하고 구성표1을 선택합니다.

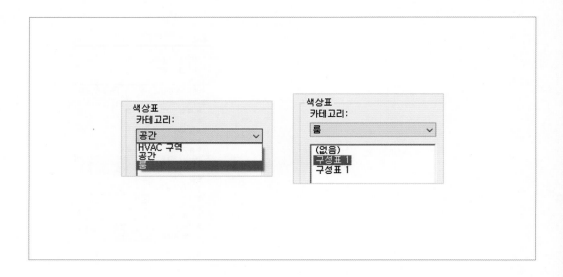

06

색상표 정의에서 색상을 이름으로 선택합니다. 색상이 유지되지 않음 창이 표시되면 확인을 클릭합니다.

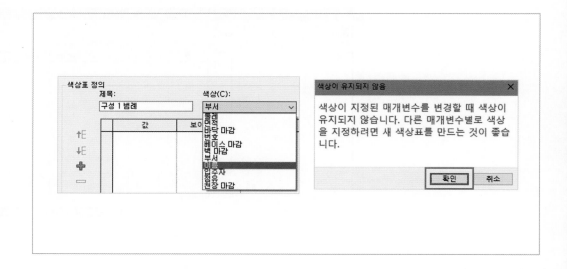

07

리스트에 프로젝트에 작성된 모든 실의 이름이 표시되고, 색상이 자동으로 적용됩니다.
색상 버튼을 클릭하여 수정할 수도 있습니다.

	값	보이는 경우	색상	채우기 패턴	미리보기	사용 중
1	거실	☑	RGB 156-185-	<솔리드 채우기>		예
2	주방	☑	PANTONE 324	<솔리드 채우기>		예
3	침실	☑	PANTONE 621	<솔리드 채우기>		예
4	화장실	☑	RGB 139-166-	<솔리드 채우기>		예

08

확인을 클릭하고, 뷰에서 룸에 색상이 적용된 것을 확인합니다.

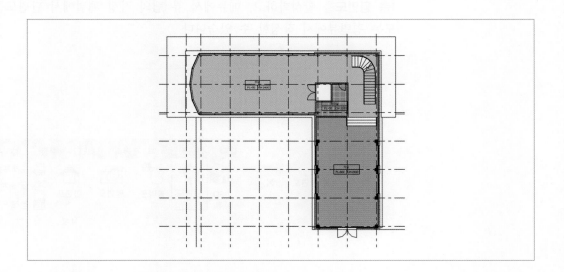

09

만약 뷰에서 룸의 색상이 표시되지 않는다면, 뷰 탭의 그래픽 패널에서 가시성/그래픽
을 클릭합니다. 재지정 창에서 룸을 확장하여 색상 채우기가 체크되어 있는지 확인합니다.

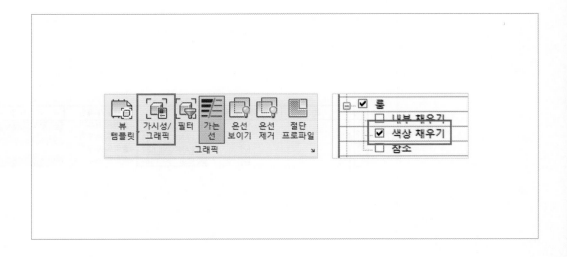

단면도 작성   단면도를 작성하고, 룸 및 재료 태그를 작성합니다.

01

1층 평면도를 활성화하고, 메뉴에서 뷰 탭의 작성 패널에서 단면도를 클릭합니다. 단면
도는 평면뷰에서 작성할 수 있습니다.

02

유형 선택기에서 건물 구획 유형을 선택합니다. 단면도는 건물 구획, 벽 구획, 상세정보 유형을 사용할 수 있습니다.

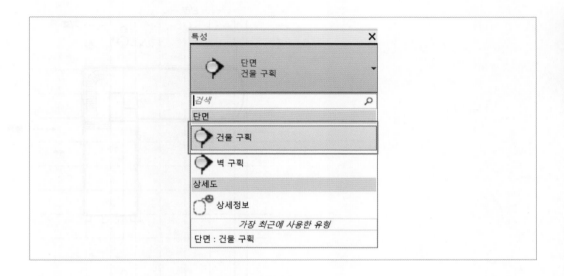

03

뷰에서 단면도의 시작점을 클릭하면 미리보기가 표시됩니다. 미리보기를 참고하여 끝점을 클릭하면 단면도가 작성되고 선택됩니다.

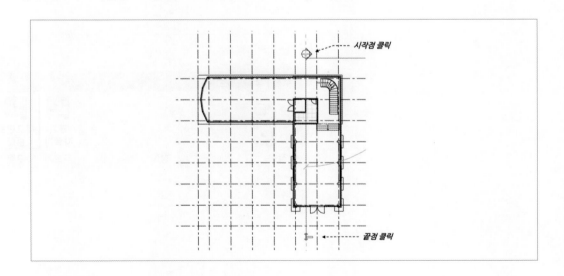

04

작성한 단면도는 범위, 반전, 이동, 회전, 기호 등을 수정할 수 있습니다.

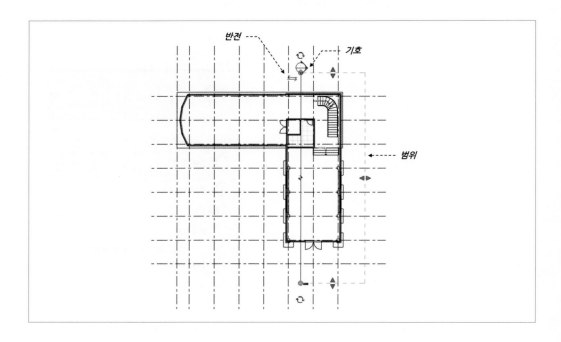

05

단면도가 선택된 상태에서 메뉴에서 **세그먼트 분할**을 클릭합니다.

06

뷰에서 작성한 단면도의 임의의 위치를 클릭하면 단면도가 분할되고, 마우스를 이동하면 미리보기가 표시됩니다.

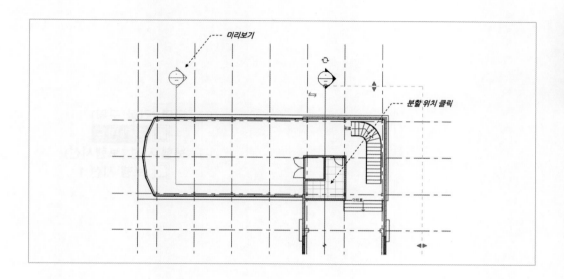

07

미리보기를 참고하여 임의의 위치를 클릭하면 단면도가 분할됩니다. esc를 두번 눌러 완료합니다.

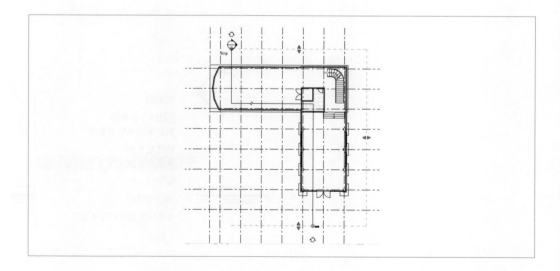

08

작성한 단면도는 프로젝트 탐색기의 단면 아래에 위치합니다. 단면도의 이름을 종단면
도로 입력합니다.

09

프로젝트 탐색기에서 종단면도를 더블클릭하여 엽니다. 또는 뷰에서 단면도를 선택하고
우클릭하여 **뷰로 이동**을 클릭합니다.

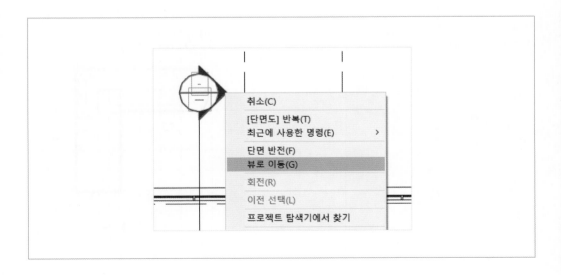

10

뷰 조절 막대에서 상세 수준은 높음, 비주얼 스타일은 은선, 자르기 영역 숨기기로 변경합니다.

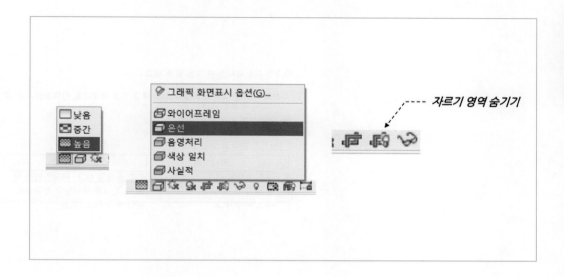

11

룸 태그를 작성하기 위해 메뉴에서 주석 탭의 태그 패널에서 모든 항목 태그를 클릭합니다.

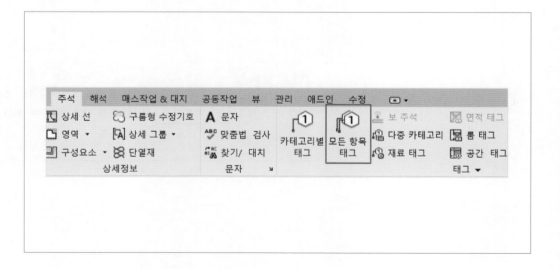

12

태그가 지정되지 않은 모든 항목 태그 창에서 룸 태그를 체크하고 확인을 클릭합니다.
뷰에서 룸에 태그가 작성된 것을 확인합니다.

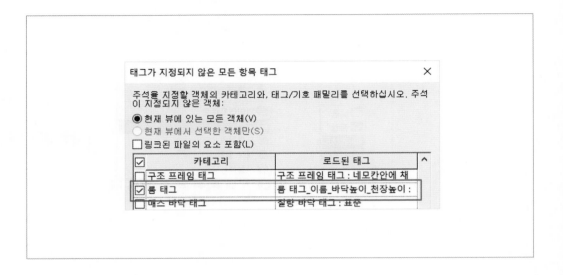

13

재료 태그를 작성하기 위해 메뉴에서 주석 탭의 태그 패널에서 **재료 태그**를 클릭합니다.

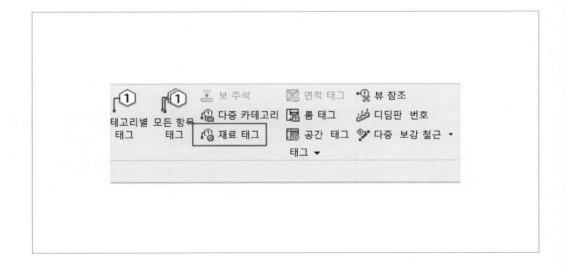

14

유형 선택기에서 재료 이름 유형을 선택하고, 옵션바에서 지시 표현을 체크합니다.

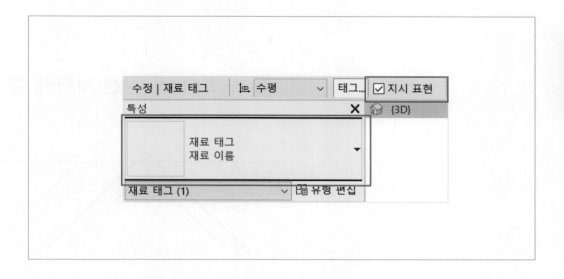

15

뷰에서 지붕의 상단 부분을 확대하여 지붕의 레이어 위에 마우스를 위치하면 재료의 이름이 미리보기로 표시됩니다.

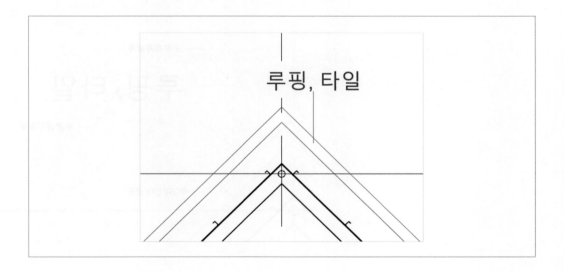

16

마우스를 지붕의 다른 레이어로 이동하면 해당 레이어의 재료 이름이 표시됩니다.

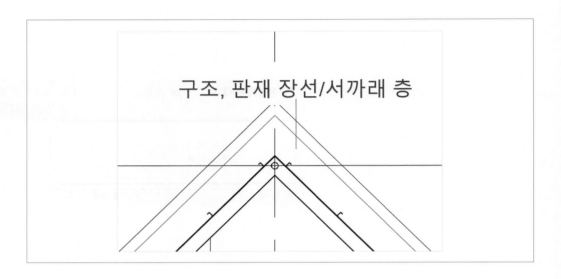

17

지붕 레이어 안의 임의의 위치를 클릭하고, 마우스를 위로 이동하여 수직 위치를 클릭합니다. 마우스를 수평으로 이동하여 수평 위치를 클릭하여 재료 태그를 작성합니다.

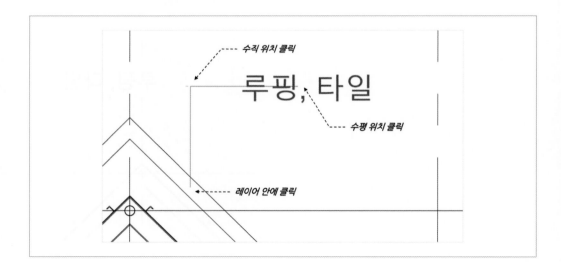

18

계속해서 같은 지붕의 다른 레이어에 재료 태그를 작성하고, esc를 두번 눌러 완료합니다.

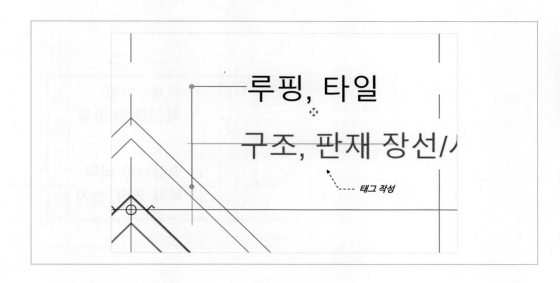

TIP

두 태그의 수직 지시선
이 일치하지 않아도 됨

작성한 재료 태그를 선택합니다. 끌기를 드래그하여 태그의 문자 및 지시선 위치를 수정할 수 있습니다.

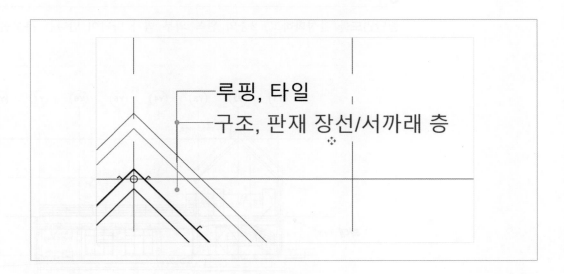

20

같은 방법으로 바닥과 천장의 재료 태그를 작성합니다.

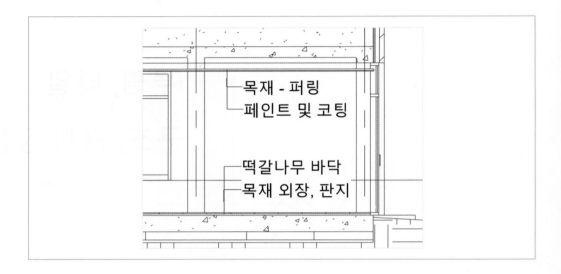

상세도 작성

상세도를 작성하고 상세선, 문자, 채우기 패턴 등을 작성합니다.

01

종단면도를 활성화하고, 2층의 왼쪽 외부 벽과 바닥이 만나는 부분을 확대합니다.

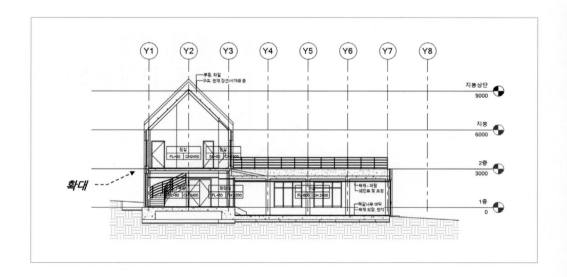

02

메뉴에서 뷰 탭의 작성 패널에서 콜아웃을 확장하여 **직사각형**을 클릭합니다.

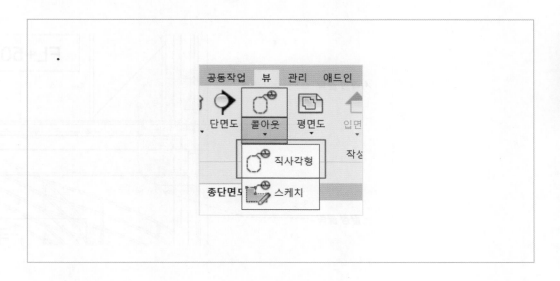

03

유형 선택기에서 **상세정보** 유형을 선택합니다.

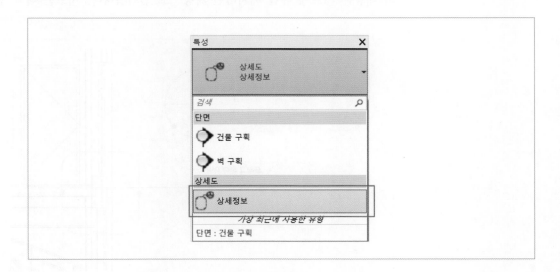

04

뷰에서 콜아웃의 시작점과 끝점을 클릭하여 작성합니다.

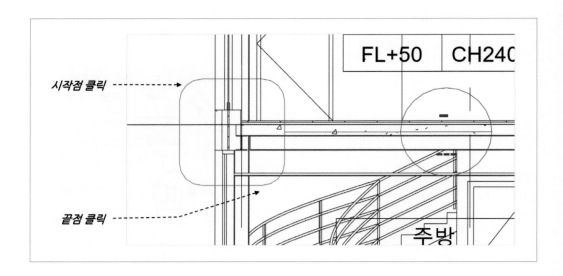

05

작성한 콜아웃을 선택하고, 헤드의 끝기를 드래그하여 헤드의 위치를 조정합니다. 헤드의 내용은 시트에 뷰를 배치하면 자동으로 입력됩니다. 시트는 다음 챕터에서 학습합니다.

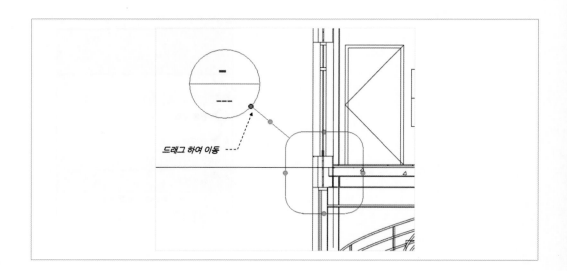

06

콜아웃의 헤드 또는 선 부분을 우클릭하고, 뷰로 이동을 클릭합니다. 또는 프로젝트 탐
색기에서 상세도 뷰를 더블클릭하여 엽니다.

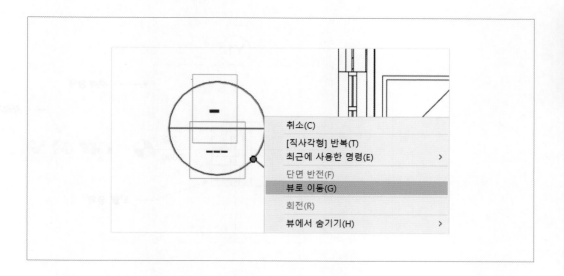

07

특성 창에서 뷰의 이름을 외벽 상세도로 입력합니다. 뷰 조절 막대에서 상세 수준을 높
음으로 변경합니다.

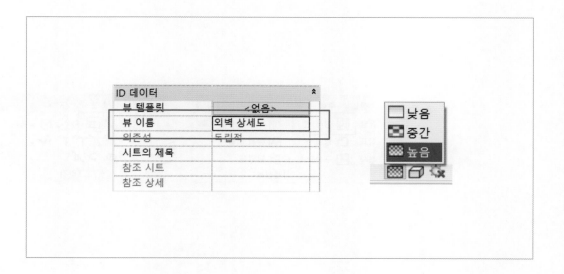

08

뷰에서 자르기 영역을 선택합니다. 콜아웃의 자르기 영역은 모델 영역과 주석 영역으로
구분됩니다. 뷰 조절 막대에서 **자르기 영역 숨기기**를 클릭합니다.

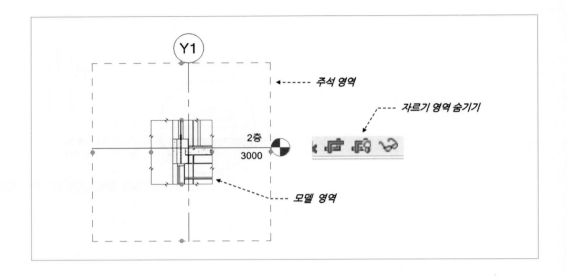

09

메뉴에서 주석 탭의 상세정보 패널에서 **상세 선**을 클릭합니다. 그리기 패널에서 직사각
형을 선택합니다.

10

뷰에서 가로 90, 세로 90의 직사각형을 작성합니다. 크기는 작성 후에 수정할 수도 있습니다.

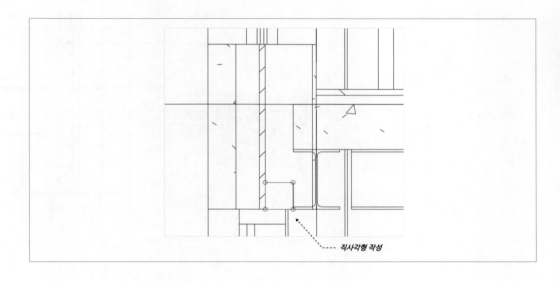

11

계속해서 그리기 패널에서 선을 선택하고, 직사각형 내부에 선을 작성합니다.

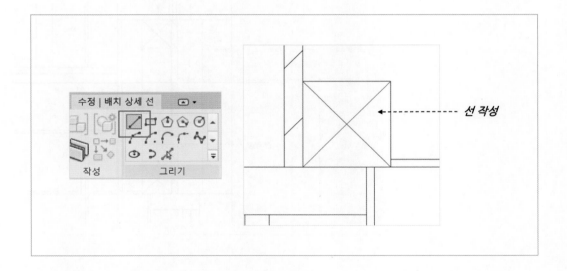

12

작성한 상세 선을 모두 선택하고, 메뉴에서 복사 기능을 이용하여 위쪽으로 복사합니다.

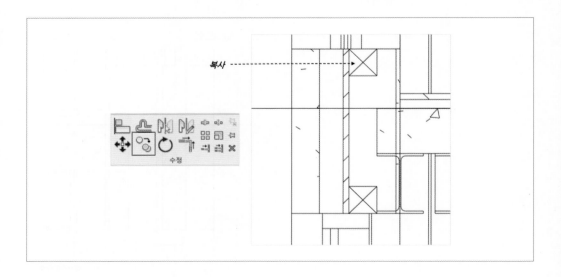

13

계속해서 두 직사각형을 연결하는 상세 선을 작성합니다.

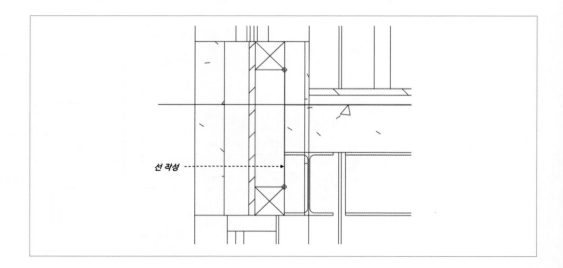

TIP
채워진 영역은 패턴을 작성하는 기능이며, 마스킹 영역은 요소를 가리는 기능임

14

채워진 영역을 작성하기 위해 메뉴에서 주석 탭의 상세정보 패널에서 영역을 확장하여 **채워진 영역**을 클릭합니다.

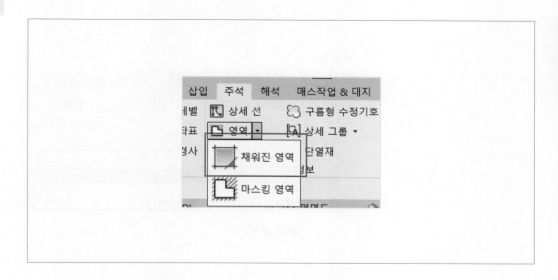

15

특성 창에서 유형 편집을 클릭합니다. 유형 특성 창에서 복제를 클릭하고 이름을 콘크리트로 입력합니다.

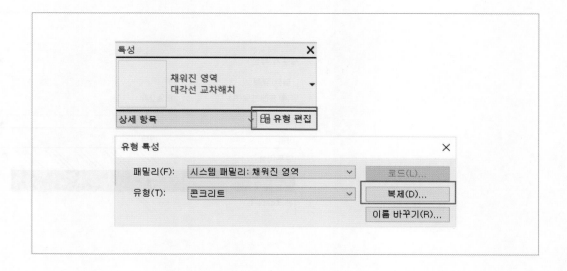

16

그래픽의 전경 채우기 패턴의 빈 곳을 클릭하여 축소 버튼이 표시되면 축소 버튼을 클릭합니다.

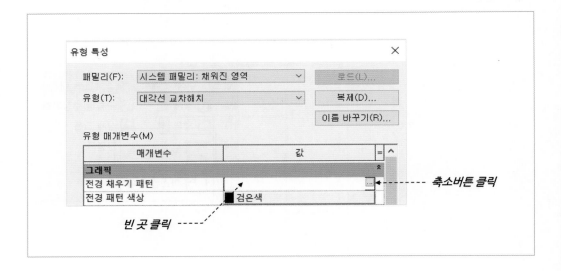

17

채우기 패턴 창에서 콘크리트를 선택하고 확인을 클릭합니다. 유형 특성 창도 확인을 클릭합니다.

18

메뉴에서 그리기 패널의 직사각형을 선택하고, 뷰에서 콘크리트 바닥 위에 직사각형을 작성합니다. 정확한 위치는 중요하지 않습니다.

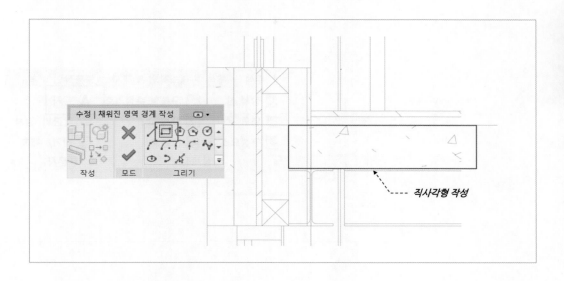

19

모드 패널에서 완료를 클릭합니다. 뷰에서 작성된 내용을 확인합니다.

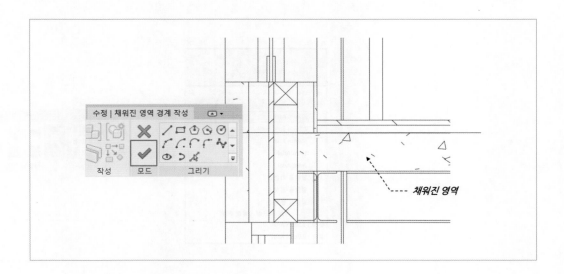

20

메뉴에서 주석 탭의 문자 패널에서 **문자**를 클릭합니다.

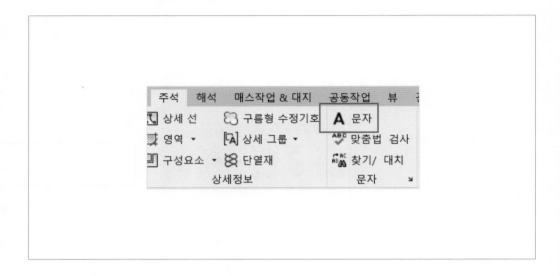

21

유형 선택기에서 2.0mm Arial 유형을 선택하고, 메뉴에서 지시선 패널에서 하나의 세 그먼트를 클릭합니다.

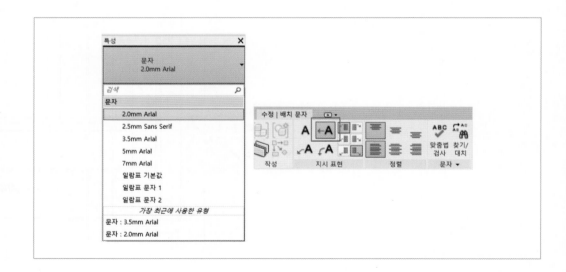

22

뷰에서 화살표를 배치할 위치를 클릭하고, 문자를 배치할 위치를 차례로 클릭합니다.

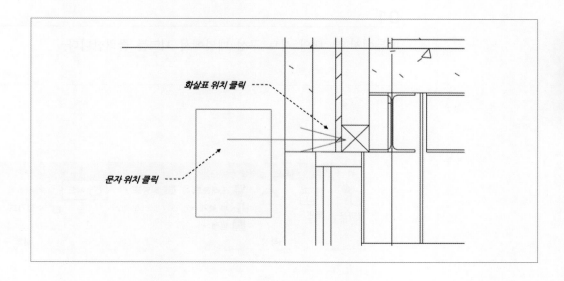

23

문자의 내용을 90×90 PIPE로 입력하고 메뉴의 닫기를 클릭합니다. Esc를 두번 눌러
완료합니다.

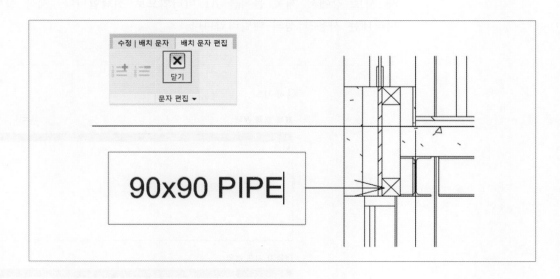

시트 작성

시트를 작성하고 뷰를 배치합니다.

01

메뉴에서 뷰 탭의 시트 구성 패널에서 **시트**를 클릭합니다.

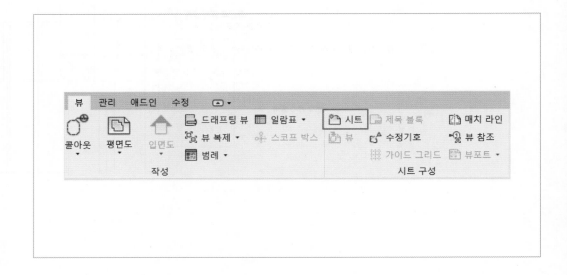

02

새 시트 창에서 제목 블록을 A1 미터법으로 선택합니다. 제목 블럭은 도면의 도곽을 나타내는 사용자 정의 패밀리입니다.

03

대행자 시트 선택은 시트리스트 일람표에 있는 시트의 이름과 번호를 사용하는 것입니다. 시트리스트 일람표는 도면목록표과 같이 작성할 시트의 이름과 번호를 미리 작성한 것입니다. 대행자 시트 선택에서 경계 조건을 선택하고 확인을 클릭합니다.

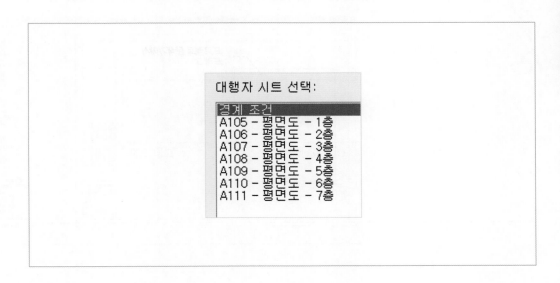

04

시트가 만들어지면 자동으로 시트의 뷰가 열립니다. 작성한 시트는 프로젝트 탐색기의 시트 아래에 위치합니다. 특성 창에서 시트의 번호를 A101, 이름을 건축평면도_1층으로 입력합니다.

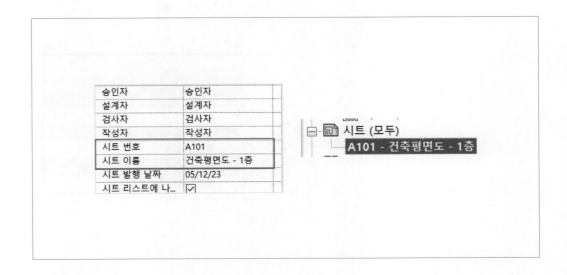

05

시트에 뷰를 배치하기 위해 프로젝트 탐색기에서 건축평면도_1층 뷰를 드래그하여 임의의 위치에 배치합니다.

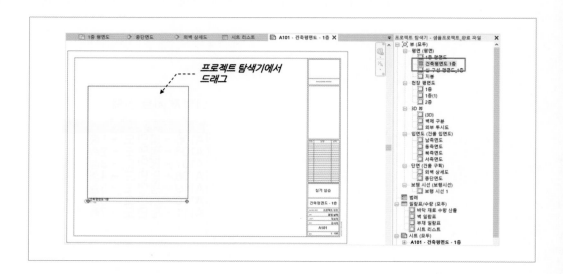

06

배치한 뷰를 선택하면 유형 선택기에서 뷰의 이름을 표시하는 뷰포트 유형을 선택할 수 있습니다. 제목 선 있음 유형을 선택합니다.

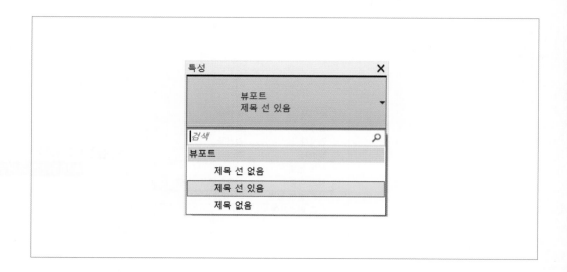

07

뷰에서 뷰포트의 크기는 끌기를 이용하여 조정할 수 있습니다.

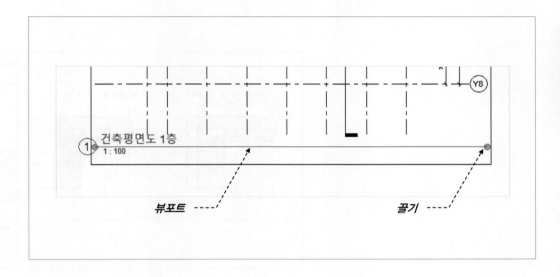

08

뷰 선택을 취소하고, 뷰포트를 직접 선택합니다. 드래그하여 뷰포트의 위치를 이동할 수 있습니다.

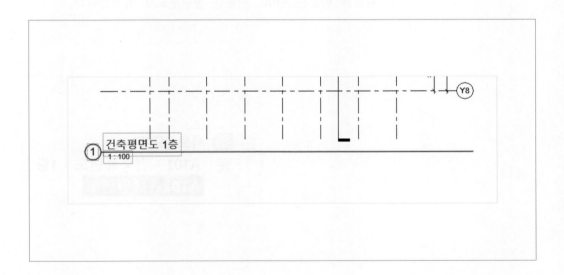

09

같은 방법으로 룸 색상표_1층을 시트에 배치합니다. 뷰 배치시 정렬선을 참고할 수 있습니다.

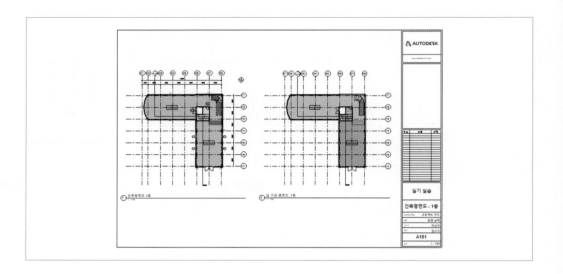

10

단면도 및 상세도를 배치하기 위한 시트를 만들기 위해 같은 방법으로 새 시트를 만들고 시트의 번호는 A102, 이름은 종단면도로 입력합니다.

11

시트에 종단면도와 외벽 상세도를 배치합니다. 정확한 위치는 중요하지 않습니다.

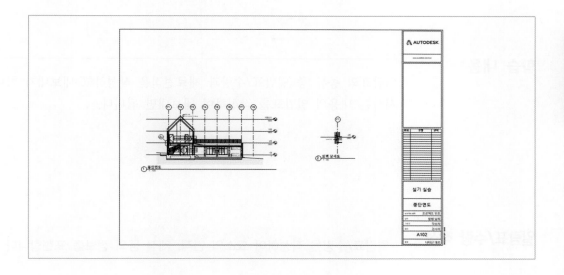

12

뷰에서 종단면도의 콜아웃 헤드 부분을 확대하여 내용을 확인합니다. 콜아웃이 배치된 시트의 이름이 자동으로 입력되는 것을 확인합니다.

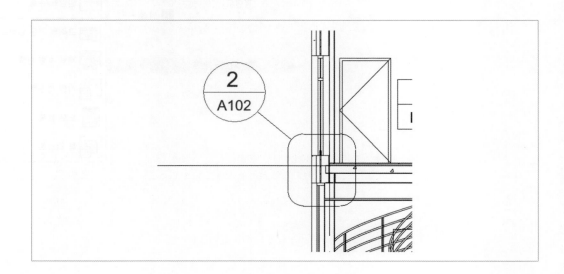

04 물량 산출

학습 내용

일람표의 종류 중 일람표/수량과 재료견적을 작성하고 내보내기 합니다. 시험에서는 제시하는 내용의 일람표를 작성하여 내보내면 됩니다.

일람표/수량 작성

일람표/수량을 작성하여 요소의 면적, 체적 등의 정보를 표현합니다.

01

메뉴에서 뷰 탭의 작성 패널에서 일람표를 확장하여 **일람표/수량**을 클릭합니다.

02

새 일람표 창에서 벽 카테고리를 선택하고, 이름은 자동으로 입력되는 내용을 그대로 사용합니다. 건물 구성요소 일람표가 선택된 상태에서 확인을 클릭합니다. 일람표 키는 실내재료마감표와 같이 여러 요소에 같은 정보를 입력할 때 사용합니다.

TIP

사용 가능한 필드 선택에서 프로젝트 정보 등을 선택하여 해당 정보를 표시할 수 있음

03

일람표 특성 창의 필드 탭에는 사용 가능한 필드 선택과 선택한 카테고리에 대한 사용 가능한 필드가 표시됩니다. 필드는 요소의 유형 및 인스턴스 특성을 말합니다.

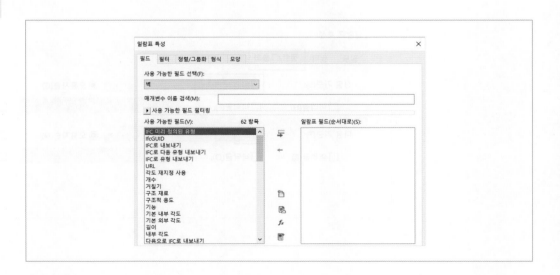

04

사용 가능한 필드에서 베이스 구속조건, 유형, 면적, 길이, 개수를 차례로 추가합니다.
아래의 위 또는 아래 버튼을 이용하여 순서를 변경할 수 있습니다.

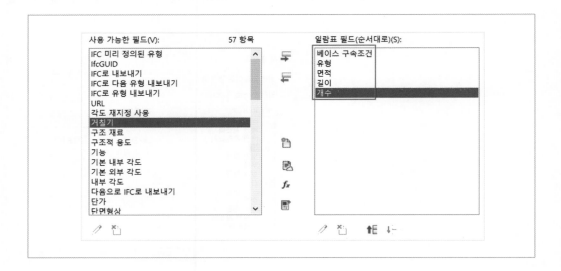

05

정렬/그룹화 탭을 클릭하고, 정렬의 기준을 베이스 구속조건과 유형으로 선택합니다.

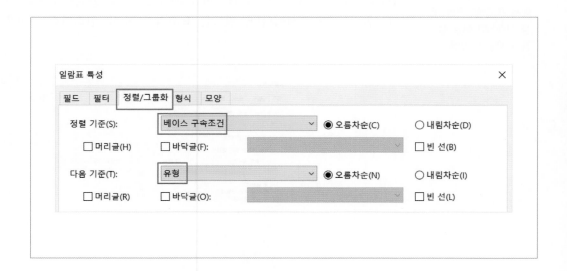

06

일람표 특성 창에서 확인을 클릭합니다. 일람표 뷰가 자동으로 표시됩니다. 일람표의
내용을 확인합니다.

<벽 일람표>				
A	B	C	D	E
베이스 구속조건	유형	면적	길이	개수
1층	CW1_수직 1600, 멀	31 m²	11918	1
1층	CW1_수직 1600, 멀	31 m²	11825	1
1층	CW1_수직 1600, 멀	16 m²	5700	1
1층	CW2_수직 고정개수,	18 m²	6691	1
1층	W1-150	4 m²	2700	1
1층	W1-150	4 m²	2700	1
1층	W1-150	4 m²	2700	1

07

프로젝트 탐색기의 일람표/수량 아래에 작성한 일람표가 표시됩니다.

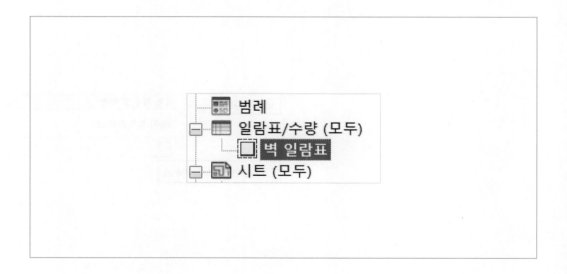

08

일람표의 형식을 수정하기 위해 특성 창에서 정렬/그룹화의 **편집** 버튼을 클릭합니다.

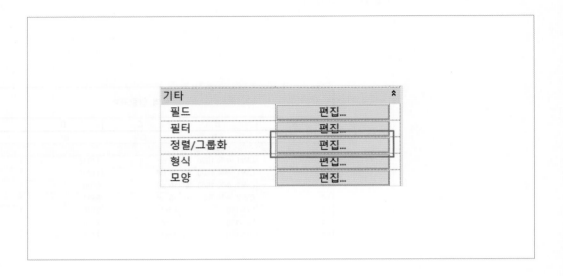

09

총계를 체크하고, 모든 인스턴스 항목화를 체크 해제합니다. 모든 인스턴스 항목화를
체크 해제하면 정렬 기준이 같은 요소들이 하나의 행으로 표현됩니다.

10

형식 탭을 클릭하고, 면적, 길이, 개수를 한번에 선택하고, 총합 계산을 클릭합니다. 모든 인스턴스 항목화를 체크 해제하여 하나의 행으로 표현되는 요소들의 합계를 계산하는 기능입니다.

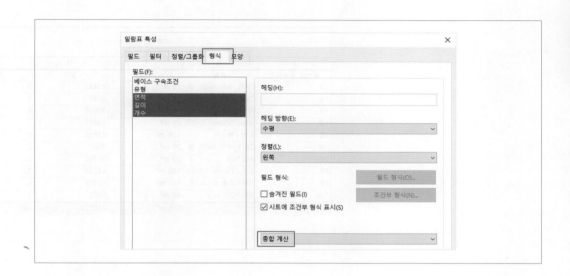

11

모양 탭을 클릭하고, 데이터 앞에 빈 행을 체크 해제합니다. 열의 제목을 나타내는 행 아래의 빈 행을 없애는 기능입니다. 확인을 클릭하여 창을 닫습니다.

뷰에서 정렬 기준인 층별과 유형별로 하나의 행으로 표현된 것을 확인합니다. 각 행의 면적, 길이, 개수의 합계가 표시되고, 아래에 전체의 총계가 표시되는 것을 확인합니다.

<벽 일람표>

A	B	C	D	E
베이스 구속조건	유형	면적	길이	개수
1층	CW1_수직 1600, 멀	79 m²	29443	3
1층	CW2_수직 고정개수,	18 m²	6691	1
1층	W1-150	15 m²	10800	4
1층	실내 - 120mm 칸막이	40 m²	16817	7
1층	외벽 - 벽돌벽	119 m²	43895	5
2층	CW1_수직 1600, 멀	26 m²	9350	2
2층	W0-150	20 m²	36150	4
2층	실내 - 79mm 칸막이(	180 m²	44304	13
2층	외벽 - 스틸 스터드 콘	144 m²	52400	6
지붕	일반 - 200mm	10 m²	6350	1
총계: 46		649 m²	256200	46

재료견적 작성

재료견적 일람표를 작성하여 요소에 사용된 재료에 대한 면적, 부피 등을 표현합니다.

01

메뉴에서 뷰 탭의 작성 패널에서 일람표를 확장하여 **재료 수량 산출**을 클릭합니다.

02

새 재료 수량 산출 창에서 카테고리를 바닥으로 선택하고, 이름은 자동으로 입력되는 이름을 그대로 사용합니다. 확인을 클릭합니다.

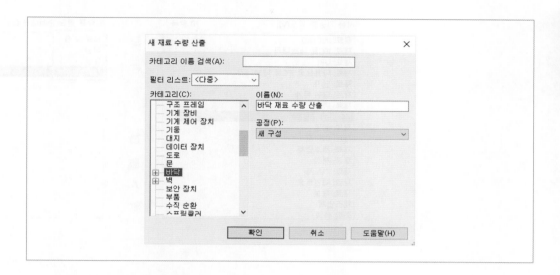

03

재료 수량 산출 특성 창에서 사용 가능한 필드의 스크롤을 아래로 이동합니다. 필드에 재료로 시작되는 필드들을 확인합니다. 재료 견적 일람표는 재료와 관련된 필드가 1개 이상 반드시 포함되어야 일람표가 작성됩니다.

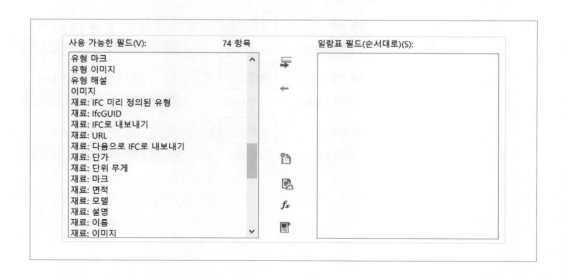

04

사용 가능한 필드에서 재료 : 이름 , 레벨, 유형, 재료 : 면적을 차례로 추가합니다. 필요시 필드를 위 또는 아래로 이동합니다.

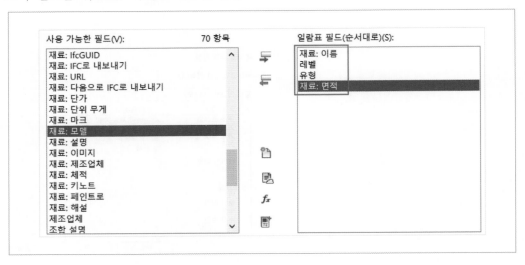

05

정렬/그룹화 탭을 클릭하고, 정렬 기준을 재료 : 이름, 레벨, 유형으로 설정합니다.

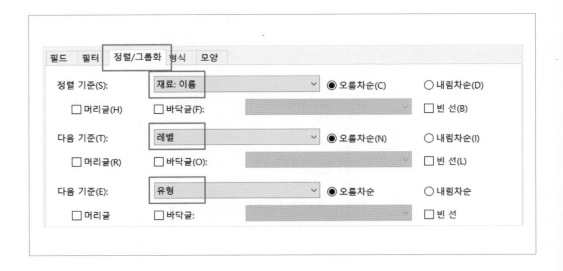

06

재료 : 이름별 면적의 합계를 표시하기 위해 정렬 기준의 재료 : 이름에서 바닥글을 체크하고, 합계만을 선택합니다.

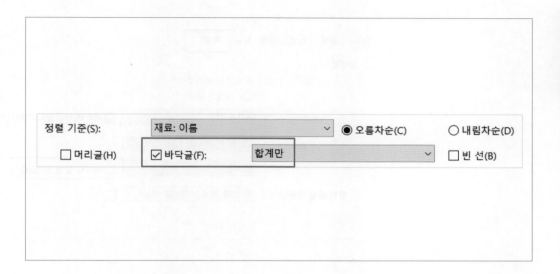

07

형식 탭을 클릭하고, 필드에서 재료 : 면적을 선택하고, 총합 계산으로 선택합니다.

08

모양탭을 클릭하고, 데이터 앞에 빈 행을 체크 해제하고 확인을 클릭합니다.

09

바닥 재료 수량 산출 일람표가 표시되면 내용을 확인합니다. 작성한 재료 수량 산출 일람표는 프로젝트 탐색기에서 일람표/수량 아래에 표시됩니다.

일람표 내보내기

작성한 일람표를 txt 파일 형식으로 내보냅니다.

01

프로젝트 탐색기에서 일람표/수량의 벽 일람표를 활성화하고, 메뉴에서 파일 탭의 내보내기에서 보고서의 **일람표**를 클릭합니다. 일람표를 내보내기 위해서는 일람표가 활성화되어 있어야 합니다.

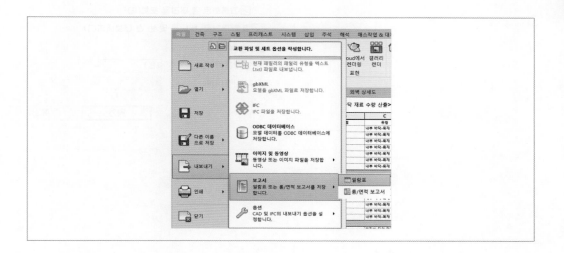

02

일람표 내보내기 창에서 파일 형식을 텍스트로 선택하고, 이름과 경로를 지정하여 저장을 클릭합니다.

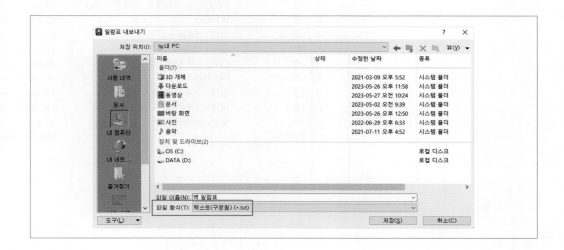

03

일람표 내보내기 창에서 기본값을 그대로 사용하여 확인을 클릭합니다.

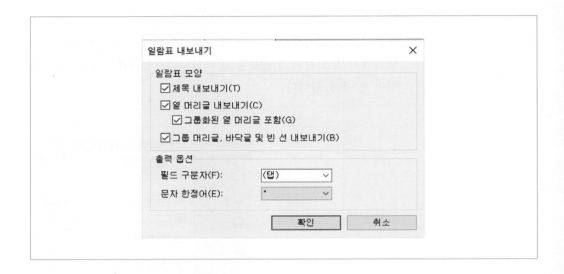

04

내보낸 파일을 엑셀 프로그램에서 열어서 확인 및 활용할 수 있습니다.

	A	B	C	D	E
1	벽 일람표				
2	베이스 구속조건	유형	면적	길이	개수
3	1층	CW1_수직 1600, 멀리언 50x150	79 m²	29443	3
4	1층	CW2_수직 고정개수, 멀리언 - 50x150	18 m²	6691	1
5	1층	W1-150	15 m²	10800	4
6	1층	실내 - 120mm 칸막이(2시간)	40 m²	16817	7
7	1층	외벽 - 벽돌벽	119 m²	43895	5
8	2층	CW1_수직 1600, 멀리언 50x150	26 m²	9350	2
9	2층	W0-150	20 m²	36150	4
10	2층	실내 - 79mm 칸막이(1시간)	180 m²	44304	13
11	2층	외벽 - 스틸 스터드 콘크리트패널	144 m²	52400	6
12	지붕	일반 - 200mm	10 m²	6350	1
13	총계: 46		649 m²	256200	46

05 간섭 검토

학습 내용

현재 프로젝트 및 링크된 모델의 보 카테고리와 배관 카테고리 간의 간섭을 검토합니다. 시험에서는 제시하는 내용의 카테고리를 선택하여 간섭을 검토하면 됩니다.

설계단계 BIM 활용에서의 간섭 검토는 Revit의 간섭 검토 기능을 이용하고, 시공단계 BIM 활용에서의 간섭 검토는 Navisworks의 간섭 검토 기능을 이용합니다. Navisowkr의 간섭 검토는 다음 chapter에서 학습합니다.

간섭 검토

소방 배관이 작성된 레빗 프로젝트 파일을 링크하여 간섭 검토를 진행합니다.

01

3D 뷰를 열고 뷰의 상세 수준은 높음, 단면상자는 체크 해제합니다. 메뉴에서 삽입 탭의 링크 패널에서 Revit 링크를 클릭합니다.

02

RVT 가져오기/링크 창에서 예제파일의 소방배관 모델을 선택합니다. 위치는 자동 – 내부 원점 대 내부 원점을 선택하고 열기를 클릭합니다.

03

링크한 모델을 확인하기 위해 메뉴에서 뷰 탭의 그래픽 패널에서 가시성/그래픽을 클릭합니다. 모델 카테고리에서 구조 기둥, 구조 프레임, 배관, 배관 부속류만 체크하고 확인을 클릭합니다.

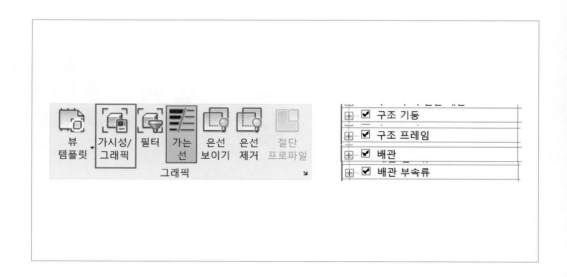

04

뷰에서 링크한 소방배관 모델을 확인합니다.

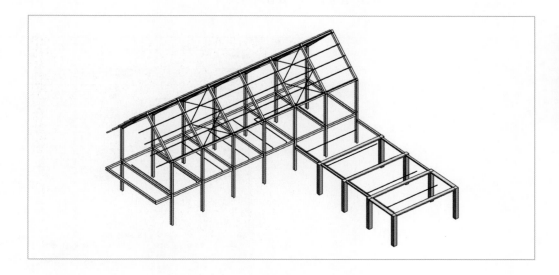

05

메뉴에서 공동작업 탭의 좌표 패널에서 간섭 확인을 확장하여 **간섭확인 실행**을 클릭합니다.

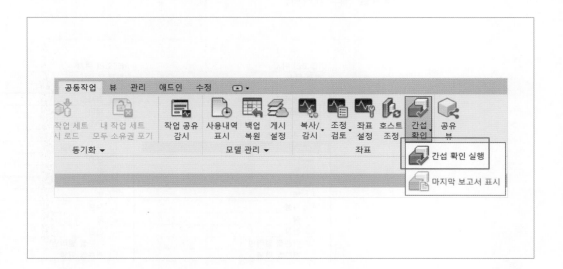

06

간섭 확인 창은 간섭을 확인할 왼쪽과 오른쪽의 2개의 대상에 대해 문서 위치와 카테고리를 설정할 수 있습니다.

07

왼쪽 대상에서 문서 위치를 현재 문서로 선택하고, 카테고리에서 구조 기둥과 구조 프레임을 체크합니다.

08

오른쪽 대상에서 문서 위치를 링크한 소방모델 파일로 선택하고, 카테고리에서 배관과 배관 부속류를 체크합니다. 확인을 클릭합니다.

09

간섭 확인이 완료되면 간섭 보고서 창이 표시됩니다. 리스트에는 간섭 내용이 표시됩니다. 간섭 내용은 카테고리, 패밀리 이름, 유형, ID가 표시됩니다.

10

간섭 보고서 창에서 배관을 확장하여 구조 프레임을 선택합니다. 3D 뷰에서 해당 보가 하이라이트 됩니다. 뷰에서 확대 및 축소, 회전 등을 이용하여 내용을 확인합니다.

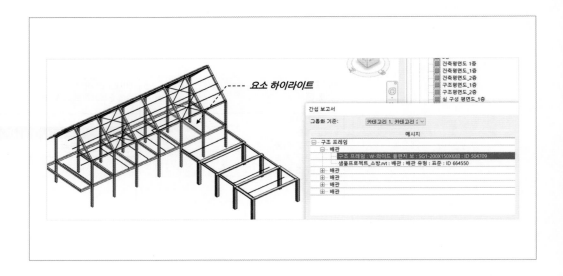

11

창의 아래에는 직성 날짜와 버튼이 표시됩니다. 내보내기를 클릭하면 html 형식으로 결과를 내보낼 수 있습니다. 간섭 검토 결과는 마지막으로 실행한 결과만 다시 확인할 수 있습니다. 따라서 결과를 내보내기하여 보관합니다.

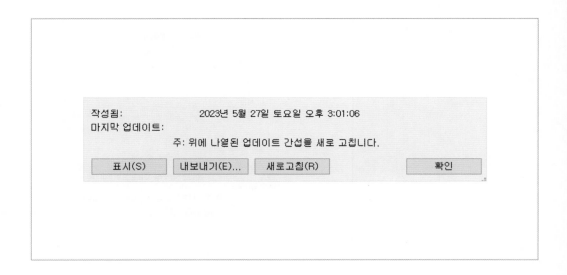

파일 제출

저장을 클릭하여 작성한 내용을 저장합니다. 열려 있는 모든 뷰를 종료하여 현재 프로젝트를 종료합니다.

파일이 저장된 폴더를 열어 파일의 이름과 형식을 확인합니다. 파일의 이름은 반드시 문제에서 주어진 이름으로 저장하여 합니다. 파일 이름이 다를 경우 채점 대상에 제외되기 때문에 주의가 필요합니다. 파일 형식은 레빗은 Revit Project, 이미지는 JPEG, 동영상은 AVI, 일람표는 TXT입니다.

Revit 파일 이름 뒤에 0001과 같은 내용이 붙은 백업 파일은 삭제합니다.

시작하기

학습 내용

나비스웍스에서 사용하는 파일의 포멧을 확인하고, 새 프로젝트를 만들어 모델 소스 파일을 링크합니다. 시험에서는 새 프로젝트를 만들고 주어진 모델 소스 파일을 링크하면 됩니다.

**BIM viewer
파일 포맷 관리**

BIM viewer 소프트웨어인 나비스웍스는 nwc, nwf, nwd 3가지의 파일 형식을 사용합니다.

Nwc는 나비스웍스 캐시 파일로 3차원 모델 작성 소프트웨어 및 2차원 도면작성 소프트웨어서 내보낸 파일입니다.

Nwf는 나비스웍스 파일로 건축, 구조, 설비 등과 같이 분야별 또는 위치별 등 프로젝트 특성에 맞게 분리된 nwc 파일들을 링크하여 통합하는 파일입니다.

Nwd는 나비스웍스 문서 파일로 nwf와 nwc를 통합한 하나의 파일입니다. 이 파일은 편집할 수 없는 뷰어 파일로 무료 뷰어 소프트웨어에서도 사용할 수 있습니다.

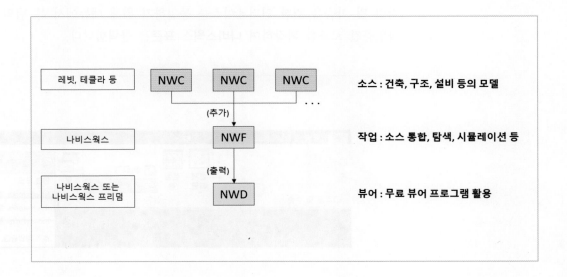

새 프로젝트를 만들고, 분야별 nwc 파일을 링크합니다.

01

나비스웍스 프로그램을 실행하면 새 프로젝트가 만들어집니다. 새 프로젝트의 이름은 **제목없음**으로 표시됩니다.

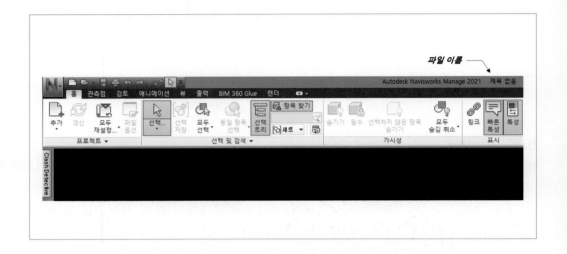

02

작업 및 학습을 위한 인터페이스를 통일하기 위해 메뉴에서 뷰 탭의 작업공간 패널에서 작업공간 로드를 확장하여 **나비스웍스 표준**을 클릭합니다.

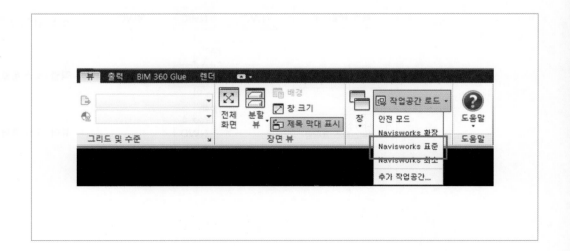

03

모든 도구 창이 양 측면으로 축소되어 표시됩니다. 자주 사용하는 도구 창인 선택 트리를 화면의 왼쪽에서 이름을 클릭하고, 핀을 클릭하여 고정합니다.

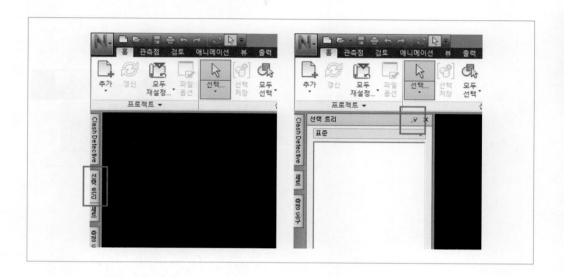

04

같은 방법으로 화면의 오른쪽에서 저장된 관측점 도구 창의 표시 및 고정합니다.

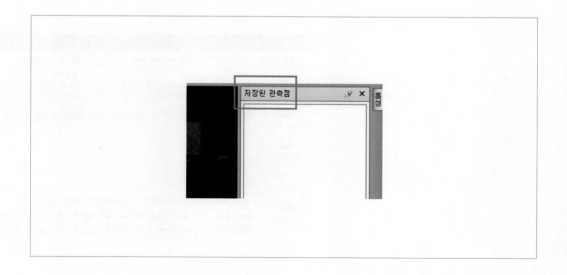

05

Nwc 파일을 링크하기 위해 메뉴에서 홈 탭의 프로젝트 패널에서 **추가**를 클릭합니다.

06

추가 창에서 파일 형식을 nwc로 변경하고, 예제파일에서 건축, 구조, 지형 파일을 모두 선택하고 열기를 클릭합니다.

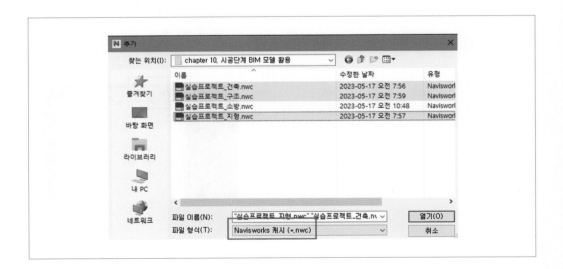

07

뷰에 모델이 표시됩니다. 선택 트리 창에는 각 파일이 표시됩니다.

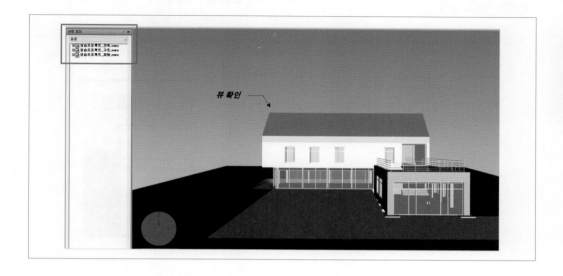

08

메뉴에서 뷰 탭의 장면 뷰 패널에서 **배경**을 클릭합니다. 배경 설정 창에서 배경을 변경할 수 있습니다. 취소를 클릭합니다.

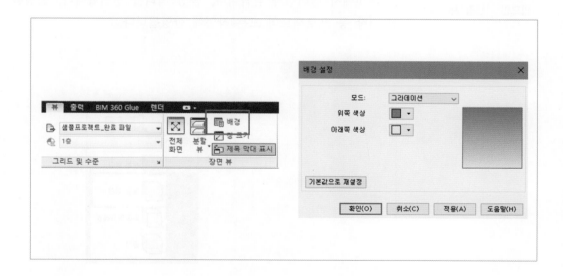

09

메뉴에서 관측점 탭의 렌더 스타일 패널에서 **조명**을 확장합니다. 조명은 전체 라이트, 장면 라이트, 헤드라이트, 없음을 사용할 수 있습니다. 전체 라이트를 선택합니다.

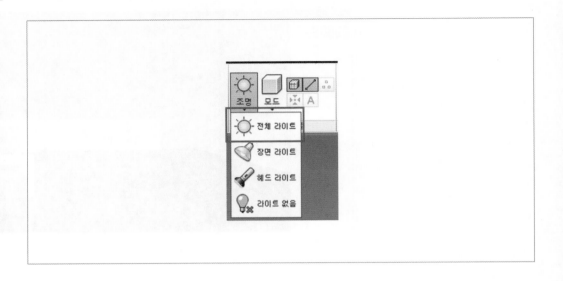

10

모드를 확장합니다. 모드는 전체 렌더, 음영 처리 등을 사용할 수 있습니다. 전체 렌더는 레빗에서 렌더링과 같습니다. 음영 처리를 선택합니다. 설정한 조명과 모드는 관측점 저장 등 프로젝트의 모든 작업에 반영됩니다.

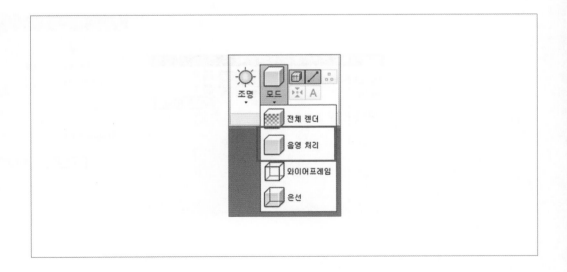

11

신속 도구 막대에서 **저장**을 클릭합니다.

12

다른 이름으로 저장 창에서 파일 형식이 nwf인 것을 확인합니다. 다른 파일의 형식을
선택할 경우 작업을 계속할 수 없으니 주의가 필요합니다. 임의의 이름과 저장 경로를
선택하고 저장을 클릭합니다.

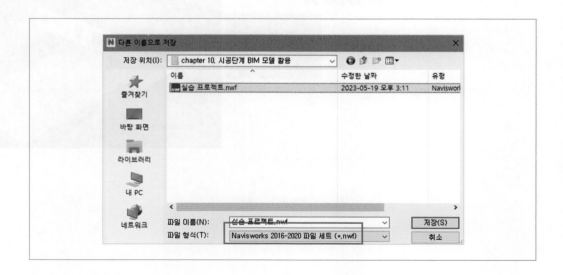

02 모델 탐색

학습 내용

모델의 외부 및 내부를 탐색하고, 뷰의 모습을 관측점으로 저장하고 이미지로 추출합니다. 시험에서는 제시하는 내용의 뷰를 만들고, 관측점으로 저장 및 이미지로 추출합니다.

외부 탐색 및 조감도 뷰 저장

모델을 외부에서 탐색하고 외부의 투시도 모습을 관측점으로 저장합니다.

01

뷰에서 왼쪽 상단 모서리에 마우스를 위치하면 하이라이트됩니다. 클릭하면 뷰가 조정됩니다.

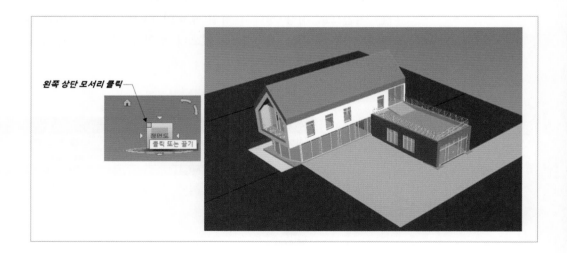

TIP
메뉴에서 관측점 탭의
저장, 로드 및 재생
패널의 관측점 저장
명령을 사용해도 됨

02

저장된 관측점 창에서 빈 곳을 우클릭하여 **뷰 저장**을 클릭합니다.

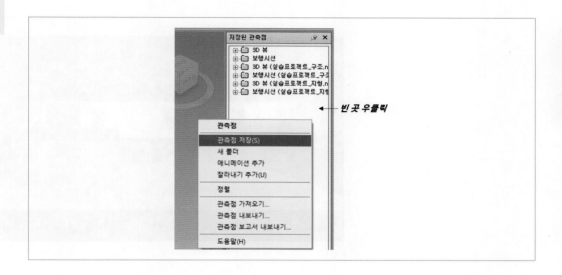

03

뷰의 이름을 조감도로 입력합니다. 뷰를 우클릭하면 이름바꾸기, 편집, 업데이트 등의
기능을 사용할 수 있습니다.

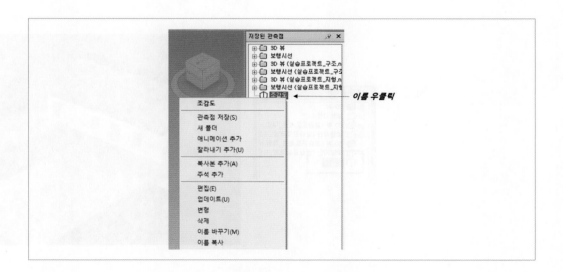

04

뷰를 임의로 회전하여 뷰의 모습을 변경합니다.

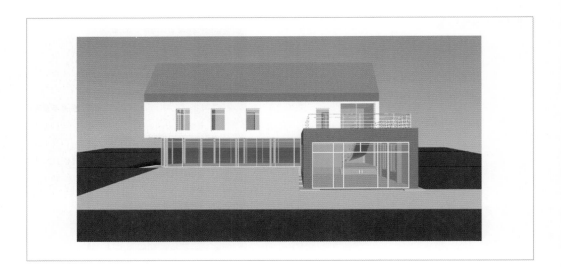

05

저장된 관측점 창에서 저장한 조감도 뷰를 클릭합니다. 저장한 뷰의 모습으로 변경되는 것을 확인합니다.

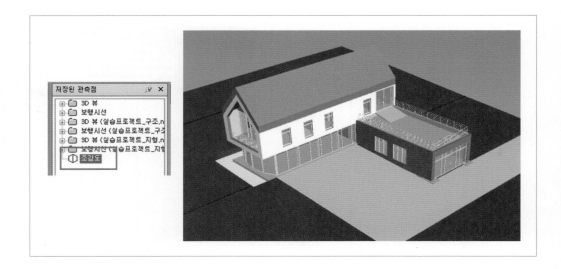

단면 탐색 및 단면 뷰 저장

단면 도구를 사용하여 모델의 내부를 탐색하고, 건물의 단면 모습을 관측점으로 저장합니다.

01

메뉴에서 관측점 탭의 단면 패널에서 **단면 사용**을 클릭합니다.

02

메뉴에서 단면 탭이 표시되는 것을 확인하고, 뷰에 단면이 적용된 것을 확인합니다. 뷰의 모습은 다르게 표시될 수 있습니다.

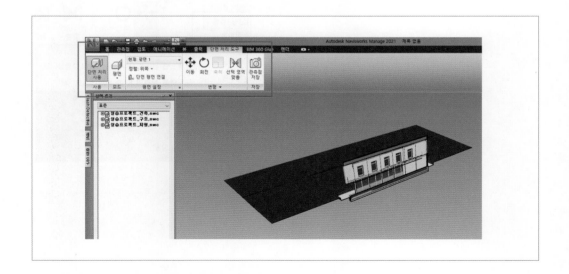

TIP

메뉴에서 이동이 활성
화되어 있어야 뷰에
화살표가 표시됨

03

메뉴에서 변경 패널의 **이동**을 클릭합니다. 뷰에 이동 화살표와 단면의 위치가 표시됩니다.

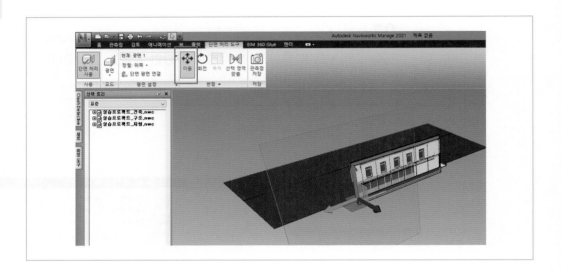

04

평면 세팅 패널에서 정렬을 확장하여 **위쪽**을 선택합니다.

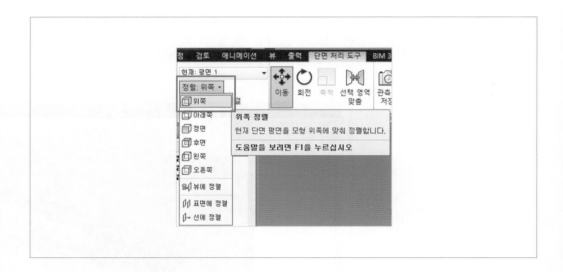

05

뷰에서 단면 화살표의 위쪽 방향을 드래그하여 건물의 2층이 모습이 보이도록 조정합니다.

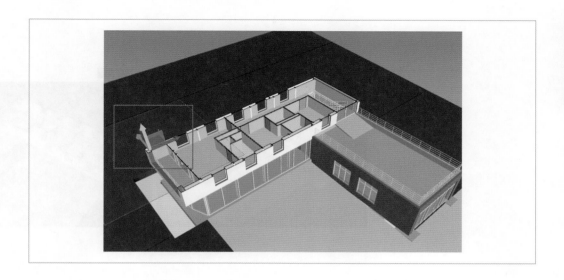

06

건물의 2층이 보이도록 확대 및 각도를 조정하고, 저장된 관측점 창에 우클릭하여 뷰저장을 클릭합니다. 뷰의 이름을 단면 - 2층으로 입력합니다.

07

앞서 저장한 조감도 뷰를 클릭하고, 다시 단면 −2층 뷰를 클릭합니다. 단면을 적용한 모습이 유지되는 것을 확인합니다.

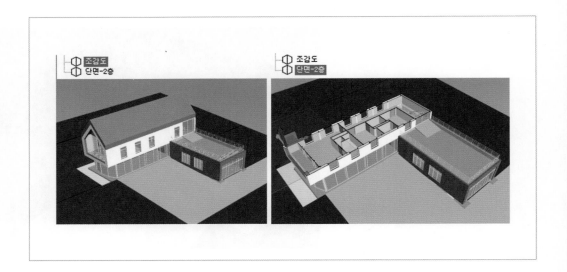

SECTION

03

거리 측정 및 수정 기호 작성

거리 측정 및 관측점 저장

건물의 외부 벽 높이를 측정하고 측정한 모습을 관측점으로 저장합니다.

01

저장된 관측점 창에서 **조감도 뷰**를 클릭합니다. 뷰를 확대하여 1층 출입구 부분이 보이도록 합니다.

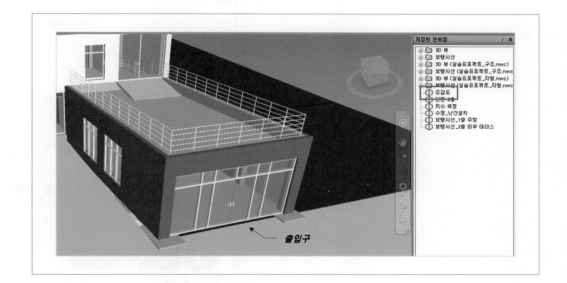

02

메뉴에서 검토 탭의 측정 패널에서 측정을 확장하여 **점간 측정**을 클릭합니다.

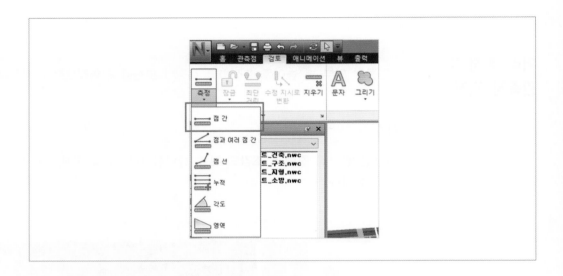

03

잠금을 확장하여 X, Y, Z 등의 방향 잠금을 확인합니다. **Z축 잠금**을 클릭합니다.

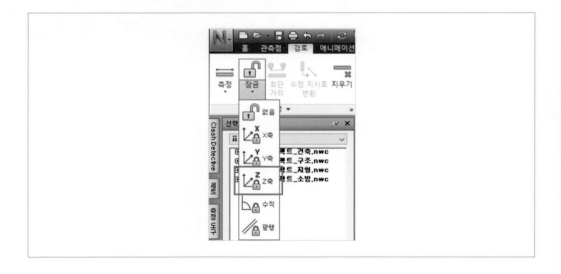

04

뷰에서 기초의 상단면에 마우스를 위치합니다. 미리보기를 참고하여 기초의 상단 면을 클릭합니다.

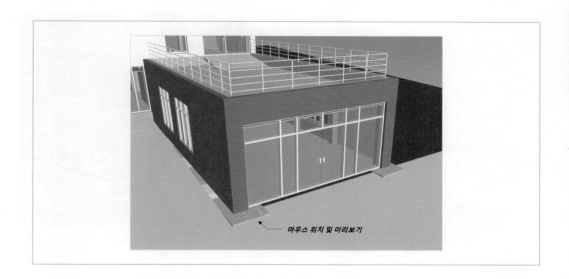

05

마우스를 벽의 상단으로 이동합니다. 미리보기 및 치수가 표시되는 것을 확인합니다.

06

벽의 상단 면을 클릭합니다. Z 방향의 길이가 표시됩니다.

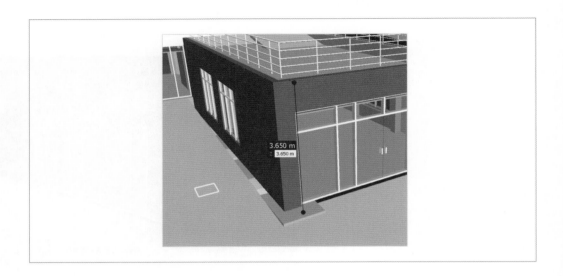

TIP

치수 측정을 수정하고
자 할 경우 메뉴에서
지우기를 클릭하고 다
시 측정

07

메뉴에서 측정 패널의 **수정 지시로 변환**을 클릭합니다.

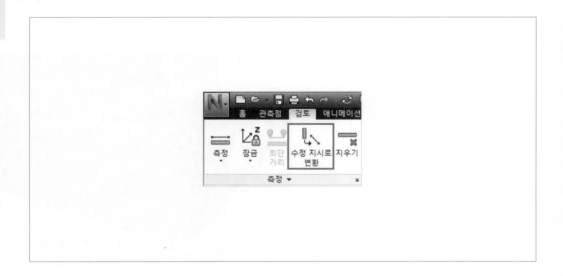

08

뷰에 치수 측정 선과 문자가 빨간색으로 변경되고, 저정된 관측점에 뷰가 만들어집니다.

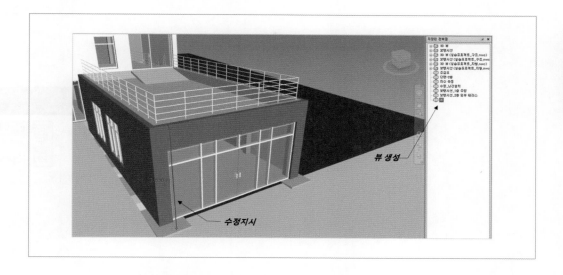

09

저장된 관측점에서 만들어진 뷰의 이름을 치수 측정으로 변경합니다.

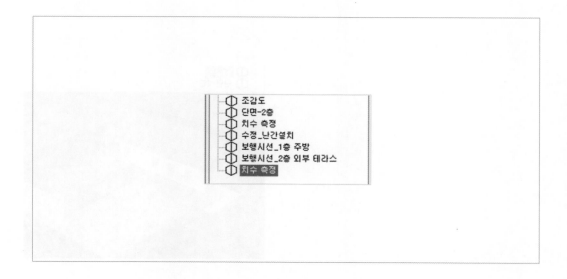

10

치수 측정을 종료하기 위해 메뉴에서 홈 탭의 선택 및 찾기 패널에서 **선택**을 클릭합니다.

11

저장된 관측점에서 조감도 뷰를 클릭합니다. 측정한 치수가 표시되지 않는 것을 확인합니다.

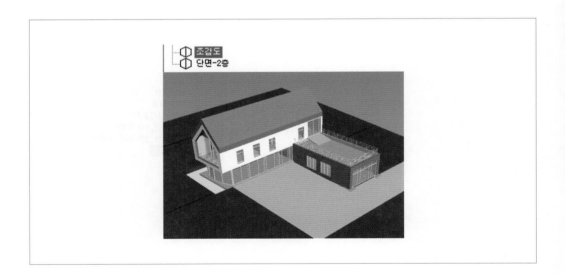

12

다시 치수 측정 뷰를 클릭합니다. 측정한 내용이 표시되는 것을 확인합니다.

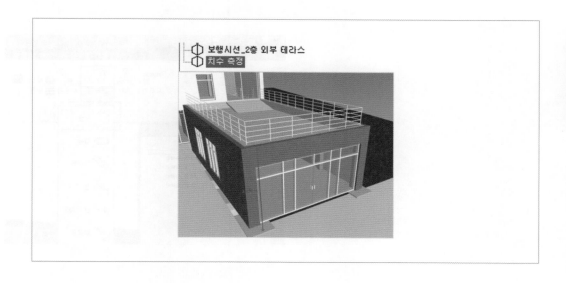

수정 기호 작성 및 관측점 저장

수정 기호 및 태그를 작성하고 관측점으로 저장합니다.

01

저장된 관측점에서 조감도를 클릭합니다. 2층 외부 테라스의 경사로 부분을 확대합니다.

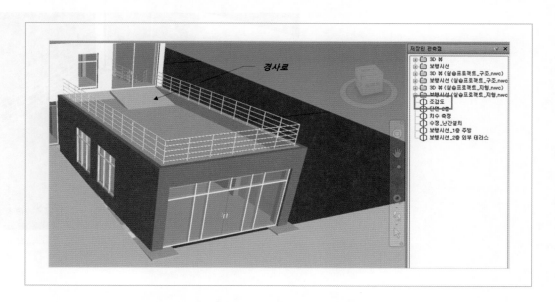

02

메뉴에서 검토 탭의 수정 지시 패널에서 그리기를 확장하여 **구름**을 클릭합니다.

03

뷰에서 구름을 작성할 위치를 차례로 클릭하고, 메뉴에서 홈 탭의 선택 및 찾기 패널에서 선택을 클릭합니다.

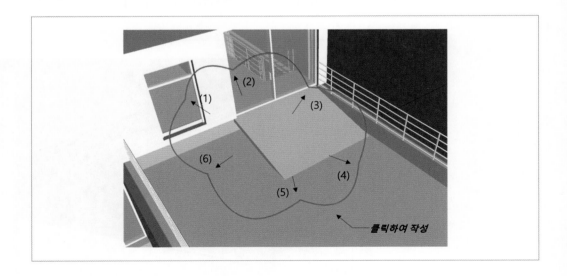

04

메뉴에서 태그 패널에서 **태그 추가**를 클릭합니다.

05

뷰에서 태그를 배치할 위치를 두 점을 차례로 클릭합니다. 번호는 자동으로 매겨집니다.

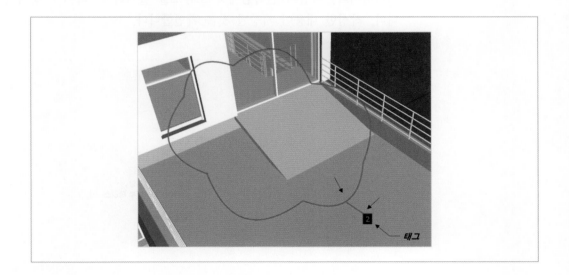

06

주석 추가 창이 표시되면 난간 설치로 입력하고 확인을 클릭합니다.

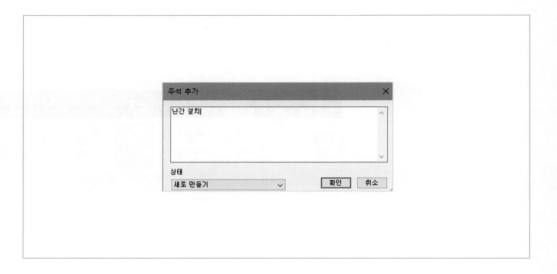

07

저장된 관측점 창에 해당 뷰가 자동으로 저장됩니다. 뷰의 이름을 수정_난간설치라고 입력합니다. 저장된 관측점에서 조감도를 클릭하고, 다시 수정_난간 설치 뷰를 클릭합니다. 작성한 내용이 저장된 것을 확인합니다.

08

현재 파일에서 작성한 태그를 확인하기 위해 메뉴에서 주석 패널의 주석 보기를 클릭합니다.

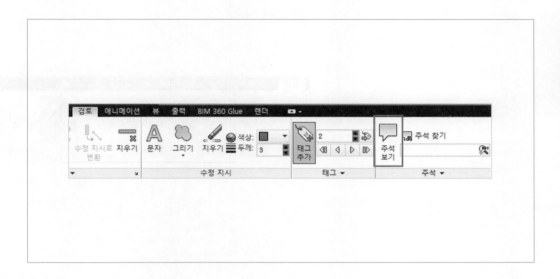

09

화면의 아래에 커멘트 도구 창이 표시되고, 작성된 태그를 확인할 수 있습니다.

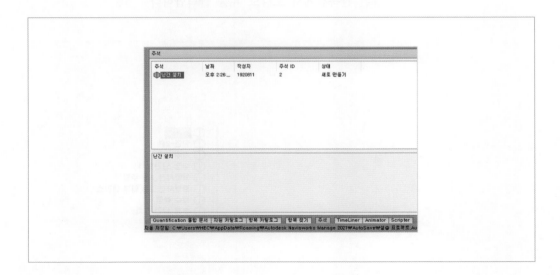

10

레드라인 패널에서 선의 색상, 두께, 문자, 다양한 그리기 등을 할 수 있습니다.

이미지 추출

현재 뷰의 모습을 이미지로 추출합니다.

01

저장된 관측점에서 조감도 뷰를 클릭합니다.

02

현재 뷰의 모습을 이미지로 내보내기 위해 메뉴에서 출력 탭의 시각 요소 패널에서 **이미지**를 클릭합니다.

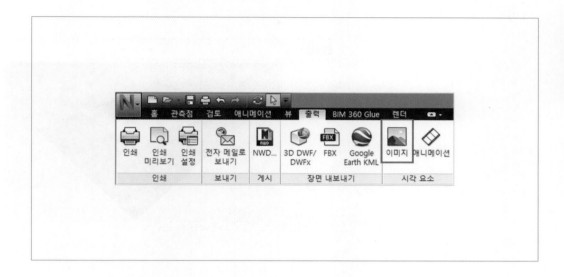

TIP

시험에서 지정하지 않는 설정은 기본값 사용

03

이미지 내보내기 창에서 출력 형식은 JPEG, 렌더러는 뷰포트, 크기는 뷰 사용, 안티앨리어싱은 64x를 선택하고 확인을 클릭합니다.

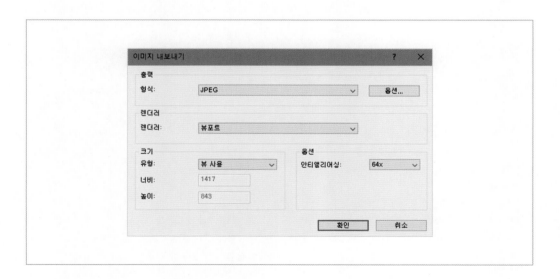

04

다른 이름으로 저장 창에서 파일 이름과 저장할 경로를 선택하고 저장을 클릭합니다. 파일 탐색기에서 저장한 내용을 확인합니다.

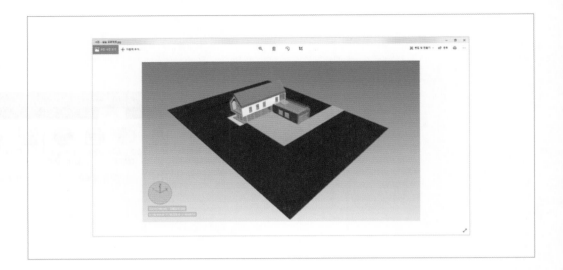

SECTION
04

보행시선 뷰 작성

학습 내용

보행시선 기능을 이용하여 건물의 외부 및 내부를 탐색하고, 관측점으로 저장합니다. 시험에서는 제시되는 내용에 맞춰 보행시선의 관측점을 저장합니다.

보행시선 조정

보행시선 기능을 이용하여 건물의 외부 및 내부를 탐색합니다.

01

저장된 관측점에서 조감도를 클릭합니다. 메뉴에서 관측점 탭의 탐색 패널에서 **보행시선**을 클릭합니다. 뷰에서 마우스의 아이콘이 발 모양으로 표시되는 것을 확인합니다.

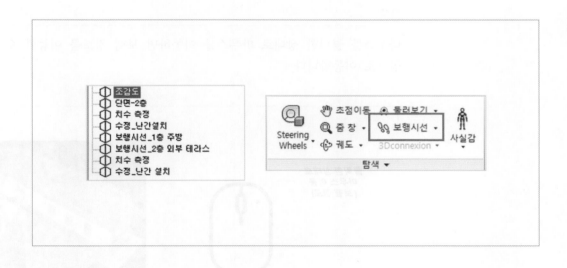

02

탐색 패널에서 사실적을 확장하여 3인칭을 클릭합니다. 뷰에 사람이 표시되는 것을 확인합니다.

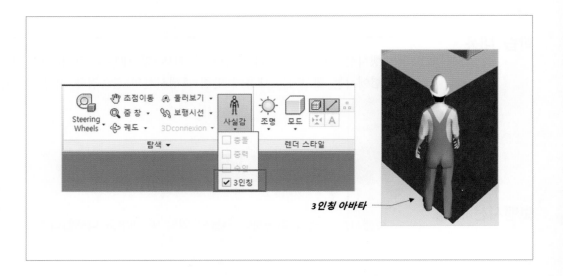

3인칭 아바타

03

마우스를 클릭한 상태로 마우스를 이동하면 보행 경로를 이동할 수 있습니다. 건물 방향으로 이동합니다.

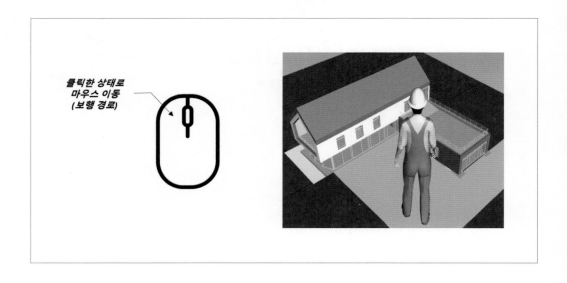

클릭한 상태로
마우스 이동
(보행 경로)

04

마우스 휠을 누른 상태로 마우스를 이동하면 상하좌우로 이동할 수 있습니다. 아래 방향의 대지 주위로 이동합니다.

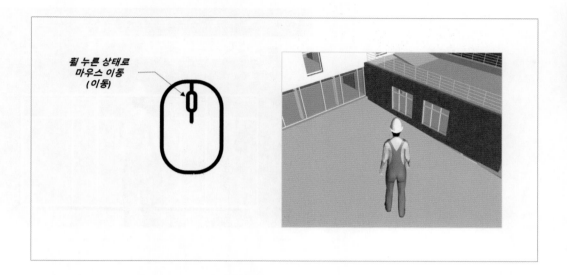

05

마우스의 휠을 스크롤하면 시선을 위 또는 아래로 변경할 수 있습니다.

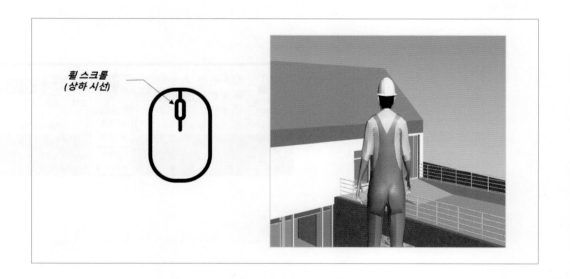

06

건물의 1층 출입구 주위로 이동합니다.

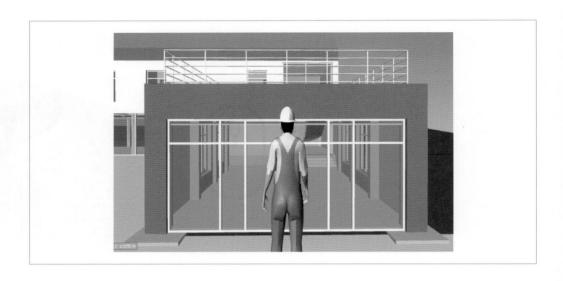

TIP

중력을 체크하기 전 아
바타의 위치가 지형,
바닥 등의 요소 위에
있어야 함

07

메뉴에서 탐색 패널의 사실감을 확장하여 **충돌과 중력**을 체크합니다.

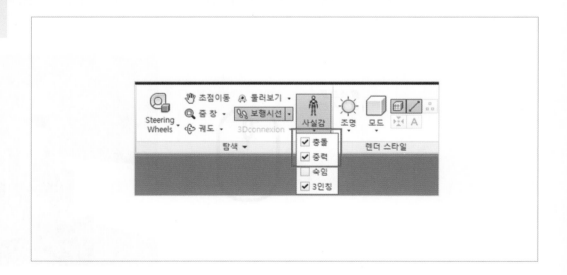

08

출입문 앞으로 이동합니다. 중력이 체크된 상태에서 이동하면 지형, 바닥, 계단과 같은 요소 위에 위치하게 됩니다.

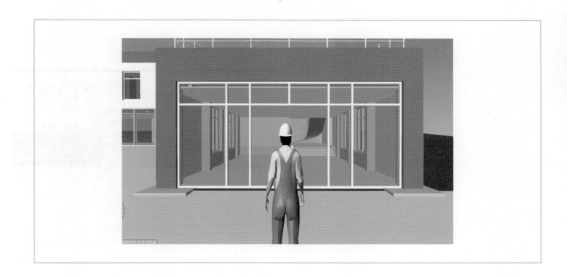

09

건물 내부로 진입을 시도합니다. 그러나 충돌이 체크된 상태에서는 요소를 통과할 수 없기 때문에 내부로 진입할 수 없습니다.

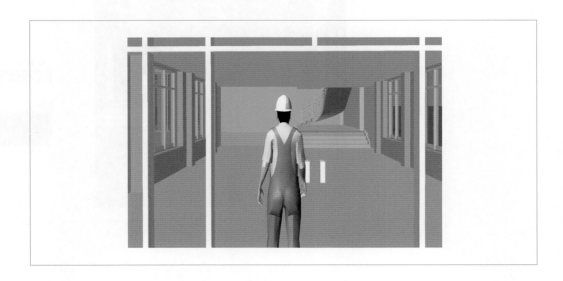

10

출입문을 통과하기 위해 탐색 패널에서 사실적을 확장하여 충돌을 체크 해제합니다.

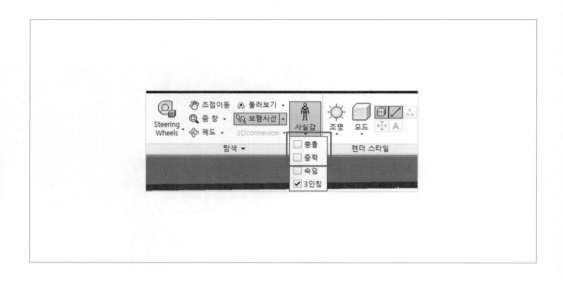

11

건물 내부로 이동한 후에 다시 충돌과 중력을 체크합니다.

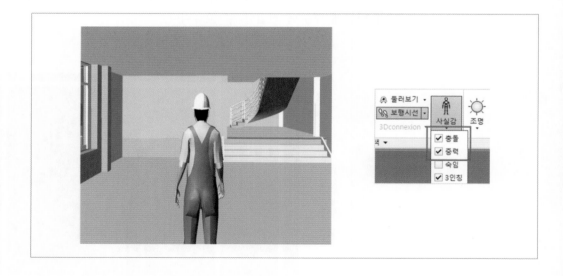

12

만약 아바타가 요소과 충돌된 경우 빨간색으로 표시됩니다. 휠을 누른 상태로 마우스를 위쪽으로 이동하여 빨간색이 없어지도록 위치를 조정합니다.

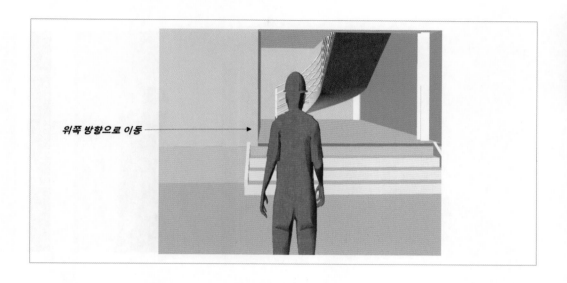

위쪽 방향으로 이동

13

계단을 통과하여 주방으로 이동합니다. 중력이 체크되어 있다면 계단 및 경사로를 오르고 내릴 수 있습니다.

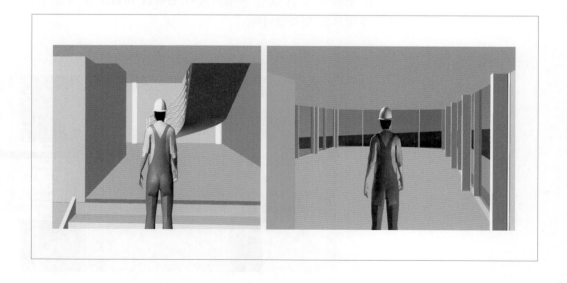

14

이동 시 아바타가 투명하게 표시되는 것은 이동 공간이 부족하기 때문입니다. 아바타가 투명한 상태에서도 계속 이동할 수 있습니다.

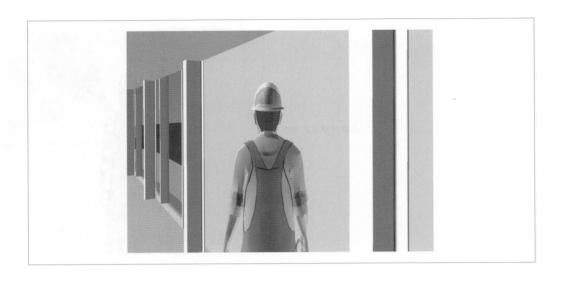

보행시선 뷰 작성

보행시선 상태의 뷰를 관측점으로 저장합니다.

01

저장된 관측점의 빈 곳을 우클릭하여 **관측점 저장**을 클릭합니다. 뷰의 이름을 보행시선 _1층 주방으로 입력합니다.

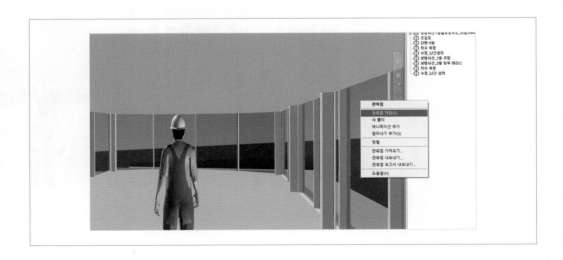

02

저장된 관측점에서 조감도를 클릭합니다. 뷰가 변경되고, 마우스의 아이콘이 선택으로
변경되는 것을 확인합니다.

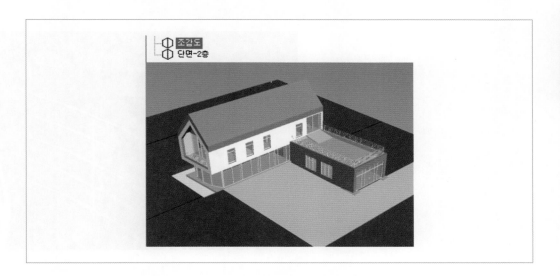

03

다시 저장된 관측점에서 보행시선_1층 주방을 클릭합니다. 뷰가 변경되고, 마우스 아이
콘이 발 모양으로 변경되는 것을 확인합니다.

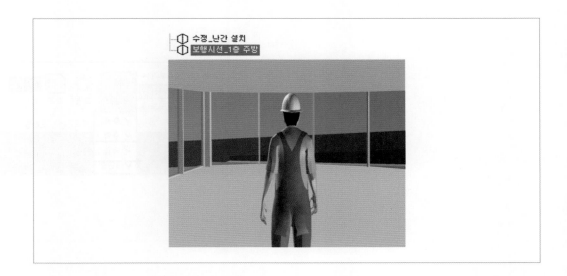

04

현재 뷰에서 계단을 이용하여 2층으로 이동합니다. 계단의 시작 부분에서 이동되지 않는 것을 확인할 수 있습니다. 이는 계단과 천장 사이의 공간이 부족하기 때문입니다.

05

메뉴에서 탐색 패널의 사실적을 확장하여 **숙임**을 체크합니다.

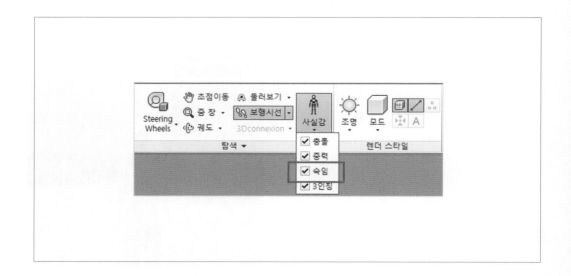

06

아바타가 숙여진 모습을 확인할 수 있습니다. 계속해서 계단 위쪽으로 이동합니다.

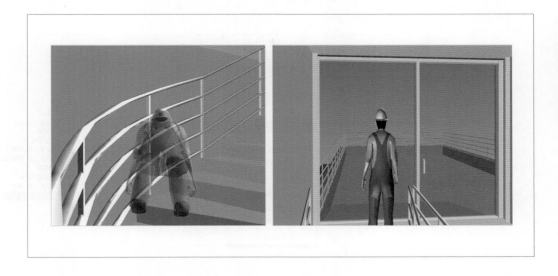

07

메뉴에서 사실적을 확장하여 충돌, 중력, 숨임을 모두 해제하고 외부 테라스로 이동합니다. 이동한 후에는 다시 충돌과 중력을 체크합니다.

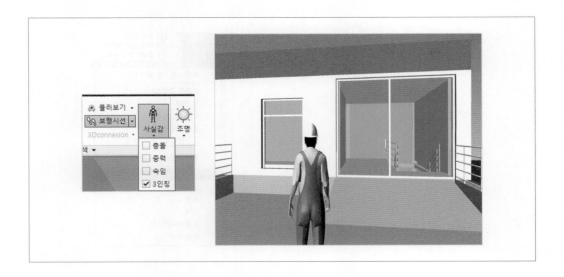

08

저장된 관측점의 빈 곳을 우클릭하고 뷰 저장을 클릭합니다. 이름을 보행시선_2층 외부 테라스로 입력합니다.

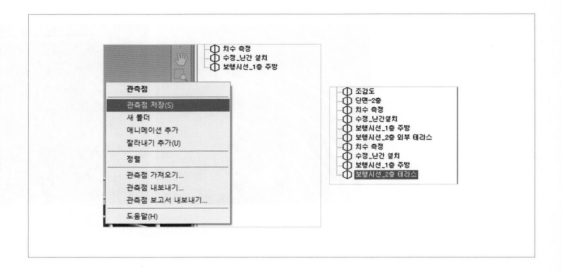

09

저장한 뷰를 우클릭하고 **편집**을 클릭합니다.

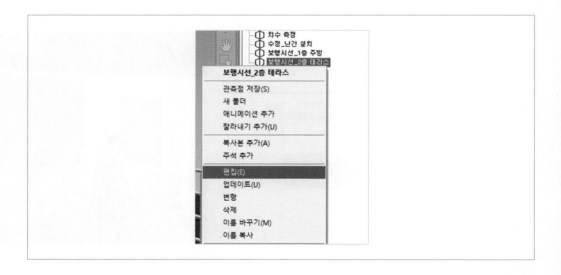

10

편집 창에서 움직임의 속도, 숨겨진 요소 유지 등을 설정할 수 있습니다. 충돌의 설정 버튼을 클릭합니다.

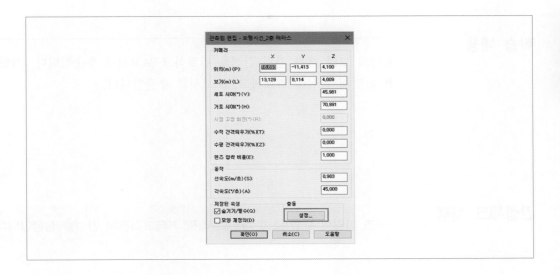

11

충돌 창에서 아바타의 높이, 시선 거리 등을 조정할 수 있습니다. 확인을 클릭합니다. 편집 창도 확인을 클릭하여 닫습니다.

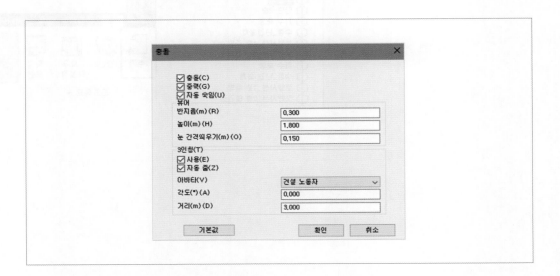

학습 내용

모델의 보와 배관 간의 간섭을 검토하고 보고서로 추출합니다. 시험에서는 제시되는 내용에 맞춰 간섭을 검토하고, 보고서로 추출합니다.

간섭체크 실행

구조 파일의 보와 소방 파일의 배관 카테고리간의 간섭을 실행합니다.

01

저장된 관측점에서 조감도를 클릭합니다. 메뉴에서 홈 탭의 프로젝트 패널에서 추가를 클릭합니다.

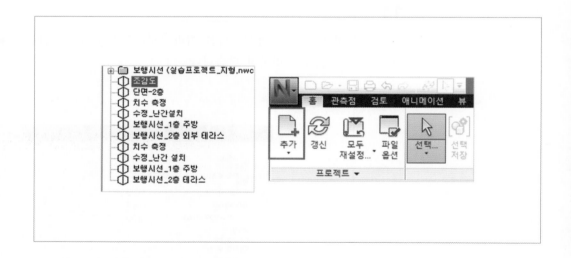

02

추가 창에서 파일 형식을 nwc로 선택하고, 예제파일의 샘플프로젝트_소방을 선택합니다.

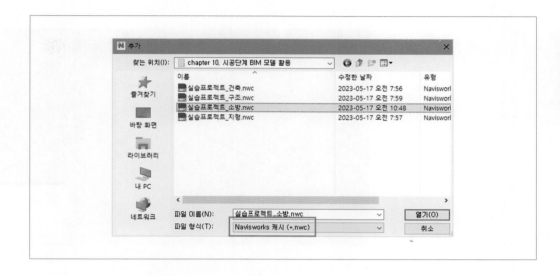

03

선택트리 창에서 파일이 추가된 것을 확인합니다. 추가한 소방 파일을 선택하고, 메뉴에서 홈 탭의 가시성 패널에서 **선택하지 않은 항목 숨기기**를 클릭합니다.

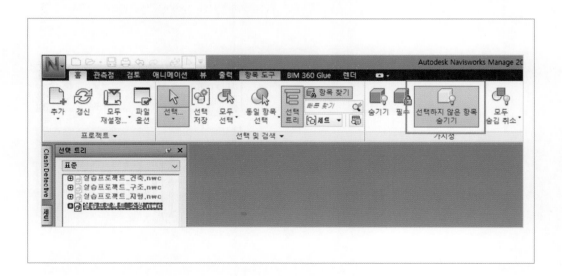

04

뷰에서 소방 모델의 모습을 확인합니다. 다시 메뉴에서 모두 숨김 취소를 클릭합니다.

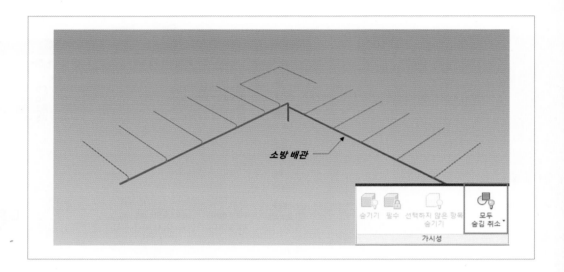

05

구조와 소방 파일의 간섭을 검토하기 위해 선택트리에서 건축과 지형을 선택하고, 메뉴에서 홈 탭의 가시성 패널에서 **숨기기**를 클릭합니다.

06

화면의 왼쪽에서 Clash Detective 창의 이름을 클릭하면 창이 표시됩니다. 핀을 클릭하여 창을 고정합니다.

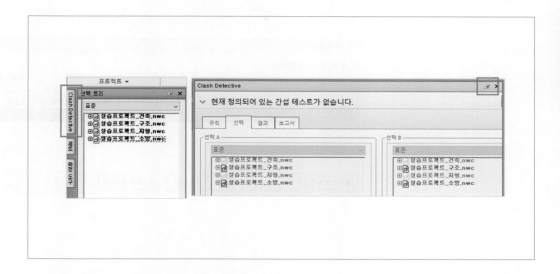

07

Clash Detective 창에서 **테스트 추가** 버튼을 클릭합니다.

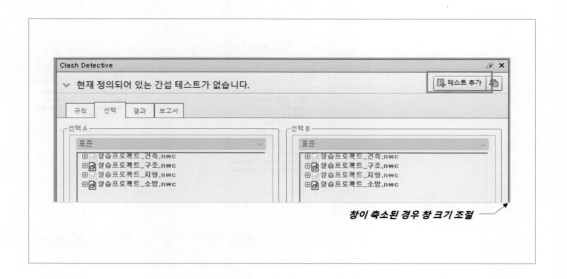

창이 축소된 경우 창 크기 조절

08

테스트 이름을 구조 보 vs 소방배관으로 입력합니다.

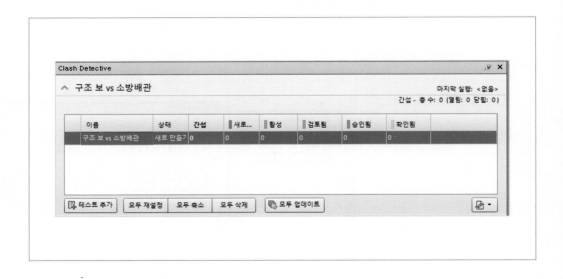

09

선택 탭에서 선택 A의 구조 파일을 확장하여 2층의 구조 프레임을 선택합니다. 선택 B의 소방을 확장하여 레벨 1의 배관을 선택합니다.

TIP

시험에서 제시하는 조건
이 없다면 기본값 사용

10

아래의 **테스트 실행** 버튼을 클릭합니다.

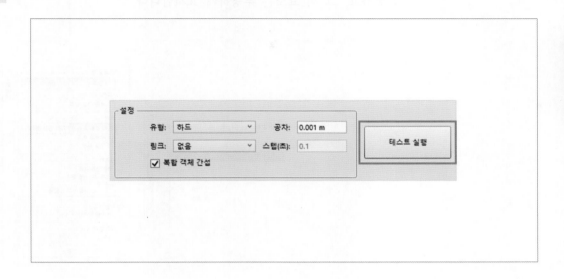

11

실행이 완료되면 테스트 리스트에 결과가 표시되고, 결과 탭으로 이동됩니다. 결과 탭
의 리스트에 간섭 내용이 표시되고, 뷰에 리스트에 선택된 간섭 내용이 표시됩니다.

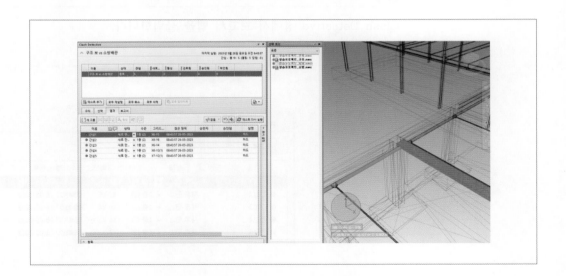

TIP

시험에서 제시하는 조건
이 없다면 기본값 사용

12

뷰의 간섭 표시는 표시 설정에서 조정할 수 있으며, 기본값은 간섭 요소를 빨간색으로
표현하고, 그 외 요소는 투명하게 표시합니다.

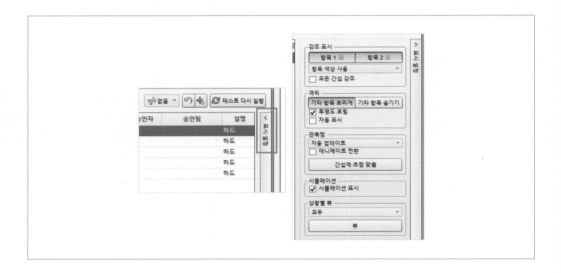

보고서 작성

보고서는 XML, HTML, 관측점으로 등의 방식으로 저장할 수 있습니다.

01

Clash Detective 창에서 **보고서** 탭을 클릭합니다.

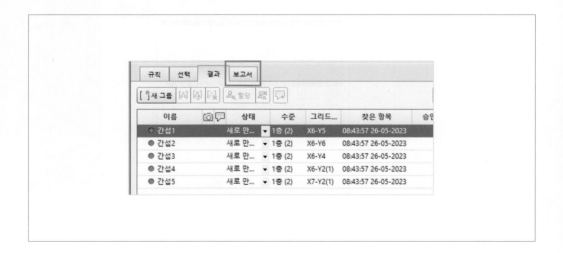

02

보고서 형식을 확장합니다. 보고서 형식은 XML, HTML, 문자, 관측점으로 등이 있습니다.

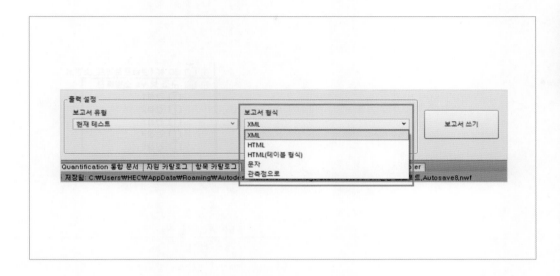

03

관측점으로를 선택하고 보고서 쓰기를 클릭합니다.

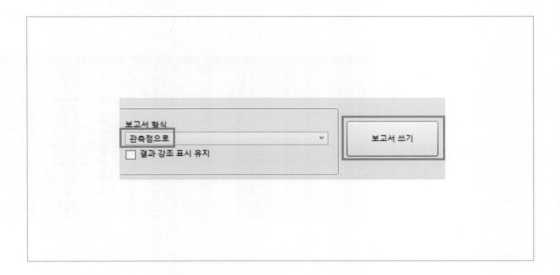

04

저장된 관측점에 간섭 내용이 관측점으로 저장됩니다.

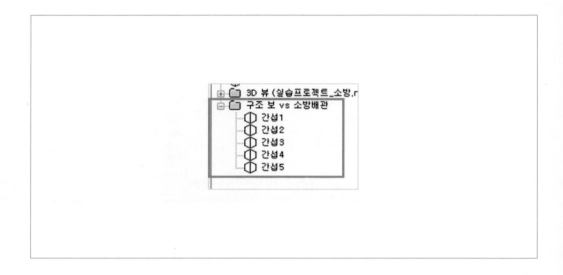

05

XML 형식으로 보고서를 내보낸 후, 엑셀 프로그램에서 파일을 열면 보고서를 확인할 수 있습니다.

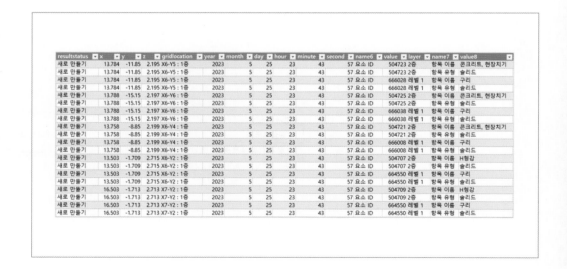

06

HTML(테이블 형식)으로 보고서를 내보낸 후, 해당 파일을 더블클릭하여 열면 보고서를 확인할 수 있습니다.

07

간섭 검토 완료 후에는 Clash Detective 창을 닫습니다. 창을 닫아도 내용은 유지됩니다.

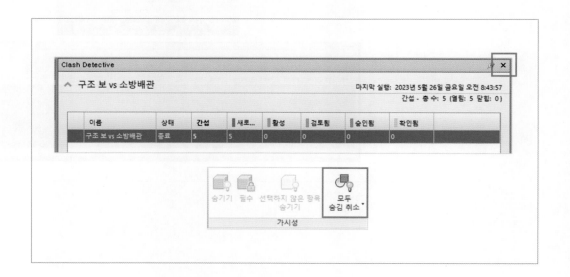

SECTION

06

4D 공정 시뮬레이션

학습 내용

작업을 만들고, 작업과 모델 요소를 연결합니다. 시뮬레이션 관련 설정을 조정하여 공정을 시뮬레이션하고, 결과물을 추출합니다. 시험에서는 제시되는 내용에 맞춰 작업 생성 및 연결하여 시뮬레이션을 작성하고 추출합니다.

작업 생성 및 연결

선택한 요소로부터 작업을 생성합니다. 요소와 작업은 자동으로 연결됩니다.

01

화면의 아래에서 TimeLiner 창 이름을 클릭하여 창을 표시합니다. 핀을 클릭하여 창을 고정합니다.

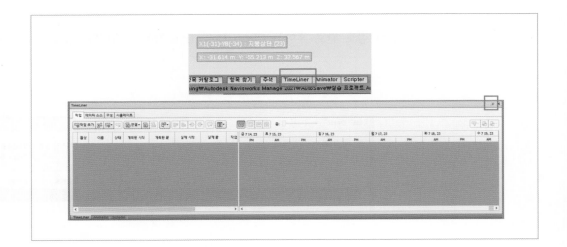

02

TimeLiner 창은 작업, 데이터 소스, 구성, 시뮬레이트 탭으로 구성되어 있습니다.

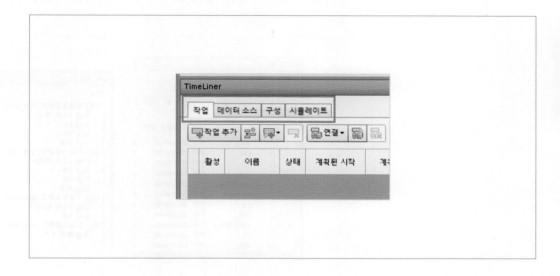

03

TimeLiner 창의 작업 탭에서 자동 작업 추가를 확장하여 **최상위 항목 모두에 대해**를 클릭합니다.

04

작업 리스트에 작업이 추가된 것을 확인합니다. 선택 트리에서 각 파일을 1단계씩 확장합니다. 추가된 작업의 구성은 선택 트리에서 각 파일을 확장한 내용과 같습니다.

05

작업 리스트에서 9번째 행의 명시적 연결을 클릭합니다. 뷰와 선택 트리에서 해당 내용이 선택된 것을 확인합니다.

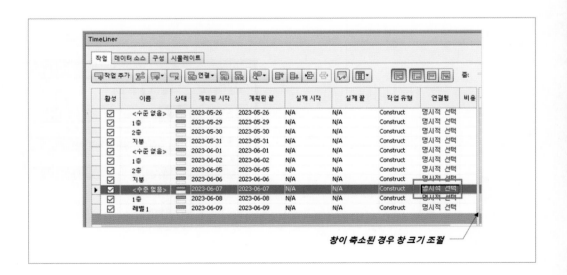

TIP

지형과 소방 모델은 시
뮬레이션에서 제외하기
위해 삭제함

06

9~11번째 행의 작업을 선택하고, 작업 삭제를 클릭합니다.

07

작업 이름을 구분하기 위해 건축 또는 구조를 이름 앞에 붙이고, 〈수준 없음〉은 기타로 입력합니다. 이름 변경은 작업의 이름을 천천히 2번 클릭하면 수정할 수 있는 상태가 됩니다.

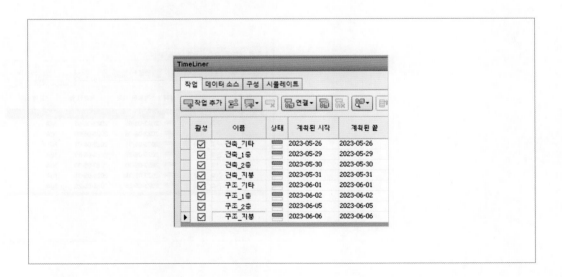

08

작업 리스트에서 enter를 누르면 새 작업이 만들어 집니다. 불필요한 작업은 삭제합니다.

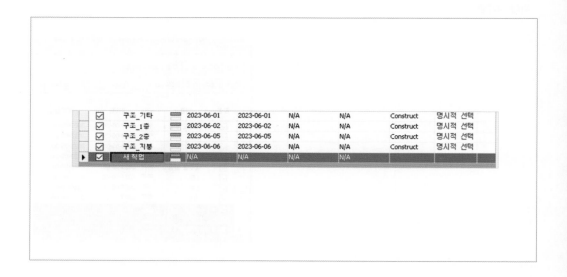

09

작업 이동을 이용하여 작업의 순서를 변경합니다. 작업 순서는 구조, 건축 순이며, 1층, 2층, 지붕, 기타 순입니다.

10

작업의 계획 시작일과 종료일을 수정합니다. 각 작업의 기간은 1주일로 월요일에 시작하여 금요일에 종료하며, 앞 작업이 끝난 다음주에 시작하는 것으로 합니다.

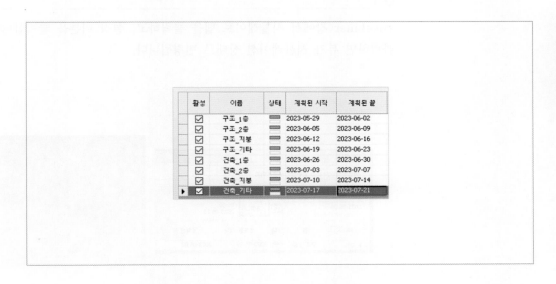

TIP

Demolish는 철거 유형으로 터파기 등을 표현할 때 사용하며, Temporarys는 임시 유형으로 타워크레인 등을 표현할 때 사용

11

작업의 구성은 시공, 철거, 임시가 있으며, 모든 작업은 기본값인 시공으로 선택합니다.

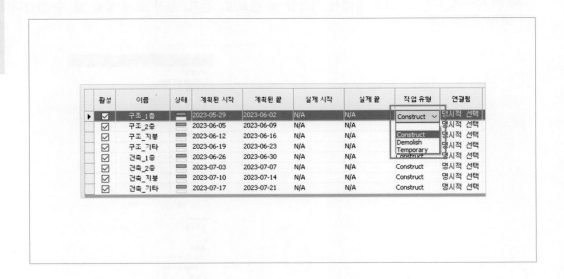

시뮬레이션

01

TimeLiner 창에서 시뮬레이트 탭을 클릭하고, 설정 버튼을 클릭합니다. 시뮬레이트 탭을 클릭하면 뷰가 시뮬레이션 상태로 변경됩니다.

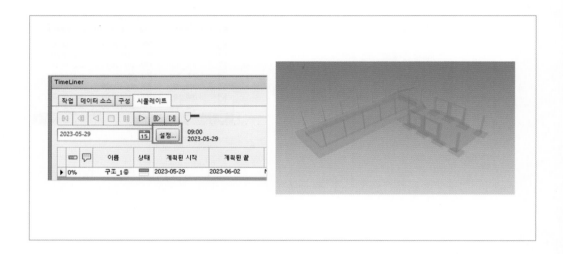

TIP

시험에서 제시하는 조건이 없다면 기본값 사용

02

설정 창에서 시작일 및 종료일, 간격, 문자 표시 등을 할 수 있습니다.

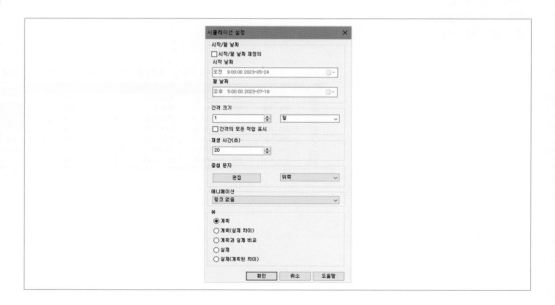

03

간격을 1로 설정하고, 종류를 일로 선택합니다.

04

중첩 문자의 편집을 클릭합니다. 날짜를 표현하는 형식이 미리 작성되어 있습니다. 형식을 복사, 붙여넣기 등을 이용하여 %x %X %A 일 = $DAY 주 = $WEEK로 편집합니다. %x는 일, %X는 월, %A은 연도를 표현합니다.

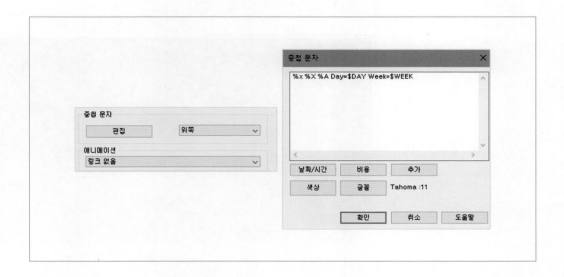

05

추가를 클릭하고, 새 줄을 클릭합니다. 다시 추가를 클릭하고, 현재 활성 작업을 클릭합니다. 확인을 클릭하여 창을 닫습니다. 설정 창도 확인을 클릭하여 닫습니다.

06

뷰의 확대 또는 축소하여 전체가 보이도록 조정합니다. 뷰의 왼쪽 위에 앞서 설정한 날짜 및 작업 내용이 표시됩니다.

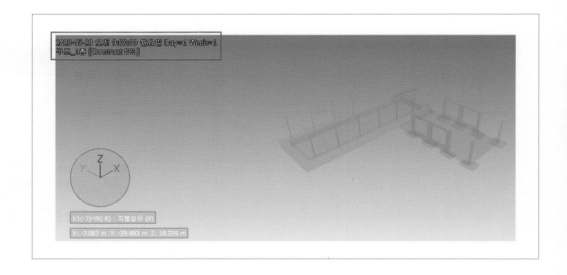

07

재생 버튼을 클릭하여 시뮬레이션 내용을 확인합니다.

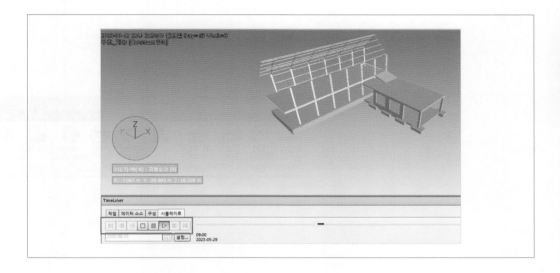

PART 02 실기시험

05 시공단계 BIM 모델 활용

TIP

현재 창의 모습 그대로
영상이 내보내짐

08

시뮬레이션을 내보내기 위해 타임라이너 창을 축소하여 뷰를 확대합니다.

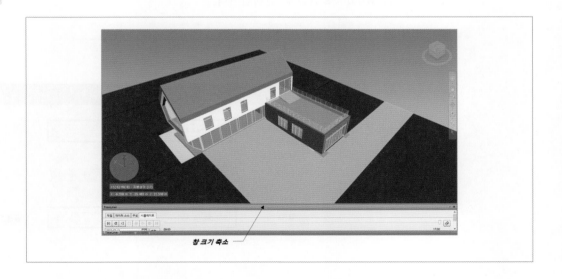

창 크기 축소

09

메뉴에서 아웃풋 탭을 클릭하고 데이터 내보내기 패널에서 **애니메이션**을 클릭합니다.

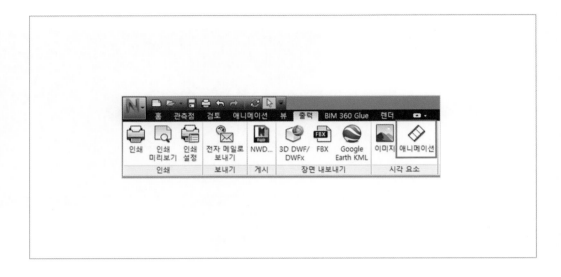

10

애니메이션 내보내기 창에서 소스를 타임라이너 시뮬레이션으로 선택합니다. 파일 포맷은 Windows AVI로 선택합니다.

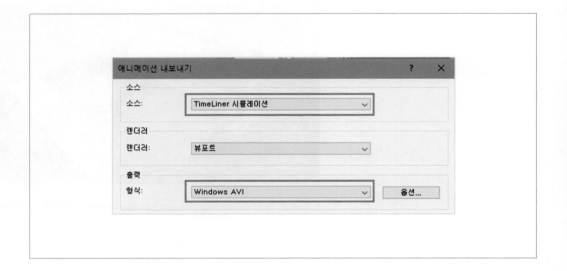

TIP

시험에서 제시하는 조건
이 없다면 뷰 사용 선택

11

크기의 유형을 뷰 사용으로 변경하고, 옵션은 기본값을 사용합니다. 옵션을 조정하면 더 높은 품질의 동영상을 제작할 수 있습니다. 확인을 클릭하고, 임의의 이름과 경로를 지정하여 저장합니다.

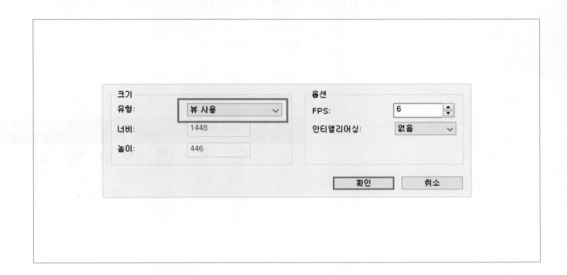

12

저장한 내용을 확인합니다.

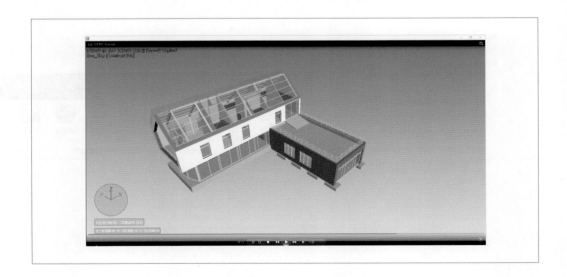

파일 제출

나비스웍스 문서 파일인 NWD 파일을 만듭니다.

01

저장을 클릭하여 작성한 내용을 **저장**합니다. 반드시 저장을 누른 후 NWD 파일을 만듭니다.

02

메뉴에서 출력 탭의 게시 패널에서 NWD를 클릭합니다.

03

게시 창에서 기본값을 그대로 사용하여 확인을 클릭합니다.

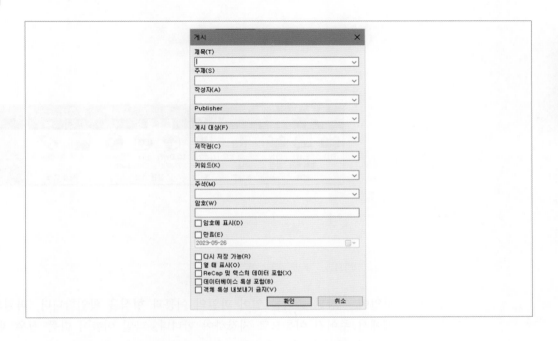

04

다른 이름으로 저장 창에서 파일 이름과 경로를 지정하고 저장을 클릭합니다.

05

프로그램의 닫기 버튼을 클릭하여 파일 및 프로그램을 종료합니다.

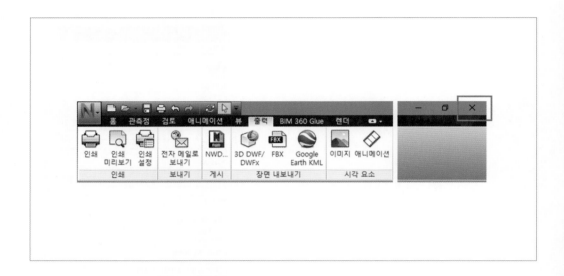

파일이 저장된 폴더를 열어 파일의 이름과 형식을 확인합니다. 파일의 이름은 반드시 문제에서 주어진 이름으로 저장하여 합니다. 파일 이름이 다를 경우 채점 대상에 제외되기 때문에 주의가 필요합니다. 파일 형식은 나비스웍스 파일은 NWF, 나비스웍스 문서는 NWD, 이미지는 JPEG, 공정 시뮬레이션은 AVI, 간섭검토는 지정된 형식(XML, HTML 등)입니다.

MEMO

06

실전 모의고사

01 프로젝트 구축

아래 조건에 맞추어 프로젝트를 구축하시오. (10점)

[작성조건]

1. 시작파일	제공되는 '1.프로젝트 구축 시작.rte'를 이용하여 작성하시오.
2. 레벨	제공하는 '1.레벨.dwg'를 참고하여 작성하시오. ① 레벨 이름 : 참고자료와 동일 ② 유형 : 삼각형 헤드 ③ 헤드 위치 : 양쪽
3. 그리드	제공하는 '1.그리드.dwg'를 참고하여 작성하시오. ① 그리드 이름 : 참고자료와 동일 ② 유형 : 6.5mm 버블 ③ 그리드 기호 : 그리드 헤드 - 원 ④ 헤드 위치 : 양쪽
4. 프로젝트 원점	① 위치 : X1과 Y1 그리드의 교차점을 프로젝트 기준점에 배치 ② 표시 : 주석의 지정점 좌표를 프로젝트 기준점에 배치
5. 프로젝트 정보	아래의 정보를 프로젝트 정보에 입력하시오. ① 프로젝트 이름 : BIM전문가 실기시험 1회 ② 프로젝트 번호 : 2024-01
6. 제출 파일명	① 기본설정 완료.rvt * 제출 파일명이 다를 경우 채점 대상에서 제외

02 건축 모델링

제공하는 구조 모델과 CAD 도면을 활용하여 1층과 2층의 건축 모델을 작성하시오. (35점)

[작성조건]

1. 시작파일	1번에서 작성한 파일 사용
2. RVT 링크 및 CAD 가져오기	제공하는 파일을 아래와 같이 진행하시오. ① RVT 링크 : '2.구조 모델링.rvt' ② 링크 위치 : 자동 – 내부 원점 대 내부 원점 ③ CAD 가져오기 : '2.건축평면도-1층/2층.dwg' ④ 가져오기 위치 : 자동 – 원점 대 내부 원점
3. 건축 벽	1층과 2층에 건축벽을 작성하시오. ① 유형 이름/두께/재료 : 도면의 일람표와 동일하게 작성 ② 상/하단 높이 : 외벽 – 레벨~레벨, 내벽 – 슬라브 상단~슬라브 하단
4. 커튼월	1층과 2층에 커튼월을 작성하시오. ① 유형 이름/크기 : 도면의 일람표와 동일하게 작성 ② 상/하단 높이 : 도면 표기에 따름
5. 건축 바닥	1층과 2층에 바닥을 작성하시오. ① 유형 이름/크기 : 도면의 일람표와 동일하게 작성 ② 높이 : 구조 바닥과 겹치지 않게 작성
6. 건축 천장	1층과 2층에 천장을 작성하시오. ① 유형 이름/크기 : 도면의 일람표와 동일하게 작성 ② 높이 : 도면 표기에 따름
7. 문 및 창	1층과 2층에 문과 창을 작성하시오. ① 유형 이름/크기 : 도면의 일람표와 동일하게 작성 ② 씰 높이 : 도면 표기에 따름
8. 제출 파일명	① 건축 모델링 완료.rvt * 제출 파일명이 다를 경우 채점 대상에서 제외

03 도면 작성하기

주어진 프로젝트 파일에 아래의 조건에 따라 도면을 작성하시오. (25점)

[작성조건]

1. 시작파일	제공하는 '3.도면 작성하기.rvt'파일 사용
2. 뷰 생성	1층과 2층에 평면도를 생성하시오. ① 이름 : 건축평면도 1층, 건축평면도 2층 ② 뷰 설정 : 축척 – 1:100, 비주얼 스타일 – 은선, RVT 링크 : 표시
3. 룸 작성	1층과 2층의 모든 실에 룸을 작성하시오. ① 대상 : 2-2의 '2.건축평면도-1층/2층.dwg'에 표시된 모든 실 ② 상한값 : 위 레벨, 한계 간격띄우기 : 0 ③ 정보 입력 : 이름 – 2-2의 '2.건축평면도-1층/2층.dwg'와 동일, 바닥 마감 – 지정 마루, 벽 마감 – 지정 벽지, 천장 마감 – 지정 천장지
4. 주석 작성	건축평면도 1층 및 건축평면도 2층에 아래의 주석을 작성하시오. ① 치수 : X축과 Y축 그리드에 개별 및 전체 치수 작성 (유형 : 대각선 – 2.5mm Arial) ② 룸태그 : 작성한 모든 실의 이름이 표시되도록 태그 작성 ③ 방위 : 제공하는 라이브러리를 이용하여 뷰 오른쪽 상단 임의의 위치에 배치 ④ 절단 패턴 : 벽의 절단 패턴을 검정색 솔리드로 설정
5. 시트 작성	1개의 새 시트를 작성하여 건축평면도 1층과 2층을 뷰에 배치하시오. ① 제목 블록 : A1 미터법 사용 ② 번호 및 이름 : A-001 건축평면도 1층, A-002 건축평면도 2층 ③ 뷰 배치 : 2개의 뷰를 임의의 위치에 가로로 배치 ④ 뷰 자르기 : 뷰 자르기를 이용하여 뷰를 적절한 크기로 자르고, 자르기 영역 숨기기
6. 제출 파일명	① 도면 작성 완료.rvt * 제출 파일명이 다를 경우 채점 대상에서 제외

04 수량산출 및 시각화

제공하는 모델을 활용하여 아래의 조건에 따른 수량 산출 및 시각화 자료를 작성하시오.
(10점)

[작성조건]

1. 시작파일	제공하는 '4.물량산출 시작.rvt'파일을 사용하시오.
2. 바닥 일람표 작성	아래 조건에 따라 바닥 카테고리의 일람표/수량을 작성하시오. ① 필드 : 프로젝트 이름, 레벨, 유형, 면적, 개수 ② 정렬/그룹화 : 레벨, 유형 순으로 정렬, 모든 인스턴스 항목화 체크 해제 ③ 형식 : 면적과 개수의 총합 계산 체크, 면적 필드 형식은 소수 2번째 자리 표시
3. 벽 일람표 작성	아래 조건에 따라 벽 카테고리의 일람표/수량을 작성하시오. ① 필드 : 베이스 구속조건, 유형, 길이, 면적, 개수 ② 정렬/그룹화 : 베이스 구속조건, 유형 순으로 정렬, 모든 인스턴스 항목화 체크 ③ 형식 : 면적, 길이, 개수의 총합 계산 선택
4. 천장 재료 견적 작성	아래 조건에 따라 천장 카테고리의 재료 수량 산출을 작성하시오. ① 필드 : 레벨, 재료 : 이름, 재료 : 면적, 개수 ② 정렬/그룹화 : 레벨, 재료 : 이름 순으로 정렬, 모든 인스턴스 항목화 체크 해제 ③ 형식 : 재료 : 면적, 개수의 총합 계산 선택
5. 이미지 작성	아래 조건에 따라 카메라를 배치하여 이미지를 추출하시오. ① 위치 : 1층 레벨에서 건물 외부 임의의 위치 ② 뷰 이름 : 카메라뷰 - 투시도 ③ 뷰 특성 : 먼 쪽 자르기 활성화 체크 해제, 상세수준-높음, 비주얼스타일-음영처리, 그림자켜기 ④ 렌더링 설정 : 품질 드래프팅, 출력 프린터-150DPI, 크기 300x200, 형식 JPG
6. 제출 파일명	① 바닥 일람표.txt　　　② 벽 일람표.txt ③ 천장 재료 일람표.txt　　④ 카메라뷰-투시도.jpg ⑤ 수량산출 완료.rvt * 제출 파일명이 다를 경우 채점 대상에서 제외

05 Navisworks 활용하기

제공하는 nwc 파일들을 활용하여 새 프로젝트를 만들고 아래 지시에 따라 자료를 작성하시오. (20점)

[작성조건]

1. 시작파일	새 프로젝트를 만들고, 제공하는 nwc 파일 추가
2. 작업공간	Navisworks 표준으로 설정, 그리드 표시 체크
3. 렌더 스타일	조명 - 장면 라이트, 모드 - 음영 처리
4. 관측점 저장	아래의 조건에 따라 5개의 관측점을 저장하시오. ① 조감도 뷰 : 건물 외부에서 건물 전체가 보이도록 조감도 뷰 저장(이름 : 조감도뷰) ② 실내뷰 : 건물 내부에서 3인칭이 보이도록 보행시선 모드로 뷰 저장(이름 : 실내뷰) ③ 검토뷰 : 건물 내부에서 임의의 문에 태그와 수정지시 문자가 추가된 관측점 저장(이름 : 검토뷰, 내용 : 문 크기 검토) ④ 치수뷰 : 건물 내부에서 임의의 실의 천장과 바닥의 거리를 측정하는 관측점 저장(이름 : 치수측정뷰) ⑤ 단면뷰 : 1층 내부 전체가 보이도록 평면 위쪽 단면도 뷰 저장(이름 : 1층 평면뷰)
5. 항목찾기 및 세트	① 앞서 저장한 단면뷰를 우클릭하여 편집을 클릭하고, 저장된 속성에서 모양 재정의 체크 ② 항목찾기를 이용하여 건축 모델에서 외벽-벽돌벽과 실내-120mm 칸막이(2시간) 유형을 세트로 저장 ③ 외벽-벽돌벽은 노란색, 실내-120mm칸막이(2시간)은 파란색으로 색상 변경하여 관측점 업데이트
6. 이미지 추출	아래 조건에 따라 앞서 저장한 5개 관측점을 이미지로 추출하시오. ① 출력 형식 : JPEG ② 렌더러 : 뷰포트 ③ 크기 유형 : 명시적, 850x450
7. 제출 파일명	① 조감도뷰.jpg ② 실내뷰.jpg ③ 검토뷰.jpg ④ 치수측정뷰.jpg ⑤ 1층 평면뷰.jpg ⑥ 나비스웍스 검토 완료.nwd * 제출 파일명이 다를 경우 채점 대상에서 제외

01 프로젝트 구축

1.1 레벨

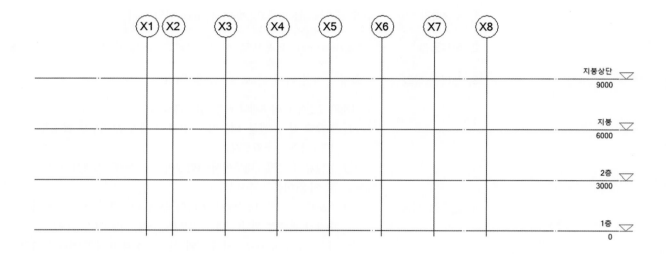

1.2 그리드

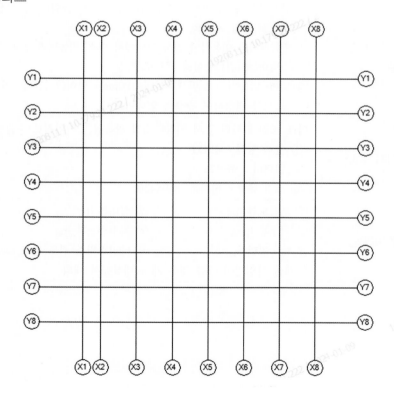

1.3 프로젝트 원점

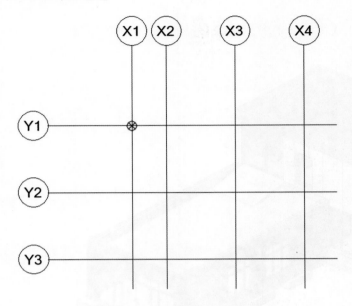

1.4 프로젝트 정보

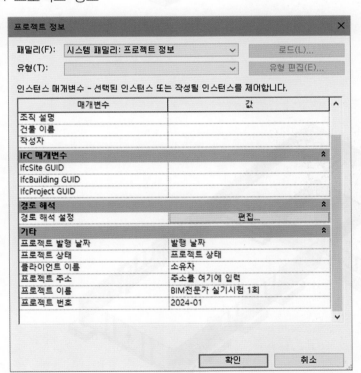

02 건축 모델링

2.1 전체 모습

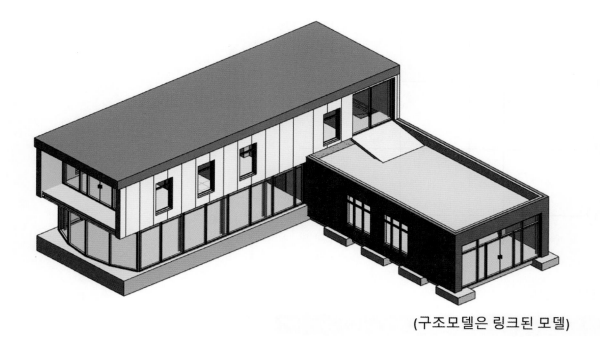

(구조모델은 링크된 모델)

2.2 1층 내부 모습

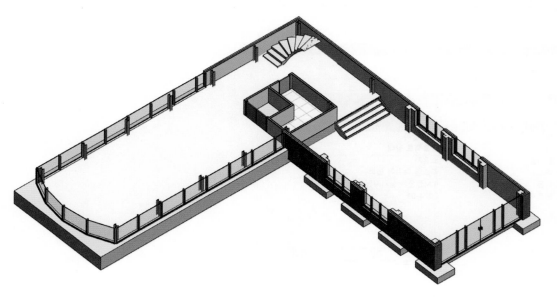

(구조모델은 링크된 모델)

2.3 단면 모습

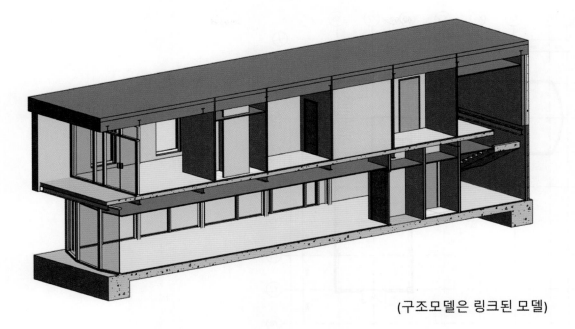

(구조모델은 링크된 모델)

03 도면 작성하기

3.1 룸 작성

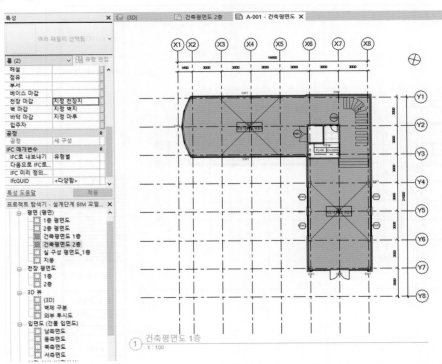

3.2 주석 작성

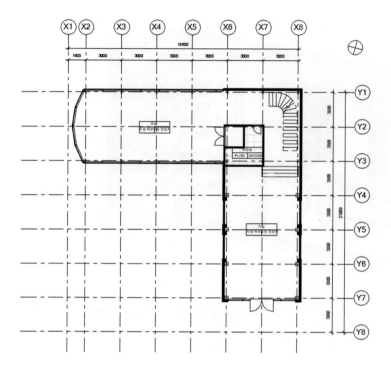

3.3 시트 작성

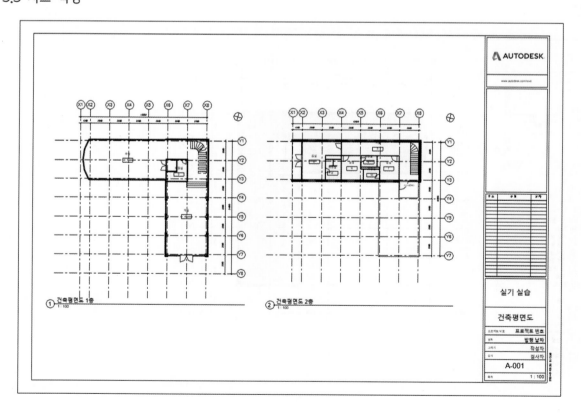

04 수량산출 및 시각화

4.1 바닥 일람표 작성

\<바닥 일람표\>				
A	**B**	**C**	**D**	**E**
프로젝트 이름	레벨	유형	면적	개수
실기 실습	1층	내부 바닥-목재 마감	181.56 m²	2
실기 실습	1층	화장실 타일 마감	7.64 m²	1
실기 실습	2층	S1_200	76.07 m²	1
실기 실습	2층	S2_150	113.81 m²	1
실기 실습	2층	내부 바닥-목재 마감	83.73 m²	5
실기 실습	2층	화장실 타일 마감	15.66 m²	3

4.2 벽 일람표 작성

\<벽 일람표\>				
A	**B**	**C**	**D**	**E**
베이스 구속조건	유형	길이	면적	개수
1층	CW1_수직 1600,	11918	31 m²	1
1층	CW1_수직 1600,	11825	31 m²	1
1층	CW1_수직 1600,	5700	16 m²	1
1층	CW2_수직 고정개	6691	18 m²	1
1층	W1-150	2700	4 m²	1
1층	W1-150	2700	4 m²	1
1층	W1-150	2700	4 m²	1
1층	W1-150	2700	4 m²	1
1층	실내 - 120mm 칸막	3110	5 m²	1
1층	실내 - 120mm 칸막	3285	8 m²	1
1층	실내 - 120mm 칸막	3185	9 m²	1
1층	실내 - 120mm 칸막	3318	7 m²	1
1층	실내 - 120mm 칸막	1643	5 m²	1
1층	실내 - 120mm 칸막	1927	5 m²	1
1층	실내 - 120mm 칸막	350	1 m²	1
1층	외벽 - 벽돌벽	6608	20 m²	1
1층	외벽 - 벽돌벽	6758	20 m²	1
1층	외벽 - 벽돌벽	6515	8 m²	1
1층	외벽 - 벽돌벽	12258	36 m²	1
1층	외벽 - 벽돌벽	11758	34 m²	1
2층	CW1_수직 1600,	6350	17 m²	1
2층	CW1_수직 1600,	3000	8 m²	1
2층	W0-150	6150	3 m²	1
2층	W0-150	11925	7 m²	1
2층	W0-150	6150	3 m²	1
2층	W0-150	11925	7 m²	1
2층	실내 - 79mm 칸막	4027	9 m²	1
2층	실내 - 79mm 칸막	11401	30 m²	1
2층	실내 - 79mm 칸막	4027	11 m²	1
2층	실내 - 79mm 칸막	6350	14 m²	1
2층	실내 - 79mm 칸막	2440	7 m²	1
2층	실내 - 79mm 칸막	1020	3 m²	1
2층	실내 - 79mm 칸막	1200	3 m²	1
2층	실내 - 79mm 칸막	2116	4 m²	1
2층	실내 - 79mm 칸막	2893	8 m²	1
2층	실내 - 79mm 칸막	2231	4 m²	1
2층	실내 - 79mm 칸막	1911	5 m²	1
2층	실내 - 79mm 칸막	2893	8 m²	1
2층	실내 - 79mm 칸막	1796	5 m²	1
2층	외벽 - 스틸 스터드	13325	32 m²	1
2층	외벽 - 스틸 스터드	6433	8 m²	1
2층	외벽 - 스틸 스터드	6350	18 m²	1
2층	외벽 - 스틸 스터드	13418	35 m²	1
2층	외벽 - 스틸 스터드	6525	15 m²	1

4.3 천장 재료 수량 산출 작성

A	B	C	D
<천장 재료 수량 산출>			
A	**B**	**C**	**D**
레벨	재료: 이름	재료: 면적	개수
1층	목재 - 퍼링	182 m²	5
1층	페인트 및 코팅	182 m²	5
2층	목재 - 퍼링	54 m²	6
2층	페인트 및 코팅	54 m²	6

4.4 이미지 작성

05 Navisworks 활용하기

5.1 조감도뷰 관측점 저장 및 이미지 추출

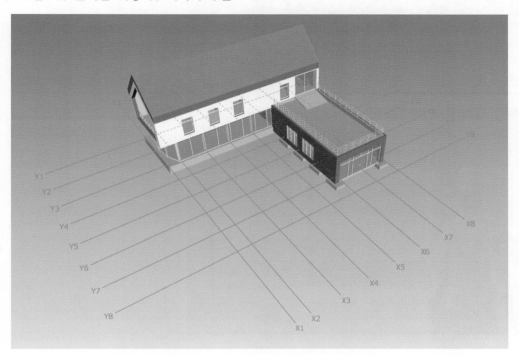

5.2 실내뷰 관측점 저장 및 이미지 추출

5.3 검토뷰 관측점 저장 및 이미지 추출

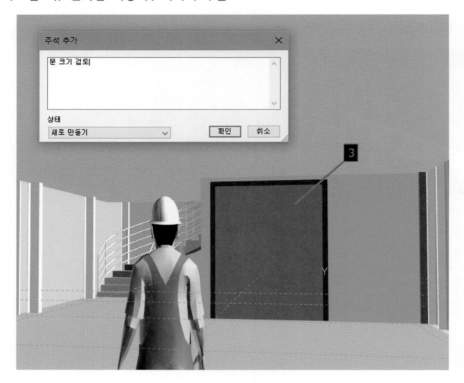

5.4 치수측정뷰 관측점 저장 및 이미지 추출

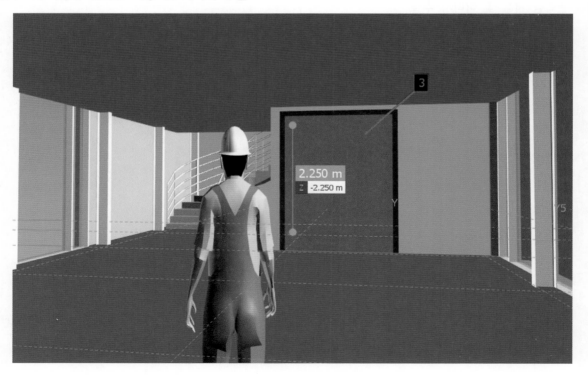

5.5 1층평면 관측점 저장 및 이미지 추출

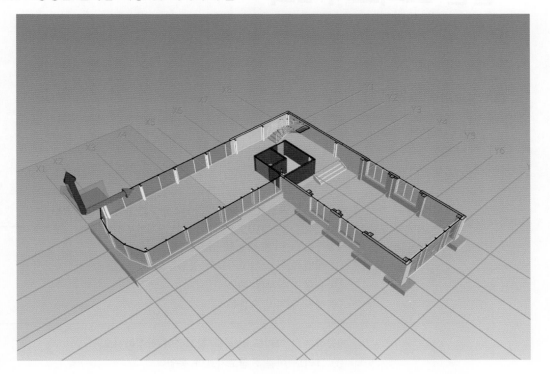

5.6 항목 검색 및 세트

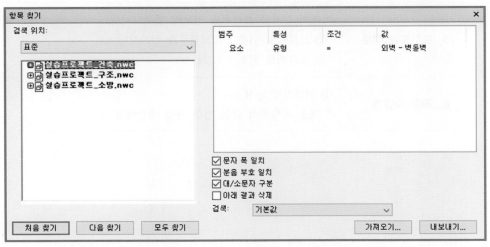

01 프로젝트 구축

아래 조건에 맞추어 프로젝트를 구축하시오. (10점)

[작성조건]

1. 시작파일	제공되는 '1.프로젝트 구축 시작.rte'를 이용하여 작성하시오.
2. 레벨	제공하는 '1.레벨.dwg'를 참고하여 작성하시오. ① 레벨 이름 : 참고자료와 동일 ② 유형 : 삼각형 헤드 ③ 헤드 위치 : 오른쪽
3. 그리드	제공하는 '1.그리드.dwg'를 참고하여 작성하시오. ① 그리드 이름 : 참고자료와 동일 ② 유형 : 6.5mm 버블 ③ 그리드 기호 : 그리드 헤드 - 원 ④ 헤드 위치 : 상단 및 왼쪽
4. 프로젝트 원점	① 위치 : X1과 Y1 그리드의 교차점을 프로젝트 기준점에 배치 ② 표시 : 주석의 지정점 좌표를 프로젝트 기준점에 배치
5. 프로젝트 정보	아래의 정보를 프로젝트 정보에 입력하시오. ① 프로젝트 이름 : BIM전문가 실기시험 2회 ② 프로젝트 번호 : 2024-02
6. 제출 파일명	① 기본설정 완료.rvt * 제출 파일명이 다를 경우 채점 대상에서 제외

02 구조 모델링

제공하는 CAD 도면을 활용하여 1층과 2층의 건축 모델을 작성하시오. (35점)

[작성조건]

1. 시작파일	1번에서 작성한 파일 사용
2. CAD 가져오기	제공하는 파일을 아래와 같이 진행하시오. ① CAD 가져오기 : '2.건축평면도–1층/2층.dwg' ② 가져오기 위치 : 자동 – 원점 대 내부 원점
3. 구조 기초	1층에 구조 기초를 작성하시오. ① 유형 이름/두께/재료 : 도면의 일람표와 동일하게 작성 ② 높이 : 도면 표기에 따름
4. 구조 기둥	1층에 구조 기초를 작성하시오. ① 유형 이름/크기 : 도면의 일람표와 동일하게 작성 ② 상/하단 높이 : 레벨~레벨
5. 구조 벽	1층과 2층에 구조 벽을 작성하시오. ① 유형 이름/크기 : 도면의 일람표와 동일하게 작성 ② 높이 : 외벽 – 레벨~레벨, 내벽 : 슬라브 상단~슬라브 하단
6. 보(구조 프레임)	2층과 지붕에 보를 작성하시오. ① 유형 이름/크기 : 도면의 일람표와 동일하게 작성 ② 높이 : 콘크리트 보 – 슬라브 상단, 철골 보 – 슬라브 하단
7. 구조 바닥	1층, 2층, 지붕에 구조 바닥을 작성하시오. ① 유형 이름/크기 : 도면의 일람표와 동일하게 작성 ② 높이 : 각 레벨 ±0
8. 오프닝	1층과 2층에 작성한 벽에 오프닝을 작성하시오. ① 벽 개구부 도구를 이용하여 작성 ② 크기 : 도면에 표기에 따름
9. 계단	1층과 2층을 연결하는 계단을 작성하시오. ① 패밀리 및 유형 : 현장타설 계단 – 일체식 계단 ② 크기 : 계단 폭, 디딤판 폭, 계단참 폭은 도면 표기에 따름 ③ 난간 : 기본값 유형 사용
10. 그룹	삽입의 그룹으로 로드 명령을 이용하여 제공하는 경사로를 로드 및 배치하시오. ① 그룹 이름 : 2.구조모델_경사로.rvt ② 위치 : 1층의 원점에 배치
11. 제출 파일명	① 구조 모델링 완료.rvt * 제출 파일명이 다를 경우 채점 대상에서 제외

03 도면 작성하기

주어진 프로젝트 파일에 아래의 조건에 따라 도면을 작성하시오. (25점)

[작성조건]

1. 시작파일	제공하는 '3.도면 작성하기.rvt'파일 사용
2. 뷰 템플릿 작성	아래 조건에 따라 뷰 템플릿을 작성하시오. ① 뷰 템플릿 이름 : 건축 평면도 ② 축적 : 1:100, 상세수준 : 높음, 비주얼 스타일 : 은선, 자르기 　영역 숨기기 ③ 가시성/그래픽 설정 : 구조 기둥과 벽의 잘라내기 선의 두께 　를 5로 설정
3. 뷰 생성	건축평면도 1층과 룸 색상표 뷰를 작성하시오. ① 이름 : 건축평면도 1층, 룸 색상표 1층 ② 뷰 템플릿 적용 : 작성한 건축 평면도 템플릿을 현재 뷰에 템 　플릿 특성 적용 ③ 룸 색상표 1층 뷰에 색상표 기능을 이용하여 룸 이름 별로 임 　의의 색상 적용(랜덤 색상 사용)
4. 주석 작성	건축평면도 1층 및 룸 색상표 1층 뷰에 아래의 주석을 작성하시오. ① 치수 : X축과 Y축 그리드에 개별 및 전체 치수 작성 　(유형 : 대각선 – 2.5mm Arial) ② 룸태그 : 작성한 모든 실의 이름이 표시되도록 태그 작성
5. 시트 작성	1개의 새 시트를 작성하여 건축평면도 1층과 룸 색상표 1층을 뷰에 배치하시오. ① 제목 블록 : A1 미터법 사용 ② 번호 및 이름 : A–001 건축평면도 1층 ③ 뷰 배치 : 2개의 뷰를 임의의 위치에 가로로 배치 ④ 뷰 자르기 : 뷰 자르기를 이용하여 뷰를 적절한 크기로 자르고, 　자르기 영역 숨기기
6. 제출 파일명	① 도면 작성 완료.rvt * 제출 파일명이 다를 경우 채점 대상에서 제외

04 수량산출 및 시각화

제공하는 모델을 활용하여 아래의 조건에 따른 수량 산출 및 시각화 자료를 작성하시오.
(10점)

[작성조건]

1. 시작파일	제공하는 '4.물량산출 시작.rvt'파일을 사용하시오.
2. 구조 기둥 일람표	아래 조건에 따라 구조 기둥 카테고리의 일람표/수량을 작성하시오. ① 필드 : 프로젝트 이름, 베이스 레벨, 유형, 개수 ② 정렬/그룹화 : 베이스 레벨, 유형 순으로 정렬, 베이스 레벨의 정렬 기준에서 머리글 체크 ③ 총계 체크 및 합계만 선택, 모든 인스턴스 항목화 체크 해제 ④ 형식 : 개수의 총합 계산 체크
3. 벽 일람표	아래 조건에 따라 벽 카테고리의 일람표/수량을 작성하시오. ① 필드 : 베이스 구속조건, 유형, 길이, 면적, 개수 ② 정렬/그룹화 : 베이스 구속조건, 유형 순으로 정렬, 모든 인스턴스 항목화 체크 ③ 계산된 매개변수 추가 : 이름 - 거푸집 면적, 수식 - 면적 * 2 입력 ④ 거푸집 면적을 면적 아래로 순서 이동
4. 보행시선 동영상	아래 조건에 따라 키프레임이 5개 이상인 보행시선 동영상을 작성하시오. ① 위치 : 1층 레벨에서 건물 외부 임의의 경로 ② 뷰 특성 : 상세수준 높음, 비주얼스타일 음영처리, 그림자 켜기, 먼 쪽 자르기 활성화 체크 해제 ③ 내보내기 설정 : 출력길이 모든 프레임, 전체 프레임 압축 안함
5. 제출 파일명	① 구조기둥 일람표.txt ② 벽 일람표.txt ③ 보행시선.avi ④ 수량산출 및 시각화 완료.rvt * 제출 파일명이 다를 경우 채점 대상에서 제외

05 Navisworks 활용하기

제공하는 nwc 파일들을 활용하여 새 프로젝트를 만들고 아래 지시에 따라 자료를 작성하시오. (20점)

[작성조건]

1. 시작파일	새 프로젝트를 만들고, 제공하는 nwc 파일을 추가하시오.
2. 작업공간	Navisworks 표준으로 설정
3. 렌더 스타일	조명 : 장면 라이트, 모드 : 음영 처리
4. 간섭검토	아래 조건에 따라 간섭검토를 수행하시오. ① 간섭 검토 이름 : 구조 보 vs 배관 ② 선택 : 구조 보와 배관 카테고리 ③ 기타 설정은 기본 설정 사용
5. 간섭검토 보고서	① 보고서 내용 : 요약, 간섭 지점, 찾은 날짜, 항목 경로, 항목 ID, 이미지 ② 보고서 형식 : HTML(테이블 형식)
6. 제출 파일명	① 간섭검토 보고서.html ② 간섭검토 보고서_files(폴더생성) ③ 나비스웍스 검토 완료.nwd * 제출 파일명이 다를 경우 채점 대상에서 제외

실기 모의고사 2회 정답

01 프로젝트 구축

1.1 레벨

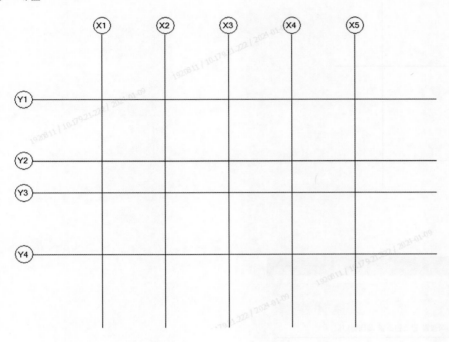

1.2 그리드

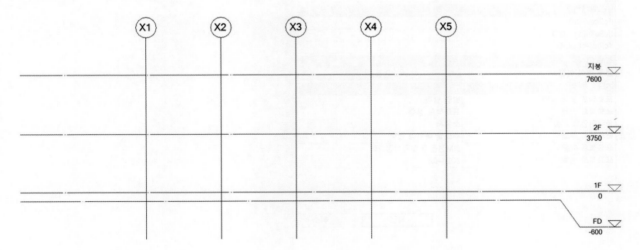

1.3 프로젝트 원점

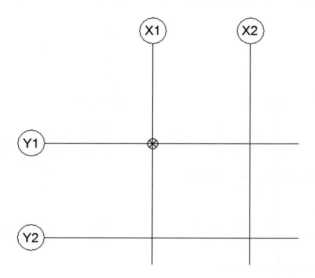

1.4 프로젝트 정보

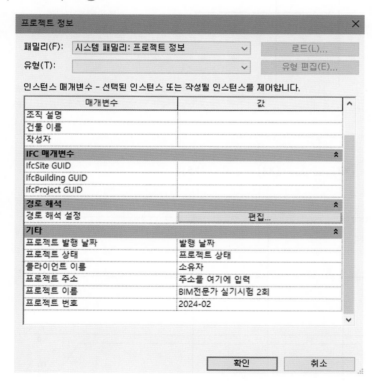

02 구조 모델 구축

2.1 전체 모습

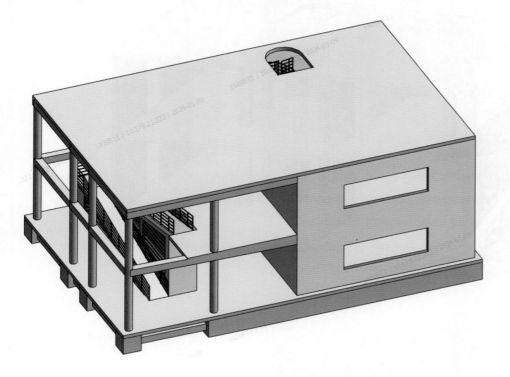

2.2 1층 바닥 모습

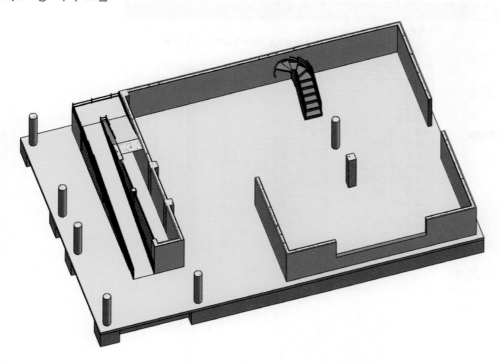

2.3 단면 모습

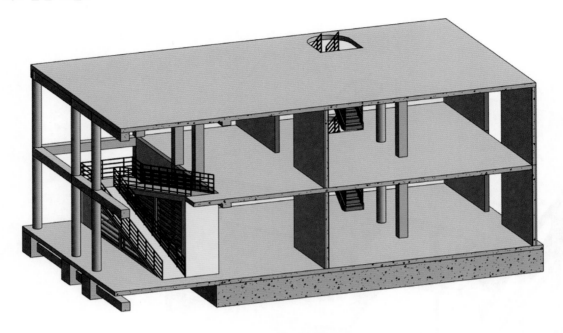

03 도면 작성하기

3.1 뷰 템플릿

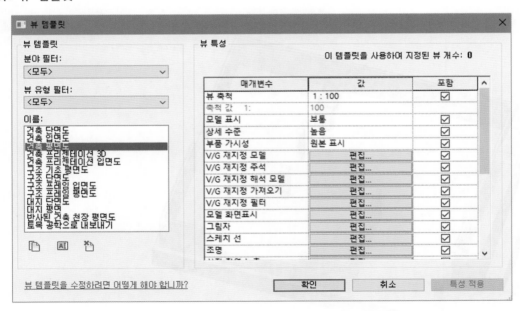

3.2 건축평면도 1층 뷰 작성

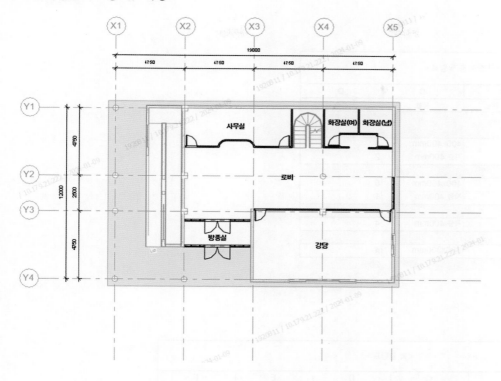

3.3 룸 색상 평면도 1층 뷰 작성

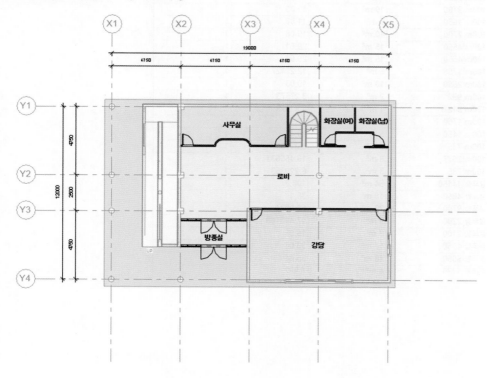

04 수량산출 및 시각화

4.1 구조 기둥 일람표

A	B	C	D
<구조 기둥 일람표>			
A	**B**	**C**	**D**
프로젝트 이름	베이스 레벨	유형	개수
1F SL			
프로젝트 이름	1F SL	400x400mm	4
프로젝트 이름	1F SL	지름 400mm	2
2F SL			
프로젝트 이름	2F SL	400x400mm	5
프로젝트 이름	2F SL	지름 400mm	1
FD			
프로젝트 이름	FD	지름 400mm	4
지붕			
프로젝트 이름	지붕	300x300mm	4
			20

4.2 벽 일람표

A	B	C	D	E	F
<벽 일람표>					
A	**B**	**C**	**D**	**E**	**F**
베이스 구속조건	유형	길이	면적	거푸집 면적	개수
1F SL	건축 벽(조합) - 100m	2328	7 m²	13.296378	1
1F SL	건축 벽(조합) - 100m	2700	10 m²	19.08	1
1F SL	건축 벽(조합) - 100m	1650	6 m²	11.88	1
1F SL	건축 벽(조합) - 100m	2700	10 m²	19.08	1
1F SL	건축 벽(조합) - 100m	4550	15 m²	29.61	1
1F SL	건축 벽(조합) - 100m	4550	15 m²	29.61	1
1F SL	건축 벽(조합) - 100m	1758	6 m²	12.29427	1
1F SL	건축 벽(조합) - 100m	2550	10 m²	19.08	1
1F SL	건축 벽(조합) - 100m	992	2 m²	3.27573	1
1F SL	건축 벽(조합) - 100m	942	1 m²	2.91573	1
1F SL	건축 벽(조합) - 100m	1750	6 m²	12.96	1
1F SL	건축 벽(조합) - 100m	1450	5 m²	10.44	1
1F SL	건축 벽(조합) - 100m	735	3 m²	6.220353	1
1F SL	건축 벽(조합) - 100m	2577	8 m²	15.455631	1
1F SL	건축 벽(조합) - 100m	735	3 m²	6.220353	1
1F SL	구조 벽 (건축마감포함	14150	54 m²	108.3	1
1F SL	구조 벽 (건축마감포함	4850	18 m²	36.1	1
1F SL	구조 벽 (건축마감포함	9700	29 m²	58.2034	1
1F SL	구조 벽 (건축마감포함	2200	9 m²	17.480168	1
1F SL	구조 벽 (건축마감포함	2100	8 m²	15.96	1
1F SL	구조 벽 (건축마감포함	4350	17 m²	33.06	1
1F SL	구조 벽 (건축마감포함	5050	18 m²	35.64	1
1F SL	구조 벽 (건축마감포함	1330	4 m²	7.992	1

4.3 보행시선

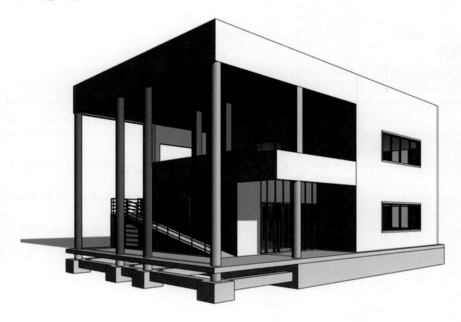

05 Navisworks 활용하기

5.1 간섭검토

5.2 간섭검토 보고서

AUTODESK NAVISWORKS 간섭 보고서

구조 보 vs 배관	공차	간섭	새로 만들기	활성	검토됨	승인됨	확인됨	유형	상태
	0.001m	5	5	0	0	0	0	하드	확인

이미지	간섭 이름	찾은 날짜	간섭 지점	항목 ID	항목 1 경로	항목 ID	항목 2 경로
	간섭1	2024/1/9 06:18	x:13.784, y:-11.850, z:2.195	요소 ID: 504723	파일 > 파일 > 실습프로젝트_구조.nwc > 2층 > 구조 프레임 > 콘크리트-직사각형 보 > G1-300x300 > 콘크리트-직사각형 보 > 콘크리트, 현장치기	요소 ID: 666028	파일 > 파일 > 실습프로젝트_소방.nwc > 레벨 1 > 배관 > 배관 유형 > 표준 > 배관 유형 > 구리
	간섭2	2024/1/9 06:18	x:13.788, y:-15.150, z:2.197	요소 ID: 504725	파일 > 파일 > 실습프로젝트_구조.nwc > 2층 > 구조 프레임 > 콘크리트-직사각형 보 > G1-300x300 > 콘크리트-직사각형 보 > 콘크리트, 현장치기	요소 ID: 666038	파일 > 파일 > 실습프로젝트_소방.nwc > 레벨 1 > 배관 > 배관 유형 > 표준 > 배관 유형 > 구리
	간섭3	2024/1/9 06:18	x:13.758, y:-8.850, z:2.199	요소 ID: 504721	파일 > 파일 > 실습프로젝트_구조.nwc > 2층 > 구조 프레임 > 콘크리트-직사각형 보 > G1-300x300 > 콘크리트-직사각형 보 > 콘크리트, 현장치기	요소 ID: 666008	파일 > 파일 > 실습프로젝트_소방.nwc > 레벨 1 > 배관 > 배관 유형 > 표준 > 배관 유형 > 구리
	간섭4	2024/1/9 06:18	x:13.503, y:-1.709, z:2.715	요소 ID: 504707	파일 > 파일 > 실습프로젝트_구조.nwc > 2층 > 구조 프레임 > W-와이드 플랜지 보 > SG1-200X150X6X8 > W-와이드 플랜지 보 > SG1-200X150X6X8 > H형강	요소 ID: 664550	파일 > 파일 > 실습프로젝트_소방.nwc > 레벨 1 > 배관 > 배관 유형 > 표준 > 배관 유형 > 구리
	간섭5	2024/1/9 06:18	x:16.503, y:-1.713, z:2.713	요소 ID: 504709	파일 > 파일 > 실습프로젝트_구조.nwc > 2층 > 구조 프레임 > W-와이드 플랜지 보 > SG1-200X150X6X8 > W-와이드 플랜지 보 > SG1-200X150X6X8 > H형강	요소 ID: 664550	파일 > 파일 > 실습프로젝트_소방.nwc > 레벨 1 > 배관 > 배관 유형 > 표준 > 배관 유형 > 구리

필기+실기대비

BIM 전문가 건축 2급자격

초판인쇄 2024년 2월 7일
초판발행 2024년 2월 14일

발행처 (주)한솔아카데미
지은이 모델링스토어
발행인 이종권

홈페이지 www.inup.co.kr / www.bestbook.co.kr
대표전화 02)575-6144
주소 서울시 서초구 마방로10길 25 A동 20층 2002호
등록 1998년 2월 19일(제16-1608호)

ISBN 979-11-6654-486-6 13540
정가 35,000원